《模糊数学与系统及其应用丛书》编委会

主　　编：罗懋康

副 主 编：陈国青　李永明

编　　委：（以姓氏笔画为序）

史福贵　李庆国　李洪兴　吴伟志

张德学　赵　彬　胡宝清　徐泽水

徐晓泉　曹永知　寇　辉　裴道武

薛小平

模糊数学与系统及其应用丛书 3

逻辑代数上的非概率测度

辛小龙　王军涛　杨　将　著

科学出版社
北　京

内容简介

本书系统介绍 EQ-代数及相关结构上的不确定性理论,主要是作者近几年来研究工作的系统总结,同时也兼顾国内外此领域中的最新研究成果. 全书共 6 章,具体包括: 逻辑代数上的滤子(理想)理论, EQ-代数上的拓扑结构及拓扑 EQ-代数,逻辑代数及其超结构上的态理论,逻辑代数上的内态理论,逻辑代数上的广义态理论等.

本书可作为非经典数理逻辑、不确定性推理、序代数、模糊数学等基础数学和理论计算机专业的研究生教材,也可供以模糊数学及其应用技术为基础的研究人员和教师参考.

图书在版编目(CIP)数据

逻辑代数上的非概率测度/辛小龙,王军涛,杨将著. —北京:科学出版社, 2019.3
(模糊数学与系统及其应用丛书)
ISBN 978-7-03-060667-9

I. ①逻⋯ II. ①辛⋯②王⋯③杨⋯ III. ①布尔代数-研究 IV. ①O153.2

中国版本图书馆 CIP 数据核字(2019) 第 037424 号

责任编辑:李静科 李 萍 / 责任校对:彭珍珍
责任印制:吴兆东 / 封面设计:无极书装

科学出版社 出版
北京东黄城根北街 16 号
邮政编码: 100717
http://www.sciencep.com
北京厚诚则铭印刷科技有限公司 印刷
科学出版社发行 各地新华书店经销
*

2019 年 3 月第 一 版   开本: 720 × 1000 B5
2022 年 1 月第四次印刷   印张: 13 1/2
字数: 277 000
定价: 98.00 元
(如有印装质量问题,我社负责调换)

《模糊数学与系统及其应用丛书》序

自然科学和工程技术,表现的是人类对客观世界有意识的认识和作用,甚至表现了这些认识和作用之间的相互影响,例如,微观层面上量子力学的观测问题.

当然,人类对客观世界最主要的认识和作用,仍然在人类最直接感受、感知的介观层面发生,虽然往往需要以微观层面的认识和作用为基础,以宏观层面的认识和作用为延拓.

而人类在介观层面认识和作用的行为和效果,可以说基本上都是力图在意识、存在及其相互作用关系中,对减少不确定性,增加确定性的一个不可达极限的逼近过程;即使那些目的在于利用不确定性的认识和作用行为,也仍然以对不确定性的具有更多确定性的认识和作用为基础.

正如确定性以形式逻辑的同一律、因果律、排中律、矛盾律、充足理由律为形同公理的准则而界定和产生一样,不确定性本质上也是对偶地以这五条准则的分别缺损而界定和产生.特别地,最为人们所经常面对的,是因果律缺损所导致的随机性和排中律缺损所导致的模糊性.

与随机性被导入规范的定性、定量数学研究对象范围已有数百年的情况不同,人们对模糊性进行规范性认识的主观需求和研究体现,仅仅开始于半个世纪前 1965 年 Zadeh 具有划时代意义的 *Fuzzy sets* 一文.

模糊性与随机性都具有难以准确把握或界定的共同特性,而从 Zadeh 开始延续下来的"以赋值方式量化模糊性强弱程度"的模糊性表现方式,又与已经发展数百年而高度成熟的"以赋值方式量化可能性强弱程度"的随机性表现方式,在基本形式上平行——毕竟,模糊性所针对的"性质",与随机性所针对的"行为",在基本的逻辑形式上是对偶的. 这也就使得"模糊性与随机性并无本质差别""模糊性不过是随机性的另一表现"等疑虑甚至争议,在较长时间和较大范围内持续.

然而时至今日,应该说不仅如上由确定性的本质所导出的不确定性定义已经表明模糊性与随机性在本质上的不同,而且人们也已逐渐意识到,表现事物本身性质的强弱程度而不关乎其发生与否的模糊性,与表现事物性质发生的可能性而不关乎其强弱程度的随机性,在现实中的影响和作用也是不同的.

例如,当情势所迫而必须在"于人体有害的可能为万分之一"和"于人体有害的程度为万分之一"这两种不同性质的150克饮料中进行选择时,结论就是不言而喻的,毕竟前者对"万一有害,害处多大"没有丝毫保证,而后者所表明的"虽然有害,但极微小"还是更能让人放心得多. 而这里,前一种情况就是"有害"的随机性表现,后一种情况就是"有害"的模糊性表现.

模糊性能在比自身领域更为广泛的科技领域内得到今天这一步的认识,的确不是一件容易的事,到今天,模糊理论和应用的研究所涉及和影响的范围也已几乎无远弗届. 这里有一个非常基本的原因:模糊性与随机性一样,是几种基本不确定性中,最能被人类思维直接感受,也是最能对人类思维产生直接影响的.

对于研究而言,易感知、影响广本来是一个便利之处,特别是在当前以本质上更加逼近甚至超越人类思维的方式而重新崛起的人工智能的发展已经必定势不可挡的形势下. 然而也正因为如此,我们也都能注意到,相较于广度上的发展,模糊性研究在理论、应用的深度和广度上的发展,还有很大的空间;或者更直接地说,还有很大的发展需求.

例如,在理论方面,思维中模糊性与直感、直观、直觉是什么样的关系?与深度学习已首次形式化实现的抽象过程有什么样的关系?模糊性的本质是在于作为思维基本元素的单体概念,还是在于作为思维基本关联的相对关系,还是在于作为两者统一体的思维基本结构,这种本质特性和作用机制以什么样的数学形式予以刻画和如何刻画才能更为本质深刻和关联广泛?

又例如,在应用方面,人类是如何思考和解决在性质强弱程度方面难以确定的实际问题的?是否都是以条件、过程的更强定量来寻求结果的更强定量?是否可能如同深度学习对抽象过程的算法形式化一样,建立模糊定性的算法形式化?在比现在已经达到过的状态、已经处理过的问题更复杂、更精细的实际问题中,如何更有效地区分和结合"性质强弱"与"发生可能"这两类本质不同的情况?从而更有效、更有力地在实际问题中发挥模糊性研究本来应有的强大效能?

这些都是模糊领域当前还需要进一步解决的重要问题;而这也就是作为国际模糊界主要力量之一的中国模糊界研究人员所应该、所需要倾注更多精力和投入的问题.

针对相关领域高等院校师生和科技工作者,推出这套《模糊数学与系统及其应用丛书》,以介绍国内外模糊数学与模糊系统领域的前沿热点方向和最新研究成果,从上述角度来看,是具有重大的价值和意义的,相信能在推动我国模糊数学与模糊系统乃至科学技术的跨越发展上,产生显著的作用.

为此,应邀为该丛书作序,借此将自己的一些粗略的看法和想法提出,供中国模糊界同仁参考.

罗懋康

国际模糊系统协会 (IFSA) 副主席 (前任)

国际模糊系统协会中国分会代表

中国系统工程学会模糊数学与模糊系统专业委员会主任委员

2018 年 1 月 15 日

前　　言

　　非经典逻辑包含多值逻辑、模糊逻辑等, 它常用于处理具有模糊性、随机性方面的不确定性问题. 在模糊逻辑中, 要为模糊推理建立逻辑基础必须建立严密的模糊逻辑演算体系, 这些工作的完成需要代数逻辑方法的支持. 代数逻辑的研究着重两点: 一是研究与逻辑体系相关的代数系统; 二是建立逻辑体系及其匹配代数系统之间的关联, 通过代数方面的研究解决逻辑方面的问题, 或者用逻辑方法解决代数问题. 各种多值逻辑代数和模糊逻辑代数正是作为非经典逻辑的语义系统而提出的, 如: 剩余格[138]、MTL-代数[56]、BL-代数[66]、MV-代数[23]等都是典型的逻辑代数, 其中剩余格是一类最基本的代数系统, 剩余格中最典型的运算是和, 二者构成一个 Galois 伴随对. 近年来, 国内外学者在模糊逻辑代数和模糊逻辑的研究方面取得了一系列的成果[122-124,136,157]. 随着模糊逻辑的深入发展, 型理论作为一种高阶逻辑被提出, 模糊型理论 (FTT)[2, 115, 117, 118] 是对型理论模糊化的结果, 从而模糊型理论是一类高阶模糊逻辑. 型理论与模糊型理论的一个主要区别是: 型理论以相等作为主要联结词, 而模糊型理论则以模糊相等作为主要联结词. 最初, 模糊型理论是以一类特殊的剩余格 IMTL-代数作为真值代数结构的. 为了为模糊型理论寻找更为广泛的真值代数结构, 2009 年, Novák 和 De Baets[116] 提出了一类特殊的代数结构——EQ-代数, 并对 EQ-代数产生的原由作了进一步详细阐述, 指出在剩余格中的基本运算为乘法运算和剩余运算, 而剩余运算在模糊逻辑中与蕴涵运算自然对应, 等价被解释为双剩余运算, 它是一个诱导运算. 然而 FTT 的基本连接是模糊相等, 因而诱导运算双剩余不是 FTT 的一个自然解释. 而 EQ-代数的引入即可消除这样的缺陷. 在 EQ-代数中, 有三个基本二元运算: 模糊相等、乘法和交, 其中模糊相等是最主要的运算. 剩余格与 EQ-代数最本质的差别在于蕴涵的定义, 在剩余格中, 蕴涵和乘法构成了 Galois 连接, 而在 EQ-代数中, 蕴涵直接由模糊相等诱导, 和乘法一起不再严格满足 Galois 连接. 事实上, 从代数的观点看, 剩余格是一类特殊的 EQ-代数, 但反过来不成立, 所以 EQ-代数在某种意义上是剩余格的推广. EQ-代数不仅是剩余格的一般化, 拓宽了模糊逻辑的研究范围, 而且对 FTT 的发展提供了全新的思路, 对模糊逻辑的发展具有重大意义. 所以 EQ-代数虽然诞生时间不长, 但已经吸引了大量国内外学者致力于 EQ-代数理论的研究, 并获得到了一系列有意义的研究成果. 2009 年, Novák[116] 对 EQ-代数进行了深入全面的研究, 讨论了好 EQ-代数、对合 EQ-代数及剩余 EQ-代数等几类特殊 EQ-代数. 2010 年, El-Zekey 在文献 [54] 中引入了预线性 EQ-代数, 证明了每个预线性好 EQ-代数是格 EQ-代数, 而且对可表示的好 EQ-代数进行了刻画. 2011 年, EI-Zekey 和 Novák 等[55] 对 EQ-代数及其特殊类型进行了进一步研究, 提出分离 EQ-代数的滤子和前滤子的概念; 在好 EQ-代数上定义了一个算子, 即模糊逻辑中熟知的 Baaz deta 算子, 形成了 EQ-代数, 得到了一些重要结论. 2013 年, Borzooei[13] 将超理论应用到 EQ-代数上, 引入了超 EQ-代数, 它是 EQ-代数的一般化, 给出了好的和分离的超 EQ-代数, 并研究了其性质. 2014 年, 马振明和胡宝清[99] 考虑了 EQ-代数中乘法和模糊相等的相容性, 并通过引入 GLE 代数刻画了一类特殊的 EQ-代数, 即相容 EQ-代数, 简称 CEQ 代数. 2014 年, 刘练珍[98] 引入并研究了 EQ-代数中的关联和正关联前滤子, 以及二者之间的关系. 2014 年, 辛小龙等[143, 144] 引入并研究了 EQ-代数中的几类模糊前滤子, 讨论了它们之间的关系. 2014 年, 谢海在其博士论文[139] 中将粗糙集理论、模糊集理论运用到 EQ-代数. 2014 年, 侯如乐等[73] 引入并研究了 EQ-代数中的 L-模糊滤子和 EQ-同余. 2012 年, Jenei[77] 基于 EQ-代数引进了相等代数, 相等代数有两个连接、交和模糊相等以及常元 1, 并在相等代数与剩余格和子结构逻辑之间建立了联系, 进一步证明了等价相等代数是 Heyting 代数的等价子约简, 从而在相等代数与 Heyting 代数和直觉逻辑之间建立了联系. 作者近年来进一步深入研究并完善了 EQ-代数理论, 具体包括第 2 章中 EQ-代数的滤子理论, 第 3 章中 EQ-代数的拓扑结构以及拓扑 EQ-代数, 第 4 章中的 EQ-代数的超结构理论.

  数理逻辑的发展可分为两个基本方向: 一方面是以蕴涵为基础链接的, 它的基本推理规则是演绎推理; 另一方面是以模糊等价为基础链接的, 它的基本推理规则是等价, 前者的研究比后者更广泛, 但是, 越来越多的人对后者感兴趣. EQ-逻辑正是以模糊等价为基础链接的模糊逻辑, 也是以 FTT 对应的真值代数的 EQ-代数为背景建立起来的一类新型逻辑. 由于 EQ-代数的基本运算是模糊相等 (或称等价), 从而 EQ-逻辑的基本联结词为等价. EQ-逻辑的发展大致分为三个阶段: 命题逻辑阶段 (EQ-逻辑和 $EQ_\triangle$-逻辑)、高阶模糊逻辑 (模糊型理论) 和谓词逻辑 (一阶 EQ-逻辑). 2009 年, Novák 和 Dyba 在文献 [119] 中提出了基本 EQ-逻辑, 给出了三类逻辑扩张: 对合 EQ-逻辑、EQ(R)-模糊逻辑及剩余 EQ-逻辑. 容易证明, 在基本 EQ-逻辑中, BCK-公理是可证的, 因而基本 EQ-逻辑是 BCK-逻辑. 而在基本 EQ-逻辑中, 假言推理规则是一个导出规则, BCK-逻辑中的传递性对 EQ-逻辑来说不是直接的性质, 故作者最后给出一个公开问题: 是否存在一个形式系统与将假言推理规则作为唯一规则的基本 EQ-逻辑相等价? 2010 年, Novák 在文献 [121] 中给出了基本模糊型理论的真值代数对应好 EQ-代数. 2011 年, Dyba 和 Novák 在文献 [50, 51] 中对 EQ-逻辑进行了初步研究, 并引入了四类 EQ-逻辑: 基本 EQ-逻辑、基本 EQ-逻辑的扩张逻辑——双重否定律成立的对合 EQ-逻辑 (IEQ-逻辑)、强完备性定理成立的预线性性 EQ-逻辑以及和剩余 MTL-模糊逻辑等价的 EQ (MTL)-逻辑. 2012 年，Dyba 在其博士论文[53] 中，对 EQ-逻辑的前期成果进行了系统总结，并侧重研究了 EQ-逻辑，包括基本 EQ-逻辑和预线性 EQ-逻辑，并从语法和语义、推理规则及完备性等方面对它们进行了详细阐述.

模糊逻辑中，为了表示一个命题真值的平均度，1994 年和 1995 年，Kopka[90] 和 Mundici[108] 分别提出了 D-偏序集和 MV-代数上的态 (states)，在逻辑理论中态被解释为一个模糊事件发生的可能性. 研究表明，态是模糊逻辑中处理不确定性推理的一个有效方法，同时也是研究对应逻辑代数的有力工具. 基于此，近年来国内外很多学者致力于逻辑代数上态理论的研究，如：Dvurečenskij[44] 指出不同于 MV-代数，存在一些伪 MV-代数其上不具有态，受此启发，Ciungu[33] 研究了伪 MTL-代数上的态，证明了存在线性的伪 MTL-代数其上不具有态. 在态理论研究中 Bosbach 态和 Riečan 态这两类特殊的态备受关注，国内外学者取得了一些重要的研究成果，如：2012 年，我国学者赵彬等[158] 研究了剩余格上两类特殊的广义 Bosbach 态，解决了关于广义 Bosbach 态的三个公开问题；2008 年，刘练珍[97] 证明了每一个 R-代数都存在 Bosbach 态；刘练珍在文献 [94-96] 中，研究了 MTL-代数上的 Bosbach 态和 Riečan 态，证明了一个 MTL-代数存在 Bosbach 态当且仅当它有奇异滤子，同时在最近发表的关于 EQ-代数上的两类特殊 (前) 滤子[98] 的论文中，进一步提出一个公开问题：如何定义 EQ-代数上的奇异滤子和态，并讨论二者之间的关系. 文献 [32, 35, 61] 研究了剩余格上的 Bosbach 态和 Riečan 态，特别地，Ciungu[32] 证明了在一个好的剩余格中 Bosbach 态一定是 Riečan 态，反之不成立，所以 Riečan 态是比 Bosbach 态更一般的一类态，但是二者都是以 [0,1] 为值域的. 由于逻辑代数的态不是它自身的算子，因而具有一个态的逻辑代数一般不是一个泛代数，所以它们并不能自然地诱导一种断言逻辑 (assertional logic). 为了给模糊事件的概率提供代数基础，Flaminio 和 Montagna[57, 58] 应用概率方法引入了一种可代数化逻辑，它的等价代数语义恰好是具有内态 (internal states) 的 MV-代数簇，其中内态的性质来源于态的相应性质. 此后，很多学者致力于逻辑代数上内态的研究，相继出现了态 BL-代数[34]、态 Rl-monoids[49]、态 BCK-代数[12]、态相等代数[36] 等具有内态的逻辑代数. Nola 和 Dvurečenskij[112, 113] 引入了态射 MV代数，它是一类特殊的态 MV-代数，次直积不可约态射 MV-代数也被刻画. Rachunek 与 Šlounová[127] 引入并研究了态伪 MV-代数. 综上所述，我们发现：为了描述 Łukasiewicz 逻辑中命题真值的平均度，很多文献研究了 MV-代数上的态理论；为了表示子结构逻辑中模糊事件的可能性，国内外学者致力于基于剩余格的逻辑代数上的态理论研究. 为描述高阶模糊逻辑中模糊事件的可能性，同时为具有概率模型的模糊逻辑奠定代数语义，近年来作者研究了 EQ-代数上态、内态以及广义态理论，取得了一些实质性的进展，具体包括第 4 章中 EQ-代数及其超结构上的态理论及 EQ-代数上态的存在性理论，第 5 章中 EQ-代数中的内态理论以及第 6 章中 EQ-代数中的广义态理论.

第 2 章到第 6 章的大部分内容是对作者近年来研究工作的系统总结与补充, 同时少部分内容兼顾国内外有关领域中的主要研究成果, 如 4.1 节收录了 Flaminio 和 Montagna 于 2009 年发表在 *International Journal of Approximate Reasoning* 上的里程碑式的成果, 4.6 节收录了 Mundici 在 1995 年发表在 *Studia Logica* 上的重要成果, 4.7 节收录了刘练珍在 2011 年发表在 *Information Sciences* 上的重要成果. 近年来参加讨论本书相关内容的研究生有王伟、戚伟、花秀娟、杨永伟、贺鹏飞、孟彪龙、李毅君、邹宇晰、程晓云、王军涛、杨将、高晓莉、王普、冯敏、王伟、秦玉静、来燕燕、刘慧珍、王梅、罗成芳、梁婕、董彦彦、宋萍、于小叶、牛海灵、寻鑫、张丽娟等. 他们的积极参与为本书内容的形成提供了有力支持, 特别是程晓云、高晓莉、王梅、罗成芳、梁婕、董彦彦、宋萍、于小叶、牛海灵、寻鑫、张丽娟等同学分别参与了部分内容的文字打印工作, 在此一并致谢.

本书第 1 章和第 3 章由杨将执笔, 第 2 章由王军涛执笔, 第 4—6 章由辛小龙执笔. 全书由辛小龙统稿.

在本书的撰写过程中, 作者得到了许多老师、同仁的关心和帮助, 在此特别感谢陕西师范大学的赵彬教授、李永明教授、李生刚教授、周红军教授、韩胜伟教授、汪开云副教授, 四川大学的张德学教授, 湖南大学的李庆国教授, 武汉大学的胡宝清教授, 陕西科技大学的张小红教授, 江南大学的刘练珍教授, 西南交通大学的徐扬教授、秦克云教授, 以及湖北民族大学的詹建明教授, 他们阅读了部分书稿, 提出了诸多有益的建议.

本书的编写得到了国家自然科学基金面上项目 (No. 11571281) 的资助.

本书是作者近年来关于 EQ-代数及相关结构上的不确定性理论研究工作的系统总结, 书中大部分内容已经正式发表, 并且各部分都经过多次讨论. 尽管如此, 限于作者的水平, 书中的不妥之处在所难免, 希望各位专家与读者提出宝贵意见.

辛小龙　王军涛　杨将

2018 年 5 月于西北大学

目　录

《模糊数学与系统及其应用丛书》序
前言
第 1 章　预备知识 ··· 1
　1.1　偏序集与三角模 ··· 1
　1.2　几类常见的逻辑代数 ·· 5
　1.3　两类常见的超逻辑代数 ·· 11
第 2 章　逻辑代数上的滤子 (理想) 理论 ·· 18
　2.1　MV-代数上的理想 ··· 18
　2.2　剩余格的滤子 ·· 23
　2.3　EQ-代数上的前滤子和滤子 ·· 26
　2.4　EQ-代数上的奇异 (前) 滤子 ··· 37
　2.5　EQ-代数上的可换 (前) 滤子 ··· 40
　2.6　EQ-代数上的固执 (前) 滤子 ··· 46
第 3 章　EQ-代数上的拓扑结构及拓扑 EQ-代数 ······························· 51
　3.1　由滤子系生成的拓扑 EQ-代数 ··· 51
　3.2　一致拓扑 EQ-代数 ··· 57
第 4 章　逻辑代数及其超结构上的态理论 ······································· 64
　4.1　MV-代数上的态 ··· 64
　4.2　剩余格上的态 ·· 70
　4.3　EQ-代数上的态 ·· 74
　4.4　超 MV-代数上的态理论 ··· 79
　4.5　超 BCK-代数上的态 ··· 90
　4.6　MV-代数上态的存在性 ·· 97
　4.7　MTL-代数上态的存在性 ··· 101
　4.8　EQ-代数上态的存在性 ··· 109
第 5 章　逻辑代数上的内态理论 ·· 117
　5.1　MV-代数上的内态 ··· 117
　5.2　剩余格上的内态 ·· 121
　5.3　EQ-代数上的内态 ·· 134

第 6 章　逻辑代数上的广义态理论 ························· 154
6.1　EQ-代数上的广义态 ······································ 154
6.2　相等代数上的广义态理论 ································ 163
6.3　BCI-代数上的广义态算子 ································ 175
参考文献 ·· 189
索引 ·· 197
已出版书目 ·· 200

第 1 章 预 备 知 识

关于逻辑代数的内容非常丰富, 本章主要介绍 EQ-代数 (EQ-algebra) 及其相关结构, 如偏序集、格、剩余格 (residuated lattice)、BL-代数 (BL-algebra)、MV-代数 (MV-algebra)、BCK-代数 (BCK-algebra)、BCI-代数 (BCI-algebra)、MTL-代数 (MTL-algebra)、相等代数 (equality-algebra) 等基本概念和结论, 以及两类超代数, 以便读者顺利地阅读后面的章节.

1.1 偏序集与三角模

定义 1.1.1[92] 设 X 是一个集合, X 上的二元关系 $\leq$ 被称为**偏序关系**, 如果 $\leq$ 满足以下条件: 对任意的 $x, y, z \in X$,

(1) 自反性: $x \leq x$;
(2) 反对称性: 若 $x \leq y, y \leq x$, 则 $x = y$;
(3) 传递性: 若 $x \leq y, y \leq z$, 则 $x \leq z$.

这时称 $(X, \leq)$(或简称 X) 为**偏序集**. 若 $x \leq y$, 则读作 "x 小于或等于 y"; 若 $x \leq y$ 而 $x \neq y$, 则记成 $x < y$, 读作 "x 小于 y". 如果 $x \leq y$ 或者 $y \leq x$, 则称 x 与 y 是**可比较的**; 否则就说 x 与 y 是**不可比较的**, 记作 "$x \parallel y$".

设 X 是偏序集, 若 X 中任意两个元素都是可比较的, 则称 X 是**线性序集**(或**链**, 或**全序集**), 偏序关系 $\leq$ 称为**线性序**(或**全序**); 反之, 若 X 中任意两个元素都是不可比较的, 则称 X 是**非序集**(或**反链**).

例 1.1.2[92] (1) 设 **R** 是实数集, $\leq$ 是 **R** 上的自然序, 则 $(\mathbf{R}, \leq)$ 是偏序集. 实际上, 它还是全序集.

(2) 设 X 是实单位区间 $[0,1]$ 上全体连续实函数构成的集合 C$[0,1]$, 对 X 中任意的实函数 f 与 g, 规定 $f \leq g$ 当且仅当 $\forall t \in [0,1], f(t) \leq g(t)$, 则 $(X, \leq)$ 是偏序集.

定义 1.1.3[67] 设 X 是偏序集, $a \in X$, 对任意的 $x \in X$,

(1) 若 $x \leq a$, 则称 a 为 X 的**最大元**;
(2) 若 $a \leq x$, 则称 a 为 X 的**最小元**;
(3) 若 $a \leq x$ 有 $a = x$, 则称 a 为 X 的**极大元**;
(4) 若 $x \leq a$ 有 $a = x$, 则称 a 为 X 的**极小元**.

任意偏序集未必存在最大元与最小元. 若存在, 则分别是唯一的极大元与极小元. 任意有限偏序集必有极大元与极小元, 但未必有最大元与最小元. 对于全序集来说,最大元与极大元,最小元与极小元分别是一致的.

定义 1.1.4[67] 设 X 是偏序集,且 S 是 X 的子集,$a \in X$. 对任意的 $x \in S$,

(1) 若 $x \leq a$,则称 a 为 S 的**上界**.

(2) 若 $a \leq x$,则称 a 为 S 的**下界**.

一般来说,S 的上界或下界未必存在. 即使存在也未必唯一,并且未必属于 S.

定义 1.1.5[67] 设 X 是偏序集,$S \subseteq X$. 若 $a \in X$ 满足以下条件:

(1) a 是 S 的上界;

(2) 若 b 也是 S 的上界,则必有 $a \leq b$,

则称 a 为 S 的**上确界**,即 a 是 S 的最小上界. 此时,a 记作 $\vee S$ 或 $\sup S$.

对偶地,设 X 是偏序集,$S \subseteq X$. 若 $b \in X$ 满足以下条件:

(1) b 是 S 的下界;

(2) 若 c 也是 S 的下界,则必有 $c \leq b$,

则称 b 为 S 的**下确界**,即 b 是 S 的最大下界. 此时,b 记作 $\wedge S$ 或 $\inf S$.

偏序集 X 的任意子集 S 未必存在上确界或下确界. 若 $\vee S$ 或 $\wedge S$ 存在,则由反对称性可知它们分别是唯一的.

若 $S = \{x, y\}$,则记 $\vee S = x \vee y, \wedge S = x \wedge y$. 若 $S = \varnothing$,则 X 的每一个元都是它的上界,也都是它的下界. 于是 $\varnothing$ 是否有上确界与下确界,分别取决于 X 是否有最小元与最大元. 若 X 有最大元 1 与最小元 0,则 $\vee \varnothing = 0, \wedge \varnothing = 1$.

定义 1.1.6[67] 设 $(L, \leq)$ 是偏序集,如果对任意的 $x, y \in L$,$x \vee y$ 与 $x \wedge y$ 都存在,则称 $(L, \leq)$ 为**格**. 若格 L 存在最大元 1 和最小元 0,则称 L 为**有界格**.

命题 1.1.7[67] 设 L 是格,则以下结论成立: 对任意的 $x, y, z \in L$,

(1) 若 S 是 L 的有限非空子集,则 $\sup S$ 与 $\inf S$ 都存在;

(2) $x \vee x = x, x \wedge x = x$;

(3) $x \vee y = y \vee x, x \wedge y = y \wedge x$;

(4) $(x \vee y) \vee z = x \vee (y \vee z), (x \wedge y) \wedge z = x \wedge (y \wedge z)$;

(5) $x \vee (x \wedge y) = x, x \wedge (x \vee y) = x$;

(6) $x \leq y$ 当且仅当 $x \vee y = y$ 当且仅当 $x \wedge y = x$.

定义 1.1.8[67] 设 P 和 Q 是格,$f: P \to Q$ 是映射. 若 f 保非空有限交和非空有限并,则称 f 为**格同态**.

定义 1.1.9[67] 设 L 是有界格,$\perp: L \to L$ 是一个映射. 若 $\perp$ 满足以下条件: 对任意的 $x, y \in L$,

(1) $(x^\perp)^\perp = x$;

(2) $(x \vee y) = x^\perp \wedge y^\perp$;

(3) $x \vee x^\perp = 1$;

(4) $x \wedge x^\perp = 0$,

则称 ⊥ 为 L 上的**正交补运算**, 称 L 为**正交格**.

若正交格 L 满足:

(5) 弱模律: $x \leq y$ 当且仅当 $y = x \vee (x^\perp \wedge y)$,

则称 L 为**正交模格**.

定义 1.1.10[67] 设 L 是格. 若对 L 中任意的子集 X, $\sup X$ 与 $\inf X$ 都存在, 则称 L 为**完备格**. 若完备格 L 满足第一无限分配律

$$\forall a \in L, S \subseteq L, a \wedge (\vee S) = \bigvee_{s \in S} a \wedge s,$$

则称 L 是一个框架 (Frame).

定义 1.1.11[67] 设 P 与 Q 是偏序集, $f\colon P \to Q$ 与 $g\colon Q \to P$ 是映射. 如果 f 与 g 满足

$$\forall x \in P, y \in Q, x \leq g(y) \iff f(x) \leq y,$$

则称 (f,g) 是一个 **Galois 伴随**, f 称为 g 的**左伴随**, g 称为 f 的**右伴随**, 记作 $f \dashv g$.

命题 1.1.12[67] 设 P 和 Q 是完备格, $f\colon P \to Q$ 是映射, 则

(1) f 存在右伴随 f^* 当且仅当 f 保任意并, 且 $f^*(y) = \vee\{x \in P \mid f(x) \leq y\}$;

(2) f 存在左伴随 f_* 当且仅当 f 保任意交, 且 $f_*(y) = \wedge\{x \in P \mid y \leq f(x)\}$.

定义 1.1.13[67] 设 L 是格. 若满足以下条件: 对任意的 $x,y,z \in L$,

$$x \wedge (y \vee z) = (x \wedge y) \vee (x \wedge z) \tag{1.1.1}$$

或

$$x \vee (y \wedge z) = (x \vee y) \wedge (x \vee z), \tag{1.1.2}$$

则称 L 为**分配格**.

注 1.1.14 在定义 1.1.13 中分配律 (1.1.1) 和 (1.1.2) 等价.

命题 1.1.15[67] 设 L 是分配格, 则对任意的 $x,y,z \in L$, 至多存在一个 $a \in L$, 使得 $a \wedge x = y, a \vee x = z$.

定义 1.1.16[67] 设 L 是有界格, $x,y \in L$. 若 $x \vee y = 1, x \wedge y = 0$, 则称 x 与 y 互为**补元**.

在分配格中, 若补元存在, 则必是唯一的.

定义 1.1.17[67] 设 L 是有界分配格. 若 L 的每一个元都有补元, 则称 L 为**布尔代数**或**布尔格**.

设 L 是布尔格, $x \in L$, x 的补元记作 x'. 于是 $' \colon L \to L, x \mapsto x'$ 定义了一个一元运算.

三角模和三角余模与蕴涵连接词直接相关, 由三角模诱导的模糊蕴涵算子已经被广泛地应用于模糊逻辑与模糊推理的研究, 而且基于三角模的模糊逻辑理论已经成为模糊逻辑的主要研究对象.

定义 1.1.18[135]　设 $* : [0,1]^2 \to [0,1]$ 是二元运算. 如果 $*$ 满足以下条件: 对任意的 $x, y, z \in [0,1]$,

(1) 交换律: $x * y = y * x$;

(2) 结合律: $(x * y) * z = x * (y * z)$;

(3) 单调性: 若 $x \leq y$, 则 $x * z \leq y * z$;

(4) 单位元律: $x * 1 = x$,

则称 $*$ 为 $[0,1]$ 上的**三角模**, 简称 **t-模**.

也可以这样说, $*$ 是 $[0,1]$ 上的三角模当且仅当 $([0,1], *)$ 是可换含幺半群, 并且对任意的 $x \in [0,1]$, $f_x(t) = x * t$ 是增函数.

例 1.1.19[135]　按以下方式给出的二元算子 $*$ 都是三角模, 对任意的 $x, y \in [0,1]$,

(1) $x * y = \max\{x + y - 1, 0\}$;

(2) $x * y = \min\{x, y\}$;

(3) $x * y = xy$;

(4) $x * y = \begin{cases} \min\{x, y\}, & x + y > 1, \\ 0, & x + y \leq 1. \end{cases}$

本例中的三角模都是常见的三角模, 从 (1) 到 (4) 依次为 Łukasiewicz 三角模、Gödel 三角模、乘积三角模和 R_0 三角模.

定义 1.1.20[135]　称三角模 $*$ 为**左连续**的, 如果对任意的 $x \in [0,1]$,

$$f_x(\bigvee_{i \in I} t_i) = \bigvee_{i \in I} f_x(t_i),$$

其中 $f_x(t) = x * t$, 且 I 为指标集.

注 1.1.21[135]　由上述定义可知, 三角模 $*$ 称为左连续的当且仅当对应的 f_x 是保并的. 容易证明对于增函数 f 而言, f 保并和分析学中所说的 f 左连续是等价的, 即若 $f : [0,1] \to [0,1]$ 是增函数, 则对任一 $y \in (0,1]$, $\lim\limits_{t \to y^-} f(t) = f(y)$ 当且仅当 $f(\vee\{t | t < y\}) = \vee\{f(t) | t < y\}$.

容易验证, 任意固定一个 $x \in [0,1]$, 定义 $f_x : [0,1] \to [0,1]$ 为 $f_x(t) = x * t$, 则对例 1.1.19 的前三个三角模而言, $f_x(t)$ 都是连续的. 但对 R_0 三角模而言, 若 $x \neq 0, x \neq 1$, 则 $f_x(t)$ 不连续, 它只是左连续的.

定义 1.1.22[135]　设 $*$ 是 $[0,1]$ 上的三角模, $R : [0,1]^2 \to [0,1]$ 是 $[0,1]$ 上的二元函数. 若

$$x * y \leq z 当且仅当 x \leq R(y, z), \quad \forall x, y, z \in [0,1],$$

则称 R 为与 $*$ **相伴随的蕴涵算子**.

例 1.1.23[135]　以下四个蕴涵算子分别与例 1.1.19 中的对应三角模构成伴随对, 对任意的 $x, y \in [0,1]$;

(1) $R(x,y) = \min\{1, 1-x+y\}$;

(2) $R(x,y) = \begin{cases} 1, & x \leq y, \\ y, & x > y; \end{cases}$

(3) $R(x,y) = \begin{cases} 1, & x = 0, \\ \min\left\{\dfrac{x}{y}, 1\right\}, & x > 0; \end{cases}$

(4) $R(x,y) = \begin{cases} 1, & x \leq y, \\ \max\{1-x, y\}, & x > y. \end{cases}$

命题 1.1.24[135] 设 $*$ 是 $[0,1]$ 上的三角模, 如果 $*$ 在 $[0,1]$ 上定义二元运算如下: $x \to y = \vee\{z | z * x \leq y\}$, 对任意的 $x, y, z \in [0,1]$, 则

(1) $\to$ 是 $*$ 相伴随的蕴涵算子, 即 $x * y \leq z$ 当且仅当 $x \leq y \to z$;

(2) $x \to y = 1$ 当且仅当 $x \leq y$;

(3) $x \leq y \to z$ 当且仅当 $y \leq z \to x$;

(4) $x \to (y \to z) = y \to (x \to z)$;

(5) $1 \to x = x$;

(6) $y \to \wedge_{i \in I} z_i = \wedge_{i \in I}(y \to z_i)$, $(\vee_{i \in I} z_i) \to y = \wedge_{i \in I}(z_i \to y)$;

(7) $x \to y$ 关于 y 单调递增, 关于 x 单调递减.

定义 1.1.25[135] 设 $\to$ 是 $[0,1]$ 上的二元运算. 如果 $\to$ 满足命题 1.1.24 中的性质 (2)—(7), 则称 $\to$ 为 $[0,1]$ 上的**正则蕴涵算子**.

定理 1.1.26[135] 一个三角模为左连续三角模当且仅当它是与正则蕴涵算子相伴随的三角模.

1.2 几类常见的逻辑代数

剩余格是由美国学者 Ward 和 Dilworth 于 1939 年在研究交换环的全体理想的格结构时首次引入的, 它是子结构命题逻辑的语义代数. 常见的逻辑代数如 MTL-代数、BL-代数、MV-代数等都是特殊的剩余格, 本节将重点介绍它们的定义及其基本性质.

定义 1.2.1[138] 称 $(2,2,2,2,0,0)$ 型代数 $(L, \vee, \wedge, \odot, \to, 0, 1)$ 为**剩余格**, 如果 $(L, \vee, \wedge, \odot, \to, 0, 1)$ 满足以下条件: 对任意的 $x, y, z \in L$,

(1) $(L, \vee, \wedge, 0, 1)$ 是有界格, 1 与 0 分别是 L 的最大元与最小元;

(2) $(L, \odot, 1)$ 是以 1 为单位的交换半群, 即 $\odot$ 满足交换律、结合律且 $1 \odot x = x$;

(3) $(\odot, \to)$ 是伴随对, 即

$$x \odot y \leq z 当且仅当 x \leq y \to z.$$

当 $L=[0,1]$ 时，$\odot$ 就是 L 上的一个三角模.

定义 1.2.2[56] 称剩余格 L 为 **MTL-代数**，如果 L 满足：对任意的 $x,y \in L$，
(4) 预线性：$(x \to y) \vee (y \to x) = 1$.

定义 1.2.3[66] 称 MTL-代数 L 为 **BL-代数**，如果 L 满足：对任意的 $x,y \in L$，
(5) 可分性：$x \wedge y = x \odot (x \to y)$.

定义 1.2.4[153] 称 (2,1,0) 型代数 $(L, \oplus, ', 0)$ 为 **MV-代数**，如果 $(L, \oplus, ', 0)$ 满足以下条件：对任意的 $x,y \in L$，

(MV1) $x \oplus (y \oplus z) = (x \oplus y) \oplus z$;

(MV2) $x \oplus y = y \oplus x$;

(MV3) $x \oplus 0 = x$;

(MV4) $(x')' = x$;

(MV5) $x \oplus 0' = 0'$;

(MV6) $(x' \oplus y)' \oplus y = (y' \oplus x)' \oplus x$.

设 $(X, \oplus, ', 0)$ 是 MV-代数，则 $(X, \leq)$ 是格，其中，$x \leq y$ 当且仅当 $x' \oplus y = 0'$.

命题 1.2.5[138] 设 L 是剩余格，则以下结论成立：对任意的 $x,y,z \in L$，

(1) $0 \odot x = 0$;

(2) $x \leq y$ 当且仅当 $x \to y = 1$;

(3) $1 \to x = x$, $x \to 1 = 1$, $x \to x = 1$, $0 \to x = 1$, $x \to (y \to x) = 1$;

(4) $x \leq y \to z$ 当且仅当 $y \leq x \to z$;

(5) $x \to (y \to z) = (x \odot y) \to z = y \to (x \to z)$;

(6) 若 $x \leq y$，则 $z \to x \leq z \to y$, $y \to z \leq x \to z$;

(7) $z \to y \leq (x \to z) \to (x \to y)$, $z \to y \leq (y \to x) \to (z \to x)$;

(8) $(x \to y) \odot (y \to z) \leq x \to z$;

(9) 若 $x' = x \to 0$，则 $x' = x'''$, $x \leq x''$;

(10) $x' \wedge y' = (x \vee y)'$;

(11) 若 $x \vee x' = 1$，则 $x \wedge x' = 0$;

(12) $x \odot y \leq x \wedge y$;

(13) 若 $x \leq y$，则 $x \odot z \leq y \odot z$;

(14) $y \to z \leq x \vee y \to x \vee z$;

(15) $(x \vee y) \to z = (x \to z) \wedge (y \to z)$.

命题 1.2.6[56] 设 L 是 MTL-代数，以下结论成立：对任意的 $x,y,z \in L$，

(16) $x' \vee y' = (x \wedge y)'$;

(17) $x \vee y = ((x \to y) \to y) \wedge ((y \to x) \to x)$;

(18) $(x \wedge y) \to z = (x \to z) \vee (y \to z)$;

(19) $x \to (y \vee z) = (x \to y) \vee (x \to z)$;

(20) $x \wedge (y \vee z) = (x \wedge y) \vee (x \wedge z)$.

命题 1.2.7[66] 设 L 是 BL-代数, 则以下结论成立: 对任意的 $x, y, z \in L$,

(21) $(x \wedge y)'' = (x'' \wedge y''), (x \vee y)'' = (x'' \vee y''), (x \odot y)'' = (x'' \odot y'')$;

(22) $(x'' \to x)' = 0, (x \to y)'' = (x'' \to y'')$.

命题 1.2.8[134] 设 L 是 MV-代数, 则以下结论成立: 对任意的 $x, y, z \in L$,

(23) $x \to y = y' \to x'$;

(24) $(x \to y) \to y = x \vee y$.

定义 1.2.9[75] 称 (2,0) 型代数 $(X, *, 0)$ 为 **BCI-代数**, 如果 $(X, *, 0)$ 满足以下条件: 对任意的 $x, y, z \in X$,

(1) $((x * y) * (x * z)) * (z * y) = 0$;

(2) $(x * (x * y)) * y = 0$;

(3) $x * x = 0$;

(4) 若 $x * y = 0, y * x = 0$, 则 $x = y$.

如果 BCI-代数 X 上的偏序关系 $\leq$ 定义为: $x \leq y$ 当且仅当 $x * y = 0$, 则对任意的 $x, y \in X, n \in N, n \geq 1$, 有 $x * y^0 = x, x * y^n = (x * y^{n-1}) * y$.

定义 1.2.10[75] 称 BCI-代数 X 为 **BCK-代数**, 如果 X 满足: 对任意的 $x, y, z \in X$,

(5) $0 * x = 0$.

定义 1.2.11[103] 设 X 是 BCI-代数, 对任意的 $z \in X$, 若 $a \in X, z * a = 0$ 有 $z = a$, 则称 a 为 X 的一个**原子**.

X 的所有原子构成的集合记为 $A(X)$. 定义 $V(a)$ 为: $V(a) = \{x \in X : a * x = 0\}, a \in A(X)$, 则称 $V(a)$ 为 X 的**分支**. 显然, $0 \in A(X), V(0)$ 是 BCK-代数. 对任意的 $a \in A(X)$, 若存在 $1_a \in V(a) \setminus \{a\}$, 使得任意的 $x \in V(a), x \leq 1_a$, 则称 1_a 为 $V(a)$ 的**局部单位元**, 其中 1_a 是唯一的. 若 X 的每个分支 $V(a)$ 都有局部单位元, 则称 X **局部有界**.

命题 1.2.12[75] 设 X 是 BCI-代数. 以下结论等价: 对任意的 $x, y \in X$, 存在 $a \in X$,

(1) a 是 X 的原子;

(2) $y * (y * a) = a$;

(3) $y * (y * (a * x)) = a * x$.

定义 1.2.13[75] 设 X 是 BCK/BCI-代数. 对任意的 $x, y, z \in X$, 称 X 为:

(1) **可换的**, 若 $x * (x * y) = y * (y * x)$;

(2) **蕴涵**, 若 $x = x * (y * x)$;

(3) **正蕴涵**, 若 $(x * z) * (y * z) = (x * y) * z$.

如果 X 是 BCI-代数, 称 X 为:

(4) p **半单的**, 若 $V(0) = \{0\}$.

命题 1.2.14[76] 设 X 是 BCI-代数. 以下结论成立: 对任意的 $x, y, z \in X$,

(1) $(x * y) * z = (x * z) * y$;

(2) 若 $x \leq y$, 则 $x * z \leq y * z$, $z * y \leq z * x$;

(3) $x * (x * (x * y)) = x * y$;

(4) $(x * y) * (x * z) \leq z * y$, $(y * x) * (z * x) \leq y * z$;

(5) $x * 0 = x$;

(6) $x * (x * y) \leq y$;

(7) $0 * (x * y) = (0 * x) * (0 * y)$;

(8) $0 * (x * y) \leq y * x$.

定义 1.2.15[116] 称 (2,2,2,0) 型代数 $(E, \wedge, \odot, \sim, 1)$ 为 **EQ-代数**, 如果 $(E, \wedge, \odot, \sim, 1)$ 满足以下条件: 对任意的 $x, y, z, w \in E$,

(1) $(E, \wedge, 1)$ 是交半格, 最大元为 1;

(2) $(E, \odot, 1)$ 是幺半群, 且 $\odot$ 保序;

(3) $x \sim x = 1$;　　　　　　　　　　　　　　　　　　　　（自反性）

(4) $((x \wedge y) \sim z) \odot (w \sim x) \leq z \sim (w \wedge y)$;　　　　（替换公理）

(5) $(x \sim y) \odot (z \sim w) \leq (x \sim z) \sim (y \sim w)$;　　　　（全等公理）

(6) $(x \wedge y \wedge z) \sim x \leq (x \wedge y) \sim x$;　　　　　　　　（单调性）

(7) $x \odot y \leq x \sim y$.　　　　　　　　　　　　　　　　　（有界性）

显然, $(E, \leq)$ 是偏序集, $x \leq y$ 当且仅当 $x \wedge y = x$. 对任意的 $x, y \in E$, $x \to y = x \sim (x \wedge y)$, $\tilde{x} = 1 \sim x$.

若 E 有最小元 0, 定义 $\neg x = x \sim 0 (\forall x \in E)$.

例 1.2.16[52] 设 $E = \{0, a, b, c, d, 1\}$ 且 $0 < a < b < d < 1$, $a < c < d$. 定义 E 中二元运算 $\otimes$ 与 $\sim$ 如下:

$\otimes$	0	a	b	c	d	1
0	0	0	0	0	0	0
a	0	0	0	0	0	a
b	0	0	0	0	a	b
c	0	0	0	c	c	c
d	0	0	a	c	c	d
1	0	a	b	c	d	1

$\sim$	0	a	b	c	d	1
0	1	d	c	b	a	0
a	d	1	c	b	a	a
b	c	c	1	a	b	b
c	b	b	a	1	c	c
d	a	a	b	c	1	d
1	0	a	b	c	d	1

由 $x \to y = (x \wedge y) \sim x$ 得

$\to$	0	a	b	c	d	1
0	1	1	1	1	1	1
a	d	1	1	1	1	1
b	c	c	1	c	1	1
c	b	b	b	1	1	1
d	a	a	b	c	1	1
1	0	a	b	c	d	1

则 $E=(E,\wedge,\otimes,\sim,1)$ 是一个 EQ-代数, 因为 $\otimes$ 不满足可换性, 例如, $b \otimes d = a$ 但 $d \otimes b = 0$, 且 $c = d \otimes d \leq c$, 但 $d \not\leq d \to c = c$, 所以 E 不是剩余格.

定义 1.2.17[116] 设 E 是 EQ-代数, 如果 E 满足以下条件: 对任意的 $x,y,z,w \in E$, 则称 E 为:

(1) **可分的**, 若 $x \sim y = 1$, 有 $x = y$;

(2) **好的**, 若 $\tilde{x} = x$;

(3) **剩余的**, 若 $(x \odot y) \wedge z = x \odot y$ 当且仅当 $x \wedge ((y \wedge z) \sim y) = x$;

(4) **对合的**(简称 IEQ-代数), 若 $\neg\neg x = x$;

(5) **格序 EQ-代数**, 若 E 有格约简;

(6) **格 EQ-代数**(简称 ℓEQ-代数), 若格序 EQ 代数满足替换公理 $((x \vee y) \sim z) \odot (w \sim x) \leq ((w \vee y) \sim z)$;

(7) **预线性的**, 若 1 是 E 中集合 $\{x \to y, y \to x\}$ 的唯一上界.

定理 1.2.18[55] 设 E 是 EQ-代数, 则以下结论成立: 对任意的 $x,y,z,w \in E$,

(1) $x \odot y \leq x, y$, $x \odot y \leq x \wedge y$;

(2) $x \leq \tilde{x} \leq y \to x$;

(3) $(x \to y) \odot (y \to x) \leq x \sim y \leq x \to y, y \to x$;

(4) $x \sim y = y \sim x$;

(5) $(x \sim y) \odot (y \sim z) \leq x \sim z$;

(6) 若 $x \leq y$, 则 $x \to y = 1$, $y \to x = y \sim x$;

(7) 若 $x \leq y$, 则 $z \to x \leq z \to y$, $y \to z \leq x \to z$;

(8) $x \to y = x \to x \wedge y$;

(9) $(x \to y) \odot (y \to z) \leq x \to z$;

(10) $(x \to y) \leq (z \to x) \to (z \to y)$;

(11) $(x \to y) \leq (y \to z) \to (x \to z)$;

(12) $x \to (y \to z) \leq y \to (x \to \tilde{z})$;

(13) $(x \to y) \leq (x \wedge z) \to (y \wedge z)$;

(14) $((x \wedge y) \to z) \odot (w \to x) \leq (w \wedge y) \to z$.

如果 E 是好的, 则

(15) $x = 1 \to x$, $x \leq y \to x = y \sim x \wedge y$, 且 $x \leq (x \to y) \to y$;

(16) $x \to (y \to z) = y \to (x \to z)$ (交换原则);

(17) $x \odot (x \to y) \leq y$, $(x \to y) \odot x \leq y$, $x \odot (x \to (x \odot y)) \leq x \odot y$, $((x \sim (x \wedge y) \sim y)) \sim y = x \sim (x \wedge y)$ 且 $x, y \leq (x \sim x \wedge y) \sim y$;

(18) $x \leq y \to z$ 当且仅当 $y \leq x \to z$.

如果 E 是剩余的, 则

(19) $x \to y \leq (x \odot z) \to (y \odot z)$;

(20) $(x \odot y) \to z = x \to (y \to z)$.

如果 E 是 ℓEQ-代数, 则

(21) $x \to y = x \sim (x \wedge y) = (x \vee y) \sim y = (x \vee y) \to y$;

(22) $(x \to y) \leq (x \vee z) \to (y \vee z)$;

(23) $(x \to z) \odot (y \to z) \leq (x \vee y) \to z$.

剩余 EQ-代数或 IEQ-代数是好的, 好的 EQ-代数是可分的. 预线性的好的 EQ-代数是预线性的好的 ℓEQ-代数, 其中并运算定义为: $x \vee y = ((x \to y) \to y) \wedge ((y \to x) \to x)(\forall x, y \in E)$. EQ-代数 E 是可分的等价于 $x \leq y$ 当且仅当 $x \to y = 1(\forall x, y \in E)$.

命题 1.2.19[116]　设 E 是 EQ-代数, 则以下结论成立: 对任意的 $x, y, z, w \in E$,

(1) $x \sim y = y \sim x$;

(2) $x \sim y \leq (x \wedge z) \sim (y \wedge z)$;

(3) $x \sim y \leq (x \sim z) \sim (y \sim z)$, $x \leq y$ 当且仅当 $x \wedge y = x$;

(4) $x \leq y \leq z$, 则 $x \sim z \leq y \sim z, x \sim z \leq x \sim y$.

定义 1.2.20[77]　称 $(2,2,0)$ 型代数 $(E, \wedge, \sim, 1)$ 为**相等代数**, 如果 $(E, \wedge, \sim, 1)$ 满足以下条件: 对任意的 $x, y, z \in E$,

(1) $(E, \wedge, 1)$ 是交半格, 最大元为 1;

(2) $x \sim y = y \sim x$;

(3) $x \sim x = 1$;

(4) $x \sim 1 = x$;

(5) $x \leq y \leq z$, 则 $x \sim z \leq y \sim z, x \sim z \leq x \sim y$;

(6) $x \sim y \leq (x \wedge z) \sim (y \wedge z)$;

(7) $x \sim y \leq (x \sim z) \sim (y \sim z)$, $x \leq y$ 当且仅当 $x \wedge y = x$.

从上述的几种逻辑代数的定义可以看出, 虽然它们具有不同的表达形式, 但它们都与剩余格结构有着非常紧密的关系. EQ-代数是剩余格的推广, 因而 EQ-代数是 MV-代数、BL-代数、MTL-代数和剩余格的一般化.

从序的观点看，BCK-代数与 BCI-代数本质差别在于: 在 BCK-代数中元素 0 是最小元，而在 BCI-代数中元素 0 是极小元. 反映在定义中，BCK-代数满足条件 $0*x=0$，而 BCI-代数不满足这个条件.

MTL-代数、BL-代数、MV-代数、布尔代数都是有界 BCK-代数的自然扩张.

定理 1.2.21[116]　剩余格是 EQ-代数.

定理 1.2.22[154]　好的 EQ-代数是相等代数.

推论 1.2.23[154]　有界可换相等代数与 MV-代数等价.

定理 1.2.24[24]　有界可换 BCK-代数与 MV-代数等价.

1.3　两类常见的超逻辑代数

在文献 [64] 和 [82] 中，我们引入并研究了两类常见的超逻辑代数: 超 MV-代数和超 BCK–代数. 为了进一步研究这两类超结构上的态理论，本节介绍这两类超代数的基本理论. 本节中除了已标记参考文献外的概念和结果均来自于文献 [64] 和 [82].

定义 1.3.1[100]　设 H 是非空集合，$\circ : H^2 \to P(H)\setminus\{\varnothing\}$ 是一个映射，则称 $\circ$ 是 H 上的一个**超运算**. 对任意的 $A,B \subseteq H, a,b \in H$，记 $A \circ B = \cup\{a \circ b : a \in A, b \in B\}$，$a \circ B = \{a\} \circ B, A \circ b = A \circ \{b\}$.

定义 1.3.2　设 M 是非空集合，"⊕" 是超运算，"$*$" 是一元运算，"0" 是常量. 若 M 满足下列公理: 对任意的 $x,y,z \in M$,

(hMV1) $x \oplus (y \oplus z) = (x \oplus y) \oplus z$;

(hMV2) $x \oplus y = y \oplus x$;

(hMV3) $(x^*)^* = x$;

(hMV4) $(x^* \oplus y)^* \oplus y = (y^* \oplus x)^* \oplus x$;

(hMV5) $0^* \in x \oplus 0^*$;

(hMV6) $0^* \in x \oplus x^*$;

(hMV7) $x \ll y, y \ll x \Rightarrow x = y$，其中 $x \ll y$ 是指 $0^* \in x^* \oplus y$,

则称 M 是**超 MV-代数**.

对任意的子集 A 和 B，定义 $A \ll B \Leftrightarrow (\exists a \in A)(\exists b \in B)(a \ll b)$，$A \oplus B = \bigcup_{a \in A, b \in B} a \oplus b$，并且 $0^* = 1, A^* = \{a^* | a \in A\}$.

下面例子说明了定义中条件 (hMV5) 和 (hMV6) 的独立性:

例 1.3.3　设 $M = \{0, a, b\}$. ⊕ 和 $*$ 定义如下:

$\oplus$	0	a	b
0	$\{0\}$	$\{a\}$	$\{0,b\}$
a	$\{a\}$	$\{a\}$	$\{0,a,b\}$
b	$\{0,b\}$	$\{0,a,b\}$	$\{0,b\}$

$*$	0	b	a
	a	b	0

经验证可知, $(M,\oplus,*,0)$ 除去定义中条件 (hMV6) 外, 其他条件都满足. 事实上, $0^* \notin b \oplus b^*$.

例 1.3.4 设 $M=\{0,a,b,c\}$. $\oplus$ 和 $*$ 定义如下:

$\oplus$	0	a	b	c
0	$\{0,a,b\}$	$\{0,a,b,c\}$	$\{0,a,b\}$	$\{0,a,b,c\}$
a	$\{0,a,b,c\}$	$\{0,a,b,c\}$	$\{0,a,b,c\}$	$\{0,a,b,c\}$
b	$\{0,a,b\}$	$\{0,a,b,c\}$	$\{0,a,b\}$	$\{0,a,b\}$
c	$\{0,a,b,c\}$	$\{0,a,b,c\}$	$\{0,a,b\}$	$\{0,a,b,c\}$

$*$	0	a	b	c
	c	b	a	0

经验证可知, $(M,\oplus,*,0)$ 除去定义中条件 (hMV5) 外, 其他条件都满足. 事实上, $0^* \notin b \oplus 0^*$.

接下来, 我们给出超 MV-代数的例子.

例 1.3.5 设 $M=[0,1]$. 在 M 上定义一元运算 $*$ 和超运算 $\oplus$ 如下: $x^*=1-x$, $x \oplus y = [0,\min\{1,x+y\}]$, 则 $(M,\oplus,*,0)$ 是超 MV-代数.

例 1.3.6 设 $M=\{0,b,1\}$. $\oplus$ 和 $*$ 定义如下:

$\oplus$	0	b	1
0	$\{0\}$	$\{0,b\}$	$\{1\}$
b	$\{0,b\}$	$\{0,b,1\}$	$\{0,b,1\}$
1	$\{1\}$	$\{0,b,1\}$	$\{1\}$

$*$	0	b	1
	1	b	0

则 $(M, \oplus, *, 0)$ 是超 MV-代数.

例 1.3.7 (1) 设 $(M, \oplus, *, 0)$ 是 MV-代数. 在 M 上定义超运算 $\oplus'$ 如下: 对任意的 $x, y \in M$, $x \oplus' y = \{x \oplus y\}$, 则 $(M, \oplus', *, 0)$ 是超 MV-代数.

(2) 设 $M = \{0, b, 1\}$. $\oplus$ 和 $*$ 定义如下:

$\oplus$	0	b	1
0	$\{0\}$	$\{0, b\}$	$\{0, 1\}$
b	$\{0, b\}$	$\{0, b, 1\}$	$\{0, b, 1\}$
1	$\{0, 1\}$	$\{0, b, 1\}$	$\{0, 1\}$

$*$	0	b	1
	1	b	0

则 $(M, \oplus, *, 0)$ 是超 MV-代数.

命题 1.3.8 设 $(M, \oplus, *, 0)$ 是超 MV-代数, 则对任意的 $x, y, z \in M$, $A, B, C \subseteq M$, 有下列结论成立:

(1) $(A \oplus B) \oplus C = A \oplus (B \oplus C)$;

(2) $0 \ll x$;

(3) $x \ll x$;

(4) 若 $x \ll y$, 则 $y^* \ll x^*$, 若 $A \ll B$, 则 $B^* \ll A^*$;

(5) $x \ll 1$;

(6) $A \ll A$;

(7) 若 $A \subseteq B$, 则 $A \ll B$;

(8) $x \ll x \oplus y$, $A \ll A \oplus B$;

(9) $(A^*)^* = A$;

(10) $0 \oplus 0 = \{0\}$;

(11) $x \in x \oplus 0$;

(12) 若 $y \in x \oplus 0$, 则 $y \ll x$;

(13) 若 $x \oplus 0 = y \oplus 0$, 则 $y = x$.

证明 (1) 我们有

$$(A \oplus B) \oplus C = \cup \{x \oplus c : x \in A \oplus B, c \in C\}$$
$$= \cup \{(a \oplus b) \oplus c : a \in A, b \in B, c \in C\}$$
$$= \cup \{a \oplus (b \oplus c) : a \in A, b \in B, c \in C\}$$
$$= A \oplus (B \oplus C).$$

(2) 由 (hMV5) 可得.

(3) 由 (hMV6) 可得.

(4) 设 $x \ll y$, 则 $0^* \in x^* \oplus y$. 由 (hMV2) 和 (hMV3) 可知, $0^* \in (y^*)^* \oplus x^*$. 所以 $y^* \ll x^*$. 设 $A \ll B$, 则存在 $a \in A, b \in B$, 满足 $a \ll b$. 所以有 $a^* \in A, b^* \in B$, 满足 $b^* \ll a^*$. 因此, $B^* \ll A^*$.

(5) 对任意的 $x \in M$, 由 (2) 可知, $0 \ll x^*$. 再由 (4) 和 (hMV3) 可得, $x \ll 1$.

(6) 设 $a \in A$, 因为 $a \ll a$, 所以 $A \ll A$.

(7) 设 $a \in A$, 因为 $A \subseteq B$, 所以 $a \in B$. 因此, $A \ll B$.

(8) 由 (hMV1), (hMV5) 和 (hMV6) 可知, $0^* \in 0^* \oplus y \subseteq x^* \oplus (x \oplus y)$. 所以, 存在 $c \in x \oplus y$, 满足 $0^* \in x^* \oplus c$, 也就是 $x \ll c$. 因此, $x \ll x \oplus y$. 现设 $x \in A$, 则对任意的 $y \in B, x \ll x \oplus y$. 故有 $A \ll A \oplus B$.

(9) 我们有
$$(A^*)^* = \{x^* : x \in A^*\}$$
$$= \{x^* : \exists a \in A \text{且} x = a^*\}$$
$$= \{(a^*)^* : a \in A\} = A.$$

(10) 如果 $b \in 0 \oplus 0$, 则 $b^* \neq b$. 假设存在 $b \in 0 \oplus 0$, 满足 $b^* = b$, 则由 (hMV6) 可知, $1 \in b \oplus b$. 所以, $1 \in b \oplus b \subseteq (0 \oplus 0) \oplus b = 0 \oplus (0 \oplus b)$. 又存在 $x \in 0 \oplus b$, 满足 $1 \in 0 \oplus x$, 则 $1 \ll x$. 由 (5) 和 (hMV7) 知, $1 = x$. 因此, $1 \in 0 \oplus b$, 则 $b^* = b = 1$, 矛盾. 现设 $b \in 0 \oplus 0$, 则 $b^* \neq b$. 由 (hMV6) 可得, $1 \in b^* \oplus b$. 再由 (hMV1) 和 (hMV2) 可得, $1 \in b^* \oplus b \subseteq (0 \oplus 0) \oplus b^* = 0 \oplus (0 \oplus b^*)$. 又存在 $x \in 0 \oplus b^*$, 满足 $1 \in 0 \oplus x$, 则 $1 \ll x$. 由 (5) 和 (hMV7) 知, $1 = x$. 因此, $1 \in 0 \oplus b^*$, 则 $b = 0$, 因此 $0 \oplus 0 = \{0\}$.

(11) 由 (hMV1) 和 (hMV6) 可得, $1 \in 0 \oplus 1 \subseteq 0 \oplus (x \oplus x^*) = (0 \oplus x) \oplus x^*$. 又存在 $a \in 0 \oplus x$, 满足 $1 \in a \oplus x^*$, 则 $x \ll a$. 由 (hMV1) 和 (hMV2) 可知, $1 \in a^* \oplus a \subseteq (0 \oplus x) \oplus a^* = (x \oplus a^*) \oplus 0$. 又存在 $b \in x \oplus a^*$, 满足 $1 \in b \oplus 0$, 则 $1 \ll b$. 由 (5) 和 (hMV7) 知, $1 = b$. 因此, $1 \in x \oplus a^*$, 则 $a \ll x$, 所以由 (hMV7) 可得, $x = a$. 因此, $x \in x \oplus 0$.

(12) 设 $y \in x \oplus 0$, 则 $0 \oplus x = (0 \oplus 0) \oplus x = 0 \oplus (0 \oplus x) \supseteq 0 \oplus y$. 假设, $0 \oplus x \supseteq 0 \oplus y$, 则 $1 \in 0 \oplus 1 \subseteq 0 \oplus (y \oplus y^*) = (0 \oplus y) \oplus y^* \subseteq (0 \oplus x) \oplus y^* = 0 \oplus (x \oplus y^*)$. 存在 $a \in x \oplus y^*$, 满足 $1 \in 0 \oplus a$, 则 $1 \ll a$. 由 (5) 和 (hMV7) 知, $1 = a$, 则 $1 \in x \oplus y^*$, 因此 $y \ll x$.

(13) 假设 $x \oplus 0 = y \oplus 0$, 则 $1 \in 0 \oplus 1 \subseteq 0 \oplus (x \oplus x^*) = (0 \oplus x) \oplus x^* = (0 \oplus y) \oplus x^* = 0 \oplus (y \oplus x^*)$. 存在 $a \in y \oplus x^*$, 满足 $1 \in 0 \oplus a$, 则 $1 \ll a$. 由 (5) 和 (hMV7) 知, $1 = a$. 则 $1 \in y \oplus x^*$, 因此 $x \ll y$. 类似可得, $y \ll x$. 因此, 由 (hMV7) 可知, $y = x$.

显然, M 是非平凡的当且仅当 $0 \neq 1$.

定义 1.3.9 设 $(M, \oplus, *, 0)$ 是超 MV-代数. 在 M 上定义一个超运算 "$\circ$" 和关

系 "<" 分别如下: $x \circ y := (x^* \oplus y)^*$; $x < y$ 当且仅当 $0 \in x \circ y$. 则对 M 中的任意非空子集 A, B, 我们有, $A < B$ 当且仅当存在 $a \in A, b \in B$, 满足 $a < b$.

引理 1.3.10 若 $(M, \oplus, *, 0)$ 是超 MV-代数, 则 $x < y$ 当且仅当对任意的 $x, y \in M$, $x \ll y$; $A < B$ 当且仅当对 M 中的任意非空子集 A, B, $A \ll B$.

证明 证明参见 [64].

引理 1.3.11 若 $(M, \oplus, *, 0)$ 是超 MV-代数, 则 $(x \circ y) \circ z = ((x^* \oplus y) \oplus z)^*$.

证明
$$\begin{aligned}(x \circ y) \circ z &= \cup\{a \circ z : a \in x \circ y\}\\ &= \cup\{(a^* \oplus z)^* : a \in (x^* \oplus y)^*\}\\ &= \cup\{(a^* \oplus z)^* : a^* \in (x^* \oplus y)\}\\ &= ((x^* \oplus y) \oplus z)^*.\end{aligned}$$

定义 1.3.12[128] 设 $(M, \oplus, *, 0)$ 是超 MV-代数, $\sim$ 是等价关系. 对任意的 $A, B \subseteq M$, 定义:

(1) $A \sim B$ 指的是: 存在 $a \in A$ 和 $b \in B$ 使得 $a \sim b$.

(2) $A \approx B$ 指的是: 对任意 $a \in A$, 存在 $b \in B$ 使得 $a \sim b$, 并且对任意 $b \in B$, 存在 $a \in A$ 使得 $a \sim b$.

(3) $A \cong B$ 指的是: 任意的 $a \in A$ 和 $b \in B$ 使得 $a \sim b$.

定义 1.3.13[128] 设 $(M, \oplus, *, 0)$ 是超 MV-代数, $\sim$ 是等价关系. 对任意的 $x, y, x', y' \in M$, 定义:

(1) 若 $\sim$ 满足: $x \sim y$, $x' \sim y' \Rightarrow x^* \sim y^*, x \oplus x' \approx y \oplus y'$, 则 $\sim$ 称为 M 的**超同余关系 (H-同余)**.

(2) 若 $\sim$ 满足: $x \sim y$, $x' \sim y' \Rightarrow x^* \sim y^*, x \oplus x' \cong y \oplus y'$, 则 θ 称为 M 的**强超同余关系 (SH-同余)**.

命题 1.3.14[63] 设 $(M, \oplus, *, 0)$ 是超 MV-代数, $\sim$ 是等价关系.

(1) $\sim$ 是 M 的 H-同余当且仅当对任意的 $x, y, z \in M$,

(i) $x \sim y \Rightarrow x^* \sim y^*$;

(ii) $x \sim y \Rightarrow x \oplus z \approx y \oplus z$.

(2) $\sim$ 是 M 的 SH-同余当且仅当对任意的 $x, y, z \in M$,

(i) $x \sim y \Rightarrow x^* \sim y^*$;

(ii) $x \sim y \Rightarrow x \oplus z \cong y \oplus z$.

命题 1.3.15[128] 设 $(M, \oplus, *, 0)$ 是超 MV-代数, $\sim$ 是等价关系. 对任意的 $A, B \subseteq M$,

(1) 若 $A \approx B, B \approx C$, 则 $A \approx C$;

(2) 若 $A \approx B, B \sim C$, 则 $A \sim C$;

(3) 若 $A \sim B, B \approx C$, 则 $A \sim C$;

(4) 若 $A \approx B, B \approx C$, 则 $A \approx C$.

定义 1.3.16[63] 设 $(M, \oplus, *, 0)$ 是超 MV-代数, $\sim$ 是 H-同余. $\sim$ 称为 M 的**好的 H-同余**, 若 $\sim$ 满足: $x^* \oplus y \sim \{1\}, y^* \oplus x \sim \{1\} \Rightarrow x \sim y$.

定理 1.3.17[63] 设 $(M, \oplus, *, 0)$ 是超 MV-代数, $\sim$ 是好的 H-同余. $\left(\dfrac{M}{\sim}, \overline{\oplus}, \overline{*}, [0]\right)$ 是超 MV-代数并称它为关于 $\sim$ 的**商超 MV-代数**, 当对任意的 $[x], [y] \in \dfrac{M}{\sim}$, $[x] \overline{\oplus} [y] = \{[t] | t \in x \oplus y\}$ 和 $[x]^{\overline{*}} = [x^*]$ 成立. $[x] \ll [y]$ 当且仅当 $[1] \in [x]^{\overline{*}} \overline{\oplus} [y]$. 特别地, 若 $\sim$ 是好的强 H-同余, 则 $\left(\dfrac{M}{\sim}, \overline{\oplus}, \overline{*}, [0]\right)$ 是 MV-代数.

下面介绍超 BCK-代数的概念和主要结果.

定义 1.3.18[82] 一个 $(2, 0)$ 型的代数 $(H, \circ, 0)$ 若满足下列公理: 对任意的 $x, y, z \in H$,

(HK-1) $(x \circ z) \circ (y \circ z) \ll x \circ y$;

(HK-2) $(x \circ y) \circ z = (x \circ z) \circ y$;

(HK-3) $x \circ H \ll \{x\}$;

(HK-4) $x \ll y, y \ll x \Rightarrow x = y$,

则称 $(H, \circ, 0)$ 是一个**超 BCK-代数**. 其中, $x \ll y$ 定义为: $0 \in x \circ y$. "$\ll$" 称为**超序关系**. 对任意的非空子集 $A, B \subseteq H$, $A \ll B$ 定义为: 对任意 $a \in A$, 存在 $b \in B$ 使得 $a \ll b$.

例 1.3.19[82] 设 $(H, *, 0)$ 是一个 BCK-代数. 在 H 上定义超二元运算 "$\circ$": 对任意的 $x, y \in H$, $x \circ y = \{x * y\}$, 则 $(H, \circ, 0)$ 是一个超 BCK-代数. 这说明 BCK-代数可看作是特殊的超 BCK-代数, 也就是说, 超 BCK-代数是 BCK-代数的一种推广.

例 1.3.20[82] 设集合 $H = [0, \infty)$, 其上的超二元运算 "$\circ$" 定义为

$$x \circ y = \begin{cases} [0, x], & x \leq y, \\ (0, y], & x > y \neq 0, \\ x, & y = 0, \end{cases}$$

则 $(H, \circ, 0)$ 是一个超 BCK-代数.

命题 1.3.21[82] 在超 BCK-代数 $(H, \circ, 0)$ 中, 条件 (HK-3) 等价于: 对任意的 $x, y \in H$, $x \circ y \ll \{x\}$.

定义 1.3.22[14] 一个超 BCK-代数 $(H, \circ, 0)$ 称为**有界的**, 若存在一个元素 $e \in H$ 使得对于任意的 $x \in H$ 都有 $x \ll e$. 这个元素 e 称为 H 的**最大元**. 我们将有界超 BCK-代数记为 $(H; \circ, 0, e)$.

命题 1.3.23 设 $(H, \circ, 0, e)$ 是一个有界超 BCK-代数, 则下列结论成立: 对任意的 $x, y, z \in H$,

(1) $x \ll y \Rightarrow y^- \ll x^-$;

(2) $x^- \circ y = y^- \circ x$;

(3) $(x^- \circ y) \circ z = (x^- \circ z) \circ y = (z^- \circ x) \circ y = (z^- \circ y) \circ x = (y^- \circ z) \circ x = (y^- \circ x) \circ z$.

定义 1.3.24[19, 82]　设 I 是超 BCK-代数 $(H, \circ, 0)$ 的一个非空子集且满足 $0 \in I$, 对任意的 $x, y \in H$, 则 I 称为

(1) **弱超 BCK-理想**, 若满足: $x \circ y \subseteq I, y \in I \Rightarrow x \in I$;

(2) **超 BCK-理想**, 若满足: $x \circ y \ll I, y \in I \Rightarrow x \in I$;

(3) **强超 BCK-理想**, 若满足: $x \circ y \cap I \neq \varnothing, y \in I \Rightarrow x \in I$.

由上述三类超理想的定义可知, 超 BCK-代数上的每个强超 BCK-理想都是超 BCK-理想, 每个超 BCK-理想都是弱超 BCK-理想. 若 I 是超 BCK-代数 $(H, \circ, 0)$ 上的超 BCK-理想, 则有 $x \in I \Rightarrow x \circ y \subseteq I$.

定义 1.3.25[14]　设 θ 是超 BCK-代数 $(H, \circ, 0)$ 上的一个等价关系, A, B 是 H 上的两个非空子集, 定义:

(1) $A\theta B$ 指的是: 存在 $a \in A$ 和 $b \in B$ 使得 $a\theta b$.

(2) $A\bar{\theta}B$ 指的是: 对任意 $a \in A$, 存在 $b \in B$ 使得 $a\theta b$, 并且对任意 $b \in B$, 存在 $a \in A$ 使得 $a\theta b$.

(3) θ 称为**同余关系**, 若满足: 对任意的 $x, y, x', y' \in H$, $x\theta y$, $x'\theta y' \Rightarrow x \circ x' \bar{\theta} y \circ y'$.

(4) θ 称为**正则的**, 若满足: 对任意的 $x, y \in H$, $x \circ y \theta \{0\}$, $y \circ x \theta \{0\} \Rightarrow x\theta y$.

定理 1.3.26[14]　设 θ 是超 BCK-代数 $(H, \circ, 0)$ 上的正则同余关系, 定义对任意的 $x \in H$, $I_x = [x]_\theta$. 令 $I = [0]_\theta$, 则集合 $H/I = \{I_x | x \in H\}$. 在 H/I 上定义超代数运算 "$\circ$" 及超序关系 "$<$" 为

$$I_x \circ I_y = \{I_z | z \in x \circ y\}, \quad I_x < I_y \Leftrightarrow I \in I_x \circ I_y,$$

则 $(H/I, \circ, <)$ 是一个超 BCK-代数, 称其为**商超 BCK-代数**.

第 2 章 逻辑代数上的滤子 (理想) 理论

滤子理论在逻辑代数中起着重要的作用, 从逻辑角度来讲, 不同滤子对应不同可证公式的集合. 本章首先介绍了 MV-代数上的理想, 其中包括素理想、极大理想、主理想、固执理想和根理想, 简要讨论了部分理想之间的关系. 其次, 我们引用文献 [159] 介绍了剩余格上的各类滤子概念, 其中有关联滤子、正关联滤子、布尔滤子、G-滤子、奇异滤子等, 并讨论了这些滤子之间的关系. 再次, 引用文献 [105] 和 [99] 定义了由 EQ-代数上非空子集生成的前滤子, 给出它的一些性质, 且在其上定义了交并运算, 得到 ℓEQ-代数上的所有主前滤子的集合是 EQ-代数上所有前滤子的代数格的子格. 最后, 我们介绍了 EQ-代数奇异 (前) 滤子、可换 (前) 滤子、固执 (前) 滤子的定义, 讨论了各自的性质.

2.1 MV-代数上的理想

在本节中, 我们介绍了 MV-代数上的理想, 主要有素理想、固执理想、主理想、极大理想和根理想, 讨论了它们之间的关系和各自的性质.

定义 2.1.1[28] 设 I 是 MV-代数 A 的非空子集. 若对任意的 $x,y \in A$, 以下条件成立:

(1) 若 $x \in I$ 且 $y \leq x$, 则 $y \in I$;

(2) 若 $x,y \in I$, 则 $x \oplus y \in I$,

则称 I 为 A 的**理想**.

将 MV-代数 A 上所有理想的集合记为 $Id(A)$.

定义 2.1.2[60] 设 I 为 MV-代数 A 的真理想. 若对任意的 $x,y \in A, x \wedge y \in I$, 有 $x \in I$ 或 $y \in I$, 则称 I 为 A 的**素理想**. 所有素理想的集合记为 $Spec(A)$.

定义 2.1.3 设 I 为 MV-代数 A 的真理想. 若对任意的 $x,y \in A, x,y \notin I$, 有 $x \odot \neg y \in I$ 且 $y \odot \neg x \in I$, 则称 I 为**固执理想**[59].

定义 2.1.4[60] 设 I 是 MV-代数 A 的真理想. 若对任意的 $a,b \in A, a \odot b \in I$, 都存在正整数 n, 使得 $a^n \in I$ 或 $b^n \in I$, 则称 I 为 A 的**主理想**.

设 W 是 MV-代数 A 的子集. 若 $W = \varnothing$, 则 $\langle W \rangle = \{0\}$. 若 $W \neq \varnothing$, 则 $\langle W \rangle = \{x \in A \mid 存在 w_1,\cdots,w_k \in W, 使得 x \leq w_1 \oplus \cdots \oplus w_k\}$. 由 a 生成的主理想记为 $(a] = \{x \in A: 存在自然数 n, 使得 x \leq na\}$. 注意到 $\langle 0 \rangle = \{0\}, \langle 1 \rangle = A$, 且对

MV-代数 A 的理想 J 和任意的 $a \in A$, $\langle J \cup \{a\} \rangle = \{x \in A \mid 存在自然数 n 及 b \in J$ 满足 $x \leq na \oplus b\}$.

定义 2.1.5[60]　设 I 为 MV-代数 A 的真理想. 若对任意真包含 I 的理想 J, 有 $J = A$, 则称 I 为 A 的**极大理想**.

定理 2.1.6[28, 125]　设 J 为 A 的真理想, 则以下结论成立:

(1) A 的每个素理想都包含于唯一的极大理想中;

(2) 若 $a \in A$, $a \notin J$, 则存在 A 的素理想 P, 使得 $J \subseteq P$, 且 $a \notin P$. 特别地, 对任意的 $a \in A$, $a \neq 0$, 存在素理想 P, 使得 $a \notin P$.

证明　(1) 设 J 为 A 的素理想. 集合 $\mathcal{H} = \{I \in \mathcal{I}(A) | I \neq A 且 J \subseteq I\}$ 在包含关系下是全序集. 因此 $M = \bigcup_{I \in \mathcal{H}} I$ 是 A 的理想, 因为 M 是真理想, $1 \notin M$, 从而 M 是唯一的包含 J 的极大理想.

(2) 设 $\mathcal{H} = \{I \in Id(A) \mid J \subseteq I, a \notin I\}$. 则 $\mathcal{H}$ 满足 Zorn 引理, 存在 A 的极大理想 I, 有 $J \subseteq I, a \notin I$. 下证 I 是素理想, 设 $x, y \in A$. 若 $x \odot \neg y \notin I$ 且 $y \odot \neg x \notin I$, 则由 I 和 $x \odot \neg y$ 生成的理想一定包含 a, 由主理想的生成式, 存在 $s \in I$, 整数 $p \geq 1$, 有 $a \leq s \oplus p(x \odot \neg y)$, 同理, 存在 $t \in I$ 和整数 $q \geq 1$, 使得 $a \leq t \oplus q(y \odot \neg x)$. 令 $u = s \oplus t, n = \max\{p, q\}$, 则 $u \in I, a \leq u \oplus n(x \odot \neg y)$ 且 $a \leq u \oplus n(y \odot \neg x)$, 从而 $a \leq (u \oplus n(x \odot \neg y)) \wedge (u \oplus n(y \odot \neg x)) = u \oplus (n(x \odot \neg y) \wedge n(y \odot \neg x)) = u$, 则 $a \in I$, 矛盾.

由定理 2.1.6 可得, MV-代数 A 的每一真理想都是素理想的交.

定理 2.1.7[59]　若 I 是 A 的固执理想, 则 I 是 A 的极大理想.

证明　设 I 是 A 的固执理想. 对任意的 $x \in A, x \notin I$, 因为 I 是 A 的真理想, 有 $1 \notin I$, 从而 $1 \odot \neg x \in I$ 且 $x \odot \neg 1 \in I$, 即存在 $n = 1$ 使得 $\neg(1x) \in I$. 若存在整数 $n \geq 1$, 使得 $\neg(nx) \in I$, 假设 $x \in I$, 则 $nx \in I$, 故 $\neg(nx) \oplus nx = 1 \in I$, 这与 I 为真理想矛盾, 由极大理想的等价概念知固执理想是极大理想.

定义 2.1.8[29, 72]　所有极大理想的交称为**根理想**, 记为 $Rad(A)$.

设 I 为 A 的真理想. 则记 $Rad(I)$ 为所有包含 I 的 A 的极大理想的交, $Rad(I) = \{a \in A : na \odot a \in I, n 为自然数\}$. 给出以下证明, 设 $a \in Rad(I)$, 存在 k 为自然数, 使得 $ka \odot a \notin I$, 由定理 2.1.6 的 (2) 知, 存在 A 的素理想 P, 使得 $I \subseteq P$ 且 $ka \odot \neg(\neg a) = ka \odot a \notin P$, 因为 P 是素理想, 有 $\neg a \odot \neg(ka) \in P$. 由定理 2.1.6 的 (1), 存在 A 的唯一一个极大理想 M, 使得 $P \subseteq M$, 因此 $\neg(ka) \odot \neg a \in M$.

反之, 若对任意的 n 为正整数, $a \notin Rad(I)$, 有 $na \odot a \in I$, 则存在 A 的极大理想 M, 使得 $I \subseteq M, a \notin M$, 且存在自然数 n, 使得 $\neg(na) \in M$. 又 $na \odot a \in I \subseteq M$, 则 $\neg(na) \oplus \neg((\neg(na)) \odot a) \in M$, 进而 $\neg(na) \vee a \in M$, 故 $a \in M$, 矛盾.

定理 2.1.9[60]　设 I, J 均为 MV-代数的真理想, 则以下结论成立:

(1) 若 $0 \neq a \in A$ 为有限阶的, 则 $a \notin Rad(I)$, 即 $Rad(I) \subseteq \{a \in A : ord(A) = \infty\}$;

(2) 对任意的 $a, b \in A$, 若 $a, b \in Rad(I)$, 则 $(a \oplus b)^2 \in I$. 特别地, 若对任意的 $x \in A$, $x \in B(A)$, 则 $a \oplus b \in I$;

(3) 若 $I \subseteq J$, 则 $Rad(I) \subseteq Rad(J)$;

(4) $Rad(I) = A$ 当且仅当 $I = A$;

(5) $Rad(Rad(I)) = Rad(I)$;

(6) $Rad(I) \cup Rad(J) \subseteq Rad(I \cup J)$;

(7) $Rad(I) \to Rad(J) \subseteq I \to Rad(J)$;

(8) $Rad(I) \to Rad(J) \subseteq Rad(I \to Rad(J))$;

(9) 若任意 $a \in I$, 存在 k 为自然数, 使得 $ka \in J$, 则 $Rad(I) \subseteq Rad(J)$.

证明 (1) 设 $a \in A$, 使得 $a \in Rad(I)$, 且 $ord(A) = m$, 则 $ma = 1$. 由根的理想性质, $ma = 1 \in Rad(I)$, 矛盾.

(2) 设 $a, b \in Rad(I)$, 则 $a \oplus b \in Rad(I)$ 且对任意的自然数 n, 有 $n(a \oplus b) \odot (a \oplus b) \in I$, 所以 $(a \oplus b)^2 = (a \oplus b) \odot (a \oplus b) \in I$. 特别地, $(a \oplus b)^2 \in B(A)$, 所以 $a \oplus b \in I$.

(3) 显然.

(4) 设 $Rad(I) = A$, 则 $1 \in Rad(I)$, 因此对任意的自然数 n, 有 $1 = n(1) \odot 1 \in I$, 则 $I = A$. 反之, 显然.

(5) 由 (3), 有 $Rad(I) \subseteq Rad(Rad(I))$. 下证 $Rad(Rad(I)) \subseteq Rad(I)$. 设 $x \in Rad(Rad(I))$, 则 $x \in M$, M 为包含 $Rad(I)$ 的 A 的极大理想. 令 M_0 为 A 的任意包含 I 的极大理想, 则 $M_0 = Rad(M_0) \supseteq Rad(I)$ 且 $x \in M_0$, 因此 $x \in Rad(I)$. 故 $Rad(Rad(I)) \subseteq Rad(I)$, 从而 $Rad(Rad(I)) = Rad(I)$.

(6) 根据 (3) 易得.

(7) 设 $x \in Rad(I) \to Rad(J)$, 则 $[x] \cap Rad(I) \subseteq Rad(J)$, 因此 $I \cap [x] \subseteq Rad(J)$, 即 $x \in I \to Rad(J)$.

(8) 设 $x \in Rad(I \to J)$, 则 $nx \odot x \in I \to J$, 因此对任意的自然数 n, $I \cap (nx \odot x) \subseteq J \subseteq Rad(J)$, 从而对任意的自然数 n, 有 $nx \odot x \in I \to Rad(J)$, 故 $x \in Rad(I \to Rad(J))$.

(9) 设 $a \in I$. 假设有自然数 k, 使得 $ka \in J$, 我们有 $a \leq ka$, 因此 $a \in J$, 从而 $I \subseteq J$, 又由 (3) 有 $Rad(I) \subseteq Rad(J)$.

性质 2.1.10[60] 设 $I_1, \cdots, I_n$ 为 A 的真理想, 则 $Rad(\bigcap_{i=1}^n I_i) = \bigcap_{i=1}^n Rad(I_i)$.

证明 首先 $\bigcap_{i \in I} \subseteq I_i \subseteq Rad(I_i)$, 又由定理 2.1.9 的 (3) 有 $Rad(\bigcap_{i \in I}) \subseteq Rad(I_i)$, 从而 $Rad(\bigcap_{i \in I} I_i) \subseteq \bigcap_{i \in I} Rad(I_i)$. 反之, 设 $x \in \bigcap_{i \in I} Rad(I_i)$, 则 $x \in Rad(I_i)$, 对任意的 $i \in I$, 有 $nx \odot x \in I_i$, 因此 $Rad(\bigcap_{i=1}^n I_i) = \bigcap_{i=1}^n Rad(I_i)$.

定理 2.1.11[125] 若 A 是 MV-代数, 则

(1) 对任意的 $I \in Id(A)$, $I = \cap \{P \in Spec(A) : I \subseteq P\}$,

(2) $\cap \{P \in Spec(A)\} = \{0\}$.

定理 2.1.12 每一个素理想都是主理想.

证明 该定理的证明参见文献 [5].

定理 2.1.13[5] 极大理想一定是素理想.

证明 此定理的证明同定理 2.1.7 的证明类似.

引理 2.1.14[28] 设 A, B 都为 MV-代数, $h : A \to B$ 是同态, 则以下结论成立:

(1) 对 B 的任意理想 J, 集合 $h^{-1}(J) = \{x \in A \mid h(x) \in J\}$ 是 A 的理想, 特别地, $\ker(h) \in Id(A)$;

(2) $h(x) \leq h(y)$ 当且仅当 $x \odot \neg y \in \ker(h)$;

(3) h 是单射当且仅当 $\ker(h) = \{0\}$;

(4) $\ker(h) \neq A$ 当且仅当 B 是非平凡的, 其中 $\ker(h) = h^{-1}(0) = \{x \in A \mid h(x) = 0\}$ 为 h 的核;

(5) $\ker(h) \in Spec(A)$ 当且仅当 B 非平凡且 $h(A)$ 作为 B 的子代数是一个 MV-链.

一个 MV 代数, 如果它的自然序是全序, 则称它为 MV-链;

证明 (1) 设 $x \in h^{-1}(J)$, 则 $h(x) \in J$. 由 $y \leq x$, 可知 $h(y) \leq h(x)$, 又 J 是 B 的理想, 则 $y \in h^{-1}(J)$. $x, y \in h^{-1}(J)$, 则 $h(x), h(y) \in J$, 从而 $h(x \oplus y) = h(x) \oplus h(y) \in J$, 即 $x \oplus y \in h^{-1}(J)$.

(2) $h(x) \leq h(y) \Leftrightarrow h(x \odot \neg y) = h(x) \odot \neg h(y) = 0 \Leftrightarrow x \odot \neg y \in \ker(h)$.

(3) 显然.

(4) $\ker(h) \neq A$, 则存在 $x_0 \in A$, 使得 $0 \neq h(x_0) \in B$, 则 B 是非平凡的. 因为 B 是非平凡的, 所以 $0, 1 \in B$, $\ker(h) \neq h^{-1}(1)$, 事实上, $\ker(h) \cap h^{-1}(1) = \emptyset$, 因此 $\ker(h) \neq A$.

(5) 一方面, $\ker(h)$ 为 A 的真理想, 由 (4) 知 B 是非平凡的, 对任意的 $h(x), h(y) \in h(A)$, $h(x) \oplus h(y) = h(x \oplus y) \in h(A)$, $h(x) \odot \neg h(y) = h(x \odot \neg y) \in h(A)$, 则 $h(A)$ 为 B 的子代数, 又因为 $\ker(h)$ 为素理想, 则 $h(A)$ 是 MV-链. 另一方面, $h(A)$ 是 MV-链, 对任意的 $x, y \in A$, $h(x), h(y) \in h(A)$, 有 $h(x) \leq h(y)$ 或 $h(y) \leq h(x)$, 由 (2) 有, $x \odot \neg y \in \ker(h)$ 或 $y \odot \neg x \in \ker(h)$, 则 $\ker(h)$ 为 A 的素理想.

定理 2.1.15[28] 设 A, B 都为 MV-代数. 若 $h : A \to B$ 是一个满同态, 则存在同构 $f : A/\ker(h) \to B$, 对任意的 $x \in A$, 使得 $f(x/\ker(h)) = h(x)$.

定义 2.1.16[28] 称映射 $d : A \times A \to A$ 为**距离函数**, 若它满足对任意的 $x, y \in A$, $d(x, y) = (x \odot \neg y) \oplus (y \odot \neg x)$.

在标准的 MV-代数 [0,1] 中, $d(x, y) = |x - y|$.

命题 2.1.17[28] 在 MV-代数 A 中, 以下结论成立:

(1) $d(x,y) = 0$ 当且仅当 $x = y$;
(2) $d(x,y) = d(y,x)$;
(3) $d(x,z) \leq d(x,y) \oplus d(y,z)$;
(4) $d(x,y) = d(\neg x, \neg y)$;
(5) $d(x \oplus s, y \oplus t) \leq d(x,y) \oplus d(s,t)$.

证明 其中 (1),(2) 和 (4) 由定义易得, 下面证明 (3). 因为 $\neg(x \odot \neg z) \oplus (x \odot \neg y) \oplus (y \odot \neg z) = (\neg x \vee \neg y) \oplus (z \vee y) \geq \neg y \oplus y = 1$, 所以 $(x \odot \neg z) \leq (x \odot \neg y) \oplus (y \odot \neg z)$. 同理, $(z \odot \neg x) \leq (y \odot \neg x) \oplus (z \odot \neg y)$, 进而 $d(x,z) \leq d(x,y) \oplus d(y,z)$. 又有 $\neg((x \oplus s) \odot (y \oplus t)) \oplus (x \odot \neg y) \oplus (s \odot \neg t) = \neg(x \oplus s) \oplus (x \vee y) \oplus (t \vee s) \geq \neg(x \oplus s) \oplus x \oplus s = 1$, 同理 (5) 成立.

设 I 为非空集. 将一族 MV-代数 $\{A_i\}_{i \in I}$ 的直积, 记为 $\prod_{i \in I} A_i$, $\prod_{i \in I} A_i$ 中的元素为 $f : I \to \bigcup_{i \in I} A_i$, 满足对任意 $i \in I$, $f(i) \in A_i$, 且在 $\prod_{i \in I} A_i$ 上赋予两种运算 $\neg$ 和 $\oplus$ 如下:

$$(\neg f)(i) = \neg(f(i)) \text{ 以及 } (f \oplus g)(i) = f(i) \oplus g(i).$$

$\prod_{i \in I} A_i$ 的零元素为 $i \in I \mapsto 0_i \in A_i$, 对任意 $j \in I$, $\pi_j : \prod_{i \in I} A_i \to A_j$, $\pi_j(f) = f(j)$.

定理 2.1.18[28] MV-代数 A 是一族 MV-代数 $\{A_i\}_{i \in I}$ 的次直积的充分必要条件是存在同构 $h : A \to \prod_{i \in I} A_i$, 使得对任意 $j \in I$, $\pi_j \circ h$ 为 A 到 A_j 上的满同态.

定理 2.1.19[28] MV-代数 A 是一族 MV-代数 $\{A_i\}_{i \in I}$ 的次直积的充分必要条件是存在 A 的一族理想 $\{J_i\}_{i \in I}$ 满足:
(1) 对任意的 $i \in I$, $A_i \cong A/J_i$;
(2) $\bigcap_{i \in I} J_i = \{0\}$.

证明 设 A 是一族 MV-代数 $\{A_i\}_{i \in I}$ 的次直积. $h : A \to \prod_{i \in I} A_i$ 为定理 2.1.18 中的同构, 对任意的 $j \in I$, 令 $J_j = \ker(\pi_j \circ h)$. 由定理 2.1.15, $A_j \cong A/J_j$. 若 $x \in \bigcap_{i \in I} J_i$, 则 $\pi_j(h(x)) = 0$, 对任意 $j \in I$, 从而 $h(x) = 0$. 又因为 h 是单射, 则 $x = 0$. 因此 $\bigcap_{i \in I} J_i = \{0\}$.

反之, 设 A 的一族理想 $\{J_i\}_{i \in I}$ 满足 (1) 和 (2). 令 ϵ_i 为 A/J_i 到 A_i 的同构, $h : A \to \prod_{i \in I} A_i$, 对任意的 $x \in A$, $(h(x))(i) = \epsilon_i(x/J_i)$. 由 (2) 知 $\ker(h) = 0$, 再由引理 2.1.14 可知, h 是单射. 因为对任意 $i \in I$, 映射 $a \in A \to a/J_i \in A/J_i$ 是满射, 因此 $\pi_j \circ h$ 是同构. 故 A 是 $\{A_i\}_{i \in I}$ 的次直积.

定理 2.1.20[28] 每一个非平凡的 MV-代数是 MV 链的直积.

证明 由定理 2.1.19 和引理 2.1.14, MV-代数 A 是一族 MV-链的次直积当且仅当存在 A 的一族素理想 $\{P_i\}_{i \in I}$, 使得 $\bigcap_{i \in I} P_i = \{0\}$. 再由每一真理想都是素理想的交, 此定理得证.

2.2 剩余格的滤子

在本节中, 我们引用文献 [159] 介绍剩余格的滤子, 主要有布尔滤子、关联滤子、正关联滤子、奇异滤子和 MV-滤子, 并且讨论了它们之间的关系. 另外, 本节的定义、定理、命题, 除了标记文献之外的, 其余均来自文献 [159].

设 E 是剩余格, $F \subseteq L$ 且 $x,y,z \in E$. 为了方便, 列举一些条件用于后面的定义、命题和定理:

(F_1): $x,y \in F \Rightarrow x \odot y \in F$;

(F_2): $x \in F, x \leq y \Rightarrow y \in F$;

(F_3): $1 \in F$;

(F_4): $x, x \to y \in F \Rightarrow y \in F$;

(F_5): $z, z \to ((x \to y) \to x) \in F \Rightarrow x \in F$;

$(F_5)'$: $x \vee \neg x \in F$;

$(F_5)''$: $x \to (\neg z \to y), y \to z \in F \Rightarrow x \to z \in F$;

(F_6): $z \to (x \to y), z \to x \in F \Rightarrow z \to y \in F$;

$(F_6)'$: $x^2 \to y \in F \Rightarrow x \to y \in F$;

$(F_6)''$: $x \to x^2 \in F$;

(F_7): $z, z \to (y \to x) \in F \Rightarrow ((x \to y) \to y) \to x \in F$;

$(F_7)'$: $y \to x \in F \Rightarrow ((x \to y) \to y) \to x \in F$;

$(F_7)''$: $((x \to y) \to y) \to ((y \to x) \to x) \in F$.

定义 2.2.1[129] 设 F 是 E 的非空子集. 如果对任意的 $x,y \in L$ 满足条件 (F_1) 和 (F_2), 则称 F 是 E 的**滤子**. 在 E 上滤子的集合记为 $F(E)$.

命题 2.2.2[129] 设 F 是 E 的非空子集, 则 $F \in F(E)$ 当且仅当对任意的 $x,y \in E$ 满足条件 (F_3) 和 (F_4).

定理 2.2.3[129] 设 F 是 E 的非空子集且 $1 \in F$, 则以下结论等价:

(1) F 是 E 的滤子;

(2) 对任意的 $x,y,z \in E$, 若 $x \to y, y \to z \in F$, 则 $\Rightarrow x \to z \in F$;

(3) 对任意的 $x,y,z \in E$, 若 $x \to y, x \odot z \in F$, 则 $y \odot z \in F$;

(4) 对任意的 $x,y,z \in E$, 若 $x,y \in F, x \leq y \to z$, 则 $z \in F$.

设 F 是剩余格 E 的滤子. 在 E 上定义关系 $\equiv_F$ 如下: 对任意的 $x,y \in E$,

$$x \equiv_F y \Leftrightarrow x \to y, y \to x \in F.$$

易知 $\equiv_F$ 是同余关系. 记 $\equiv_F$ 的同余类为 L/F, 即 $L/F = \{[x]_F, x \in E\}$, 其中

$[x]_F = \{y \in E, x \equiv_F y\}$. 在 L/F 定义运算如下:

$$[x]_F \odot [y]_F = [x \odot y]_F; \quad [x]_F \to [y]_F = [x \to y]_F;$$

$$[x]_F \sqcap [y]_F = [x \wedge y]_F; \quad [x]_F \sqcup [y]_F = [x \vee y]_F.$$

则 $(L/F, \sqcup, \sqcap, \odot, \to, [0]_F, [1]_F)$ 是剩余格. L/F 称为 F 的商剩余格.

定义 2.2.4[133, 149, 160] 设 F 是 E 的子集. 如果对任意的 $x, y \in E$ 满足条件 (F_3) 和 (F_5), 则称 F 是 E 的**关联滤子**.

定义 2.2.5[133, 155] 设 F 是 E 的子集. 如果 E 是滤子且对任意的 $x, y \in E$ 满足条件 $(F_5)'$, 则称 F 是 E 的**布尔滤子**.

命题 2.2.6 设 F 是 E 的非空子集, 则 F 是 E 的关联滤子当且仅当 F 是 E 的布尔滤子.

证明 设 F 是布尔滤子, 则对任意的 $x \in E$, $x \vee \neg x = ((x \to \neg x) \to \neg x) \wedge ((\neg x \to x) \to x) \in F$, 所以 $(\neg x \to x) \to x \in F$. 因此 F 是关联滤子. 反之, 设 F 是关联滤子, 则 $x \to x^2 \in F$. 因为 $(x \to \neg x) \to \neg x = (x \to (x \to 0)) \to (x \to 0) = (x^2 \to 0) \to (x \to 0) \geq x \to x^2 \in F$, 所以 $(x \to \neg x) \to \neg x \in F$. 进一步得到 $(\neg x \to x) \to x \in F$. 所以 $x \vee \neg x = ((x \to \neg x) \to \neg x) \wedge ((\neg x \to x) \to x) \in F$. 因此 F 是布尔滤子.

性质 2.2.7 设 E 是剩余格, 则以下结论等价:

(1) 对任意的 $x, y \in E, (x \to y) \to x = x$;

(2) 对任意的 $x \in E, x \vee \neg x = 1$;

(3) 对任意的 $x \in E, \neg x \to x = x$;

(4) E 是布尔代数.

定理 2.2.8 设 F 是 E 的滤子, 以下结论等价:

(1) F 是 E 的布尔滤子;

(2) 对任意的 $x, y \in E$, 若 $(x \to y) \to x \in F$, 则 $x \in F$;

(3) 对任意的 $x \in E, (\neg x \to x) \to x \in F$.

定理 2.2.9 对于任意剩余格 E, 以下结论等价:

(1) E 是布尔代数;

(2) 任意滤子 E 是布尔滤子;

(3) $\{1\}$ 是 E 的布尔滤子;

(4) 对任意的 $x, y \in E, (x \to y) \to x = x$.

证明 由定义 2.2.5 可得; (2) $\Leftrightarrow$ (3) 是显然的; (1) $\Leftrightarrow$ (3) $\Leftrightarrow$ (4) 是性质 2.2.1 的结果.

定义 2.2.10[93]　设 F 是 E 的子集. 如果对任意的 $x,y,z \in E$ 满足条件 (F_3) 和 (F_6), 则称 F 是 E 的**正关联滤子**.

定义 2.2.11[156]　设 F 是 E 的子集, 如果对任意的 $x,y \in E$ 满足条件 $(F_6)'$, 则称 F 是 E 的 **G-滤子**.

命题 2.2.12　设 F 是 E 的子集, 则 F 是 E 的正关联滤子当且仅当 F 是 E 的 G-滤子.

证明　该证明参见文献 [68] 中定理 3.5.

定理 2.2.13　设 F 是 E 的滤子, 则下列结论等价:

(1) F 是 E 的 G-滤子;

(2) 对任意的 $x,y,z \in E$, $z \to (y \to x) \in F \Rightarrow (z \to y) \to (z \to x) \in F$;

(3) 对任意的 $x,y,z \in E$, 若 $z, z \to (y \to (y \to x)) \in F$, 则 $y \to x \in F$;

(4) 对任意的 $x \in E$, $x \to x^2 \in F$;

(5) 商剩余格 L/F 是 G-代数.

证明　证明 (1) ⇔ (4) 参见文献 [88] 中的命题 5. (1) ⇔ (2) ⇔ (3) 参见文献 [68] 中的定理 3.5. (1) ⇔ (5) 参见文献 [68] 中的定理 3.8.

定理 2.2.14　设 E 是剩余格, 则下列结论等价:

(1) E 是 G-代数;

(2) E 上的任何滤子是 E 的 G-滤子;

(3) $\{1\}$ 是 E 的 G-滤子.

证明　该证明参见文献 [68] 中的定理 3.7.

定义 2.2.15[68, 133]　设 F 是 E 的子集. 如果对任意的 $x,y,z \in E$ 满足条件 (F_3) 和 (F_7), 则称 F 是 E 的**奇异滤子**.

定义 2.2.16[155]　设 F 是 E 的子集. 如果对任意的 $x,y \in E$ 满足条件 $(F_7)'$, 则称 F 是 E 的 **MV-滤子**.

定理 2.2.17　设 F 是 E 的子集. F 是 E 的奇异滤子当且仅当 F 是 E 的 MV-滤子.

证明　设 F 是奇异滤子且 $y \to x \in F$, 则 $1 \to (y \to x) = y \to x \in F$. 若 $1 \in F$, 则 $((x \to y) \to y) \to x \in F$. 反之, 设 F 是 E 的 MV-滤子, 则 $((x \to y) \to y) \to x \in F$. 所以 F 是 E 的奇异滤子.

定理 2.2.18　设 F 是 E 的子集. F 是 E 的 MV-滤子当且仅当对任意的 $x,y, \in E$ 满足条件 $(F_7)''$.

证明　设 F 是 E 的 MV-滤子且 $x,y \in E$. 因为 $x \to (x \vee y) = 1 \in F$ 且 $(x \vee y) \to y = x \to y$, 所以由 $(F_7)''$ 得到 $(((x \vee y) \to y) \to y) \to (x \vee y) \in F$, 即 $((x \to y) \to y) \to (x \vee y) \in F$. 另一方面, 因为 $x \vee y \leq (y \to x) \to x$, 所以 $(x \vee y) \to ((y \to x) \to x) = 1 \in F$. 根据定理 2.2.3 有 $((x \to y) \to y) \to ((y \to

$x) \to x) \in F$. 反之,假设 F 满足 $(F_7)''$ 且 $x,y \in E$ 使得 $y \to x \in F$. 因为 $(y \to x) \to (((x \to y) \to y) \to x) = ((x \to y) \to y) \to ((y \to x) \to x) \in F$. 由命题 2.2.2 有 $((x \to y) \to y) \to x \in F$. 所以 F 是 E 的 MV-滤子.

定理 2.2.19 设 F 是 E 的滤子,则 F 是 E 的 MV-滤子当且仅当商剩余格 L/F 是 MV-代数.

证明 该证明由定理 2.2.18 可推得.

定理 2.2.20 设 E 是剩余格,则以下结论等价:

(1) E 是 MV-代数;

(2) 任意滤子 E 是 MV-滤子;

(3) $\{1\}$ 是 E 的 MV-滤子;

(4) 对任意的 $x,y \in E, ((x \to y) \to y) \to x = y \to x$;

(5) 对任意的 $x,y \in E, (x \to y) \to y = (y \to x) \to x$.

证明 该证明参见文献 [68] 中的定理 4.9 的证明.

以下我们给出剩余格上的素滤子的定义,用于本书后面的章节.

定义 2.2.21[89] 设 F 为 E 的真滤子. 若对任意的 $x,y \in E, x \vee y \in F$, 则 $x \in F$ 或 $y \in F$, 则称 F 为 E 的**素滤子**.

F 为 E 的真滤子,若它不严格包含于 L 的任一真滤子中,则 F 为 L 的极大滤子. E 的真滤子 F 为极大滤子的充分必要条件是对任意的 $x \in E$, 以下条件成立: $x \notin F$ 当且仅当存在正整数 $n \geq 1$, 使得 $\neg(x^n) \in F$. 设 X 是 E 的非空子集,则将由 X 生成的滤子记为 $\langle X \rangle$. 显然, $\langle X \rangle = \{x \in E \mid x \geq x_1 \odot x_2 \odot \cdots \odot x_n, x_i \in X\}$.

2.3　EQ-代数上的前滤子和滤子

在本节,我们引用文献 [105] 和 [98] 介绍了 EQ-代数的关联前滤子和正关联前滤子的定义. 而且讨论了正关联前滤子的一些性质,证明了由正关联滤子在剩余 EQ-代数诱导的商代数是剩余的幂等 EQ-代数. 特别地,给出了前滤子的生成公式,讨论了前滤子的一些性质. 另外,本节的定义、定理、命题,除了标记文献之外的,其余均来自文献 [105] 和 [98].

定义 2.3.1[55]　设 F 是 EQ-代数 E 的非空子集. 如果 F 满足下列条件:

(1) $1 \in F$;

(2) 对任意的 $x,y \in E$, 若 $x, x \to y \in F$, 则 $y \in F$,

则称 F 为 E 的**前滤子**.

E 的前滤子 F 称为:

(1) **滤子**,　对任意的 $x,y,z \in E$, 若 $x \to y \in F$, 有 $(x \odot z) \to (y \odot z) \in F$.

(2) **正关联滤子**，对任意的 $x,y,z \in E$，若 $x \to (y \to z) \in F$ 且 $x \to y \in F$，则 $x \to z \in F$.

引理 2.3.2[55]　设 F 是 EQ-代数 E 的前滤子，则以下结论成立：对任意的 $x,y,z,s,t \in E$，

(1) 若 $x \in F$ 和 $x \leq y$，则 $y \in F$；

(2) 若 $x, x \sim y \in F$，则 $y \in F$；

(3) 若 $x \sim y \in F$ 且 $y \sim z \in F$，则 $x \sim z \in F$；

(4) 若 $x \to y \in F$ 且 $y \to z \in F$，则 $x \to z \in F$；

(5) 若 $x \sim y \in F$ 且 $s \sim t \in F$，则 $(x \wedge s) \sim (y \wedge t) \in F$；

(6) 若 $x \sim y \in F$ 且 $s \sim t \in F$，则 $(x \sim s) \sim (y \sim t) \in F$；

(7) 若 $x \sim y \in F$ 且 $s \sim t \in F$，则 $(x \to s) \sim (y \to t) \in F$；

(8) 若 E 是 ℓEQ-代数且 $x \sim y \in F, s \sim t \in F$，则 $(x \vee s) \sim (y \vee t) \in F$.

引理 2.3.3[55]　设 F 是 EQ-代数 E 的滤子，则以下结论都成立：对任意的 $x,y,z \in E$，

(1) 若 $x, y \in F$，则 $x \odot y \in F$；

(2) $x \sim y \in F$ 当且仅当 $x \to y \in F$ 且 $y \to x \in F$；

(3) 若 $x \sim y \in F$，则 $(x \odot z) \sim (y \odot z) \in F$.

设 F 是 EQ-代数 E 的前滤子. 在 E 上定义二元关系 $\equiv_F$ 如下：$x \equiv_F y$ 当且仅当 $x \sim y \in F$.

对于前滤子 F，由定义 2.3.1 和引理 2.3.2 可知，$\equiv_F$ 在 E 上是同余关系. 记 L/F 是通过 F 诱导的商代数且 $[x]_F$ 表示 x 的等价类.

定理 2.3.4　设 E 是 EQ-代数，F 是 E 的非空子集，则以下结论等价：

(1) F 是前滤子；

(2) 对任意的 $x,y,z \in E$，若 $x,y \in F$ 且 $x \leq y \to z$，则 $z \in F$；

(3) 对任意的 $x,y,z \in E$，若 $x,y \in F$ 且 $x \to (y \to z) = 1$，则 $z \in F$.

证明　(1) $\Rightarrow$ (2)　由定义 2.3.1 和引理 2.3.2 可证.

(2) $\Rightarrow$ (3)　设 $x,y,z \in E$. 如果 $x,y \in F$ 且 $x \to (y \to z) = 1$，则 $x \leq 1 = x \to (y \to z)$. 由 (2) 可知，$y \to z \in F$. 因为 $y \to z \leq y \to z$ 和 $y \in F$，所以 $z \in F$.

(3) $\Rightarrow$ (1)　因为 F 是非空子集，则存在 $x \in E$ 使得 $x \in F$. 因为 $x \to (x \to 1) = 1$，由 (3) 可知 $1 \in F$. 如果 $x, x \to y \in F$，且由 (3) 和 $(x \to y) \to (x \to y) = 1$，则 $y \in F$. 因此 F 是前滤子.

定理 2.3.5　设 F 是 EQ-代数 E 的前滤子，则以下结论等价：

(1) F 是正关联前滤子；

(2) 对任意的 $x,y \in E$，$(x \wedge (x \to y)) \to y \in F$.

证明 (1) ⇒ (2) 对任意的 $x, y \in L$, 因为 $x \wedge (x \to y) \leq x \to y, x \wedge (x \to y) \leq x$, 所以 $(x \wedge (x \to y)) \to (x \to y) = 1 \in F, (x \wedge (x \to y)) \to x = 1 \in F$. 由于 F 是正关联前滤子, 所以 $(x \wedge (x \to y)) \to y \in F$.

(2) ⇒ (1) 设 F 是前滤子. 因为 E 是 EQ-代数, 所以 $x \to (y \to z) \leq (x \wedge y) \to (y \wedge (y \to z)), x \to y \leq x \to (x \wedge y)$. 若 $x \to (y \to z) \in F, x \to y \in F$, 则 $(x \wedge y) \to (y \wedge (y \to z)) \in F, x \to (x \wedge y) \in F$, 从而 $x \to (y \wedge (y \to z)) \in F$. 由 (2) 可得, $(y \wedge (y \to z)) \to z \in F$. 由引理 2.3.3 知, $x \to z \in F$. 因此 F 是正关联前滤子.

推论 2.3.6 设 F 是 EQ-代数 E 的前滤子, 则对任意的 $x \in E, (1 \to x) \to x \in F$.

推论 2.3.7 设 F 是 EQ-代数 E 的前滤子, 则对任意的 $x, y \in E, (x \odot (x \to y)) \to y \in F$.

证明 设 F 是 EQ-代数 E 的前滤子. 则由引理 2.3.3 可知, 对任意的 $x, y \in E, (x \wedge (x \to y)) \to y \in F$. 因为 $x \odot (x \to y) \leq x \wedge (x \to y)$, 所以 $(x \wedge (x \to y)) \to y \leq (x \odot (x \to y)) \to y$. 进一步可知 $(x \odot (x \to y)) \to y \in F$.

推论 2.3.8 设 F 是 EQ-代数 E 的前滤子, 则 L/F 是好的 EQ-代数.

定理 2.3.9 设 $F \subseteq Q$ 是 E 的两个前滤子. 若 F 是正关联前滤子, 则 Q 是正关联前滤子.

证明 设 F 是正关联前滤子, 则对任意的 $x, y \in E, (x \wedge (x \to y)) \to y \in F$. 因为 $F \subseteq Q$, 所以 $(x \wedge (x \to y)) \to y \in Q$. 由引理 2.3.3 可知, Q 是正关联前滤子.

定理 2.3.10 设 F 是 EQ-代数 E 的前滤子, 则下列结论等价:

(1) F 是正关联前滤子;

(2) 对任意的 $x, y \in E$, 若 $x \to (x \to y) \in F$, 则 $x \to y \in F$.

证明 (1) ⇒ (2) 设 F 是正关联前滤子, 则 $x \to x = 1 \in F$. 对任意的 $x, y \in E$, 如果 $x \to (x \to y) \in F$, 则 $x \to y \in F$.

(2) ⇒ (1) 设 F 是前滤子. 对任意的 $x, y, z \in E$, 有 $x \to (y \to z) \leq ((y \to z) \to (x \to z)) \to (x \to (x \to z)), x \to y \leq (y \to z) \to (x \to z)$. 如果 $x \to (y \to z) \in F, x \to y \in F$, 由引理 2.3.2 可知, $((y \to z) \to (x \to z)) \to (x \to (x \to z)) \in F, (y \to z) \to (x \to z) \in F$, 所以 $x \to (x \to z) \in F$. 又由 (2) 可知, $x \to z \in E$, 所以 F 是正关联前滤子.

推论 2.3.11 设 F 是正关联前滤子. 对任意的 $x, y \in E$, 若 $x \sim (x \to y) \in F$, 则 $x \to y \in F$.

定义 2.3.12 设 F 是 EQ-代数 E 的前滤子. 若对任意的 $x, y, z \in E, x \to (y \to z) \in F$, 则 $y \to (x \to z) \in F$. 称 F 是**弱交换原则**.

例 2.3.13 设 $E = \{0, a, b, c, 1\}$ 是链, 其运算如下:

$\odot$	0	a	b	c	1
0	0	0	0	0	0
a	0	0	0	0	a
b	0	0	0	0	b
c	0	0	0	0	c
1	0	a	b	c	1

$\sim$	0	a	b	c	1
0	1	0	0	0	0
a	0	1	b	b	b
b	0	b	1	c	c
c	0	b	c	1	1
1	0	b	c	1	1

$\rightarrow$	0	a	b	c	1
0	1	1	1	1	1
a	0	1	1	1	1
b	0	b	1	1	1
c	0	b	c	1	1
1	0	b	c	1	1

易证 $(E, \wedge, \odot, \sim, 1)$ 是 EQ-代数. 前滤子 $\{a, b, c, 1\}$ 满足弱交换原则.

定理 2.3.14 设 F 是 EQ-代数 E 的前滤子且满足弱交换原则, 则下列结论等价:

(1) F 是正关联前滤子;

(2) 对任意的 $x, y, z \in E$, 若 $x \rightarrow (y \rightarrow z) \in F$, 则 $(x \rightarrow y) \rightarrow (x \rightarrow z) \in F$.

证明 (1) $\Rightarrow$ (2) 因为 E 是 EQ-代数, 所以 $(x \rightarrow y) \rightarrow y \leq (y \rightarrow z) \rightarrow ((x \rightarrow y) \rightarrow z)$. 因为 $(x \rightarrow y) \rightarrow (x \rightarrow y) = 1 \in F$, 所以若 F 满足弱交换原则, 有 $x \rightarrow ((x \rightarrow y) \rightarrow y) \in F$. 因此 $x \rightarrow ((y \rightarrow z) \rightarrow ((x \rightarrow y) \rightarrow z)) \in F$. 若 $x \rightarrow (y \rightarrow z) \in F$, 则若 F 是正关联滤子有 $x \rightarrow ((x \rightarrow y) \rightarrow z) \in F$. 由于 F 满足弱交换原则, 因此 $(x \rightarrow y) \rightarrow (x \rightarrow z) \in F$.

(2) $\Rightarrow$ (1) 对任意的 $x, y, z \in F$, 若 $x \rightarrow (y \rightarrow z) \in F, x \rightarrow y \in F$, 则由 (2) 可知, $x \rightarrow z \in F$. 因此, F 是正关联前滤子.

若 E 是剩余 EQ-代数, 则对任意的 $x, y, z \in E$,

$$(x \odot y) \rightarrow z \leq x \rightarrow (y \rightarrow z) \qquad (*)$$

例 2.3.15 设 $E = \{0, a, b, 1\}$ 是链. 其运算如下:

$\odot$	0	a	b	1
0	0	0	0	0
a	0	0	a	a
b	0	a	b	b
1	0	a	b	1

$\sim$	0	a	b	1
0	1	a	a	a
a	a	1	b	b
b	a	b	1	1
1	a	b	1	1

$\rightarrow$	0	a	b	1
0	1	1	1	1
a	a	1	1	1
b	a	b	1	1
1	a	b	1	1

易证 $(E, \wedge, \odot, \sim, 1)$ 是 EQ-代数. 对任意的 $x, y, z \in E, E$ 满足 $(*)$. E 不是剩余格. 因为 $1 \leq 1 \rightarrow b$, 但是 $1 \odot 1 \not\leq b$.

定理 2.3.16 设 E 是 EQ-代数且满足 $(*)$, F 是 E 的滤子, 则下列结论等价:

(1) F 是正关联前滤子;

(2) 对任意的 $x, y \in E$, $x \rightarrow (x \odot x) \in F$ 且 $(x \odot (x \rightarrow y)) \rightarrow y \in F$.

证明 (1) $\Rightarrow$ (2) 设 F 是正关联前滤子. 由定理 2.3.5 可知, 任意的 $x, y \in$

$E, (x \odot (x \to y)) \to y \in F$. 因为 $(x \odot x) \to (x \odot x) = 1 \in F$, 以及 (∗) 有 $x \to (x \to (x \odot x)) \in F$, 因此 $x \to (x \odot x) \in F$.

(2) ⇒ (1) 设 F 是滤子. 对任意的 $x, y, z \in E$, 若 $x \to (y \to z) \in F, x \to y \in F$, 则 $(x \odot y) \to ((y \to z) \odot y) \in F, (x \odot x) \to (x \odot y) \in F$. 进而有 $(x \odot x) \to ((y \to z) \odot y) \in F$. 由 (2) 可知, $x \to (x \odot x) \in F, (y \odot (y \to z)) \to z \in F$. 由引理 2.3.2 可知, $x \to z \in F$. 所以 F 是正关联前滤子.

定理 2.3.17 设 E 是 EQ-代数且满足 (∗), F 是 E 的滤子, 则下列结论等价:
(1) F 是正关联前滤子;
(2) L/F 是剩余的幂等 EQ-代数.

证明 (1) ⇒ (2) 由推论 2.3.8 可知, L/F 是好的 EQ-代数, 因此 L 是剩余的. 对任意的 $x \in E$, 因为 F 是正关联前滤子, 由定理 2.3.16 有 $x \to (x \odot x) \in F$, 所以 $[x]_F \leq [x]_F \odot [x]_F$. 因此 $[x]_F = [x]_F \odot [x]_F$. 所以 L/F 是剩余的幂等 EQ-代数.

(2) ⇒ (1) 设 L/F 是剩余的幂等 EQ-代数, 则 $[x]_F = [x]_F \odot [x]_F$. 对任意的 $[x]_F, [y]_F \in L/F, [x]_F \odot ([x]_F \to [y]_F) \leq [y]_F$. 因此 $x \to (x \odot x) \in F, (x \odot (x \to y)) \to y \in F$. 由定理 2.3.16 可知, F 是正关联前滤子.

推论 2.3.18 设 E 是好的 EQ-代数, F 是 E 的前滤子, 则下列结论等价:
(1) F 是正关联前滤子;
(2) 对任意的 $x, y \in E, (x \wedge (x \to y)) \to y \in F$;
(3) 对任意的 $x, y, z \in E$, 若 $x \to (x \to y) \in F$, 则 $x \to y \in F$;
(4) 对任意的 $x, y, z \in E$, 若 $x \to (y \to z) \in F$, 则 $(x \to y) \to (x \to z) \in F$.

推论 2.3.19 设 E 是剩余 EQ-代数, F 是 E 的滤子, 则下列结论等价:
(1) F 是正关联前滤子;
(2) 对任意的 $x, y, z \in E$, 若 $(x \odot y) \to z \in F, (x \wedge y) \to z \in F$;
(3) 对任意的 $x, y \in E, (x \wedge (x \to y)) \to y \in F$;
(4) 对任意的 $x, y \in E$, 若 $x \to (x \to y) \in F$, 则 $x \to y \in F$;
(5) 对任意的 $x, y, z \in E$, 若 $x \to (y \to z) \in F$, 则 $(x \to y) \to (x \to z) \in F$;
(6) 对任意的 $x \in E, x \to (x \odot x) \in F$;
(7) L/F 是剩余的幂等 EQ-代数.

证明 由定理 2.3.16、定理 2.3.17、推论 2.3.18 可证 (1) ⇔ (3) ⇔ (4) ⇔ (5) ⇔ (6) ⇔ (7).

(1) ⇒ (2) 因为 E 是剩余 EQ-代数, 所以对任意的 $x, y, z \in E, (x \odot y) \to z \leq x \to (y \to z)$. 若 $(x \odot y) \to z \in F$, 则 $x \to (y \to z) \in F$. 因为 $x \to (y \to z) \leq (x \wedge y) \to (y \wedge (y \to z))$, 所以 $(x \wedge y) \to (y \wedge (y \to z)) \in F$. 因为 F 是正关联前滤子, 所以由定理 2.3.5 可知, $(y \wedge (y \to z)) \to z \in F$, 所以 $(x \wedge y) \to z \in F$.

$(2) \Rightarrow (1)$ 因为 E 是剩余 EQ-代数, 所以对任意的 $x, y, z \in E, (x \odot (x \to y)) \to y = 1 \in F$. 由 (2) 可知 $(x \wedge (x \to y)) \to y \in F$, 所以 F 是正关联前滤子.

推论 2.3.20 设 E 是剩余 EQ-代数, 则下列结论等价:

(1) E 是幂等 EQ-代数;

(2) E 上的每个滤子是正关联前滤子;

(3) $\{1\}$ 是正关联前滤子.

推论 2.3.21 设 F 是剩余格 E 上的滤子 (BL-代数, MV-代数, MTL-代数, R_0-代数), 则下列结论等价:

(1) F 是正关联前滤子;

(2) 对任意的 $x, y \in E, (x \wedge (x \to y)) \to y \in F$;

(3) 对任意的 $x \in E, x \to (x \odot x) \in F$;

(4) 对任意的 $x, y \in E$, 若 $x \to (x \to y) \in F$, 则 $x \to y \in F$;

(5) 对任意的 $x, y, z \in E$, 若 $x \to (y \to z) \in F$, 则 $(x \to y) \to (x \to z) \in F$;

(6) 对任意的 $x, y, z \in E$, 若 $(x \odot y) \to z \in F$, 则 $(x \wedge y) \to z \in F$;

(7) L/F 是幂等剩余格.

定义 2.3.22 设 F 是 EQ-代数 E 的非空子集. 如果 F 满足下列条件:

(1) $1 \in F$;

(2) 对任意的 $x, y, z \in E$, 若 $z \to ((x \to y) \to x) \in F$ 且 $z \in F$, 则 $x \in F$,

则称 F 是 E 的**关联前滤子**.

引理 2.3.23 设 F 是 EQ-代数 E 的关联前滤子. 如果 $x \in F, x \leq y$, 则 $y \in F$.

证明 设 F 是关联前滤子. 若 $x \in F, x \leq y$, 则 $x \to y = 1$.

因为 $(y \to y) \to y = 1 \to y \geq y$, 所以 $x \to ((y \to y) \to y) \geq x \to y = 1$, 故 $x \to ((y \to y) \to y) \geq x \to y = 1 \in F$. 由定义 2.3.22 可知, $y \in F$.

引理 2.3.24 每个关联前滤子 (滤子) 是前滤子 (滤子).

证明 设 F 是关联前滤子 (滤子). 因为 $1 \in F$, 有 $y \leq 1 \to y$, 所以 $x \to y \leq x \to (1 \to y)$. 若 $x, x \to y \in F$, 则 $x \to (1 \to y) \in F$. 因为 $x \to ((y \to 1) \to y) = x \to (1 \to y)$, 所以 $x \to ((y \to 1) \to y) \in F$. 由定义 2.3.22 可知, $y \in F$, 因此 F 是前滤子 (滤子).

例 2.3.25 设 $E = \{0, a, b, 1\}$ 是链, 其运算如下:

$\odot$	0	a	b	1
0	0	0	0	0
a	0	0	0	a
b	0	0	0	b
1	0	a	b	1

$\sim$	0	a	b	1
0	1	0	0	0
a	0	1	b	b
b	0	b	1	b
1	0	b	b	1

易证 $(E, \wedge, \odot, \sim, 1)$ 是 EQ-代数. $\{1\}$ 不是关联滤子. 因为 $1 \to ((a \to 0) \to a) = 1 \in \{1\}$ 且 $1 \in F$, 但是 $a \notin \{1\}$.

定理 2.3.26 设 F 是 EQ-代数 E 的前滤子 (滤子), 则下列结论等价:

(1) F 是关联前滤子 (滤子);

(2) 对任意的 $x, y \in E$, 若 $(x \to y) \to x \in F$, 则 $x \in F$.

证明 $(1) \Rightarrow (2)$ 设 F 是关联前滤子 (滤子), 则 $1 \in F$. 若 $(x \to y) \to x \in F$, 则 $1 \to ((x \to y) \to x) \in F$. 由定义 2.3.22 可知, $x \in F$.

$(2) \Rightarrow (1)$ 设 F 是前滤子 (滤子), 则 $1 \in F$. 若 $z \to ((x \to y) \to x) \in F$ 且 $z \in F$, 所以 $((x \to y) \to x) \in F$, 从而 $x \in F$. 因此 F 是关联前滤子 (滤子).

定理 2.3.27 每个关联前滤子是正关联前滤子.

证明 设 F 是关联前滤子. 由 $x \wedge (x \to y) \leq x, x \to y$ 有 $x \wedge (x \to y) \leq x \to y \leq (x \wedge (x \to y)) \to y$, 所以 $((x \wedge (x \to y)) \to y) \to y \leq (x \wedge (x \to y)) \to y$. 因此 $(((x \wedge (x \to y)) \to y) \to y) \to ((x \wedge (x \to y)) \to y) = 1 \in F$. 因为 F 是关联前滤子, 从而 $(x \wedge (x \to y)) \to y \in F$. 所以 F 是正关联前滤子.

定理 2.3.28 设 F 是 EQ-代数 E 的正关联前滤子且满足弱交换原则, 则下列结论等价:

(1) F 是关联前滤子;

(2) 对任意的 $x, y \in E$, 若 $(x \to y) \to y \in F$, 则 $(y \to x) \to x \in F$.

证明 $(1) \Rightarrow (2)$ 对任意的 $x, y \in E$, 有 $(x \to y) \to y \leq (y \to x) \to ((x \to y) \to x)$. 如果 $(x \to y) \to y \in F$, 则由定理 2.2.3 可知 $(y \to x) \to ((x \to y) \to x) \in F$. 若 F 满足弱交换原则, 则 $(x \to y) \to ((y \to x) \to x) \in F$. 由 $((y \to x) \to x) \to y \leq x \to y$, 则 $(x \to y) \to ((y \to x) \to x) \leq (((y \to x) \to x) \to y) \to ((y \to x) \to x)$, 所以 $(((y \to x) \to x) \to y) \to ((y \to x) \to x) \in F$. 因为 F 是关联前滤子, 所以 $(y \to x) \to x \in F$.

$(2) \Rightarrow (1)$ 设 F 是关联前滤子且满足 (2), 则 F 是前滤子. 对任意的 $x, y \in E$, 有 $(x \to y) \to x \leq (x \to y) \to ((x \to y) \to y), (x \to y) \to x \leq y \to x$. 若 $(x \to y) \to x \in F$, 则 $(x \to y) \to ((x \to y) \to y) \in F, y \to x \in F$. 因为 F 是正关联前滤子, 则 $(x \to y) \to y \in F$. 由 (2) 可知, $(y \to x) \to x \in F$, 又因为 F 是前滤子, 则 $x \in F$. 所以 F 是关联前滤子.

定理 2.3.29 设 F 和 G 是 EQ-代数 E 的两个前滤子且 $F \subseteq G$. 若 F 是关联前滤子且满足弱交换原则, 则 G 也是关联前滤子.

证明 对任意的 $x, y \in E$, 设 $(x \to y) \to x \in G$, 令 $u = (x \to y) \to x$. 由 $x \leq u \to x$ 得 $(u \to x) \to y \leq x \to y, u = (x \to y) \to x \leq ((u \to x) \to y) \to x$. 因此 $u \to (((u \to x) \to y) \to x) = 1 \in F$. 又因为 F 满足弱交换原则, 所以

$((u \to x) \to y) \to (u \to x) \in F$. 由 F 是关联前滤子得 $u \to x \in F \subseteq G$, 因此 $x \in G$. 根据定理 2.3.26 得 G 也是关联前滤子.

定理 2.3.30 设 E 是有最小元 0 的 EQ-代数, F 是 E 的前滤子, 则 F 是关联前滤子当且仅当 $\neg x \to x \in F$ 蕴涵 $x \in F$.

证明 由定理 2.3.26 证得.

定理 2.3.31 设 E 是有最小元 0 的 EQ-代数, F 是 E 的关联前滤子且满足弱交换原则, 则 F 是关联前滤子当且仅当 $x \to (\neg z \to y) \in F$ 且 $y \to z \in F$ 蕴涵 $x \to z \in F$.

证明 设 F 是 E 的关联前滤子且满足弱交换原则. 若 $x \to (\neg z \to y) \in F$ 且 $y \to z \in F$, 则有 $\neg z \to (x \to y) \in F$. 因为 $y \to z \leq (x \to y) \to (x \to z)$, $\neg z \to (x \to y) \leq ((x \to y) \to (x \to z)) \to (\neg z \to (x \to z))$, 所以 $\neg z \to (x \to z) \in F$. 由 $z \leq x \to z$ 得 $\neg(x \to z) \leq \neg z$, 故 $\neg(x \to z) \to (x \to z) \in F$. 根据定理 2.3.30 得 $(x \to z) \in F$. 反之, 若 $\neg x \to x \in F$, 则 $1 \to (\neg x \to x) \in F$, $x \to x \in F$. 因此 $1 \to x \in F$, 故 $x \in F$. 根据定理 2.3.30 知, F 是关联前滤子.

定理 2.3.32 设 E 是有最小元 0 的 EQ-代数, F 是 E 的正关联前滤子, 则 F 是关联前滤子当且仅当 $\neg\neg x \in F$ 蕴涵 $x \in F$.

证明 设 F 是关联前滤子. 若 $\neg\neg x \in F$, 由 $\neg\neg x = \neg x \to 0 \leq \neg x \to x$ 得 $\neg x \to x \in F$. 根据定理 2.3.30 得 $x \in F$. 反之, 设 F 是 E 的正关联前滤子. 若 $\neg x \to x \in F$, 由 $\neg x \to x \leq (x \to 0) \to (\neg x \to 0) = \neg x \to (\neg x \to 0)$ 得 $\neg x \to (\neg x \to 0) \in F$. 因为 F 是正关联前滤子, 由定理 2.3.10 得 $\neg\neg x \in F$. 因此 $x \in F$. 根据定理 2.3.30 得 F 是关联前滤子.

推论 2.3.33 设 E 是有最小元 0 的好的 EQ-代数, F 是 E 的前滤子, 则以下结论等价:

(1) F 是关联前滤子;

(2) 对任意的 $x, y \in E$, 若 $(x \to y) \to x \in F$, 则 $x \in F$;

(3) 对任意的 $x, y \in E$, 若 F 是正关联前滤子且 $(x \to y) \to x \in F$, 则 $(y \to x) \to x \in F$;

(4) 对任意的 $x \in E$, 若 $\neg x \to x \in F$, 则 $x \in F$;

(5) 对任意的 $x, y, z \in E$, 若 $x \to (\neg z \to y) \in F$ 且 $y \to z \in F$, 则 $x \to z \in F$;

(6) 对任意的 $x \in E$, 若 F 是正关联前滤子且 $\neg\neg x \in F$, 则 $x \in F$.

推论 2.3.34 设 E 是好的 IEQ-代数, 则 F 是关联前滤子当且仅当 F 是正关联前滤子.

因为 R_0-代数、IMTL-代数、MV-代数以及对合剩余格都是好的 IEQ-代数, 鉴于推论 2.3.34, 可得以下结论.

注 2.3.35 关联滤子和正关联滤子在 R_0-代数、IMTL-代数、MV-代数和对合剩余格中是等价的.

设 X 是 EQ-代数 E 的非空子集, E 的包含 X 的最小前滤子称为由 X 生成的 E 的前滤子, 记为 $\langle X \rangle$, 即 $\langle X \rangle = \cap \{F \in PF(E) : X \subseteq F\}$. 设 $a \in E$ 且 $X = \{a\}$. 我们称由单点集 $\{a\}$ 生成的前滤子记为 $\langle a \rangle$. E 的所有主前滤子的集合记为 $PFp(E)$.

定理 2.3.36 设 X 是 EQ-代数 E 的非空子集, 则有 $\langle X \rangle = \{a \in E : x_1 \to (x_2 \to (x_3 \to \cdots (x_n \to a) \cdots)) = 1, x_i \in X$ 且 $n \geq 1\}$.

证明 设 $T = \{a \in E : x_1 \to (x_2 \to (x_3 \to \cdots (x_n \to a) \cdots)) = 1, x_i \in X$ 且 $n \geq 1\}$. 显然有 $X \subseteq T$. 现在我们来证明 T 是 E 的前滤子. 因为对任意的 $x_i \in X, x_i \leq 1$, 所以 $x_i \to 1 = 1$, 即 $1 \in T$. 设 $a, a \to b \in T$, 则存在 $x_1, x_2, \cdots, x_n, x'_1, x'_2, \cdots, x'_m \in X$ 使得 $x_1 \to (x_2 \to (x_3 \to \cdots (x_n \to a) \cdots)) = 1$ 和 $x'_1 \to (x'_2 \to (x'_3 \to \cdots (x'_m \to (a \to b)) \cdots)) = 1$. 所以 $a \to b \leq (x_n \to a) \to (x_n \to b) \leq (x_{n-1} \to (x_n \to a)) \to (x_{n-1} \to (x_n \to b))$. 由此可以得到 $a \to b \leq (x_1 \to (x_2 \to \cdots (x_n \to a \cdots))) \to (x_1 \to (x_2 \to \cdots (x_n \to b \cdots)))$. 所以 $a \to b \leq 1 \to (x_1 \to (x_2 \to \cdots (x_n \to b) \cdots)) \leq x_0 \to (x_1 \to (x_2 \to \cdots (x_n \to b) \cdots))$, 其中 $x_0 \in X$. 所以 $x'_m \to (a \to b) \leq x'_m \to (x_0 \to (x_1 \to (x_2 \to \cdots (x_n \to b) \cdots)))$. 进一步得到 $x'_1 \to (x'_2 \to \cdots (x'_m \to (a \to b)) \cdots) \leq x'_1 \to (x'_2 \to \cdots (x'_m \to (x_0 \to (x_1 \to \cdots (x_n \to b) \cdots))) \cdots)$. 从而 $x'_1 \to (x'_2 \to \cdots (x'_m \to (x_0 \to (x_1 \to (x_2 \to \cdots (x_n \to b) \cdots)))) \cdots) = 1$ 且 $b \in T$. 因此 T 是 E 的前滤子. 设 $F \in PF(E)$, $X \subseteq F$ 且 $a \in T$, 则有 $(x_1 \to (x_2 \to (x_3 \to \cdots (x_n \to a) \cdots))) = 1, x_i \in X$ 且 $n \geq 1$. 因为 1 和 $x_1, x_2, \cdots, x_n \in F$, 则有 $a \in F$. 所以 T 是 E 的包含 X 的最小前滤子, 即 $T = \langle X \rangle$.

例 2.3.37 设 $E = \{o, a, b, c, d, 1\}$ 使得 $0 < a < c < d < 1, 0 < b < c < d < 1$. 在 E 上定义运算如下:

$\odot$	0	a	b	c	d	1
0	0	0	0	0	0	0
a	0	0	0	0	0	a
b	0	0	0	0	0	b
c	0	0	0	0	0	c
d	0	0	0	0	d	d
1	0	a	b	c	d	1

$\sim$	0	a	b	c	d	1
0	1	1	a	a	a	a
a	1	1	a	a	a	a
b	a	a	1	c	c	c
c	a	a	c	1	c	c
d	a	a	c	c	1	d
1	a	a	c	c	d	1

2.3 EQ-代数上的前滤子和滤子

$\to$	0	a	b	c	d	1
0	1	1	1	1	1	1
a	1	1	1	1	1	1
b	a	a	1	1	1	1
c	a	a	c	1	1	1
d	a	a	c	c	1	1
1	a	a	c	c	d	1

则 $(E, \wedge, \odot, \sim, 1)$ 是 EQ-代数. 显然 $\langle d \rangle = \{1, d\}$ 是前滤子, 但不是滤子. 因为 $1 \to d = d \in \langle d \rangle$ 且 $(1 \odot c) \to (d \odot c) = c \to 0 = a \notin \langle d \rangle$.

定理 2.3.38 设 F 是 EQ-代数 E 的正关联前滤子, 则 $\langle F \cup \{a\} \rangle = \{z \in E : f \to (a \to^n z) = 1,$ 存在 $f \in F$ 且 $n \in N\}$.

证明 设 $z \in \langle F \cup \{a\} \rangle$, 则存在 $f_1, f_2, \cdots, f_m \in F, m \geq 1, k_1, k_2 \in N$, 使得 $f_1 \to (f_2 \to (f_m \to (a \to^{k_1} \tilde{z}^{k_2})) \cdots) = 1$. 因为 F 是前滤子且 $1, f_i \in F$, $1 \leq i \leq m$, 则有 $a \to^{k_1} \tilde{z}^{k_2} \in F$. 所以存在 $f \in F$ 使得 $a \to^{k_1} \tilde{z}^{k_2} = f$, 可以得到 $f \to (a \to^{k_1} \tilde{z}^{k_2}) = 1$, 存在 $f \in F, k_1, k_2 \in N$. 因此可以得到 $f \to (a \to^n z) = 1$, 存在 $n \in N$. 因此 $z \in \{z \in E : f \to (a \to^n z) = 1,$ 存在 $f \in F$ 且 $n \in N\}$. 反之, 显然有 $z \in \{z \in E : f \to (a \to^n z) = 1,$ 存在 $f \in F$ 且 $n \in N\}$ 蕴涵 $z \in \langle F \cup \{a\} \rangle$.

定理 2.3.39 设 F 是 EQ-代数 E 的正关联前滤子, 则 $\langle F \cup \{a\} \rangle = \{z \in E : a \to z \in F\}$.

证明 设 $z \in \langle F \cup \{a\} \rangle$, 则由定理 2.3.38, 存在 $f \in F$ 和 $n \in N$ 有 $f \to (a \to^n z) = 1$. 因为 $1, f \in F$ 且 F 是 E 的前滤子, 所以存在 $n \in N, a \to (a \to^{n-1} z) = (a \to^n z) \in F$, 进而 $a \to^{n-1} z \in F$. 因为 F 是正关联的前滤子, 进一步, 可以得到 $a \to z \in F$. 反之, 设 $a \to z \in F$, 则存在 $f \in F$, 使得 $a \to z = f$, 即 $f \to (a \to z) = 1$. 所以 $z \in \langle F \cup \{a\} \rangle$.

定理 2.3.40 设 F 和 G 是 EQ-代数 E 的两个前滤子, 则有 $\langle F \cup G \rangle = \{z \in E : f \to (g \to \tilde{z}^k) = 1,$ 存在 $f \in F, g \in G, k \in K\}$.

证明 显然有 $\{z \in E : f \to (g \to \tilde{z}^k) = 1,$ 存在 $f \in F, g \in G, k \in K\} \subseteq \langle F \cup G \rangle$, 设 $z \in \langle F \cup G \rangle$, 则存在 $k \in N, f_1, f_2, \cdots, f_m \in F$ 和 $g_1, g_2, \cdots, g_n \in G$ 使得 $f_1 \to (f_2 \to \cdots (g_1 \to (g_2 \cdots (g_n \to \tilde{z}^k)))) = 1$. 因为 $f_1, f_2, \cdots, f_m \in F$ 且 F 是一个前滤子, 所以存在 $f \in F, k \in N$, 使得 $f \to (g_1 \to (g_2 \cdots (g_n \to \tilde{z}^k))) = 1$, 进而存在 $l \in N$ 使得 $g_1 \to (g_2 \to \cdots (g_n \to (f \to \tilde{z}^l))) = 1$. 因为 G 是 E 的前滤子, 则存在 $g \in G, f \in F, l \in L$ 使得 $g \to (f \to \tilde{z}^l) = 1$. 因此 $\langle F \cup G \rangle \subseteq \{z \in E : f \to (g \to \tilde{z}^k) = 1,$ 存在 $f \in F, g \in G, n \in N\}$.

定理 2.3.41 设 F 是 E 的前滤子, G 是 E 的正关联前滤子, 则 $\langle F \cup G \rangle = \{z \in E : f \to z \in G,$ 存在 $f \in F\}$.

证明 设 $z \in \langle F \cup G \rangle$,则由定理 2.3.36,存在 $f \in F, g \in G, k \in N$,使得 $f \to (g \to \tilde{z}^k) = 1 \in G$,所以 $g \to (f \to \tilde{z}^{k+1}) \in G$ 且 $f \to \tilde{z}^{k+1} \in G$. 因为 G 是 E 的正关联前滤子且 $f \to 1 \in G$,所以 $f \to z \in G$. 因此 $\langle F \cup G \rangle \subseteq \{z \in E : f \to z \in G,$ 存在 $f \in F\}$. 现在设 $a \in \{z \in E : f \to z \in G,$ 存在 $f \in F\}$,则由定理 2.3.36 可知 $a \in \langle F \cup G \rangle$.

定理 2.3.42 设 F 是 ℓEQ-代数的前滤子且 $a, b \in E$,则下列结论成立:

(1) 若 $a \vee b \in F$,则 $\langle F \cup \{a\}\rangle \cap \langle F \cup \{b\}\rangle = F$;

(2) $\langle a \vee b \rangle = \langle a \rangle \cap \langle b \rangle$.

证明 (1) 显然有 $F \subseteq \langle F \cup \{a\}\rangle \cap \langle F \cup \{b\}\rangle$,现在设 $z \in \langle F \cup \{a\}\rangle \cap \langle F \cup \{b\}\rangle$,则存在 $x'_1, x'_2, \cdots, x'_{n_2}, x''_1, x''_2, x''_{m_2} \in F$ 和 $m_1, m_2, n_1, n_2, k_1, k_2 \in N$ 使得 $a \to^{n_1} (x'_1 \to (x'_2 \to \cdots (x'_{n_2} \to \tilde{z}^{k_1}) \cdots)) = 1$ 和 $b \to^{m_1} (x''_1 \to (x''_2 \to \cdots (x''_{m_2} \to \tilde{z}^{k_1}) \cdots)) = 1$. 令 $t_1 = \max\{n_1, m_1\}$ 和 $t_2 = \max\{n_2, m_2\}$. 则存在 $k_3, k_4 \geq 1$ 和 $x_1, x_2, \cdots, x_{t_2}$ 使得 $a \to^{t_1} (x_1 \to (x_2 \to \cdots (x_{t_2} \to \tilde{z}^{k_3}) \cdots)) = 1$ 和 $b \to^{t_1} (x_1 \to (x_2 \to \cdots (x_{t_2} \to \tilde{z}^{k_4}) \cdots)) = 1$. 设 $\ell = \max\{k_3, k_4\}$,则存在 $\ell, t_3 \geq 1$ 有 $(a \vee b) \to^{t_3} (x_1 \to (x_2 \to \cdots (x_{t_2} \to \tilde{z}^{\ell}) \cdots)) = 1$. 因为 $a \vee b, x_1, x_2, \cdots, x_{t_2}, 1 \in F$,所以 $\langle a \vee b \rangle = \langle a \rangle \cap \langle b \rangle$.

注 设 F 是 EQ-代数 E 的前滤子. 我们记 $F \vee G = \langle F \cup G \rangle$.

定理 2.3.43 设 F 和 $\{F_i\}_{i \in I}$ 是 ℓEQ-代数 E 的前滤子,则 $F \wedge (\bigvee_{i \in I} F_i) = \bigvee_{i \in I} (F \wedge F_i)$.

证明 一方面,$F \wedge (\bigvee_{i \in I} F_i) = \bigvee_{i \in I} (F \wedge F_i)$ 当且仅当 $F \cap (\bigvee_{i \in I} F_i) = \bigvee_{i \in I} (F \cap F_i) = \langle \bigcup_{i \in I} (F \cap F_i) \rangle$. 另一方面,$\bigvee_{i \in I} (F \cap F_i) \subseteq F \cap (\bigvee_{i \in I} F_i)$. 设 $x \in F \cap (\bigvee_{i \in I} F_i)$,则 $x \in F$ 和 $x \in (\bigvee_{i \in I} F_i)$. 所以存在 $f_1, f_2, \cdots, f_n \in \bigcup_{i \in I} F_i$ 使得 $f_1 \to (f_2 \to \cdots (f_n \to x) \cdots) = 1$. 因为 $x \to^n x = 1$,则 $(f_1 \vee x) \to ((f_2 \vee x) \to \cdots ((f_n \vee x) \to x) \cdots) = 1$. 因为 $x \in F$ 和 $f_1, f_2, \cdots, f_n \in \bigcup_{i \in I} F_i$,则 $x \vee f_i \in \bigcup_{i \in I} (F \cap F_i), 1 \leq i \leq n$. 所以 $x \in \langle \bigcup_{i \in I} (F \cap F_i) \rangle$.

定理 2.3.44 设 F_1 和 F_2 是 ℓEQ-代数 E 的两个前滤子,则 $F_1 \to F_2 = F_1 * F_2$.

证明 设 $x \in F_1 * F_1$ 和 $z \in \langle x \rangle \cap F_1$,则存在 $n \geq 1, x \vee z \in F_2$ 和 $x \to^n z = 1$. 另一方面,存在 $k \geq 1$ 使得 $x \to^n z \leq (x \vee z) \to (z \vee (x \to^{n-1} z)) = (x \vee z) \to (x \to^{n-1} z) \leq x \to^{n-1} ((x \vee z) \to \tilde{z}^k)$. 重复上面的方法,则存在 $k' \geq 1$,有 $x \to^n z \leq (x \vee z) \to^n \tilde{z}^{k'} = 1$. 因此 $z \in F_2$. 因为 $x \vee z \in F_2$ 且 $(x \vee z) \to^n \tilde{z}^{k'} = 1$,所以 $F_1 * F_2 \subseteq F_1 \to F_2$. 设 $z \in F_1 \to F_2$ 且 $y \in F_1$,则 $\langle z \rangle \cap F_1 \subseteq F_2, z \vee y \in F_1$ 且 $z \vee y \in \langle z \rangle$. 因为 $y, z \leq z \vee y$,所以 $z \vee y \in \langle z \rangle \cap F_1 \subseteq F_2$,即 $F_1 \to F_2 \subseteq F_1 * F_2$.

定理 2.3.45 设 F_1 和 F_2 是 ℓEQ-代数 E 的两个前滤子,则 $F_1 * F_2$ 是 E 的前滤子.

证明 对任意的 $y \in F_1$,因为 $1 \vee y = 1 \in F_2$,所以 $1 \in F_1 * F_2$,设 $x, x \to z \in$

$F_1 * F_2$, 则 $x \vee y \in F_2$ 且 $y \vee (x \to z) \in F_2$, 对任意的 $y \in F_1$. 因为 E 是 ℓEQ-代数, 所以 $x \to z \leq (x \vee y) \to (z \vee y)$ 且 $y \vee (x \to z) \leq y \vee [(x \vee y) \to (z \vee y)] = (x \vee y) \to (z \vee y)$. 因为 $y \leq z \vee y \leq (x \vee y) \to (z \vee y)$, 所以 $(x \vee y) \to (z \vee y) \in F_2$. 进一步得到 $z \vee y \in F_2$. 因此 $z \in F_1 * F_2$, 即 $F_1 * F_2 \in PF(E)$.

推论 设 F_1 和 F_2 是 ℓEQ-代数 E 的两个前滤子, 则 $F_1 \to F_2$ 是 E 的前滤子.

定理 2.3.46 设 E 是 ℓEQ-代数且 F_1, F_2 和 F 是 E 的前滤子, 则 $F_1 \cap F \subseteq F_2$ 当且仅当 $F \subseteq F_1 \to F_2$.

证明 设 $F_1 \cap F \subseteq F_2$ 且 $x \in F$, 则 $\langle x \rangle \subseteq F$, 因此 $x \in F_1 \subseteq F_1 \cap F \subseteq F_2$. 进一步可得 $x \in F_1 \to F_2$, 即 $F \subseteq F_1 \to F_2$. 设 $F \subseteq F_1 \to F_2$ 且 $x \in F_1 \cap F$. 若 $x \in F$, 则 $x \in F_1 \to F_2$, 即 $\langle x \rangle \cap F_1 \subseteq F_2$. 因为 $x \in \langle x \rangle \cap F_1 \subseteq F_2$, 则 $x \in F_2$, 即 $F_1 \cap F \subseteq F_2$.

2.4 EQ-代数上的奇异 (前) 滤子

本节是我们自己做的工作, 首先在 EQ-代数上引入了奇异前滤子, 并讨论了它与关联前滤子和正关联前滤子之间的关系. 其次, 介绍了奇异滤子并研究了它的一些性质. 以下概念和结论均来自文献 [143].

定义 2.4.1 设 F 是 EQ-代数 E 的非空集, 若 F 满足以下条件: 对任意 $x, y, z \in E$,
(1) $1 \in F$;
(2) $z \in F$ 且 $z \to (y \to x) \in F$ 蕴涵 $((x \to y) \to y) \to x \in F$,
则称 F 是 EQ-代数 E 的一个**奇异前滤子**.

定义 2.4.2 设 F 是 EQ-代数 E 的滤子, 若 F 满足, 对任意 $x, y \in E, y \to x \in F$ 蕴涵 $((x \to y) \to y) \to x \in F$, 则称 F 是 EQ-代数 E 的一个**奇异滤子**.

例 2.4.3 设 $E = \{0, a, b, 1\}$ 是一个链. 定义 $\odot, \sim$ 如下:

$\odot$	0	a	b	1
0	0	0	0	0
a	0	a	a	a
b	0	a	b	b
1	0	a	b	1

$\sim$	0	a	b	1
0	1	0	0	0
a	0	1	a	a
b	0	a	1	1
1	0	a	1	1

则 $E = \{E, \wedge, \odot, \sim, 1\}$ 是一个 EQ-代数. 定义 $\to$ 如下:

$\to$	0	a	b	1
0	1	1	1	1
a	0	1	1	1
b	0	a	1	1
1	0	a	1	1

容易验证, $F = \{a, 1\}$ 是 E 的奇异前滤子, 并且 $G = \{b, 1\}$ 是 E 的奇异滤子, 但不是 E 的奇异前滤子. 因为 $1 \in F$, $1 \to (0 \to a) \in F$, 但 $((a \to 0) \to 0) \to a \notin F$.

例 2.4.4 设 $E = \{0, a, b, c, 1\}$ 是一个链. 定义 $\odot, \sim$ 如下:

$\odot$	0	a	b	c	1
0	0	0	0	0	0
a	0	0	0	0	a
b	0	0	0	0	b
c	0	0	0	0	c
1	0	a	b	c	1

$\sim$	0	a	b	c	1
0	1	0	0	0	0
a	0	1	b	b	b
b	0	b	1	c	c
c	0	b	c	1	1
1	0	b	c	1	1

则 $E = \{E, \wedge, \odot, \sim, 1\}$ 是一个 EQ-代数. 定义 $\to$ 如下:

$\to$	0	a	b	c	1
0	1	1	1	1	1
a	0	1	1	1	1
b	0	b	1	1	1
c	0	b	c	1	1
1	0	b	c	1	1

容易验证, $F = \{a, b, c, 1\}$ 是 E 的一个奇异前滤子.

定理 2.4.5 设 E 是一个好的 EQ-代数且 F 是 E 的一个奇异前滤子, 则 F 是 E 的一个前滤子.

证明 假设 F 是 E 的一个奇异前滤子. 设 $x \in F$, $x \to y \in F$, 则 $x \to (1 \to y) = x \to y \in F$. 因此 $y = ((y \to 1) \to 1) \to y \in F$. 所以 F 是 E 的一个前滤子.

定理 2.4.6 设 E 是一个好的 EQ-代数且 F 是 E 的一个非空子集, 则 F 是 E 的一个奇异前滤子当且仅当 F 是 E 的一个前滤子且满足条件:

(F_8) 对任意 $x, y \in E$, $x \to y \in F$ 蕴涵 $((y \to x) \to x) \to y \in F$.

证明 充分性: 假设 F 是好的 EQ-代数 E 的一个奇异前滤子, 则根据定理 2.4.4 可知, F 是 E 的一个前滤子. 令 $x, y \in E$ 使得 $x \to y \in F$, 则 $1 \to (x \to y) = x \to y \in F$. 从而 $((y \to x) \to x) \to y \in F$.

必要性: 假设 F 是好的 EQ-代数 E 的一个前滤子且满足条件 (F_8). 令 $x, y, z \in E$ 使得 $z \in F$ 且 $z \to (y \to x) \in F$, 则 $y \to x \in F$. 根据 (F_8) 可得, $((x \to y) \to y) \to x \in F$. 因此 F 是 E 的一个奇异前滤子.

下面讨论奇异前滤子、关联前滤子和正关联前滤子之间的关系.

定理 2.4.7 设 E 是一个好的 EQ-代数, F 和 G 是 E 的两个滤子且 $F \subseteq G$. 若 F 是 E 的一个奇异滤子, 则 G 也是 E 的一个奇异滤子.

2.4 EQ-代数上的奇异 (前) 滤子

证明 假设对任意 $x,y \in E$, $y \to x \in G$, 则 $y \to ((y \to x) \to x) = (y \to x) \to (y \to x) = 1 \in F$. 因为 F 是 E 的一个奇异滤子, 所以 $((((y \to x) \to x) \to y) \to y) \to ((y \to x) \to x) \in F \subseteq G$. 根据 $(y \to x) \to ((((y \to x) \to x) \to y) \to y) \to x) = (((((y \to x) \to x) \to y) \to y) \to ((y \to x) \to x)$ 可得, $(((((y \to x) \to x) \to y) \to y) \to x) \in G$. 因为 $1 = (y \to x) \to 1 = (y \to x) \to (x \to x) = x \to ((y \to x) \to x) \leq (((y \to x) \to x) \to y) \to (x \to y) \leq ((x \to y) \to y) \to ((((y \to x) \to x) \to y) \to y) \leq (((((y \to x) \to x) \to y) \to y) \to x) \to (((x \to y) \to y) \to x)$, 所以 $(((x \to y) \to y) \to x) \in G$. 因此, G 也是 E 的一个奇异滤子.

一般情况下, $F = \{1\}$ 不一定是 EQ-代数的一个滤子. 例如在例 2.4.3 中, $F = \{1\}$ 不是一个前滤子, 所以它不是一个滤子. 但在可分的 EQ-代数中, 我们有以下结论.

性质 2.4.8 设 E 是一个可分的 EQ-代数, 则 $F = \{1\}$ 是 E 的一个滤子.

证明 假设 $a, a \to b \in \{1\}$, 则 $a = 1, a \to b = 1$. 因为 E 是一个可分的 EQ-代数, 所以 $a \leq b$, 因此, $b = 1$. 所以 $b \in F$. 这说明 F 是一个前滤子. 再假设 $a \to b \in F$, 则 $a \to b = 1$. 因为 E 是一个可分的 EQ-代数, 所以 $a \leq b$. 因此 $a \odot z \leq b \odot z$, 即 $a \odot z \to b \odot z = 1$. 从而 $a \odot z \to b \odot z \in F$. 故 $F = \{1\}$ 是 E 的一个滤子.

推论 2.4.9 设 E 是一个好的 EQ-代数, 则 E 的每个滤子是奇异滤子当且仅当 $\{1\}$ 是一个奇异滤子.

证明 因为好的 EQ-代数是可分的 EQ-代数, 所以根据性质 2.4.8 可知, $\{1\}$ 是一个滤子. 再由定理 2.4.7 即可得到结论.

定理 2.4.10 设 E 是一个好的 EQ-代数, 则以下结论等价:

(1) F 是 E 的一个奇异滤子;

(2) E/F 中的每个滤子都是奇异滤子;

(3) $\{[1]_F\}$ 是 E/F 的一个奇异滤子.

证明 (1) $\Rightarrow$ (2) 假设 F 是 E 的一个奇异滤子, 且对任意 $x, y \in E$, $[y \to x] = [y] \to [x] = [1]$. 因此 $y \to x \in F$. 因为 F 是 E 的一个奇异滤子, 所以 $((x \to y) \to y) \to x \in F$. 故 $((([x] \to [y]) \to [y]) \to [x]) = [((x \to y) \to y) \to x] = [1]$. 所以 $[1]$ 是 E/F 的一个奇异滤子. 根据推论 2.4.9 可得, E/F 中的每个滤子都是奇异滤子.

(2) $\Rightarrow$ (1) 假设 E/F 中的每个滤子都是奇异滤子, 且对任意 $x, y \in E$, $y \to x \in F$, 则 $[y] \to [x] = [y \to x] = [1]$. 因为 $\{[1]\}$ 是 E 的一个奇异滤子, 所以 $[((x \to y) \to y) \to x] = ((([x] \to [y]) \to [y]) \to [x]) = [1]$. 因此 $((x \to y) \to y) \to x \in F$. 故 F 是 E 的一个奇异滤子.

(2) $\Leftrightarrow$ (3) 根据推论 2.4.9 可得.

下面在 EQ-代数上引入 MV-滤子,并讨论奇异滤子和 MV-滤子之间的关系.

定义 2.4.11 设 E 是一个 EQ-代数, F 是 E 的一个滤子. 若 F 满足对任意 $x, y \in E$, $((x \to y) \to y) \to ((y \to x) \to x) \in F$, 则称 F 是 E 的一个 **MV-滤子**.

定理 2.4.12 设 E 是一个 EQ-代数, F 是 E 的一个 MV-滤子, 则 F 是 E 的一个奇异滤子.

证明 假设 F 满足对任意 $x, y \in E$, $((x \to y) \to y) \to ((y \to x) \to x) \in F$, 且对任意 $x, y \in E$, $y \to x \in F$. 因为 $(y \to x) \to (((x \to y) \to y) \to x) = ((x \to y) \to y) \to ((y \to x) \to x) \in F$, 所以 $((x \to y) \to y) \to x \in F$. 因此 F 是 E 的一个奇异滤子.

定理 2.4.13 设 E 是一个好的 EQ-代数, F 是 E 的一个滤子, 则 F 是 E 的一个奇异滤子当且仅当 F 是 E 的一个 MV-滤子.

证明 假设 F 是 E 的一个奇异滤子. 因为 $x \to ((x \to y) \to y) = 1 \in F$, 所以 $((((x \to y) \to y) \to x) \to x) \to ((x \to y) \to y) \in F$. 又因为 $y \le (x \to y) \to y$, 所以 $(y \to x) \to x \le (((x \to y) \to y) \to x) \to x$, 因此, $((y \to x) \to x) \to ((((x \to y) \to y) \to x) \to x) = 1 \in F$. 从而 $((y \to x) \to x) \to ((x \to y) \to y) \in F$.

2.5 EQ-代数上的可换 (前) 滤子

本节是我们自己的研究成果, 在 EQ-代数上引入了可换前滤子, 讨论了它与关联前滤子和正关联前滤子之间的关系; 并在 EQ-代数上引入了可换滤子, 研究了它的一些性质. 以下概念和结论均来自文献 [144].

定义 2.5.1 设 E 是一个 EQ-代数且 F 是 E 的一个 (前) 滤子. 若 F 满足以下条件: 对任意 $x, y, z \in E$, $x \to (y \to z) \in F$, $x \to y \in F$ 蕴涵 $x \to z \in F$, 则称 F 是 E 的一个**正关联 (前) 滤子**.

接下来给出正关联前滤子的一个刻画.

定理 2.5.2 设 E 是一个 EQ-代数且 F 是 E 的一个前滤子, 则以下事实等价:
(1) F 是 E 的一个正关联前滤子;
(2) 对任意的 $a \in E$, 集合 $[F_a := \{x \in E \mid a \to x \in F\}]$ 是 E 的一个前滤子.

证明 (1) $\Rightarrow$ (2) 假设 F 是 E 的一个正关联前滤子. 显然, 对任意的 $a \in E$, $1 \in F_a$. 假设 $x, y \in E$ 使得 $x \to y \in F_a$, 有 $x \in F_a$, 则 $a \to (x \to y) \in F$, 且 $a \to x \in F$. 所以 $a \to y \in F$, 即 $y \in F_a$. 因此 F_a 是 E 的一个前滤子.

(2) $\Rightarrow$ (1) 假设 F_a 是 E 的一个前滤子且对任意的 $x, y \in E$, $x \to y \in F$, $x \to (y \to z) \in F$, 则 $y \to z \in F_x$, $y \in F_x$. 因为 F_x 是 E 的一个前滤子, 所以 $z \in F_x$, 即 $x \to z \in F$. 因此 F 是 E 的一个正关联前滤子.

2.5 EQ-代数上的可换 (前) 滤子

定义 2.5.3 设 E 是一个 EQ-代数且 F 是 E 的一个非空子集. 若 F 满足以下条件:

(1) $1 \in F$;

(2) 对任意 $x,y,z \in E$, $z \in F$, $z \to (y \to x) \in F$ 蕴涵 $((x \to y) \to y) \to x \in F$,

则称 F 是 E 的**可换前滤子**.

例 2.5.4 设 $E = \{0, a, b, 1\}$ 是一个链. 定义 $\odot$ 和 $\sim$ 如下:

$\odot$	0	a	b	1
0	0	0	0	0
a	0	a	a	a
b	0	a	b	b
1	0	a	b	1

$\sim$	0	a	b	1
0	1	0	0	0
a	0	1	a	a
b	0	a	1	1
1	0	a	1	1

则 $E = (E, \wedge, \odot, \sim, 1)$ 是一个 EQ-代数. 定义 $\to$ 如下:

$\to$	0	a	b	1
0	1	1	1	1
a	0	1	1	1
b	0	a	1	1
1	0	a	1	1

容易验证, $F = \{a, 1\}$ 是一个可换前滤子. $G = \{b, 1\}$ 是一个前滤子, 但不是一个可换前滤子. 因为 $1 \in F$, $1 \to (0 \to a) \in F$, 但 $((a \to 0) \to 0) \to a \notin F$.

例 2.5.5 设 $E = \{0, a, b, c, 1\}$ 是一个链. 定义 $\odot$ 和 $\sim$ 如下:

$\odot$	0	a	b	c	1
0	0	0	0	0	0
a	0	0	0	0	a
b	0	0	0	0	b
c	0	0	0	0	c
1	0	a	b	c	1

$\sim$	0	a	b	c	1
0	1	0	0	0	0
a	0	1	b	b	b
b	0	b	1	c	c
c	0	b	c	1	1
1	0	b	c	1	1

则 $E = (E, \wedge, \odot, \sim, 1)$ 是一个 EQ-代数. 定义 $\to$ 如下:

$\to$	0	a	b	c	1
0	1	1	1	1	1
a	0	1	1	1	1
b	0	b	1	1	1
c	0	b	1	1	1
1	0	b	c	1	1

容易验证, $F = \{a, b, c, 1\}$ 是 E 的一个可换前滤子.

例 2.5.6 设 $E = \{0, a, b, c, 1\}$ 是一个链. 定义 $\odot$ 和 $\sim$ 如下:

$\otimes$	0	a	b	c	1
0	0	0	0	0	0
a	0	0	0	0	a
b	0	0	0	b	b
c	0	0	0	c	c
1	0	a	b	c	1

$\sim$	0	a	b	c	1
0	1	a	0	0	0
a	a	1	a	a	a
b	0	a	1	b	b
c	0	a	b	1	c
1	0	a	b	c	1

则 $E = (E, \wedge, \odot, \sim, 1)$ 是一个好的 EQ-代数. 定义 $\to$ 如下:

$\to$	0	a	b	c	1
0	1	1	1	1	1
a	a	1	1	1	1
b	0	a	1	1	1
c	0	a	b	1	1
1	0	a	b	c	1

对于 E 的一个子集 $F = \{c, 1\}$. 因为 $c \in F$, $c \to (a \to b) = c \to 1 = 1 \in F$, 但 $((b \to a) \to a) \to b = b \notin F$, 因此 F 不是 E 的一个可换前滤子.

一个可换前滤子不一定是前滤子. 一般情况下, 一个前滤子也不一定是可换前滤子. 例如在例 2.5.5 中, $F = \{a, 1\}$ 是一个可换前滤子, 但不是一个前滤子. 因为 $a \to b = 1 \in F$, $a \in F$, 但是 $b \notin F$, 集合 $G = \{1, b\}$ 是 E 的一个前滤子, 但不是可换前滤子.

但是在好的 EQ-代数中, 可换前滤子有更强的性质.

定理 2.5.7 设 E 是一个好的 EQ-代数, F 是 E 的一个可换前滤子, 则 F 是 E 的一个前滤子.

证明 假设 F 是 E 的一个可换前滤子, 且 $x \in F$, $x \to y \in F$, 则 $x \to (1 \to y) = x \to y \in F$, 所以 $y = ((y \to 1) \to 1) \to y \in F$. 因此 F 是 E 的一个前滤子.

定理 2.5.8 设 E 是一个好的 EQ-代数且 F 是 E 的一个非空子集, 则以下结论等价:

(1) F 是 E 的一个可换前滤子;

(2) F 是 E 的一个前滤子, 且满足对任意 $x, y \in E$, $x \to y \in F$ 蕴涵 $((y \to x) \to x) \to y \in F$.

证明 (1) $\Rightarrow$ (2) 假设 F 是 E 的一个可换前滤子. 根据定理 2.5.7 可知, F 是 E 的一个前滤子. 假设对任意 $x, y \in E$, $x \to y \in F$, 则 $1 \to (x \to y) = x \to y \in F$,

因此 $((y \to x) \to x) \to y \in F$.

(2) $\Rightarrow$ (1) 假设 F 是 E 的一个前滤子, 且满足 $((y \to x) \to x) \to y \in F$. 假设对任意 $x, y, z \in E, z \in F, z \to (y \to x) \in F$, 则 $y \to x \in F$. 因此 $((x \to y) \to y) \to x \in F$. 故 F 是 E 的一个可换前滤子.

引理 2.5.9 设 E 是一个 EQ-代数且 F 是 E 的一个前滤子, 则以下结论等价:

(1) F 是 E 的一个关联前滤子;

(2) 对任意 $x, y \in E, (x \to y) \to x \in F$ 蕴涵 $x \in F$.

定理 2.5.10 设 E 是一个好的 EQ-代数且 F 是 E 的一个关联前滤子, 则 F 是 E 的一个可换前滤子.

证明 假设 F 是 E 的一个关联前滤子, 对任意 $x, y \in E, y \to x \in F$. 因为 $x \leq ((x \to y) \to y) \to x$, 所以 $(((x \to y) \to y) \to x) \to y \leq x \to y$. 因此 $y \to x \leq ((x \to y) \to y) \to ((x \to y) \to x) = (x \to y) \to (((x \to y) \to y) \to x) \leq ((((x \to y) \to y) \to x) \to y) \to (((x \to y) \to y) \to x)$. 因为 F 是 E 的一个前滤子, 所以 $((((x \to y) \to y) \to x) \to y) \to (((x \to y) \to y) \to x) \in F$. 再根据引理 2.5.9 可得: $((x \to y) \to y) \to x \in F$. 因此 F 是 E 的一个可换前滤子.

一般情况下, 一个可换前滤子不一定是一个关联前滤子. 例如, 在例 2.5.4 中, $F = \{a, 1\}$ 是一个可换前滤子, 但不是一个关联前滤子. 因为 $a \in F, a \to ((b \to a) \to b) = 1 \in F$, 但是 $b \notin F$.

下面的例子说明正关联前滤子和可换前滤子是互相不包含的.

例 2.5.11 在例 2.5.4 中, $G = \{1, b\}$ 是一个正关联前滤子, 但不是一个可换前滤子. 因为 $b \in F, b \to (0 \to a) = b \to 1 = 1 \in F$. $F = \{1, a\}$ 是一个可换前滤子, 但不是一个正关联前滤子.

引理 2.5.12 设 E 是一个 EQ-代数且 F 是 E 的一个前滤子, 则以下结论等价:

(1) F 是 E 的一个正关联前滤子;

(2) 对任意 $x, y \in E, x \to (x \to y) \in F$ 蕴涵 $x \to y \in F$.

定理 2.5.13 设 E 是一个好的 EQ-代数且 F 是 E 的一个非空子集, 则以下结论等价:

(1) F 是 E 的一个关联前滤子;

(2) F 是 E 的一个正关联前滤子和可换前滤子.

证明 (1) $\Rightarrow$ (2) 假设 F 是 E 的一个关联前滤子, 则 F 是 E 的一个正关联前滤子. 再根据定理 2.5.10 可知, F 是 E 的一个可换前滤子.

(2) $\Rightarrow$ (1) 假设 F 是 E 的一个正关联前滤子和可换前滤子, 对任意 $x, y \in E$, $(x \to y) \to x \in F$. 因为 $(x \to y) \to x \leq (x \to y) \to ((x \to y) \to y)$, 所以 $(x \to y) \to ((x \to y) \to y) \in F, (x \to y) \to y \in F$. 又因为 $(x \to y) \to x \leq y \to x$, 所

以 $y \to x \in F$. 由于 F 是 E 的一个可换前滤子, 根据定理 2.5.8 可得, $((x \to y) \to y) \to x \in F$. 因此 $x \in F$. 故 F 是 E 的一个关联前滤子.

定理 2.5.14 设 E 是一个好的 EQ-代数, F 和 G 是 E 的两个前滤子, 且 $F \subseteq G$. 若 F 是 E 的一个可换前滤子, 则 G 也是 E 的一个可换前滤子.

证明 假设对任意 $x, y \in E$, $y \to x \in G$, 则 $y \to ((y \to x) \to x) = (y \to x) \to (y \to x) = 1 \in F$. 因为 F 是 E 的一个可换前滤子, 所以 $(y \to x) \to (((((y \to x) \to x) \to y) \to y) \to x) = ((((y \to x) \to x) \to y) \to y) \to ((y \to x) \to x) \in F \subseteq G$. 因此 $(((((y \to x) \to x) \to y) \to y) \to x) \in G$. 又因为 $y \to x = (y \to x) \to 1 = (y \to x) \to (x \to x) = x \to ((y \to x) \to x) \leq (((y \to x) \to x) \to y) \to (x \to y) \leq ((x \to y) \to y) \to ((((y \to x) \to x) \to y) \to y) \leq (((((y \to x) \to x) \to y) \to y) \to x) \to (((x \to y) \to y) \to x)$. 因此 $(((x \to y) \to y) \to x) \in G$, 所以 G 是 E 的一个可换前滤子.

下面引入 EQ-代数上的可换滤子.

定义 2.5.15 设 E 是一个 EQ-代数, F 是 E 的一个滤子. 若 F 满足以下条件: 对任意 $x, y \in E$,

$$x \to y \in F \text{ 蕴涵 } ((y \to x) \to x) \to y \in F,$$

则称 F 是 E 的一个**可换滤子**.

例 2.5.16 设 E 是例 2.5.5 中的 EQ-代数, 则 $F = \{a, b, c, 1\}$ 是 E 的一个可换滤子.

例 2.5.17 设 E 是例 2.5.4 中的 EQ-代数, 则 $F = \{b, 1\}$ 是 E 的一个滤子, 但不是 E 的一个可换滤子. 因为 $0 \to a = 1 \in F$, 但 $((a \to 0) \to 0) \to a \notin F$.

性质 2.5.18 设 E 是一个好的 EQ-代数. 若 F 是 E 的一个可换滤子, 则 F 是 E 的一个可换前滤子.

证明 根据定理 2.5.8, 结论显然成立.

定理 2.5.19 设 E 是一个好的 EQ-代数, F 和 G 是 E 的两个滤子, 且 $F \subseteq G$. 若 F 是 E 的一个可换滤子, 则 G 也是 E 的一个可换滤子.

证明 该证明类似于定理 2.5.14.

一般情况下, $F = \{1\}$ 不一定是 EQ-代数的一个滤子. 例如在例 2.5.4 中, $F = \{1\}$ 不是一个前滤子, 所以它不是一个滤子. 但在可分的 EQ-代数中, 我们有以下结论.

定理 2.5.20 设 E 是一个可分的 EQ-代数, 则 $F = \{1\}$ 是 E 的一个滤子.

证明 若 $a, a \to b \in \{1\}$, 则 $a = 1, a \to b = 1$. 因为 E 是一个可分的 EQ-代数, 所以 $a \leq b$, 因此 $b = 1$. 所以 $b \in F$. 这说明 F 是一个前滤子. 再假设 $a \to b \in F$, 则 $a \to b = 1$. 因为 E 是一个可分的 EQ-代数, 所以 $a \leq b$. 因此 $a \odot z \leq b \odot z$, 即 $a \odot z \to b \odot z = 1$. 从而 $a \odot z \to b \odot z \in F$. 故 $F = \{1\}$ 是 E 的一个滤子.

推论 2.5.21 设 E 是一个好的 EQ-代数，则 E 的每个滤子都是可换的当且仅当 $\{1\}$ 是可换滤子.

证明 因为每个好的 EQ-代数都是可分的，所以由定理 2.5.20 可知，$\{1\}$ 是 E 的一个滤子. 再根据定理 2.5.19 可得结论.

定理 2.5.22 设 E 是一个好的 EQ-代数，则以下结论等价：
(1) F 是 E 的一个可换滤子；
(2) E/F 中的每个滤子都是可换滤子；
(3) $\{[1]_F\}$ 是 E 的一个可换滤子.

证明 (1) $\Rightarrow$ (2) 假设 F 是 E 的一个可换滤子，且对任意 $x,y \in E$, $[y \to x] = [y] \to [x] = [1]$. 因此 $y \to x \in F$. 因为 F 是 E 的一个可换滤子，所以 $((x \to y) \to y) \to x \in F$. 因此 $((([x] \to [y]) \to [y]) \to [x]) = [((x \to y) \to y) \to x] = [1]$. 从而 $[1]$ 是 E/F 的一个可换滤子. 再根据定理 2.5.19 可知，E/F 中的每个滤子都是可换滤子.

(2) $\Rightarrow$ (1) 假设 E/F 中的每个滤子都是可换滤子，且对任意 $x, y \in E$, $y \to x \in F$. 则 $[y] \to [x] = [y \to x] = [1]$. 因为 $\{[1]\}$ 是 E/F 的一个可换滤子，则 $[((x \to y) \to y) \to x] = ((([x] \to [y]) \to [y]) \to [x]) = [1]$. 因此 $((x \to y) \to y) \to x \in F$. 故 F 是 E 的一个可换滤子.

(2) $\Leftrightarrow$ (3) 根据定理 2.5.19，结论显然成立.

下面我们在 EQ-代数上引入一种特殊的同态，并利用它去刻画 EQ-代数中的可换滤子.

引理 2.5.23 设 E_1 是一个好的 EQ-代数，E_2 是一个 EQ-代数，$h: E_1 \to E_2$ 是一个同态. 则 $K = \ker(h)$ 是 E_1 的一个滤子，其中 $\ker(h) = \{x \in E \mid h(x) = 1\}$.

证明 因为 $1 \in K$, 所以 $K = \ker(h)$ 是非空子集. 假设 $x, x \to y \in K$, 则 $h(x) = 1$, 且 $h(x \to y) = 1$. 因此 $h(x) \to h(y) = 1 \to h(y) = 1$. 因为 E_1 是一个好的 EQ-代数，所以 $h(y) = 1$, 即 $y \in K$. 因此 K 是 E_1 的一个前滤子. 此外，假设 $x \to y \in K$, 则 $h(x \to y) = 1$, 即 $h(x) \to h(y) = 1$. 所以 $h(x) \leq h(y)$. 从而 $h(x) \odot h(z) \leq h(y) \odot h(z)$. 因此 $h(x) \odot h(z) \to h(y) \odot h(z) = 1$, 即 $h(x \odot z \to y \odot z) = 1$. 所以 $x \odot z \to y \odot z \in K$. 故 K 是 E_1 的一个滤子.

引理 2.5.24 设 E 是一个可分的 EQ-代数且 F 是 E 的一个滤子，则映射 $f : a \to [a]_F$ 是 E 到 E/F 的一个同态.

一般情况下，$\ker(h)$ 不一定是 E_1 的一个可换滤子，所以我们给出下面的定义.

定义 2.5.25 设 E_1 和 E_2 是两个 EQ-代数，h 是 E_1 到 E_2 的一个同态. 若 $\ker(h)$ 是 E_1 的一个可换滤子，则称 h 是 E_1 到 E_2 的一个可换同态.

定理 2.5.26 设 E 是一个好的 EQ-代数，F 是 E 的一个滤子，则以下结论等价：

(1) F 是 E 的一个可换滤子;

(2) E 到 E/F 的一个同态 h 是一个可换同态, 其中 $F \subseteq \ker(h)$.

证明 (1) $\Rightarrow$ (2) 假设 F 是 E 的一个可换滤子. 根据定理 2.5.21 可得, $\ker(h)$ 是 E 的一个滤子. 假设 h 是 E 到 E/F 的一个同态, 且 $F \subseteq \ker(h)$. 则根据定理 2.5.18 可知, $\ker(h)$ 是 E 的一个可换滤子, 所以 h 是一个可换同态.

(2) $\Rightarrow$ (1) 假设 (2) 成立. 根据引理 2.5.24 可知, 可以定义映射 h_F: $h_F(x) = [x]_F$, 是 E 到 E/F 的一个同态. 此外 $\ker(h_F) = \{x \in E \mid h_F(x) = 1\} = \{x \in E \mid [x]_F = 1\} = \{x \in E \mid x \in F\} = F$. 由 (2) 知, h_F 是一个可换同态, 所以 $\ker(h_F)$ 是一个可换滤子. 因此 F 是 E 的一个可换滤子.

2.6 EQ-代数上的固执 (前) 滤子

本节是我们自己的研究成果, 我们在 EQ-代数上引入了固执前滤子, 给出了它的性质, 并讨论了它与关联前滤子、可换前滤子之间的关系. 以下概念和结论均来自文献 [144].

定义 2.6.1 设 E 是一个 EQ-代数且 F 是 E 的一个 (前) 滤子. 若 F 满足以下条件

(OF1): 对任意 $x, y \in E$,

$$x, y \notin F 蕴涵 x \to y \in F 且 y \to x \in F,$$

则称 F 是 E 的一个**固执 (前) 滤子**.

例 2.6.2 设 E 是例 2.5.4 中的 EQ-代数. 因为 $0, a \notin F$, $a \to 0 \notin F$, 所以集合 $F := \{b, 1\}$ 是 E 的一个前滤子, 但不是 E 的一个固执前滤子. 集合 $F = \{a, b, 1\}$ 是 E 的一个前滤子, 也是 E 的一个固执前滤子.

定理 2.6.3 设 E 是一个 EQ-代数, F 是 E 的一个非平凡 (前) 滤子, 则 F 是 E 的一个固执 (前) 滤子当且仅当 F 满足条件

(OF2): 对任意 $x \in E$, $x \notin F$ 蕴涵 $(\neg x)^n \in F$, 其中 $n \in N$.

证明 充分性: 假设 F 是 E 的一个固执 (前) 滤子且 $x \notin F$. 因为 $0 \notin F$, 所以 $x \to 0 \in F$ 且 $0 \to x \in F$. 因此, $\neg x \in F$.

必要性: 假设 $x, y \notin F$. 由题意可知, 存在 $n, m \in N$, 使得 $(\neg x)^n \in F$, $(\neg y)^n \in F$. 因为 $(\neg x)^n \leq \neg x$, $(\neg y)^n \leq \neg y$, 所以 $\neg x \in F$, $\neg y \in F$. 又因为 $\neg x \leq x \to y$, $\neg y \leq y \to x$, 所以 $x \to y \in F$, $y \to x \in F$. 因此 F 满足 (OF1). 于是 F 是 E 的一个固执 (前) 滤子.

推论 2.6.4 设 E 是一个 EQ-代数, F 是 E 的一个非平凡 (前) 滤子, 则 F 是 E 的一个固执 (前) 滤子当且仅当 F 满足条件

2.6 EQ-代数上的固执 (前) 滤子

(OF3): 对任意 $x \in E$, $x \in F$ 或 $\neg x \in F$.

证明 充分性: 假设 F 是 E 的一个固执 (前) 滤子且 $x \notin F$. 根据定理 2.6.3 可得, 存在 $n \in N$, $(\neg x)^n \in F$. 因为 $(\neg x)^n \leq \neg x$, 所以 $\neg x \in F$.

必要性: 根据定理 2.6.3, 结论显然成立.

定理 2.6.5 设 E 是一个 EQ-代数, F 是 E 的一个真 (前) 滤子. 若 F 是 E 的一个固执 (前) 滤子, 则 F 是 E 的一个极大 (前) 滤子.

证明 假设 F 是 E 的一个固执 (前) 滤子, 且 $x \notin F$. 令 M 是由 $\{x\} \cup F$ 生成的一个前滤子, 则根据推论 2.6.4 可知, $\neg x \in F \subseteq M$. 又因为 $x \in M$, 所以 $0 \in M$. 从而 $M = E$. 故 F 是 E 的一个极大 (前) 滤子.

下面的例子说明定理 2.6.5 的逆命题不一定成立.

例 2.6.6 设 $E = \{0, a, b, 1\}$ 是一个链. 定义 $\odot$ 和 $\sim$ 如下:

$\odot$	0	a	b	1
0	0	0	0	0
a	0	0	0	a
b	0	0	0	b
1	0	a	b	1

$\sim$	0	a	b	1
0	1	a	0	0
a	a	1	a	a
b	0	a	1	b
1	0	a	b	1

则 $E = (E, \wedge, \odot, \sim, 1)$ 是一个 EQ-代数. 定义运算 $\rightarrow$ 如下:

$\rightarrow$	0	a	b	1
0	1	1	1	1
a	a	1	1	1
b	0	a	1	1
1	0	a	b	1

容易验证, $F = \{b, 1\}$ 是一个极大前滤子, 但不是一个固执前滤子. 因为 $a, b \notin F$, 所以 $a \rightarrow 0 \notin F$.

定理 2.6.7 设 E 是一个 EQ-代数, F 是 E 的一个固执 (前) 滤子, 则 F 是 E 的一个关联 (前) 滤子.

证明 假设 F 不是 E 的一个关联 (前) 滤子, 则存在 $x, y \in E$ 使得 $(x \rightarrow y) \rightarrow x \in F$, 但是 $x \notin F$. 所以 $y \in F$ 或 $y \notin F$. 下面分情况讨论:

(1) 假设 $y \in F$. 我们有 $y \leq x \rightarrow y$, 则 $x \rightarrow y \in F$. 因为 $(x \rightarrow y) \rightarrow x \in F$, 且 F 是一个 (前) 滤子, 则 $x \in F$, 这与题意矛盾.

(2) 假设 $y \notin F$. 因为 F 是 E 的一个固执 (前) 滤子, 所以 $x \rightarrow y \in F$. 因此 $x \in F$. 这与题意矛盾.

因此, F 是 E 的一个关联 (前) 滤子.

推论 2.6.8 设 E 是一个 EQ-代数，F 是 E 的一个固执 (前) 滤子，则 F 是 E 的一个正关联 (前) 滤子和可换 (前) 滤子.

证明 根据定理 2.6.7 和定理 2.5.13，结论显然成立.

下面的例子说明定理 2.6.7 的逆命题不一定成立.

例 2.6.9 设 $E = \{0, a, b, c, 1\}$，且满足 $0 < a, b < c < 1$. 定义 $\odot$ 和 $\sim$ 如下：

$\odot$	0	a	b	c	1
0	0	0	0	0	0
a	0	a	0	a	a
b	0	0	b	b	b
c	0	a	b	c	c
1	0	a	b	c	1

$\sim$	0	a	b	c	1
0	1	b	a	0	0
a	b	1	0	a	a
b	a	0	1	b	b
c	0	a	b	1	c
1	0	a	b	c	1

则 $E = (E, \wedge, \odot, \sim, 1)$ 是一个 EQ-代数. 定义运算 $\to$ 如下：

$\to$	0	a	b	c	1
0	1	1	1	1	1
a	b	1	b	1	1
b	a	a	1	1	1
c	0	a	b	1	1
1	0	a	b	c	1

容易验证，$F = \{c, 1\}$ 是 E 的一个关联 (前) 滤子，但不是 E 的一个固执 (前) 滤子. 因为 $a, b \notin F$，所以 $a \to b = b \notin F$ 且 $b \to a = a \notin F$.

定理 2.6.10 设 E 是一个 EQ-代数，F 是 E 的一个真 (前) 滤子，则以下结论等价：

(1) F 是 E 的一个固执前滤子；

(2) F 是 E 的一个极大前滤子和关联前滤子；

(3) F 是 E 的一个极大前滤子和正关联前滤子.

证明 (1)$\Rightarrow$(2) 由定理 2.6.5 和定理 2.6.7 可得.

(2)$\Rightarrow$(3) 由定理 2.5.13 可得.

(3)$\Rightarrow$(1) 假设 $x, y \notin F$. 因为 F 是 E 的一个正关联前滤子，根据定理 2.5.2 可得，$F_y = \{t \in E : y \to t \in F\}$ 是一个前滤子且 $F \subseteq F_y \subseteq E$. 由题意可知，$F$ 是 E 的一个极大前滤子. 因为 $y \notin F$，则 $F_y = E$. 因此 $x \in F_y$，即 $y \to x \in F$. 用同样的方法可证，$x \to y \in F$. 所以 F 满足条件 (OF1). 因此 F 是 E 的一个固执前滤子.

定义 2.6.11 设 E 是一个 EQ-代数. 若 E 满足条件：对任意 $x \in E - \{1\}$，$ord(x) < \infty$，则称 E 是一个**局部有限的 EQ-代数**.

性质 2.6.12 设 E 是一个好的格序 EQ-代数且 F 是 E 的一个真滤子, 则以下结论等价:

(1) F 是 E 的一个固执滤子;

(2) E/F 是一个局部有限的布尔代数.

证明 (1) $\Rightarrow$ (2) 假设 F 是 E 的一个固执滤子, 则 E/F 是一个可分的 EQ-代数. 令 $[x]_F \in E/F$ 且 $[x]_F \neq [1]_F$, 则 $x \notin F$. 因为 F 是 E 的一个固执滤子, 根据推论 2.6.4 可得, $\neg x \in F$, 即 $[x]_F = [0]_F$. 所以 E/F 是一个局部有限的 EQ-代数. 定义 "$\vee_F$" 和 $\wedge_F$ 为: 对任意 $[x]_F, [y]_F \in E/F$, $[x]_F \vee_F [y]_F = [x \vee y]_F$. 则容易验证 $(E, \vee_F, \wedge_F, [0]_F, [1]_F)$ 是一个格, 从而 E/F 是一个格序 EQ-代数. 假设 $[x]_F \in E/F$, 则 $x \odot \neg x = 0$. 因为 E 是一个好的 EQ-代数, 所以若 $x \wedge \neg x \in F$, 则 $x, \neg x \in F$, 因此 $x \odot \neg x = 0 \in F$. 从而 $F = E$, 这与题意相矛盾. 所以 $x \wedge \neg x \notin F$. 因为 F 是 E 的一个固执滤子, 由推论 2.6.4 可得, $\neg(x \wedge \neg x) \in F$, 即 $[x]_F \wedge_F [\neg x]_F = [x \wedge \neg x]_F = [0]_F$. 此外, $x \in F$ 或 $\neg x \in F$ 蕴涵 $x \vee \neg x \in F$. 所以 $[x]_F \vee_F [\neg x]_F = [x \vee \neg x]_F = [1]_F$. 因此 $(E/F, \vee_F, \wedge_F)$ 是一个完备格. 对任意 $x, y, z \in E$, $(x \wedge z) \vee (y \wedge z) \leq (x \vee y) \wedge z$, 所以 $((x \wedge z) \vee (y \wedge z)) \to ((x \vee y) \wedge z) = 1 \in F$. 因此 $((x \wedge z) \vee (y \wedge z)) \sim ((x \vee y) \wedge z) \in F$, 即 $[(x \wedge z) \vee (y \wedge z)]_F = [(x \vee y) \wedge z]_F$. 从而 $([x]_F \wedge_F [z]_F) \vee_F ([y]_F \wedge_F [z]_F) = ([x]_F \vee_F [y]_F) \wedge_F [z]_F$. 用同样的方法可以证明, $([x]_F \vee_F [z]_F) \wedge_F ([y]_F \vee_F [z]_F) = ([x]_F \wedge_F [y]_F) \vee_F [z]_F$. 故 $(E/F, \vee_F, \wedge_F, \neg, 0, 1)$ 是一个局部有限的布尔代数.

(2) $\Rightarrow$ (1) 假设 E/F 是一个局部有限的布尔代数. 对任意 $x \in E$, $x \notin F$, 则存在 $n \in N$ 使得 $([x]_F)^n = [0]_F$. 因此 $x^n \sim 0 \in F$, 或 $\neg(x^n) \in F$. 根据定理 2.6.3 可得, F 是 E 的一个固执滤子.

定理 2.6.13 设 E 是一个 EQ-代数, F 是 E 的一个固执 (前) 滤子且 $F \subseteq G$. 则 G 也是 E 的一个固执 (前) 滤子.

证明 假设 $F \subseteq G$ 且 $x \notin G$, 则 $x \notin F$. 根据推论 2.6.4 可得, $\neg x \in F$. 因为 $F \subseteq G$, 则 $\neg x \in G$. 因此 G 是 E 的一个固执 (前) 滤子.

推论 2.6.14 设 E 是一个 EQ-代数, 则 $\{1\}$ 是 E 的一个固执 (前) 滤子当且仅当 E 的每个滤子都是固执 (前) 滤子.

定理 2.6.15 设 E 是一个 EQ-代数且 F 是 E 的一个滤子, 则 F 是 E 的一个固执滤子当且仅当 E/F 的每个滤子都是固执滤子.

证明 充分性: 假设 F 是 E 的一个固执滤子且对任意 $x \in E$, $[x]_F \neq [1]_F$, 则 $x \notin F$. 根据推论 2.6.4 可知, $\neg x \in F$. 所以 $[\neg x]_F = [1]_F$. 因此 $\neg([x]_F) \in \{[1]_F\}$. 从而 $\{[1]_F\}$ 是一个固执滤子. 由定理 2.6.13 可得, E/F 的每个滤子都是固执滤子.

必要性: 假设 E/F 的每个滤子都是固执滤子且对任意 $x \in E$, $x \notin F$, 则 $[x]_F \neq [1]_F$. 所以 $[x]_F \notin \{[1]_F\}$. 因为 $\{[1]_F\}$ 是 E/F 的一个固执滤子, 所以

$[\neg x]_F \in \{[1]_F\}$. 从而 $\neg x \in F$. 因此 F 是 E 的一个固执滤子.

定理 2.6.16 设 E 是一个好的格序 EQ-代数, 则 $\{1\}$ 是 E 的一个固执滤子当且仅当 E 是一个局部有限的布尔代数.

证明 因为 $F = \{1\}$ 是一个真滤子. 对任意 $x \in E$, 定义 $h : E \to E/F$ 为 $h(x) = [x]_F$. 根据引理 2.5.24 可知, h 是一个同态. 所以 $E \cong E/F$. 由性质 2.6.12 直接可得.

第3章　EQ-代数上的拓扑结构及拓扑 EQ-代数

拓扑研究数学中的连续与收敛, 为研究极限提供理论支撑. 而代数研究各种运算, 给计算和算法提供了理论依据. 由于上述的差别, 拓扑与代数似乎相互独立于各自的领域, 没有直接的联系. 然而, 在数学的理论研究与应用中不同的数学分支有着密切的联系, 如函数分析、动力系统、表示论中拓扑与代数有着密切的联系. 逻辑代数上拓扑理论的研究大致可以分为两种: ① 用逻辑代数上的素滤子 (素理想) 和极大滤子 (极大理想) 来构造素谱空间和极大谱空间; ② 拓扑逻辑代数, 拓扑代数指的是在代数上赋予拓扑使得代数上的所有运算连续. 本章将研究 EQ-代数上的拓扑和拓扑 EQ-代数.

3.1　由滤子系生成的拓扑 EQ-代数

本节用给定 EQ-代数 E 的滤子系统 $\mathcal{F} = \{F_i | i \in \Lambda\}$, 在 E 上赋予了拓扑 $\mathcal{T}_{\mathcal{F}}$ 使得序对 $(E, \mathcal{T}_{\mathcal{F}})$ 成为拓扑 EQ-代数. 这种拓扑有一个自然的拓扑基 $\beta = \{x/F_i | x \in E, i \in I\}$. 本节给出这种拓扑下任何一个非空集合的闭包形式以及拓扑 EQ-代数 $(E, \mathcal{T}_{\mathcal{F}})$ 的分离性等拓扑性质. 另外, 还在 $(E, \mathcal{T}_{\mathcal{F}})$ 上研究了网收敛. 本节除了标记文献之外, 其余概念和结论均来自文献 [150].

定义 3.1.1　设 E 是 EQ-代数, $\mathcal{T}$ 是 E 上的拓扑. 称序对 $(E, \mathcal{T})$ 为**拓扑 EQ-代数**, 如果 E 上的运算 $\otimes, \wedge, \sim$ 关于拓扑 $\mathcal{T}$ 均连续.

例 3.1.2　任何 EQ-代数在离散拓扑下都是拓扑 EQ-代数.

例 3.1.3　设 $E = \{0, a, b, c, d, 1\}$ 是交半格, 且 $0 < a < b, c < d < 1$. 二元运算 $\otimes$ 和 $\sim$ 见下表:

$\otimes$	0	a	b	c	d	1
0	0	0	0	0	0	0
a	0	0	0	0	a	a
b	0	0	0	0	b	b
c	0	0	0	0	c	c
d	0	a	b	c	d	d
1	0	a	b	c	d	1

$\sim$	0	a	b	c	d	1
0	1	1	a	a	a	a
a	1	1	a	a	a	a
b	a	a	1	c	b	b
c	a	a	c	1	c	c
d	a	a	b	c	1	d
1	a	a	b	c	d	1

容易验证 $(E, \otimes, \wedge, \sim, 1)$ 是 EQ-代数. 给 E 赋予非平凡的拓扑 $\mathcal{T} = \{\varnothing, \{0, a\},$ $\{b\}, \{c\}, \{d\}, \{1\}, \{b, c\}, \{b, d\}, \{b, 1\}, \{c, d\}, \{c, 1\}, \{d, 1\}, \{0, a, b\}, \{0, a, c\}, \{0, a, d\},$ $\{0, a, 1\}, \{b, c, d\}, \{b, c, 1\}, \{b, d, 1\}, \{c, d, 1\}, \{0, a, b, c\}, \{0, a, b, d\}, \{0, a, b, 1\}, \{0, a, c, d\}, \{0, a, c, 1\}, \{0, a, d, 1\}, \{b, c, d, 1\}, \{0, a, b, c, d, 1\}\}$. 实际上, 拓扑 $\mathcal{T}$ 是由基 $\beta = \{\{0, a\}, \{b\}, \{c\}, \{d\}, \{1\}\}$ 诱导的. 不难验证 $(E, \mathcal{T})$ 是拓扑 EQ-代数.

定义 3.1.4 设 $\mathcal{F}$ 是 EQ-代数 E 的一族滤子. 称 $\mathcal{F}$ 为 E 的**滤子系统**(简称**系统**), 如果 $(\mathcal{F}, \subseteq)$ 是下定向集.

注 3.1.5 $\mathcal{F} = \{F_i \mid i \in \Lambda\}$ 是 EQ-代数 E 的滤子系统等价于 $(\Lambda, \leq)$ 是上定向集, 对任意的 $i \leq j$, 总有 $F_j \subseteq F_i$. 事实上, 假设 $(\mathcal{F}, \subseteq)$ 是下定向集, 我们在 Λ 上定义二元关系 $\leq$ 为 $i \leq j$ 当且仅当 $F_j \subseteq F_i$. 则很容易验证 $(\Lambda, \leq)$ 是上定向集. 另外一面显然.

命题 3.1.6 设 $\mathcal{F}$ 是 EQ-代数 E 的一族滤子. 如果 $\mathcal{F}$ 对有限交封闭, 则 $\mathcal{F}$ 是 E 的系统.

证明 设 $\mathcal{F} = \{F_i \mid i \in \Lambda\}$ 是 EQ-代数 E 的一族滤子, $\mathcal{F}$ 对有限交封闭. 只需要证明 $(\mathcal{F}, \subseteq)$ 是下定向集. 假设 $F_i, F_j \in \mathcal{F}$, 由于 $\mathcal{F}$ 对有限交封闭, 因此 $F_i \cap F_j \in \mathcal{F}$. 故存在 $F_k \in \mathcal{F}$ 使得 $F_k = F_i \cap F_j$. 因此 $(\mathcal{F}, \subseteq)$ 是下定向集.

设 $\mathcal{T}_x$ 是拓扑空间 $(X, \mathcal{T})$ 中点 x 的邻域系. $\mathcal{T}_x$ 的子集 $\mathcal{V}_x$ 称为 x 的**邻域基**, 如果对任意的 $U_x \in \mathcal{T}_x$, 总存在 $V_x \in \mathcal{V}_x$ 使得 $V_x \subseteq U_x$.

命题 3.1.7 设 $\mathcal{F} = \{F_i \mid i \in \Lambda\}$ 是 EQ-代数 E 的系统, 则在 E 上存在拓扑 $\mathcal{T}$ 具有基 $\beta = \{x/F_i \mid x \in E, i \in \Lambda\}$ 且 $\mathcal{F}$ 是 E 中 1 的邻域基.

证明 设 $\mathcal{F} = \{F_i \mid i \in \Lambda\}$ 是 EQ-代数 E 的系统, $\beta = \{x/F_i \mid x \in E, i \in \Lambda\}$. 下面首先证明 $\mathcal{T} = \{U \subseteq E : \forall a \in U, \exists y/F_i \in \beta, \text{s.t. } a \in y/F_i \subseteq U\}$ 是 E 的拓扑. 显然 $\varnothing, E \in \mathcal{T}$. 设 $\{U_\alpha\}$ 是 $\mathcal{T}$ 的子族, $a \in \cup U_\alpha$, 则存在 α 使得 $a \in U_\alpha$. 因此存在 $y/F_i \in \beta$ 使得 $a \in y/F_i \subseteq U_\alpha$. 从而 $\cup U_\alpha \in \mathcal{T}$. 设 $U_\alpha, U_\beta \in \mathcal{T}$, $a \in U_\alpha \cap U_\beta$, 则存在 $y_1/F_i \in \beta, y_2/F_j \in \beta$ 使得 $a \in y_1/F_i \subseteq U_\alpha, a \in y_2/F_j \subseteq U_\beta$. 因为 $(\mathcal{F}, \subseteq)$ 是下定向集, $F_i, F_j \in \mathcal{F}$, 则存在 $F_k \in \mathcal{F}$ 使得 $F_k \subseteq F_i, F_j$. 从而有 $F_k \subseteq F_i \cap F_j$. 现在有

$$a \in a/F_k \subseteq (a/F_i) \cap (a/F_j) = (y_1/F_i) \cap (y_2/F_j) \subseteq U_\alpha \cap U_\beta.$$

故 $U_\alpha \cap U_\beta \in \mathcal{F}$. 显然 β 是 $\mathcal{T}$ 的基. 现在证明 $\mathcal{F}$ 是 E 中 1 的邻域基. 设 $1 \in U \in \mathcal{T}$, 则存在 $y/F_i \in \beta$ 使得 $1 \in y/F_i \subseteq U$. 因此得到 $1 \in F_i = 1/F_i = y/F_i \subseteq U$.

如果 $\mathcal{F} = \{F_i \mid i \in \Lambda\}$ 是 EQ-代数 E 的系统. 我们记命题 3.1.7 中的拓扑为 $\mathcal{T}_\mathcal{F}$, 并称它为由**系统 $\mathcal{F}$ 诱导的拓扑**.

例 3.1.8 设 $E = \{0, a, b, 1\}$ 是链. 在 E 上定义二元运算 $\otimes, \sim$ 见下表:
则容易验证 $(E, \wedge, \otimes, \sim)$ 是 EQ-代数. 容易计算 $\mathcal{F} = \{F_i \mid i \in \Lambda\}$ 是 E 的系统, 这里 $\Lambda = \{1, 2\}, F_1 = \{0, a, b, 1\}, F_2 = \{b, 1\}$. 我们可以计算出 $\beta = $

3.1 由滤子系生成的拓扑 EQ-代数

$\otimes$	0	a	b	1
0	0	0	0	0
a	0	0	a	a
b	0	a	b	b
1	0	a	b	1

$\sim$	0	a	b	1
0	1	0	0	0
a	0	1	a	a
b	0	a	1	1
1	0	a	1	1

$\{\{0\}, \{a\}, \{b,1\}, \{0,a,b,1\}\}$, $\mathcal{T}_{\mathcal{F}} = \{\varnothing, \{0\}, \{a\}, \{0,a\}, \{b,1\}, \{0,b,1\}, \{a,b,1\}, \{0,a,b,1\}\}$ 是 E 的拓扑且以 β 为基.

定理 3.1.9 设 $\mathcal{F} = \{F_i \mid i \in \Lambda\}$ 是 EQ-代数 E 的系统, $\mathcal{T}_{\mathcal{F}}$ 是 E 上由 $\mathcal{F}$ 诱导的拓扑. 则 $(E, \mathcal{T}_{\mathcal{F}})$ 是拓扑 EQ-代数.

证明 由命题 3.1.7 知, $\mathcal{T}_{\mathcal{F}}$ 是 E 的具有基 $\beta = \{x/F_i \mid x \in E, i \in \Lambda\}$ 的拓扑. 设 $* \in \{\wedge, \otimes, \sim\}$, $f_* : E \times E \to E$ 定义为任意的 $x, y \in E$, $f_*(x,y) = x * y$. 因为 β 是 $\mathcal{T}_{\mathcal{F}}$ 的基, 故只需要证明任意的 $b/F_i \in \beta$, $f_*^{-1}(b/F_i)$ 是乘积空间 $E \times E$ 的开集. 设 $(x,y) \in f_*^{-1}(b/F_i)$, 则有 $x * y \in b/F_i$. 显然 $x/F_i \times y/F_i$ 是 $E \times E$ 中包含 (x,y) 的开集. 下面证明 $x/F_i \times y/F_i \subseteq f_*^{-1}(b/F_i)$. 对任意的 $(u,v) \in x/F_i \times y/F_i$, 有 $u \in x/F_i$, $v \in y/F_i$, 即 $x \approx_{F_i} u, y \approx_{F_i} v$. 因为 $\approx_{F_i}$ 是 E 上的同余, 故 $x * y \approx_{F_i} u * v$. 因此 $u * v \in b/F_i$. 从而 $(x/F_i) \times (y/F_i) \subseteq f_*^{-1}(b/F_i)$. 因此 $f_*^{-1}(b/F_i)$ 是乘积空间 $E \times E$ 的开集. 故 f_* 连续, 进而 $(E, \mathcal{T}_{\mathcal{F}})$ 是拓扑 EQ-代数.

由命题 3.1.7 和定理 3.1.9 知, 序对 $(E, \mathcal{T}_{\mathcal{F}})$ 是拓扑 EQ-代数, 这里 $\mathcal{T}_{\mathcal{F}}$ 是由 E 的系统 $\mathcal{F} = \{F_i \mid i \in \Lambda\}$ 诱导的拓扑. 设 $(E, \mathcal{U})$ 是拓扑 EQ-代数, F 是 E 的滤子. 我们在 E/F 上定义二元运算 $\wedge, \otimes$ 如下: $(a/F) \wedge (b/F) = (a \wedge b)/F$, $(a/F) \otimes (b/F) = (a \otimes b)/F$, $(a/F) \sim (b/F) = (a \sim b)/F$. 则容易验证 $(E/F, \wedge, \otimes, \sim, 1)$ 是拓扑 EQ-代数. 下面我们寻找商代数 E/F 称为拓扑 EQ-代数的条件.

命题 3.1.10 设 $(E, \mathcal{U})$ 是拓扑 EQ-代数, F 是 E 的滤子. 在商代数 E/F 上赋予商拓扑, 如果自然投射 P_F 是开映射, 则商代数 E/F 在商拓扑下是拓扑 EQ-代数.

证明 只需要证明 $(x/F, y/F) \mapsto x/F * y/F = (x * y)/F$ 关于商拓扑是连续的, 这里 $* \in \{\wedge, \otimes, \sim\}$. 设 W 是 $(x * y)/F$ 的开邻域, 则 $P_F^{-1}(W)$ 是 E 的开集且 $x * y \in P_F^{-1}(W)$. 因为 $(E, \mathcal{U})$ 是拓扑 EQ-代数, 则存在 x 的开邻域 U_0, y 的开邻域 V_0 使得 $U_0 * V_0 \subseteq P_F^{-1}(W)$. 令 $U = P_F(U_0), V = P_F(V_0)$. 因为 P_F 是开映射, 则 U 和 V 是 E 的开集. 显然有 $x/F \in U, y/F \in V$ 且 $U * V \subseteq P_F(U_0 * V_0) \subseteq W$. 从而 $*$ 是连续的.

命题 3.1.11 设 $(E, \mathcal{T}_{\mathcal{F}})$ 是由系统 $\mathcal{F} = \{F_i \mid i \in \Lambda\}$ 诱导的拓扑 EQ-代数, F 是 E 的滤子. 如果 $F \subseteq \cap \{F_i \mid i \in \Lambda\}$, 则自然投射 $P_F : E \to E/F$ 是开映射.

证明 设 $\mathcal{F} = \{F_i \mid i \in \Lambda\}$, $\beta = \{x/F_i \mid x \in E, i \in \Lambda\}$. 由命题 3.1.7, β 是拓扑 $\mathcal{T}_{\mathcal{F}}$ 的基. 因此只需要证明对任意的 $x/F_i \in \beta$, $P_F(x/F_i)$ 是 E/F 的开集. 设 $x/F_i \in \beta$. 下面我们证明 $P_F^{-1}(P_F(x/F_i)) \in \mathcal{T}_{\mathcal{T}}$. 任取 $a \in P_F^{-1}(P_F(x/F_i))$, 则 $P_F(a) \in P_F(x/F_i)$. 故 $a/F \in (x/F_i)/F$. 因此存在 $b \in x/F_i$ 使得 $a/F = b/F$, 即 $a \approx_F b$. 因为 $b \approx_{F_i} x$, $F \subseteq F_i$, 则有 $a \approx_{F_i} b$ 以及 $b \approx_{F_i} x$. 由于 $a \in x/F_i$, 故 $P_F^{-1}(P_F(x/F_i)) \subseteq x/F_i$. 显然 $x/F_i \subseteq P^{-1}(P_F(x/F_i))$. 从而有 $P_F^{-1}(P_F(x/F_i)) = x/F_i \in \mathcal{T}_{\mathcal{F}}$. 因此 P_F 是开映射.

命题 3.1.12 设 $(E, \mathcal{T}_{\mathcal{F}})$ 是由系统 $\mathcal{F} = \{F_i \mid i \in \Lambda\}$ 诱导的拓扑 EQ-代数, F 是 E 的滤子. 如果 $F \subseteq \cap \{F_i \mid i \in \Lambda\}$, 则商 EQ-代数在商拓扑下是拓扑 EQ-代数.

证明 直接由命题 3.1.10 和命题 3.1.11 可得.

命题 3.1.13 设 $(E, \mathcal{T}_{\mathcal{F}})$ 是由系统 $\mathcal{F} = \{F_i \mid i \in \Lambda\}$ 诱导的拓扑 EQ-代数, F 是 E 的滤子. 如果 F 是开的, 则 E/F 的商拓扑是离散的, 从而 E/F 是拓扑 EQ-代数.

证明 注意到对任意的 $x \in E$ 等式 $P_F^{-1}(\{x/F\}) = x/F$ 成立, 因此只要证明 x/F 是 $\mathcal{T}_{\mathcal{F}}$ 的开集. 定义 $f_x : E \to E$ 为 $f_x(y) = x \sim y$, 则 f_x 连续. 因为 F 是开的, 我们得到 $f_x^{-1}(F)$ 是开的. 显然 $x/F = \{y \in E \mid x \sim y \in F\} = f_x^{-1}(F)$. 因此 x/F 是开集.

推论 3.1.14 设 $(E, \mathcal{T}_{\mathcal{F}})$ 是由系统 $\mathcal{F} = \{F_i \mid i \in \Lambda\}$ 诱导的拓扑 EQ-代数, F 是 E 的滤子. 如果 F 是开的 (闭的), 则对任意的 $x \in E$, x/F 是开的 (闭的).

证明 当 F 是开的, 由命题 3.1.13 的证明过程知, x/F 是开的. F 是闭的情况类似可证.

命题 3.1.15 设 $(E, \mathcal{T}_{\mathcal{F}})$ 是由系统 $\mathcal{F} = \{F_i \mid i \in \Lambda\}$ 诱导的拓扑 EQ-代数. E 中的每个开滤子都是闭滤子.

证明 假设滤子 F 是开的. 则由推论 3.1.14, 对任意的 $x \in E$, x/F 是开集. 因此 $F = E \setminus \cup \{x/F \mid x \notin F\}$ 是开集.

拓扑空间 $(X, \mathcal{U})$ 称为**零维的**, 如果 $\mathcal{U}$ 由一个既开又闭的基.

命题 3.1.16 设 $(E, \mathcal{T}_{\mathcal{F}})$ 是由系统 $\mathcal{F} = \{F_i \mid i \in \Lambda\}$ 诱导的拓扑 EQ-代数, 则 $(E, \mathcal{T}_{\mathcal{F}})$ 是零维空间.

证明 设 $\mathcal{F} = \{F_i \mid i \in \Lambda\}$, $\beta = \{x/F_i \mid x \in E, i \in \Lambda\}$. 由命题 3.1.7, 只需证明对任意的 $x/F_i \in \beta$, x/F_i 是闭的. 设 $x/F_i \in \beta$. 显然 $F_i = 1/F_i \in \beta$. 由命题 3.1.15, F_i 是闭的. 再由推论 3.1.14, 得 x/F_i 是闭的.

命题 3.1.17 设 $(E, \mathcal{T}_{\mathcal{F}})$ 是由系统 $\mathcal{F} = \{F_i \mid i \in \Lambda\}$ 诱导的拓扑 EQ-代数, S 是 E 的非空子集, $S/F_i = \cup\{x/F_i \mid x \in S\}$, 则 $\overline{S} = \cap\{S/F_i \mid i \in \Lambda\}$, 这里 $\overline{S}$ 是 S 的闭包.

3.1 由滤子系生成的拓扑 EQ-代数

证明 设 $x \in E$, 则

$$x \in \overline{S} \Leftrightarrow \forall U \in \mathcal{T}_{\mathcal{F}}, x \in U \Rightarrow U \cap S \neq \varnothing$$
$$\Leftrightarrow \forall a/F_i \in \beta, x \in a/F_i \Rightarrow (a/F_i) \cap S \neq \varnothing$$
$$\Leftrightarrow \forall i \in \Lambda, (x/F_i) \cap S \neq \varnothing$$
$$\Leftrightarrow \forall i \in \Lambda, x \in S/F_i$$
$$\Leftrightarrow x \in \cap\{S/F_i \mid i \in \Lambda\}.$$

命题 3.1.18 设 $(E, \mathcal{T}_{\mathcal{F}})$ 是由系统 $\mathcal{F} = \{F_i \mid i \in \Lambda\}$ 诱导的拓扑 EQ-代数. 如果 $(E, \mathcal{T}_{\mathcal{F}})$ 是 Hausdorff 空间, 则 $\cap\{F_i \mid i \in \Lambda\} = \{1\}$. 如果 E 是可分的, 反之也成立.

证明 设 $(E, \mathcal{T}_{\mathcal{F}})$ 是 Hausdorff 空间, 则 $\{1\}$ 是闭的. 因此根据命题 3.1.17, 有

$$\{1\} = \overline{\{1\}} = \cap\{1/F_i \mid i \in \Lambda\} = \cap\{F_i \mid i \in \Lambda\}.$$

反之, 设 E 是可分的. 假设 $\cap\{F_i \mid i \in \Lambda\} = \{1\}$, x, y 是 E 中不同的点. 由 E 是可分的得, $x \sim y \notin \cap\{F_i \mid i \in \Lambda\} = \{1\}$, 因此存在 $\lambda \in \Lambda$ 使得 $x \sim y \notin F_\lambda$. 故 $(x/F_\lambda) \cap (y/F_\lambda) = \varnothing$. 所以 $(E, \mathcal{T}_{\mathcal{F}})$ 是 Hausdorff 空间.

下面我们给出例子说明可分性是必要的.

例 3.1.19 考虑 EQ-代数例 3.1.3. 注意到 E 不是可分的, 因为 $0 \sim a = 1$ 但是 $0 \neq a$. 我们给出 E 的一个系统 $\mathcal{F} = \{F_i \mid i \in \Lambda\}$, 这里 $\Lambda = \{1, 2\}$, $F_1 = \{d, 1\}$, $F_2 = \{1\}$. 由命题 3.1.7, $\mathcal{T}_{\mathcal{F}}$ 的基为 $\beta = \{\{0, a\}, \{b\}, \{c\}, \{d\}, \{1\}\}$. 由定理 3.1.9, $(E, \mathcal{T}_{\mathcal{F}})$ 是拓扑 EQ-代数. 显然 $\mathcal{F}$ 满足 $\cap\{F_i \mid i \in \Lambda\} = \{1\}$. 然而 $\mathcal{T}_{\mathcal{F}}$ 不是 Hausdorff 空间, 因为任何开集都不能分离 0 和 a.

命题 3.1.20 设 $(E, \mathcal{T}_{\mathcal{F}})$ 是由系统 $\mathcal{F} = \{F_i \mid i \in \Lambda\}$ 诱导的拓扑 EQ-代数, 则下列几条等价:

(i) $(E, \mathcal{T}_{\mathcal{F}})$ 是 Hausdorff 空间;

(ii) $(E, \mathcal{T}_{\mathcal{F}})$ 是 T_1-空间;

(iii) $(E, \mathcal{T}_{\mathcal{F}})$ 是 T_0-空间.

证明 (i)$\Rightarrow$(ii) 和 (ii)$\Rightarrow$(iii) 是显然的. 下面我们证明 (iii)$\Rightarrow$(i). 设 $(E, \mathcal{T}_{\mathcal{F}})$ 是 T_0-空间, $x, y \in E$, $x \neq y$. 由假设要么存在 x 的邻域不包含 y, 要么存在 y 的邻域不包含 a. 如果前者成立, 则存在 z/F_j 使得 $x \in z/F_j \subseteq U$. 我们得到 $x/F_j = z/F_j$, $y \notin x/F_j$, 故 $(x/F_j) \cap (y/F_j) = \varnothing$. 后一种情况类似. 因此 $(E, \mathcal{T}_{\mathcal{F}})$ 是 Hausdorff 空间.

命题 3.1.21 设 $\mathcal{F} = \{F_i \mid i \in \Lambda\}$ 和 $\mathcal{G} = \{G_j \mid j \in \Gamma\}$ 是 EQ-代数的两个系统, $\mathcal{T}_{\mathcal{F}}$ 和 $\mathcal{T}_{\mathcal{G}}$ 分别是这两个系统诱导的拓扑, 则 $\mathcal{T}_{\mathcal{F}}$ 比 $\mathcal{T}_{\mathcal{G}}$ 细当且仅当对任意的 $j \in \Gamma$,

存在 $i \in \Lambda$ 使得 $F_i \subseteq G_j$.

证明 设 $\beta = \{x/F_i \mid x \in E, i \in \Lambda\}$ 和 $\beta' = \{x/G_j \mid x \in E, j \in \Gamma\}$ 分别是拓扑 $\mathcal{T}_\mathcal{F}, \mathcal{T}_\mathcal{G}$ 上的基. 我们先证明充分性. 设 $x \in E, x \in a/G_j \in \beta'$, 则由假设存在 $i \in \Lambda$ 使得 $F_i \subseteq G_j$. 显然 $x \in x/F_i$. 下面证明 $x/F_i \subseteq a/G_j$. 设 $u \in x/F_i$, 则 $u \sim x \in F_i \subseteq G_j$, 可得 $u \sim x \in G_j$, 所以 $u \approx_{G_j} x$. 因为 $x \in a/G_j$, 故 $x \approx_{G_j} a$. 从而可得 $u \approx_{G_j} a$, 即 $u \in a/G_j$. 因此 $x/F_\lambda \subseteq a/G_j$. $\mathcal{T}_\mathcal{F}$ 比 $\mathcal{T}_\mathcal{G}$ 细. 下面我们证明必要性. 假设 $\mathcal{T}_\mathcal{F}$ 比 $\mathcal{T}_\mathcal{G}, j \in \Gamma$. 显然 $1 \in G_j = 1/G_j \in \beta'$. 存在 $x/F_i \in \beta$ 使得 $1 \in x/F_i \subseteq 1/G_j$. 因此有 $x/F_i = 1/F_i = F_i$. 从而可得 $F_i \subseteq G_j$.

命题 3.1.22 设 $(E, \mathcal{T}_\mathcal{F})$ 是由系统 $\mathcal{F} = \{F_i \mid i \in \Lambda\}$ 诱导的拓扑 EQ-代数, F 是 E 的滤子. 如果 F 是闭的, 则商代数 E/F 在商拓扑下是拓扑 EQ-代数.

证明 由命题 3.1.12, 只需要证明 $F \subseteq \cap\{F_i \mid i \in \Lambda\}$. 根据命题 3.1.17, $F = \overline{F} = \cap\{F/F_i \mid i \in \Lambda\} \subseteq \cap\{1/F_i \mid i \in \Lambda\} = \cap\{F_i \mid i \in \Lambda\}$.

命题 3.1.23 设 $(E, \mathcal{T}_\mathcal{F})$ 是由系统 $\mathcal{F} = \{F_i \mid i \in \Lambda\}$ 诱导的拓扑 EQ-代数, F 是 E 的滤子, 自然投射 $P_F : E \to E/F$. 如果商代数在商拓扑下是 Hausdorff 的, 则 F 是闭的. 进一步, 如果 P_F 是开映射, 反之也成立.

证明 设 F 是 E 的滤子, 商代数 E/F 在商拓扑下是 Hausdorff 的. 如果 $x \in E \setminus F$, 则 $x/F \neq 1/F$. 由假设存在 E/F 的开集 V, W 使得 $x/F \in W, 1/F \in V$ 且 $V \cap W = \emptyset$, 因此, $x \in P_F^{-1}(W) \in \mathcal{U}_F, F \subseteq P_F^{-1}(V) \in \mathcal{U}_F$ 以及 $F \cap P_F^{-1}(W) = \emptyset$. 因为 $P_F^{-1}(W)$ 是 E 的开集满足 $x \in P_F^{-1}(W) \subseteq E \setminus F$, 可得 F 是 E 的闭集. 反之, 设 P_F 是开映射. 如果 $x/F \neq y/F$, 则可得 $x \sim y \notin F$, 故 $x \sim y \in E \setminus F$. 由假设 $x \sim y \notin \overline{F}$. 因此存在 E 的开集 V 使得 $x \sim y \in V$ 且 $V \cap F = \emptyset$. 所以有 $1/F \notin V/F$. 考虑映射 $f : E \times E \to E$ 定义为任意的 $a, b \in E, f(a, b) = a \sim b$. 因为 $(E, \mathcal{T}_\mathcal{F})$ 是拓扑 EQ-代数, 则有 f 连续, 进而有 $P_F \circ f$ 连续. 因为 P_F 是开的, 可得 $P_F(V) = V/F$ 是 E/F 的开子集. 从而 $(P_F \circ f)^{-1}(V/F)$ 是 $E \times E$ 的开子集. 由 $x \sim y \in V$, 可得 $(P_F \circ f)(x, y) \in V/F$, 进而有 $(x, y) \in (P_F \circ f)^{-1}(V/F)$. 故存在 $W, A \in \mathcal{T}_\mathcal{F}$ 使得 $(x, y) \in W \times A \subseteq (P_F \circ f)^{-1}(V/F)$. 从而有 $x \in W, y \in A$, 故 $x/F \in W/F, y/F \in A/F$. 显然 $W/F, A/F$ 是 E/F 的开集. 下面我们证明 $(W/F) \cap (A/F) = \emptyset$. 设 $z/F \in (W/F) \cap (A/F)$, 则存在 $a \in W, b \in A$ 使得 $a/F = z/F, z/F = b/F$, 可推得 $1/F = (z \sim z)/F = (z/F) \sim (z/F) = (a/F) \sim (b/F) = (a \sim b)/F = P_F(a \sim b) = P_F(f(a, b)) \in (P_F \circ f)(W \times A) \subseteq V/F$, 矛盾. 因此 $(A/F) \cap (W/F) = \emptyset$, 从而 E/F 是 Hausdorff 的.

下面我们在拓扑 EQ-代数 $(E, \mathcal{T}_\mathcal{F})$ 上建立网收敛理论.

定义 3.1.24 设 $(E, \mathcal{T}_\mathcal{F})$ 是由系统 $\mathcal{F} = \{F_i \mid i \in \Lambda\}$ 诱导的拓扑 EQ-代数. E 的一个网 $\{x_i\}_{i \in \Lambda}$

(i) 称为**收敛到点** x, 如果对任意的 $\lambda \in \Lambda$, 存在 $N_\lambda \in \Lambda$ 使得对任意的 $N_\lambda \leq i$,

$i \in \Lambda$,都有 $x_i \in x/F_\lambda$;

(ii) 称为**柯西网**,如果对任意的 $\lambda \in \Lambda$,存在 $N_\lambda \in \Lambda$ 使得对任意的 $m, n \geq N_\lambda$, $m, n \in \Lambda$,都有 $x_n/F_\lambda = x_m/F_\lambda$.

如果网 $\{x_i\}_{i\in\Lambda}$ 收敛到 x,我们记为 $\lim x_i = x$,并称 x 是 $\{x_i\}_{i\in\Lambda}$ 的**极限点**.

命题 3.1.25 设 $(E, \mathcal{T}_\mathcal{F})$ 是由系统 $\mathcal{F} = \{F_i \mid i \in \Lambda\}$ 诱导的拓扑 EQ-代数,$\{x_i\}_{i\in\Lambda}$ 和 $\{y_i\}_{i\in\Lambda}$ 是 E 的两个网,则有:

(i) 如果 $(E, \mathcal{T}_\mathcal{F})$ 是 Hausdorff 的,E 是可分的且 $\{x_i\}_{i\in\Lambda}$ 收敛,则它的极限唯一;

(ii) 如果 $\lim y_i = y$ 且 $\lim x_i = x$,则网 $\{x_i * y_i\}_{i\in\Lambda}$ 收敛且对任意运算 $* \in \{\wedge, \otimes, \sim\}$,都有 $\lim(x_i * y_i) = x * y$;

(iii) 任何收敛网是柯西网.

证明 (i) 设 $\lim x_i = x, \lim x_i = y$. 对于 $\lambda \in \Lambda$,存在 $N_\lambda \in \Lambda$ 以及 $N'_\lambda \in \Lambda$ 使得对任意的 $m, m' \in \Lambda$, $N_\lambda \leq m, N'_\lambda \leq m'$,都有 $x_m \in x/F_\lambda, x_{m'} \in y/F_\lambda$. 因为 Λ 是上定向集,存在 $\mu \in \Lambda$ 使得 $N_\lambda \leq \mu$ 以及 $N'_\lambda \leq \mu$. 如果 $n \in \Lambda, \mu \leq n$,则 $x_n \in x/F_\lambda$, $x_n \in y/F_\lambda$,从而 $x \approx_{F_\lambda} y$,即 $x \sim y \in F_\lambda$. 由命题 3.1.18,以及 $(E, \mathcal{T}_\mathcal{F})$ 是 Hausdorff 空间,可得 $x \sim y \in \cap\{F_i \mid i \in \Lambda\} = \{1\}$,所以 $x \sim y = 1$. 因为 E 是可分的,可得 $x = y$.

(ii) 设 $* \in \{\wedge, \otimes, \sim\}, \lim x_i = x$ 以及 $\lim y_i = y$. 假设 $\lambda \in \Lambda$,则存在 $N_\lambda, N'_\lambda \in \Lambda$ 使得对任意的 $x_m \in x/F_\lambda, y_{m'} \in y/F_\lambda$. 因为 Λ 是上定向集,存在 $N \in \Lambda$ 使得 $N_\lambda \leq N, N'_\lambda \leq N$. 如果 $n \in \Lambda, N \leq n$,则 $x_n \in x/F_\lambda$ 以及 $y_n \in y/F_\lambda$. 因此 $x_n \approx_{F_\lambda} x, y_n \approx_{F_\lambda} y$. 从而可得对任意的 $n \in \Lambda, N \leq n, x_n * y_n \approx_{F_\lambda} x * y$. 所以 $\lim x_n * y_n = x * y$.

(iii) 设 $\{x_i\}_{i\in\Lambda}$ 收敛到 E 中的点 x. 对于 $\lambda \in \Lambda$,存在 $N_\lambda \in \Lambda$ 使得对任意的 $N_\lambda \leq i$ 都有 $x_i \in x/F_\lambda$. 假设 $m, n \in \Lambda, m, n \geq N_\lambda$,则 $x_n \in x/F_\lambda, x_m \in x/F_\lambda$,从而有 $x_n/F_\lambda = x/F_\lambda = x_m/F_\lambda$. 因此 $\{x_i\}_{i\in\Lambda}$ 柯西序列.

3.2 一致拓扑 EQ-代数

本节在 EQ-代数 E 上考虑一致拓扑 $\mathcal{T}_\Lambda$. 同样,一致拓扑 $\mathcal{T}_\Lambda$ 在给定的 EQ-代数 E 上也成为一个拓扑 EQ-代数 $\mathcal{T}_\Lambda$. 本节研究拓扑 EQ-代数 $(E, \mathcal{T}_\Lambda)$ 的一些代数和拓扑之间的相互影响. 特别证明了 $(E, \mathcal{T}_\Lambda)$ 是第一可数的、零维的、全不连通的完全正则空间. 本节除了标记文献之外,其余概念和结论均来自文献 [151].

设 X 是非空集合,U, V 是 $X \times X$ 的子集. 定义:

(i) $U \circ V = \{(x, y) \in X \times X \mid \exists z \in X, \text{s.t. } (x, z) \in U, (y, z) \in V\}$,

(ii) $U^{-1} = \{(x, y) \in X \times X \mid (y, x) \in U\}$,

(iii) $\Delta = \{(x,x) \in X \times X \mid x \in X\}$.

命题 3.2.1[78]　非空集合 X 的一致结构指的是笛卡儿积 $X \times X$ 的一族子集 $\mathcal{K}$ 满足下列条件:

(U1) 对任意的 $U \in \mathcal{K}$, $\Delta \subseteq U$;

(U2) 如果 $U \in \mathcal{K}$, 则 $U^{-1} \in \mathcal{K}$;

(U3) 如果 $U \in \mathcal{K}$, 则存在 $V \in \mathcal{K}$ 使得 $V \circ V \subseteq U$;

(U4) 如果 $U, V \in \mathcal{K}$, 则 $U \cap V \in \mathcal{K}$;

(U5) 如果 $U \in \mathcal{K}$, $U \subseteq V \subseteq X \times X$, 则 $V \in \mathcal{K}$.

序对 $(X, \mathcal{K})$ 称为**一致结构**(或者**一致空间**).

下面我们用 EQ-代数的特殊的滤子族构造一致结构.

命题 3.2.2　设 Λ 是 EQ-代数 E 的一族对交封闭的滤子. 如果 $U_F = \{(x,y) \in E \times E \mid x \approx_F y\}$, $\mathcal{K}^* = \{U_F \mid F \in \Lambda\}$, 则 $\mathcal{K}^*$ 满足条件 (U1)—(U4).

证明　(U1) 因为 F 是 E 的滤子, 则对任意的 $x \in E$, 有 $x \approx_F x$. 因此对所有的 $U_F \in \mathcal{K}^*$, $\Delta \subseteq U_F$.

(U2) 对任意的 $U_F \in \mathcal{K}^*$, 都有

$$(x,y) \in (U_F)^{-1} \Leftrightarrow (y,x) \in U_F \Leftrightarrow y \approx_F x \Leftrightarrow x \approx_F y \Leftrightarrow (x,y) \in U_F.$$

(U3) 对任意的 $U_F \in \mathcal{K}^*$, 由 $\approx_F$ 的传递性可得 $U_F \circ U_F \subseteq U_F$.

(U4) 对任意的 $U_F, U_J \in \mathcal{K}^*$, 我们断言 $U_F \cap U_J = U_{F \cap J}$. 如果 $(x,y) \in U_F \cap U_J$, 则 $x \approx_F y, x \approx_J y$. 因此 $x \sim y \in F, x \sim y \in J$, 则 $x \sim y \in F \cap J$, 从而 $(x,y) \in U_{F \cap J}$. 反之, 设 $(x,y) \in U_{F \cap J}$, 则 $x \approx_{F \cap J} y$, 因此 $x \sim y \in F \cap J$, 故有 $x \sim y \in F$, $x \sim y \in J$. 所以 $x \approx_F y, x \approx_J y$, 也就是说 $(x,y) \in U_F \cap U_J$. 所以 $U_F \cap U_J = U_{F \cap J}$. 因为 $F, J \in \Lambda$, 则 $F \cap J \in \Lambda$, $U_F \cap U_J \in \mathcal{K}^*$.

命题 3.2.3　设 $\mathcal{K} = \{U \subseteq E \times E \mid \exists U_F \in \mathcal{K}^*, \text{s.t.} \ U_F \subseteq U\}$, 这里 $\mathcal{K}^*$ 来自命题 3.2.2, 则 $\mathcal{K}$ 在 E 中满足 (U1)—(U5), 序对 $(E, \mathcal{K})$ 是一致结构.

证明　由命题 3.2.2, 集族 $\mathcal{K}$ 满足 (U1)—(U4). 只需要证明 $\mathcal{K}$ 满足 (U5). 设 $U \in \mathcal{K}, U \subseteq V \subseteq E \times E$, 则存在 $U_F \subseteq U \subseteq V$, 也就是说 $V \in \mathcal{K}$.

设 $x \in E, U \in \mathcal{K}$. 定义 $U[x] := \{y \in E \mid (x,y) \in U\}$. 显然, 如果 $V \subseteq U$, 则 $V[x] \subseteq U[x]$.

命题 3.2.4　设 E 是 EQ-代数, 则 $\mathcal{T} = \{G \subseteq E \mid \forall x \in G, \exists U \in \mathcal{K}, \text{s.t.} \ U[x] \subseteq G\}$ 是 E 的拓扑, 这里 $\mathcal{K}$ 来自命题 3.2.3.

证明　显然 $\varnothing$ 和 E 属于 $\mathcal{T}$. 不难看出 $\mathcal{T}$ 对任意并封闭. 最后证明 $\mathcal{T}$ 对有限交封闭. 设 $G, H \in \mathcal{T}, x \in G \cap H$, 则存在 $U, V \in \mathcal{K}$ 使得 $U[x] \subseteq G, V[x] \subseteq H$. 如果 $W = U \cap V$, 则 $W \in \mathcal{K}$. 同样 $W[x] \subseteq U[x] \cap V[x]$, 故 $W[x] \subseteq G \cap H$, 因此 $G \cap H \in \mathcal{T}$. 所以 $\mathcal{T}$ 是 E 的拓扑.

3.2 一致拓扑 EQ-代数

注意到对任意的 x 属于 E, $U[x]$ 是 x 的开邻域.

定义 3.2.5 设 Λ 是 EQ-代数 E 中满足任意交的一族滤子, 则 $\mathcal{T}$ 来自命题 3.2.4 称为 E 的由 Λ **诱导的拓扑**, 简记为 $\mathcal{T}_\Lambda$, 如果 $\Lambda = \{F\}$, 则记为 $\mathcal{T}_F$.

例 3.2.6 设 $E = \{0, a, b, 1\}$ 是链, $\otimes$ 和 $\sim$ 定义如下:

$\otimes$	0	a	b	1
0	0	0	0	0
a	0	a	a	a
b	0	a	b	b
1	0	a	b	1

$\sim$	0	a	b	1
0	1	0	0	0
a	0	1	a	a
b	0	a	1	1
1	0	a	1	1

容易验证 $(E, \wedge, \otimes, \sim, 1)$ 是 EQ-代数. 考虑滤子 $F = \{b, 1\}$ 以及 $\Lambda = \{F\}$. 由命题 3.2.2, 可得 $\mathcal{K}^* = \{U_F\} = \{\{(x,y): x \approx_F y\}\} = \{\{(0,0), (a,a), (b,b), (b,1), (1,b), (1,1)\}\}$. 我们能够验证 $(E, \mathcal{K})$ 是一致结构, 这里 $\mathcal{K} = \{U : U_F \subseteq U\}$. 开邻域有 $U_F[0] = \{0\}$, $U_F[a] = \{a\}$, $U_F[b] = \{b, 1\}$, $U_F[1] = \{b, 1\}$. 从以上可得 $\mathcal{T}_F = \{\varnothing, \{0\}, \{a\}, \{b, 1\}, \{0, a\}, \{0, b, 1\}, \{a, b, 1\}, \{0, a, b, 1\}\}$. 因此 $(E, \mathcal{T}_F)$ 是一致结构.

下面我们给出一致结构的一些性质.

设 E 是 EQ-代数, C, D 是 E 的子集. 我们定义 $C * D$ 如下: $C * D = \{x * y : x \in C, y \in D\}$, 这里 $* \in \{\wedge, \otimes, \sim\}$.

命题 3.2.7 一致结构 $(E, \mathcal{T}_\Lambda)$ 是拓扑 EQ-代数.

证明 由拓扑 EQ-代数的定义, 只需要证明 $*$ 是连续的, 这里 $* \in \{\wedge, \otimes, \sim\}$. 事实上, 假设 $x * y \in G$, 这里 $x, y \in E$, G 是 E 的开集, 则存在 $U \in \mathcal{K}$, $U[x*y] \subseteq G$, 以及滤子 F 使得 $U_F \in \mathcal{K}^*$, $U_F \subseteq U$. 我们断言下列关系成立: $U_F[x] * U_F[y] \subseteq U_F[x*y] \subseteq U[x*y]$. 设 $h*k \in U_F[x] * U_F[y]$, 则 $h \in U_F[x]$, $k \in U_F[y]$. 可得 $x \approx_F h$ 以及 $y \approx_F k$. 因此 $x*y \approx_F h*k$. 从而 $(x*y, h*k) \in U_F \subseteq U$. 因此 $h*k \in U_F[x*y] \subseteq U[x*y]$, 则 $h*k \in G$. 显然 $U_F[x]$, $U_F[y]$ 分别是 x 和 y 的开邻域. 因此 $*$ 连续.

例 3.2.8 在例 3.2.6 中 $(E, \mathcal{T}_F)$ 是拓扑 EQ-代数.

命题 3.2.9 设 Λ 是 E 的对任意并封闭的一族滤子, 则 Λ 中的任意滤子在拓扑 $\mathcal{T}_\Lambda$ 下都是开闭集.

证明 设 F 是 E 的滤子属于 Λ, $y \in F^c$, 则 $y \in U_F[y]$, 从而可得 $F^c \subseteq \cup \{U_F[y] \mid y \in F^c\}$. 我们断言任意的 $y \in F^c$, $U_F[y] \subseteq F^c$. 如果 $z \in U_F[y]$, 则 $z \approx_F y$. 因此 $z \sim y \in F$. 如果 $z \in F$, 则 $y \in F$, 矛盾. 故 $z \in F^c$, 可得 $\cup \{U_F[y] : y \in F^c\} \subseteq F^c$. 因此 $F^c = \cup \{U_F[y] : y \in F^c\}$. 由于对任意的 $y \in E$, $U_F[y]$ 是开集, 可得 F 是闭集. 我们证明 $F = \cup \{U_F[y] : y \in F\}$. 如果 $y \in F$, 则 $y \in U_F[y]$, 可得 $F \subseteq \cup \{U_F[y] \mid y \in F\}$. 设 $y \in F$. 如果 $z \in U_F[y]$, 则 $z \approx_F y$, 进而 $y \sim z \in F$.

因为 $y \in F$, 可得 $z \in F$, 从而 $\cup\{U_F[y] : y \in F\} \subseteq F$. 所以 F 也是 E 的开集.

命题 3.2.10 设 Λ 是 EQ-代数 E 的一族对任意交封闭的滤子. 对任意的 $x \in E$, $F \in \Lambda$, $U_F[x]$ 是拓扑 $\mathcal{T}_\Lambda$ 的开闭集.

证明 首先证明 $(U_F[x])^c$ 是开集. 如果 $y \in (U_F[x])^c$, 则 $y \sim x \in F^c$. 我们断言 $U_F[y] \subseteq (U_F[x])^c$. 如果 $z \in U_F[y]$, 则 $z \in (U_F[x])^c$, 否则 $z \in U_F[x]$, 可推得 $z \sim y \in F$ 以及 $z \sim x \in F$. 因为 F 是滤子, 可得 $(x \sim z) \otimes (z \sim y) \in F$. 由于 $(x \sim z) \otimes (z \sim y) \leq x \sim y$, F 是滤子, 推出 $x \sim y \in F$ 矛盾. 因此对所有的 $y \in (U_F[x])^c$, $U_F[y] \subseteq (U_F[x])^c$, 从而 $U_F[x]$ 是闭集. 显然 $U_F[x]$ 是开集. 故 $U_F[x]$ 是开闭集.

拓扑空间 X 是连通的当且仅当 X 的开闭集只有 X 和 $\varnothing$.

推论 3.2.11 拓扑空间 $(E, \mathcal{T}_\Lambda)$ 一般不是连通的.

证明 直接由命题 3.2.10 得到.

命题 3.2.12 $\mathcal{T}_\Lambda = \mathcal{T}_J$, 这里 $J = \cap\{F : F \in \Lambda\}$.

证明 设 $\mathcal{K}$ 和 $\mathcal{K}^*$ 分别是命题 3.2.2 和命题 3.2.3. 现在我们考虑 $\Lambda_0 = \{J\}$, 定义 $(\mathcal{K}_0)^* = \{U_J\}$ 以及 $\mathcal{K}_0 = \{U : U_J \subseteq U\}$. 设 $G \in \mathcal{T}_\Lambda$. 故对任意的 $x \in G$, 都存在 $U \in \mathcal{K}$ 使得 $U[x] \subseteq G$. 由 $J \subseteq F$, 可得对任意的 Λ 中的滤子 F, 都有 $U_J \subseteq U_F$. 因为 $U \in \mathcal{K}$, 则存在 $F \in \Lambda$ 使得 $U_F \subseteq U$. 因此 $U_J[x] \subseteq U_F[x] \subseteq G$. 因为 $U_J \in \mathcal{K}_0$, 我们可得 $G \in \mathcal{T}_J$. 因此 $\mathcal{T}_\Lambda \subseteq \mathcal{T}_J$. 反之, 设 $H \in \mathcal{T}_J$. 则对任意的 $x \in H$, 存在 $U \in \mathcal{K}_0$ 使得 $U[x] \subseteq H$. 因此 $U_J[x] \subseteq H$. 因此 Λ 对交封闭, 故 $J \in \Lambda$. 则可得 $U_J \in \mathcal{K}$ 以及 $H \in \mathcal{T}_\Lambda$. 因此 $\mathcal{T}_J \subseteq \mathcal{T}_\Lambda$.

推论 3.2.13 设 F 和 J 是 E 的滤子, $F \subseteq J$, 则 J 在拓扑空间 $(E, \mathcal{T}_F)$ 中是开闭集.

证明 考虑 $\Lambda = \{F, J\}$, 则 $\mathcal{T}_\Lambda = \mathcal{T}_F$. 因此由命题 3.2.9, J 是拓扑空间 $(E, \mathcal{T}_F)$ 的开闭集.

注 3.2.14 设 Λ 是 EQ-代数 E 的一族对并封闭的滤子, $J = \cap\{F \mid F \in \Lambda\}$, 则下列各条成立:

(i) 从命题 3.2.12, 可得 $\mathcal{T}_\Lambda = \mathcal{T}_J$. 对任意的 $U \in \mathcal{K}$, $x \in E$, 有 $U_J[x] \subseteq U[x]$. 因此 $\mathcal{T}_\Lambda$ 等价于 $\{A \subseteq E \mid \forall x \in A, U_J[x] \subseteq A\}$. 故 $A \subseteq E$ 是开集当且仅当对任意的 $x \in A, U_J[x] \subseteq A$ 当且仅当 $A = \bigcup_{x \in A} U_J[x]$;

(ii) 对任意的 $x \in E$, 从 (i) 可得 $U_J[x]$ 是 x 的最小邻域;

(iii) 设 $\mathcal{B}_J = \{U_J[x] \mid x \in E\}$. 由 (i) 和 (ii), 不难验证 $\mathcal{B}_J$ 是 $\mathcal{T}_J$ 的基;

(iv) 对任意的 $x \in E$, $\{U_J[x]\}$ 是 x 的可数邻域基.

引理 3.2.15 如果 F 是 EQ-代数 E 的滤子, 则对任意的 $x \in E, U_F[x]$ 是拓扑空间 $(E, \mathcal{T}_F)$ 的开闭的紧集.

证明 由命题 3.2.10, 只需要证明 $U_F[x]$ 是紧集. 设 $U_F[x] \subseteq \bigcup_{\alpha \in I} O_\alpha$, 这里每个 O_α 是 E 的开集. 因为 $x \in U_F[x]$, 则存在 $\alpha \in I$ 使得 $x \in O_\alpha$, 则 $U_F[x] \subseteq O_\alpha$. 因此 $U_F[x]$ 是紧集. 故 $U_F[x]$ 是拓扑空间 $(E, \mathcal{T}_F)$ 的开闭紧集.

定理 3.2.16 设 Λ 是 EQ-代数 E 的一族对并封闭的滤子族, 则 $(E, \mathcal{T}_\Lambda)$ 是第一可数的、零维的、全不连通的正规空间.

证明 由命题 3.2.10, 只需要证明 $(E, \mathcal{T}_J)$ 是第一可数的、零维的、连通的、完全正规的. 设 $x \in E$. 根据注 3.2.14 (iv), $\{U_J[x]\}$ 是 x 的可数邻域基, 故 $(E, \mathcal{T}_J)$ 是第一可数的. 设 $\mathcal{B}_J = \{U_J[x] : x \in E\}$. 由注 3.2.14 (iii) 以及命题 3.2.10, 可得 $\mathcal{B}_J$ 是 $(E, \mathcal{T}_J)$ 开闭基, 因此 $(E, \mathcal{T}_J)$ 是零维空间. 由推论 3.2.11, 我们可得 $(E, \mathcal{T}_J)$ 是不连通空间. 由引理 3.2.15 以及注 3.2.14 (ii), $U_J[x]$ 是 x 的紧邻域, 因此 $(E, \mathcal{T}_J)$ 是局部紧的. 设 $x \in E, V$ 是 x 的开邻域. 由注 3.2.14 (ii) 和引理 3.2.15, 存在 x 的开闭邻域 $U_J[x]$ 使得 $U_J[x] \subseteq V$. 因此 $(E, \mathcal{T}_J)$ 是正规空间. 因为 $(E, \mathcal{T}_J)$ 是局部紧的, 因此它是完全正规的.

命题 3.2.17 设 Λ 是 EQ-代数 E 的一族对并封闭的滤子族, 则 $(E, \mathcal{T}_\Lambda)$ 是离散的当且仅当存在 $F \in \Lambda$ 使得对任意的 $x \in E, U_F[x] = \{x\}$.

证明 设 $\mathcal{T}_\Lambda$ 是离散的. 如果对任意的 $F \in \Lambda$, 存在 $x \in E$ 使得 $U_F[x] \neq \{x\}$. 设 $J = \cap \Lambda$, 则 $J \in \Lambda$, 存在 $x_0 \in E$ 使得 $U_J[x_0] \neq \{x_0\}$. 从而可得存在 $y_0 \in U_F[x_0]$, $x_0 \neq y_0$. 由注 3.2.14 (ii), $U_J[x_0]$ 是 x_0 最小的开邻域. 因此 $\{x_0\}$ 不是 E 的开子集矛盾. 反之, 对任意的 $x \in E$, 存在 $F \in \Lambda$ 使得 $U_F[x] = \{x\}$. 因此 $\{x\}$ 是 E 的开子集. 因此 $(E, \mathcal{T}_\Lambda)$ 是离散的.

命题 3.2.18 设 Λ 是 EQ-代数 E 的一族对并封闭的滤子族, $J = \cap \Lambda$, E 可分的 EQ-代数, 则下列两条等价:

(i) $(E, \mathcal{T}_J)$ 是离散空间,

(ii) $J = \{1\}$.

证明 (i)$\Rightarrow$(ii) 由命题 3.2.17, 有 $U_J[1] = \{1\}$. 下面证 $J \subseteq U_J[1]$. 设 $x \in J$. 显然是有 $x \leq x \sim 1$. 因为 J 是滤子且 $x \in J$, 因此 $x \sim 1 \in J$. 所以 $x \in U_J[1]$. 可得 $J \subseteq U_J[1]$. 因为 $U_J[1] = \{1\}$ 以及 $1 \in J$, 因此 $J = \{1\}$.

(ii)$\Rightarrow$(i) 设 $J = \{1\}$. 因为 E 是可分的, 推得 $U_J[x] = \{x\}$. 从而 $(E, \mathcal{T}_J)$ 是离散的.

推论 3.2.19 设 Λ 是 EQ-代数 E 的一族对并封闭的滤子族, $J = \cap \Lambda$, E 可分的 EQ-代数, 则 $(E, \mathcal{T}_J)$ 是 Hausdorff 空间当且仅当 $J = \{1\}$.

证明 设 $(E, \mathcal{T}_J)$ 是 Hausdorff 空间. 首先证明对任意的 $x \in E$, 都有 $U_J[x] = \{x\}$. 如果存在 $x \neq y \in U_J[x]$, 则 $y \in U_J[x] \cap U_J[y]$. 由注 3.2.14 (ii), $U_J[x]$ 和 $U_J[y]$ 分别是 x 和 y 的最小开邻域. 因此对 x 的开邻域 U 以及 y 的开邻域 V, 我们有 $y \in U_J[x] \cap U_J[y] \subseteq U \cap V \neq \emptyset$, 矛盾. 因此由命题 3.2.17 和命题 3.2.18, $J = \{1\}$.

另外一面的证明直接由命题 3.2.18.

定义 3.2.20 设 E_1, E_2 是 EQ-代数. 映射 $\varphi : E_1 \to E_2$ 称为从 E_1 到 E_2 **EQ-同态**, 如果对任意的 $* \in \{\wedge, \otimes, \sim\}$, 有 $\varphi(x*y) = \varphi(x) * \varphi(y)$ 以及 $\varphi(1) = 1$. 另外如果映射 φ 还是双射, 则称 φ 是**EQ-同构**.

命题 3.2.21 设 $\varphi : E_1 \to E_2$ 是 EQ-同态, 则下列性质成立:

(i) 如果 F 是 E_2 的滤子, 则 $\varphi^{-1}(F)$ 是 E_1 的滤子;

(ii) 如果 φ 是满的, F 是 E_1 的滤子, 则 $\varphi(F)$ 是 E_2 的滤子.

证明 直接从定义可得.

引理 3.2.22 设 E_1 和 E_2 是 EQ-代数, F 是 E_2 的滤子. 如果 $\varphi : E_1 \to E_2$ 是 EQ-同态, 则

$$(a,b) \in U_{\varphi^{-1}(F)} \text{ 当且仅当对任意的 } a,b \in E, \text{ 有 } (\varphi(a), \varphi(b)) \in U_F.$$

证明 对任意的 $(a,b) \in U_{\varphi^{-1}(F)} \Leftrightarrow a \sim b \in \varphi^{-1}(F) \Leftrightarrow \varphi(a) \sim \varphi(b) \in F \Leftrightarrow (\varphi(a), \varphi(b)) \in U_F$.

定理 3.2.23 设 E_1 和 E_2 是 EQ-代数, F 是 E_2 的滤子. 如果 $\varphi : E_1 \to E_2$ 是 EQ-同构, 则下列各条成立:

(i) 对任意的 $a \in E_1$, $\varphi(U_{\varphi^{-1}(F)}[a]) = U_F[\varphi(a)]$;

(ii) 对任意的 $b \in E_2$, $\varphi^{-1}(U_F[b]) = U_{\varphi^{-1}(F)}[\varphi^{-1}(b)]$.

证明 (i) 设 $b \in \varphi(U_{\varphi^{-1}(F)}[a])$, 则存在 $c \in U_{\varphi^{-1}(F)}[a]$ 使得 $b = \varphi(c)$. 可推得 $a \sim c \in \varphi^{-1}(F) \Rightarrow \varphi(a) \sim \varphi(c) \in F \Rightarrow \varphi(a) \sim b \in F \Rightarrow b \in U_F[\varphi(a)]$. 反之, $b \in U_F[\varphi(a)] \Rightarrow \varphi(a) \sim b \in F \Rightarrow \varphi^{-1}(\varphi(a) \sim b) \in \varphi^{-1}(F) \Rightarrow a \sim \varphi^{-1}(b) \in \varphi^{-1}(F) \Rightarrow \varphi^{-1}(b) \in U_{\varphi^{-1}(F)}[a] \Rightarrow b \in \varphi(U_{\varphi^{-1}(F)}[a])$.

(ii) $a \in \varphi^{-1}(U_F[b]) \Leftrightarrow \varphi(a) \in U_F[b] \Leftrightarrow \varphi(a) \sim b \in F \Leftrightarrow \varphi^{-1}(\varphi(a) \sim b) \in \varphi^{-1}(F) \Leftrightarrow a \sim \varphi^{-1}(b) \in \varphi^{-1}(F) \Leftrightarrow a \in U_{\varphi^{-1}(F)}[\varphi^{-1}(b)]$.

命题 3.2.24 设 E_1 和 E_2 是 EQ-代数, F 是 E_2 的滤子. 如果 $\varphi : E_1 \to E_2$ 是 EQ-同构, 则 φ 是从 $(E_1, \mathcal{T}_{\varphi^{-1}(F)})$ 到 $(E_2, \mathcal{T}_F)$ 的连续映射.

证明 设 $A \in \mathcal{T}_F$. 由注 3.2.14 (i), 可得 $A = \bigcup_{a \in A} U_F[a]$. 从而有 $\varphi^{-1}(A) = \varphi^{-1}(\bigcup_{a \in A} U_F[a]) = \bigcup_{a \in A} \varphi^{-1}(U_F[a])$. 我们断言如果 $b \in \varphi^{-1}(U_F[a])$, 则 $U_{\varphi^{-1}(F)}[b] \subseteq \varphi^{-1}(U_F[a])$. 事实上, 设 $c \in U_{\varphi^{-1}(F)}[b]$, 可得 $c \sim b \in \varphi^{-1}(F)$, 因此 $\varphi(c) \sim \varphi(b) \in F$. 因为 $\varphi(b) \in U_F[a]$, 故 $\varphi(b) \sim a \in F$. 因此有 $\varphi(c) \sim a \in F$, 进而有 $\varphi(c) \in U_F[a]$. 故 $c \in \varphi^{-1}(U_F[a])$. 所以 $\varphi^{-1}(U_F[a]) = \bigcup_{b \in \varphi^{-1}(U_F[a])} U_{\varphi^{-1}(F)}[b] \in \mathcal{T}_{\varphi^{-1}(F)}$. 因此 $\varphi^{-1}(A) = \bigcup_{a \in A} \varphi^{-1}(U_F[a]) \in \mathcal{T}_{\varphi^{-1}(F)}$. 从而 φ 是连续的.

命题 3.2.25 设 E_1 和 E_2 是 EQ-代数, F 是 E_2 的滤子. 如果 $\varphi : E_1 \to E_2$ 是 EQ-同构, 则 φ 是从 $(E_1, \mathcal{T}_{\varphi^{-1}(F)})$ 到 $(E_2, \mathcal{T}_F)$ 的商映射.

证明 从命题 3.2.24, 可得 φ 是连续的满射. 只需要证明 φ 是开映射. 设 A 是 $(E_1, \mathcal{T}_{\varphi^{-1}(F)})$ 的开集. 我们断言 $\varphi(A)$ 是 $(E_2, \mathcal{T}_F)$ 的开集. 设 $a \in \varphi(A)$. 我们要

证明 $U_F[a] \subseteq \varphi(A)$. 事实上, 对任意的 $b \in U_F[a]$, 可得 $b \sim a \in F$. 由引理 3.2.22, 有 $\varphi^{-1}(a) \sim \varphi^{-1}(b) \in \varphi^{-1}(F)$. 因此 $\varphi^{-1}(b) \in U_{\varphi^{-1}(F)}[\varphi^{-1}(a)]$. 因为 $a \in \varphi(A)$ 以及 φ 是满射, 有 $\varphi^{-1}(a) \in A$. 由注 3.2.14 (i), 可得 $U_{\varphi^{-1}(F)}[\varphi^{-1}(a)] \subseteq A$. 所以 $\varphi^{-1}(b) \in A$, 进而有 $b \in \varphi(A)$. 因此 $U_F[a] \subseteq \varphi(A)$. 所以 φ 是商映射.

命题 3.2.26 设 E_1 和 E_2 是 EQ-代数, F 是 E_2 的滤子. 如果 $\varphi: E_1 \to E_2$ 是 EQ-同构, 则 φ 是从 $(E_1, \mathcal{T}_{\varphi^{-1}(F)})$ 到 $(E_2, \mathcal{T}_F)$ 的同胚映射.

证明 直接由命题 3.2.25 可得.

一致空间 $(X, \mathcal{K})$ 称为**全有界的**, 如果每个 $U \in \mathcal{K}$, 存在 $x_1, \cdots, x_1 \in X$ 使得 $X = \bigcup_{i=1}^n U[x_i]$.

命题 3.2.27 设 F 是 E 的滤子, 则下列条件等价:

(1) 拓扑空间 $(E, \mathcal{T}_F)$ 是紧的;
(2) 拓扑空间 $(E, \mathcal{T}_F)$ 是全有界的;
(3) 存在 $P = \{x_1, \cdots, x_n\} \subseteq E$ 使得对任意的 $a \in E$ 存在 $x_i \in P$ 使得 $a \approx_F x_i$.

证明 (1) $\Rightarrow$ (2) 显然.

(2) $\Rightarrow$ (3) 因为 $(E, \mathcal{T}_F)$ 是全有界, 则存在 $x_1, \cdots, x_n \in E$ 使得 $E = \bigcup_{i=1}^n U_F[x_i]$. 现在设 $a \in E$, 则存在 x_i 使得 $a \in U_F[x_i]$, 因此 $a \sim x_i \in F$, 即 $a \approx_F x_i$.

(3) $\Rightarrow$ (1) 对任意的 $a \in E$, 由假设存在 $x_i \in P$ 使得 $a \sim x_i \in F$. 我们得到 $a \in \bigcup U_F[x_i]$, 因此 $E = \bigcup_{i=1}^n U_F[x_i]$. 设 $E = \bigcup_{\alpha \in I} O_\alpha$, 这里每个 O_α 都是 E 的开集. 则对任意的 $x_i \in E$ 存在 $\alpha_i \in I$ 使得 $x_i \in O_{\alpha_i}$. 因为 O_{α_i} 是开集, $U_F[x_i] \subseteq O_{\alpha_i}$, 从而有

$$E = \bigcup_{i \in I} U_F[x_i] \subseteq \bigcup_{i=1}^n O_{\alpha_i}.$$

所以 $E = \bigcup_{i=1}^n O_{\alpha_i}$, 即 $(E, \mathcal{T}_F)$ 是紧的.

命题 3.2.28 如果 F 是 E 的滤子使得 F^c 是有限集, 则拓扑空间 $(E, \mathcal{T}_F)$ 是紧的.

证明 设 $E = \bigcup_{\alpha \in I} O_\alpha$, 这里每个 O_α 都是 E 的开集. 设 $F^c = \{x_1, \cdots, x_n\}$. 则存在 $\alpha, \alpha_1, \cdots, \alpha_n \in I$ 使得 $1 \in O_\alpha, x_1 \in O_{\alpha_1}, \cdots, x_n \in O_{\alpha_n}$. 则 $U_F[1] \subseteq O_\alpha$, 但是 $U_F[1] = F$. 因此 $E = \bigcup_{i=1}^n O_{\alpha_i} \cup O_\alpha$.

命题 3.2.29 如果 F 是 E 的滤子, 则 F 是拓扑空间 $(E, \mathcal{T}_F)$ 的紧集.

证明 设 $F \subseteq \bigcup_{\alpha \in I} O_\alpha$, 这里每个 O_α 都是 E 的开集. 因为 $1 \in F$, 故存在 $\alpha \in I$ 使得 $1 \in O_\alpha$, 则 $F = U_F[1] \subseteq O_\alpha$. 因此 F 是拓扑空间 $(E, \mathcal{T}_F)$ 的紧集.

第4章 逻辑代数及其超结构上的态理论

本章介绍了逻辑代数及其超结构上的态理论,主要研究了 MV-代数 (MV-algebra)、剩余格 (residuated lattice)、EQ-代数 (EQ-algebra)、超 MV-代数 (hyper MV-algebra)、超 BCK-代数 (hyper BCK-algebra) 的态理论和 MV-代数 (MV-algebra)、MTL-代数 (MTL-algebra)、EQ-代数 (EQ-algebra) 的态的存在性理论,并介绍了它们的基本概念和一些结论.

4.1 MV-代数上的态

1995 年, Mundici 提出了 MV-代数上的态理论. 本节介绍了 MV-代数上的态理论,并给出了一些重要结论, 其中未标明的概念和结果均来自文献 [108].

第 1 章和第 2 章已经介绍了 MV-代数的概念和性质, 下面介绍标准 MV-代数的概念.

在单位区间 $[0,1]$ 上定义如下运算: $x \oplus y = \min\{x+y,1\}$, $\neg x = 1-x$, $x \to y = \min\{1-x+y,1\}$, 则 $[0,1]_{MV} = ([0,1], \oplus, \neg, 0)$ 是一个 MV 代数, 称**标准 MV-代数**.

设 B 是一个 MV-代数, $P(B)$ 表示 B 的素理想集.

Chang 的次直表示定理[21] 表明每一个 MV-代数可以被嵌入到一族线性 MV-代数的次直积 $\prod\{B/I | I \in B\}$ 中. 在 $P(B)$ 上的谱拓扑的非空闭集形如下列形式:

$$Y_J = \{p \in P(B) | P \supseteq J\}, \tag{4.1.1}$$

其中 J 是 B 的所有理想之集. 把 B 的所有极大理想之集记作 $M(B)$, $P(B)$ 赋予 $M(B)$ 的子拓扑空间. B 称为半单的, 如果 $\cap M(B) = \{0\}$. B 称为单的, 如果 $\{0\}$ 是 B 的唯一一个真理想.

想要了解更多关于阿贝尔格-序群 (简记为阿贝尔 ℓ-群) 和它们的谱拓扑的基础知识, 请参考 [6]. 下面从序半群的角度给出单位区间上 MV-代数的例子.

设 G 是一个有强单位 μ 的阿贝尔 ℓ-群, 所以, 对任意的 $x \in G$, 存在 $n \geq 0$, 使得 $x \leq n\mu$. 设

$$\Gamma(G, \mu) = \{x \in G \mid 0 \leq x \leq \mu\} = [0, \mu] \tag{4.1.2}$$

是 G 的单位区间, 其中 G 中的运算 $x^* = \mu - x$, $x \oplus y = \mu \wedge (x+y)$, $x \odot y = 0 \vee (x+y-\mu)$. 设 $\Gamma(\lambda)$ 是 λ 到 $[0,\mu]$ 的限制. 不难得到 $([0,\mu], 0, \mu, *, \oplus, \odot)$ 是一个 MV-代数.

4.1 MV-代数上的态

定义 4.1.1 映射 $s: B \to [0,1] \subseteq R$ 称为 MV 代数 B 上的**态**, 如果满足下列条件:

(1) $s(0) = 0$;

(2) $s(1) = 1$;

(3) 对任意的 $x, y \in B$, 若 $x \odot y = 0$, 则 $s(x) + s(y) = s(x \oplus y)$.

s 称为**忠实的**当且仅当对任意一个非零 $x \in B$ 都有 $s(x) \neq 0$.

MV-代数 B 上的所有态的集合组成了一个凸集, 其继承了 B 上的 $[0,1]$-值函数的乘积空间 $[0,1]^B$ 的拓扑性质.

命题 4.1.2 若 s 是 MV-代数 B 上的态, 则下列结论成立:

(1) s 是一个赋值: 即对任意的 $x, y \in B$ 都有 $s(x) + s(y) = s(x \oplus y) + s(x \odot y)$;

(2) s 是单调递增的: 即对 $x \leq y$ 有 $s(x) \leq s(y)$;

(3) 若 s 是忠实的, 则 s 是严格单调递增的: 即对 $x < y$ 有 $s(x) < s(y)$.

证明 在证明过程中, $*$ 优先于 $\odot$, 而 $\odot$ 优先于 $\oplus$.

(1) 欲证 s 是一个赋值, 需考虑下列等式:

$$a = (a \oplus b) \odot b^* \oplus a \odot b; (a \oplus b) \odot b^* \odot a \odot b = 0; \tag{4.1.3}$$

$$b = (a \oplus b) \odot a^* \oplus a \odot b; (a \oplus b) \odot a^* \odot a \odot b = 0; \tag{4.1.4}$$

$$((a \oplus b) \odot b^*) \odot ((a \oplus b) \odot a^*) = 0; \tag{4.1.5}$$

$$((a \oplus b) \odot b^* \oplus (a \oplus b) \odot a^*) \odot a \odot b = 0; \tag{4.1.6}$$

$$(a \oplus b) \odot b^* \oplus (a \oplus b) \odot a^* \oplus a \odot b = a \oplus b. \tag{4.1.7}$$

当 $a + b < 1$ 或者 $a + b > 1$ 时, 容易验证这些等式在标准 MV-代数中是成立的. 因此, 由 Łukasiewicz 逻辑系统的完备性定理可知上述等式在 B 上成立. 利用 (4.1.3) 和 (4.1.4), 由定义 4.1.1, 可以得到 $s(a) = s((a \oplus b) \odot b^*) + s(a \odot b)$ 和 $s(b) = s((a \oplus b) \odot a^*) + s(a \odot b)$. 又由 (4.1.5), (4.1.6) 和 (4.1.7) 可以得到

$$\begin{aligned}
& s(a) + s(b) \\
= & s((a \oplus b) \odot b^*) + s((a \oplus b) \odot a^*) + s(a \odot b) + s(a \odot b) \\
= & s((a \oplus b) \odot b^* \oplus a \oplus b \odot a^*) + s(a \odot b) + s(a \odot b) \\
= & s((a \oplus b) \odot b^* \oplus a \oplus b \odot a^* \oplus a \odot b) + s(a \odot b) \\
= & s(a \oplus b) + s(a \odot b).
\end{aligned}$$

所以 (1) 成立.

(2) 设 $a \leq b$, 令 $c = a^* \odot b$, 则 $a \odot c = a \odot a^* \odot b = 0$. 由 $x \leq y$ 当且仅当 $x^* \oplus y = 1$, 可得 $a \oplus c = a \oplus (a^* \odot b) = (a \oplus b^*)^* \oplus a = (a^* \odot b)^* \oplus b = 1^* \oplus b = b$. 于是得到 $s(b) = s(a \oplus c) = s(a) + s(c) \geq s(a)$.

(3) 由 (2) 可证.

定义 4.1.3[65]　设 G 是一个有强单位 μ 的可换的 ℓ-群. 若 G 上的加法映射 $t: G \to R$ 满足 $t(G^+) \subseteq R^+$ 且 $t(\mu) = 1$, 则称 t 为 G 上的**正规态**.

G 的所有态之集组成了一个凸集, 其继承了由 G 所定义的 $[0,1]$-值函数乘积空间 $[0,1]^G$ 的拓扑性质.

定理 4.1.4　设 G 是一个有强单位 μ 的可换的 ℓ-群. 令 $B = \Gamma(G, \mu)$, 那么对任意的一个 G 上的态 t 在 B 上的限制 t' 都是 B 上的一个态. 其映射 $t \to t'$ 是 G 的态到 B 的态的一一对应. 在这种对应关系下, G 的极值态被映到 B 的极值态.

证明　设 B 是 G 的单位区间 $[0, \mu]$. 由 [106] 中的引理 3.8.2 可得, 对任意的 $a, b \in B$, 有 $a + b = (a \oplus b) + (a \odot b)$. 由命题 4.1.2 (1) 可知, $t'(a) + t'(b) = t(a+b) = t(a \oplus b + a \odot b) = t'(a \oplus b) + t'(a \odot b)$, 则 t' 是 B 上的一个态.

反过来, 给定 B 上的一个态 s, 首先将 s 扩充到如下函数 $s^\sim : G^+ \to R^+$. 根据 [101] 中的引理 3.1(i), 设 $(a_1, \cdots, a_n)$ 是 B 中元素的一个好的序列使得 $x = a_1 + \cdots + a_n$, 没有其他说明的情况下, 对每一个 $i = 1, \cdots, n-1$ 都有 $a_i \oplus a_{i+1} = a_i$. 于是有 $a_i \odot a_{i+1} = a_{i+1}$. 由 [106] 中的引理 3.1(ii), n-元组 $(a_1, \cdots, a_n)$ 是由 x 到零的附加的最终的序列所唯一决定的. 对每一个 $b \in B$, 定义序列 $(a'_1, \cdots, a'_{n+1})$ 满足

$a'_1 = a_1 \oplus b,$

$a'_2 = a_2 \oplus a_1 \odot b,$

$a'_3 = a_3 \oplus a_2 \odot a_1 \odot b = a_3 \oplus a_2 \odot b,$

$\cdots \cdots$

$a'_n = a_n \oplus a_{n-1} \odot a_{n-2} \odot \cdots \odot a_1 \odot b = a_n \oplus a_{n-1} \odot b,$

$a'_{n+1} = a_n \odot \cdots \odot a_1 \odot b = a_n \odot b.$

那么由 [106] 中的引理 3.8.2 知, $(a'_1, \cdots, a'_{n+1})$ 是一个好的序列且 $a'_1 + \cdots + a'_{n+1} = x + b$. 由归纳可得, 将集合 A^+ 嵌入到一个阿贝尔含幺半群, 其中 A^+ 是所有好的序列的集合. 事实上, 由 [106] 中的引理 3.8.5 可得阿贝尔含幺半群 A^+ 与 G^+ 是同构的. 确定 A^+ 和 G^+, 可以定义 $s^\sim(x) = s^\sim((a_1), \cdots, (a_n)) = s(a_1) + \cdots + s(a_n)$. 由命题 4.1.2(1) 可得

$$\begin{aligned}
s^\sim(b+x) &= s^\sim((a'_1), \cdots, (a'_{n+1})) \\
&= s(a_1 \oplus b) + s(a_2 \oplus a_1 \odot b) + s(a_3 \oplus a_2 \odot b) + \cdots + s(a_n \oplus a_{n-1} \odot b) \\
&= s(b) + s(a_1) - s(a_1 \odot b) + s(a_2) + s(a_1 \odot b) - s(a_2 \odot b) + s(a_3) \\
&\quad + s(a_2 \odot b) - s(a_3 \odot b) + \cdots + s(a_n) + s(a_{n-1}) \\
&= s(b) + s(a_1) + \cdots + (a_n) \\
&= s^\sim(b) + s^\sim(a_1, \cdots, a_n) \\
&= s^\sim(b) + s^\sim(x).
\end{aligned}$$

4.1 MV-代数上的态

由此可知 $s\sim$ 是从 G^+ 到含幺加群 R^+ 的一个同态. 因为 $G = G^+ - G^+$ 并由 [6] 中的命题 1.1.7 知, 可以将 $s\sim$ 唯一地扩充到 G 上的态 s''. 容易得到映射 $t \to t'$ 与 $s \to s''$ 彼此互为逆映射. 这充分说明了映射 $t \to t'$ 是保凸组合的.

于是得到每一个 MV-代数 B 上的态 s 也是关于 B 的格结构上的赋值, 即对所有的 $a, b \in B$, 有 $s(a) + s(b) = s(a \vee b) + s(a \wedge b)$.

定理 4.1.5 Γ 是在有强单位的阿贝尔 ℓ-群与 MV-代数之间的一个范畴等价. 设 $B = \Gamma(G, \mu) = [0, \mu]$, 则 G 中格的序与 B 的序保持一致. 并且, 映射 $J \to J \cap [0, \mu]$ 是从 G 中的 ℓ-理想到 B 中理想的一一对应, 且诱导出了在带有谱拓扑的 G 的素 ℓ-理想空间与 $P(B)$ 之间的一个同胚. 那么 μ 在商映射 $G \to G/J$ 下的像 μ/J 是 G/J 的强单位, 且 MV-代数 $\Gamma(G/J, \mu/J)$ 和 $B/(J \cap [0, \mu])$ 是同构的.

定理 4.1.6 设 B 是一个 MV-代数. 若 B 是乘积空间 $[0, 1]^B$ 的一个子拓扑空间, 则 B 中极值态的集合是一个非空紧拓扑空间且与 $P(B)$ 同胚. 每一个 B 中的态都在 B 的极值态集合的凸壳闭包中.

证明 由上面的定理, 设 G 是一个有强单位 μ 的阿贝尔 ℓ-群并且令 $B = \Gamma(G, \mu) = [0, \mu]$. 设 $P(G)$ 表示 G 中的素理想集, 其中 G 是一个谱拓扑[6]. 由 [65] 中的命题 12.19 可得, G 的极值态的集合 E 是一个非空的紧拓扑空间, 由 Krein-Mil'man 定理 5.17[65] 可知, 每一个态都在 E 的凸壳闭包中. 由 [65] 中的命题 12.18 可得, 存在 E 到 G 的所有极大理想组成的空间的一个同胚 θ, 这个拓扑空间是由子空间 $P(G)$ 生成的拓扑空间. 详细地说, θ 把 G 的每个极大理想映到商映射 $\theta_J : G \to G/J$. 注意由 [6] 中的 Hölder 定理, 则存在一个唯一的从 G/J 到 R 的保单位的正的 (一对一的) 同态. 所以 θ_J 唯一决定了 G 的一个态. 在之前已经证明了 G 的所有极值态组成了一个非空紧拓扑空间, 其拓扑空间同胚于 G 的极大理想空间, 并且 G 的每个态都在 G 的极值态集合的凸壳闭包中. 由上面的定理可得映射 $p \in P(G) \to p \cap B \in P(B)$ 是从 G 到 $P(B)$ 上的一个同胚. 当限制在极大理想时, 可得到一个从 G 的极大理想空间到 $P(B)$ 空间的同胚. 由定理 4.1.4 的一一对应 $t \to t'$ 保态的凸组合, 于是有 G 的极值态被映到 B 的极值态. 事实上, 此映射是从 E 到 B 的极值态空间的同胚.

接下来, 讨论忠实的和不变的 MV-代数概念与性质.

MV-代数 B 称为局部的当且仅当 B 只有一个极大理想.

命题 4.1.7 (1) 一个 MV-代数只有一个态当且仅当它是局部的;

(2) 一个单的 MV-代数 B 的唯一态是 B 到 $[0, 1]$ 的嵌入, 这个态是忠实的且不变的;

(3) 对任意的 MV-代数 B, 令 $R = \cap M(B)$, 则存在一个在 B 的态与商代数 B/R 之间的对应.

证明 (1) 从定理 4.1.6 可证.

(2) 设 $B = \Gamma(G,\mu)$, 由定理可得 G 没有非零的 ℓ-理想. 由 Hölder 定理可得, 存在 G 到加群 R (有自然序) 的唯一的一个保单位正的同态 s 并且这个同态是一对一的. 所以特别地, s 是 G 的唯一的态. 由定理 4.1.4, B 只有一个态, 此态为 s 在 $B = [0,\mu]$ 上的限制 s'. 再次利用定理 4.1.4 可得 s' 是 B 到 MV 代数 $[0,1]$ 的唯一的一个态射, 且 s' 是一对一的. 那么, 显然 s' 是忠实的. 正如我们所看到, B 没有非平凡的自同构, 因此 s' 是不变的.

(3) 根据定理 4.1.6, 能够说明存在一个在 $P(B)$ 的态与 $P(B/R)$ 之间的对应.

定理 4.1.8 [21] 在同构意义下, 每一个半单的 MV-代数 B 是一个在紧 Hausdorff 空间上的连续 $[0,1]$-值函数的分离代数.

证明 由 Łukasiewicz 的完备性定理可知, 自由 MV-代数是定义在一些 Tichonoff 立方体 $[0,1]^\mu \subseteq \mathbf{R}^\mu$ 上的 $[0,1]$-值函数的分离函数. 现在 B 是一些自由代数的商, 即对一些 B 的理想 J 有 $B \cong F/J$. 设 $X_J \subseteq [0,1]^\mu$ 是 J 中函数的零集的交, 文献 [106] 引理 8.1 中的论点表明映射

$$x \to J_x = \{f \in F \mid f(x) = 0\} \tag{4.1.8}$$

此映射是从 X_J 的点到 B 的极大理想的一一对应. 在包含序下, B 的理想的集合 (序) 同构于 F 中包含 J 的理想的集合. 因为 B 的理想是半单的, 所以 J 和包含 J 的极大理想的交保持一致; 当函数 $f \in F$ 等价于零时, f 在商映射下的像是 F/J 中的零元素, 则 B 同构于 F 中的函数在 X_J 上的限制所组成的 MV-代数. 明显地, 对任意的两个极大理想, 存在 B 中的函数属于第一个理想但不属于第二个理想. 这就证明了分离性. 类似地, 对 B 中的每一个函数可以从 (4.1.4) 和 (4.1.6) 得到.

命题 4.1.9 若 MV-代数 B 是半单的和可数的, 则 B 有一个忠实的态. 若 B 不是半单的, 则 B 没有忠实的态.

证明 对于第一个结论, 由定理 4.1.8 知, B 被确定为一些紧拓扑空间 X 上的 $[0,1]$-值连续函数的 MV-代数. 以这样的方式 X 的任意两点被 B 中的一些函数分开. 因为 B 是可数的, 所以 X 是可分离的. 选择一个可数的稠密的 $x_1, x_2, \cdots, x_n \in X$. 设 $s : B \to [0,1]$ 对每个 $f \in B$ 满足 $s(f) = \sum_i 2^{-i} f(x_i)$, 则 s 是 B 的一个态. 因为 f 是连续的且 x_i, s 是稠密的, 于是有 s 是忠实的.

对于第二个结论, s 是 B 的一个态, 假设 $0 < g \in \cap M(B)$. 令 ng 是 $g \oplus \cdots \oplus g$ (n 次) 的缩写.

论断对任意的两个整数 $m, n \geq 0, ng \odot mg = 0$. 否则, 设 J 是 B 的一个素理想使得在商 MV-代数 B/J 中满足 $ng/J \odot mg/J \neq 0$. 由 Chang 的次直表示定理可知这样的 J 是存在的. 由定义 1.2.4 知, 在全序 MV-代数 B/J 中 $ng/J \leq (mg)^*/J$ 是不成立的, 则 $(mg)^*/J < ng/J$, 即 $(m+n)g/J = 1$. 设 I 是 B 中唯一一个包含 J 的极大理想, 则在 B/I 中也有 $(m+n)g/J = 1$, 所以与 $(m+n)g \in \cap \max B$ 矛盾.

4.1 MV-代数上的态

此论断是成立的. 假设 (反证法假设) $s(g) > 0$, 则从上面的论断和命题 4.1.2, 可得对适当大的 n 有 $s(ng) = ns(g) > 1$, 这是不可能的. 所以证明了 $s(g) = 0$, 因此 s 不是忠实的.

作为一般代数概念的一个特例, MV-代数 B 是投射的当且仅当 B 是一些自由 MV-代数 F 的核.

定理 4.1.10 若 B 是有限生成投射 MV-代数, 则 B 含有一个有理值忠实态.

证明 由假设, 有一个满同态 $\beta: F \to B$ 和一个嵌入 $\nu: B \to F$ 使得复合函数 $\beta(\nu)$ 是 B 上的恒等式. 现在, $\beta(\nu)$ 是由 F 的自由生成子 $p_1, \cdots, p_n$ 的作用所唯一决定的. 设 $\beta(p_i) = r_i, \rho = (r_1, \cdots, r_n)$, 可得 ρ 是一个从 $[0,1]^n$ 到 $[0,1]^n$ 的连续分段线性映射; 而且, 对所有的 $f \in F, \beta(f) = f(\rho)$. 设 $D = \{X \in [0,1]^n \mid X = \rho(x)\}$, 那么 D 是 $[0,1]^n$ 的一个闭的子空间. F 的两个函数在 β 下有相同的像当且仅当它们在 D 上保持一致. 而且, β 的值域是 F 的子代数, 其中 F 中的函数 g 在 β 下是不变的. 设 $a(x) = d(x_1, r_1(x)) \oplus \cdots \oplus d(x_n, r_n(x))$, 其中 d 是文献 [23] 中的距离函数. 那么 D 与 a 的零集 $a^{-1}(0) = \{X \in [0,1]^n \mid X = a(x) = 0\}$ 保持一致. 因为 a 是带整系数的连续分段线性的, 所以 D 可以被看作在 $[0,1]^n$ 的单纯复形, 每个 D 中的单形都是闭的且都有理顶点.

对每一个 $i = n, n-1, \cdots, 1, 0$, 我们把 D 分解成它的 i 维要素, 写成 $D = D_n \cup \cdots \cup D_1 \cup D_0$, 其中:

D_n 是 D 的 n-维单形 $D_{n,1}, \cdots, D_{n,\mu_n}$ 的并;

$D_{n-1} \subseteq$ 闭包 (D/D_n) 是 D 的 $(n-1)$-维单形 $D_{n-1,1}, \cdots, D_{n-1,\mu_{n-1}}$ 的并, 不是任何 n-维单形的面;

$D_{n-2} \subseteq$ 闭包 $(D/D_n \cup D_{n-1})$ 是 D 的 $(n-2)$-维单形 $D_{n-2,1}, \cdots, D_{n-2,\mu_{n-2}}$ 的并, 不是任何 j-维单形的面, $j = n, n-1, \cdots$;

$D_1 \subseteq$ 闭包 $(D/D_n \cup \cdots \cup D_2)$ 是 D 的 1-维单形 $D_{1,1}, \cdots, D_{1,\mu_1}$ (即具有合理端点的封闭段) 的并, 不是任何 k-维单形的面, $k = n, \cdots, 2$;

最后, D_0 是 D 的孤立点 $D_{0,1}, \cdots, D_{0,\mu_0}$ 的集合. 我们现在可以在 B 上定义一个有理值的忠实态. 为此, 设 f 是自由代数 F 的任意一个函数. 对每一个 $i = n, \cdots, 0$ 和 $j = 1, \cdots, \mu_i$, 把 f 在 D 的单形 $D_{i,j}$ 上的限制记作 f_{ij}. 设 $\int_{ij} f$ 是 f 的积分, 其中 f 是限制在 i-维定义域为 $D_{i,j}$ 的正规的使得 $\int_{ij} 1 = 1$. 特别地, 对于 $i = 0$, $\int_{ij} f$ 在点 $D_{0,j}$ 与 f 的值保持一致. 由于 f 是分段的整系数线性的且 $D_{i,j}$ 在有有理顶点的 $[0,1]^n$ 中是一个 i-维单形, 所以 $\int_{ij} f$ 的值是有理的. 对有理非零

系数 f, 当给定全部标准化积分 $\int_{ij} f$ 的凸组合后, 我们可以得到一个有理值的忠实态.

4.2 剩余格上的态

2008 年, Ciungu 提出了伪剩余格上的态. 在本节中, 为方便起见, 我们将介绍特殊的伪剩余格, 即剩余格上的态的相关知识, 其中未标明的概念和结果均可由文献 [32] 得到.

定义 4.2.1 设 $L = (L, \wedge, \vee, \otimes, \to, 1)$ 是剩余格且 $s: L \to [0, 1]$ 是函数. 如果 s 满足以下条件: 对任意的 $x, y \in L$,

(1) $s(x) + s(x \to y) = s(y) + s(y \to x)$;

(2) $s(0) = 0, s(1) = 1$,

则称 s 为 L 的 **Bosbach 态**.

例 4.2.2 设 $L = \{0, a, b, c, 1\}$ 且 $0 < a < b < c < 1$. $\wedge, \otimes$ 与 $\to$ 定义如下: $x \wedge y = \min\{x, y\}$,

$\otimes$	0	a	b	c	1
0	0	0	0	0	0
a	0	a	a	a	a
b	0	a	a	a	b
c	0	0	a	a	c
1	0	a	b	c	1

$\to$	0	a	b	c	1
0	1	1	1	1	1
a	0	1	1	1	1
b	0	b	1	1	1
c	0	b	b	1	1
1	0	a	b	c	1

则 $L = (L, \wedge, \vee, \otimes, \to, 1)$ 是一个剩余格. 定义 $s: L \to [0, 1]$, 其中 $s(0) = 0, s(a) = s(b) = s(c) = s(1) = 1$. 则 s 是 L 上的唯一一个 Bosbach 态.

命题 4.2.3 设 s 是 L 上的 Bosbach 态, 以下结论成立: 对任意的 $x, y \in L$,

(1) $s(\neg x) = 1 - s(x)$;

(2) $s(\neg \neg x) = s(x)$;

(3) 若 $x \leq y$, 则 $s(y \to x) = 1 - s(y) + s(x)$;

(4) 若 $x \leq y$, 则 $s(x) \leq s(y)$;

(5) $s(x \odot y) = 1 - s(x \to \neg y)$;

(6) $s(x) + s(y) = s(x \odot y) + s(\neg y \to x)$;

(7) $s(\neg x \to \neg y) = s(\neg \neg y \to \neg \neg x)$.

证明 (1) 因为 $s(x) + s(\neg x) = s(x) + s(x \to 0) = s(0) + s(0 \to x) = s(0) + s(1) = 1$, 所以 $s(\neg x) = 1 - s(x)$.

(2) 利用 (1) 两次可得结果.

(3) 因为 $x \leq y$, 所以 $x \to y = 1$. 由定义 4.2.1 可得 $s(y \to x) = 1 - s(y) + s(x)$.

(4) 由 (1) 和 (3) 知, $s(y) - s(x) = 1 - s(y \to x) = s(\neg(y \to x)) \geq 0$, 即 $s(x) \leq s(y)$.

(5) 由 (1) 得 $s(\neg(x \odot y)) = 1 - s(x \odot y)$. 而 $\neg(x \odot y) = x \to \neg y$, 所以 $s(x \odot y) = 1 - s(x \to \neg y)$.

(6) 由定义 4.2.1(1) 和 (5) 可得 $s(x \odot y) + s(\neg y \to x) = s(x \odot y) + s(x) - s(x \to \neg y) - s(\neg y) = s(x \odot y) + s(x) - (1 - s(x \odot y)) - 1 + s(y) = s(x) + s(y)$.

(7) 由 [32] 中的命题 2.7(33) 可得 $\neg x \to \neg y \leq \neg\neg y \to \neg\neg x$, 由命题 4.2.3 (1) 可得 $s(\neg x \to \neg y) \leq s(\neg\neg y \to \neg\neg x) \leq s(\neg\neg\neg x \to \neg\neg\neg y) = s(\neg x \to \neg y)$. 因此有 $s(\neg x \to \neg y) = s(\neg\neg y \to \neg\neg x)$.

设 L 是剩余格, 对任意的 $x, y \in L$, 定义 $x \oplus y = \neg(\neg x \odot \neg y)$.

定义 4.2.4 设 L 是剩余格, 对任意的两个元素 $x, y \in L$, 若 $\neg\neg y \leq \neg x$, 称 x, y **正交**, 记为 $x \perp y$. 对任意的两个正交元 x, y, L 上的二元运算 "+" 定义为: $x + y = x \oplus y$. 显然 + 是部分二元运算.

命题 4.2.5 设 L 是剩余格, 则以下结论是等价的:

(1) 对任意的 $x, y \in L$, $x \perp y$;

(2) 对任意的 $x, y \in L$, $\neg\neg x \leq \neg y$;

(3) 对任意的 $x, y \in L$, $\neg\neg y \odot \neg\neg x = 0$.

证明 (1)⇔(3) 由命题 1.1.24(2) 有 $x \perp y \Leftrightarrow \neg\neg y \leq \neg x = \neg\neg\neg x \Leftrightarrow \neg\neg y \odot \neg\neg x = 0$.

(2)⇔(3) 由 [32] 中的命题 2.7(29) 有 $\neg\neg x \leq \neg y = \neg\neg\neg y \Leftrightarrow \neg\neg y \odot \neg\neg x = 0$.

命题 4.2.6 设 L 是剩余格, 则以下结论是成立的: 对任意的 $x, y \in L$,

(1) $x \perp \neg x$;

(2) 如果 $x \leq y$, 则有 $x \perp \neg y$.

证明 (1) 由命题 1.2.5 (9) 有 $\neg\neg\neg x = \neg x$, 也就是说 $x \perp \neg x$.

(2) 由命题 1.2.5 (6) 有 $x \leq y \Rightarrow \neg y \leq \neg x \Rightarrow \neg\neg\neg y \leq \neg x \Rightarrow x \perp \neg y$.

定义 4.2.7 设 L 是剩余格, 且 $s : E \to [0, 1]$ 是函数. 如果对任意的 $x, y \in L$, 满足:

(1) $s(1) = 1$;

(2) 若 $x \perp y$, 则 $s(x + y) = s(x) + s(y)$,

则称 s 为 L 的 **Riečan 态**.

例 4.2.8 设 L 是例 4.2.2 中的剩余格, 定义 $s : L \to [0, 1]$, 其中 $s(0) = 0$, $s(a) = s(b) = s(c) = s(1) = 1$. 则 s 既是一个 Bosbach 态, 也是一个 Riečan 态, 其中 L 的正交元素对 (x, y) 按照如下方式定义:

x	y	$\neg x$	$\neg\neg y$	$x \oplus y$
0	0	1	0	0
0	a	1	1	1
0	b	1	1	1
0	c	1	1	1
0	1	1	1	1
a	0	0	0	1
b	0	0	0	1
c	0	0	0	1
1	0	0	0	1

命题 4.2.9 设 s 是剩余格 L 的 Riečan 态, 则下面的性质是成立的: 对任意的 $x, y \in L$,

(1) $s(\neg x) = 1 - s(x)$;

(2) $s(0) = 0$;

(3) $s(\neg\neg x) = s(x)$;

(4) 如果 $x \leq y$, 则 $s(y) - s(x) = 1 - s(x \oplus \neg y)$;

(5) 如果 $x \leq y$, 则 $s(x) \leq s(y)$.

证明 (1) 由命题 4.2.6 (1) 有 $x \perp \neg x$. 由定义 4.2.7 (2) 和 [32] 中的命题 2.7 (26) 有 $s(x) + s(\neg x) = s(x \oplus \neg x) = s(\neg\neg x \odot \neg x) = s(\neg 0) = s(1) = 1$. 因此, 我们有 $s(\neg x) = 1 - s(x)$.

(2) $s(0) = s(\neg 1) = 1 - s(1) = 0$.

(3) $s(\neg\neg x) = 1 - s(\neg x) = 1 - 1 + s(x) = s(x)$.

(4) 由命题 4.2.6 和 (1) 可得 $s(x \oplus \neg y) = s(x) + s(\neg y) = s(s) + 1 - s(y)$.

(5) 由 (4) 可得 $s(y) - s(x) = 1 - s(x \oplus \neg y) \geq 0$.

定理 4.2.10 剩余格上每个 Bosbach 态是 Riečan 态.

证明 设 s 是 L 上的 Bosbach 态, 则 $s(1) = 1$. 若 $x \perp y$, 则 $\neg\neg y \leq \neg x$. 由命题 4.2.6 知, $1 + s(y) = 1 + s(\neg\neg y) = s(\neg x) + s(\neg x \to \neg\neg y) = 1 - s(x) + s(\neg x \to \neg\neg y)$, 因此 $s(\neg x \to \neg\neg y) = s(x) + s(y)$. 另一方面, 因为 $x \oplus y = \neg(\neg y \odot \neg x) = \neg x \to \neg y$, 故 $s(x \oplus y) = s(\neg x \to \neg\neg y) = s(x) + s(y)$. 因此 s 是 L 上的 Riečan 态.

例 4.2.11 设 $L = \{0, a, b, c, 1\}$ 且 $0 < a < b < c < 1$. $\wedge, \otimes$ 与 $\to$ 定义如下:

$$x \wedge y = \min\{x, y\},$$

4.2 剩余格上的态

⊗	0	a	b	c	1
0	0	0	0	0	0
a	0	0	0	a	a
b	0	0	0	b	b
c	0	a	a	a	c
1	0	a	b	c	1

→	0	a	b	c	1
0	1	1	1	1	1
a	b	1	1	1	1
b	b	c	1	1	1
c	0	a	b	1	1
1	0	a	b	c	1

则 $L = (L, \wedge, \vee, \otimes, \rightarrow, 1)$ 是一个剩余格. 定义 $s: L \rightarrow [0,1]$, 其中 $s(0) = 0, s(a) = \frac{1}{2}, s(b) = \frac{1}{2}, s(c) = 1\, s(1) = 1$, 则函数 s 是 L 上的 Riečan 态, 其中 L 的正交元素对 (x, y) 按照如下方式定义:

x	y	$\neg x$	$\neg\neg y$	$x \oplus y$
0	0	1	0	0
0	a	1	b	b
0	b	1	b	b
0	c	1	1	1
0	1	1	1	1
a	0	b	0	b
a	a	b	b	1
a	b	b	b	1
b	0	b	0	b
b	a	b	b	1
b	b	b	b	1
c	0	0	0	1
1	0	0	0	1

但是函数 s 不是 Bosbach 态. 因为 $s(a) + s(a \rightarrow b) = s(a) + s(1) = \frac{1}{2} + 1 = \frac{3}{2}$, $s(b) + s(b \rightarrow a) = s(b) + s(b) = \frac{1}{2} + \frac{1}{2} = 1$, 而 $1 \neq \frac{3}{2}$.

对任意的 $x \in L$, x/L 表示 L 的等价类. 设 $x, y \in L$, $x/L \leq y/L$ 当且仅当 $x \rightarrow y \in L$.

命题 4.2.12 设 s 是剩余格 L 的 Bosbach 态, 则 $\ker(s) = \{x \in L | s(x) = 1\}$ 是剩余格的滤子.

证明 显然 $1 \in \ker(s)$. 假设存在 $x, y \in L$, 使得 $x, x \rightarrow y \in \ker(s)$, 则 $s(x) = 1$, $s(x \rightarrow y) = 1$. 由定理 1.2.20(2) 知, $x \leq y \rightarrow x$. 由命题 4.2.3(4) 知, $s(x) \leq s(y \rightarrow x)$.

因此 $s(y \to x) = 1$. 因为 $s(x) + s(x \to y) = s(y) + s(y \to x)$, 有 $s(y) = 1$, 从而 $y \in \ker(s)$, 所以 F 是 L 的滤子.

命题 4.2.13 设 s 是剩余格 L 上的态, 则下列结论成立: 对任意的 $x, y \in L$,

(1) $x/\ker(s) = y/\ker(s)$ 当且仅当 $s(x \wedge y) = s(x \vee y)$;

(2) 如果 $s(x \wedge y) = s(x \vee y)$, 则 $s(x) = s(y) = s(x \wedge y)$.

证明 (1) 假设 $x/\ker(s) = y/\ker(s)$ 当且仅当 $x \to y, y \to x \in \ker(s)$ 当且仅当 $s(x \to y) = s(y \to x) = 1$ 当且仅当 $s(x \wedge y) = s(x \vee y)$ ([32] 中的命题 2.13(1)).

(2) 由命题 4.2.9(5) 得 $s(x \wedge y) \leq s(x), s(y) \leq s(x \vee y)$. 又由假设条件得 $s(x) = s(y) = s(x \wedge y)$.

4.3 EQ-代数上的态

2015 年, Borzooei 提出了 EQ-代数上的态理论. 本节将介绍 EQ-代数上的 Bosbach 态、Riečan 态和态射 (state-morphism), 同时研究它们之间的性质和关系, 文中未表明的概念和结果均来自文献 [11].

定义 4.3.1 设 E 是 EQ-代数且 $s: E \to [0,1]$ 是函数. 如果满足以下条件: 对任意的 $x, y \in E$,

(1) $s(x) + s(x \to y) = s(y) + s(y \to x)$;

(2) $s(0) = 0$, $s(1) = 1$,

则称 s 为 E 的 **Bosbach 态**.

例 4.3.2 设 $E = \{0, a, b, c, d, 1\}$, 其中 $0 < a < b < d < 1$. 定义 E 中二元运算 $\wedge, \otimes$ 与 $\sim$ 如下:

$$x \wedge y = \min\{x, y\},$$

$\otimes$	0	a	b	c	d	1
0	0	0	0	0	0	0
a	0	0	0	0	0	a
b	0	0	a	a	a	b
c	0	0	a	0	a	c
d	0	0	a	a	a	d
1	0	a	b	c	d	1

$\sim$	0	a	b	c	d	1
0	1	0	0	0	0	0
a	0	1	d	d	d	d
b	0	d	1	d	d	d
c	0	d	d	1	d	d
d	0	d	d	d	1	1
1	0	d	d	d	1	1

则 $E = (E, \wedge, \otimes, \sim, 1)$ 是一个 EQ-代数. 定义 $s: E \to [0,1]$, 其中 $s(0) = 0, s(a) = s(b) = s(c) = s(d) = s(1) = 1$, 则 s 是 E 上的 Bosbach 态.

例 4.3.3 设 $E = \{0, a, b, c, 1\}$ 且 $0 < a < b < c < 1$. $\wedge, \otimes$ 与 $\sim$ 定义如下:

$$x \wedge y = \min\{x, y\},$$

4.3 EQ-代数上的态

$\otimes$	0	a	b	c	1
0	0	0	0	0	0
a	0	0	0	0	a
b	0	0	0	0	b
c	0	0	a	a	c
1	0	a	b	c	1

$\sim$	0	a	b	c	1
0	1	c	b	b	0
a	c	1	c	c	a
b	b	c	1	c	b
c	b	c	c	1	c
1	0	a	b	c	1

则 $E = (E, \wedge, \otimes, \sim, 1)$ 是一个 EQ-代数. 设 s 是 E 上的 Bosbach 态, 则 $s(0) = 0, s(1) = 1$. 如果 $s(a) = \alpha, s(b) = \beta, s(c) = \gamma$, 由 $s(b) + s(b \to 0) = s(0) + s(0 \to b)$, 有 $\beta = \dfrac{1}{2}$. 同时, 由 $s(c) + s(c \to 0) = s(0) + s(0 \to c)$, 有 $\gamma = \dfrac{1}{2}$. 由 $s(a) + s(a \to 0) = s(0) + s(0 \to a)$, 有 $\alpha = \dfrac{1}{2}$. 因为 $s(a) + s(a \to b) = s(b) + s(b \to a)$, 所以 $\dfrac{1}{2} + 1 = \dfrac{1}{2} + \dfrac{1}{2}$, 这显然不成立.

由例 4.3.3 可知, 存在没有 Bosbach 态的 EQ-代数.

命题 4.3.4 设 s 是 E 上的 Bosbach 态, 以下结论成立: 对任意的 $x, y, z \in E$,

(1) 若 $x \leq y$, 则 $s(x) \leq s(y)$;

(2) 若 $x \leq y$, 则 $s(y \to x) = 1 - s(y) + s(x) = s(x \sim y)$;

(3) $s(\neg x) = 1 - s(x)$;

(4) $s(\neg \neg x) = s(x)$;

(5) $s(\overline{x}) = s(x)$.

证明 (1) 若 $x \leq y$, $x \to y = 1$. 由定义 4.3.1 得, $s(x) + 1 = s(y) + s(y \to x)$, 即 $s(x) - s(y) = s(y \to x) - 1 \leq 0$, 故 $s(x) \leq s(y)$.

(2) 若 $x \leq y$. 由命题 4.3.4(1), $s(y \to x) = 1 + s(x) - s(y)$. 因为 $y \to x = x \wedge y \sim y = x \sim y$, 所以 $s(x \sim y) = 1 + s(x) - s(y)$.

(3) 由定理 1.2.18(6), $0 \to x = 1$, 因为 $\neg x = x \sim 0 = x \to 0$, 于是 $s(x) + s(x \to 0) = s(0) + s(0 \to x)$, 所以 $s(\neg x) = 1 - s(x)$.

(4) 由命题 4.3.4(3) 知, 显然成立.

(5) 由定理 1.2.18(6), $x \to 1 = 1$, 因为 $\overline{x} = x \sim 1 = 1 \to x$, $s(x) + s(x \to 1) = s(1) + s(1 \to x)$, 所以 $s(\overline{x}) = s(x)$.

命题 4.3.5 设 $s : E \to [0,1]$ 是函数, 且 $s(0) = 0$, 则以下结论等价:

(1) s 是 Bosbach 态;

(2) 对任意的 $x, y \in E$, 若 $x \leq y$, 则 $s(y \to x) = 1 - s(y) + s(x)$;

(3) 对任意的 $x, y \in E$, $s(y \to x) = 1 - s(y) + s(x \wedge y)$.

证明 $(1) \Rightarrow (2)$ 由命题 4.3.4(2), 显然成立.

(2) ⇒ (3) 因为 $x\wedge y \leq y$, 由命题 4.3.5(2) 知, $s(y \to x\wedge y) = 1 - s(y) + s(x\wedge y)$. 再由定理 1.2.18(8), 得 $y \to x\wedge y = y \to x$. 因此 (3) 成立.

(3) ⇒ (1) 假设 $s(0) = 0$, $s(1) = s(x \to x) = 1 - s(x) + s(x \wedge x) = 1$, 则由命题 4.3.5(3) 知, $s(x) + s(x \to y) = s(x) + 1 - s(x) + s(x \wedge y) = 1 + s(x \wedge y) = s(y) + 1 - s(y) + s(x \wedge y) = s(y) + s(y \to x)$. 因此, s 是 Bosbach 态.

命题 4.3.6 设 s 是可分 EQ-代数 E 的 Bosbach 态, 则 $\ker(s) = \{x \in E | s(x) = 1\}$ 是 EQ-代数的前滤子. 如果 E 是剩余 EQ-代数, 则 $\ker(s)$ 是 EQ-代数的滤子.

证明 显然 $1 \in \ker(s)$. 假设存在 $x, y \in E$, 使得 $x, x \to y \in \ker(s)$, 则 $s(x) = 1$, $s(x \to y) = 1$. 由定理 1.2.18(2) 知, $x \leq y \to x$. 由命题 4.3.4(1) 知, $s(x) \leq s(y \to x)$. 因此 $s(y \to x) = 1$. 因为 $s(x) + s(x \to y) = s(y) + s(y \to x)$, 有 $s(y) = 1$, 从而 $y \in \ker(s)$, 所以 F 是 E 的前滤子.

设 E 是剩余 EQ-代数, $x \to y \in \ker(s)$, 由定理 1.2.18(19) 知, $x \to y \leq ((x \odot z) \to (y \odot z))$, 由命题 4.3.4(1) 知, $s(x \odot z \to y \odot z) = 1$. 所以 $(x \odot z \to y \odot z) \in \ker(s)$. 故 $\ker(s)$ 是滤子.

定理 4.3.7 设 E 是剩余 EQ-代数, 且 s 是 E 上的 Bosbach 态, 则 $\dfrac{E}{\ker(s)}$ 是 IEQ-代数.

证明 由命题 4.3.6 知, $\ker(s)$ 是滤子, 再由 [11] 中的定理 2.11 知, $\dfrac{E}{\ker(s)}$ 是可分的 EQ-代数.

接下来证明 $\dfrac{E}{\ker(s)}$ 是 IEQ-代数. 由定理 1.2.18(15), $x \leq \neg\neg x$. 因为 $s(x) + s(x \to \neg\neg x) = s(\neg\neg x) + s(\neg\neg x \to x)$, $s(x) = s(\neg\neg x)$, 从而 $s(x \to \neg\neg x) = s(\neg\neg x \to x) = 1$, 于是 $x \to \neg\neg x, \neg\neg x \to x \in \ker(s)$, 即 $[x] \leq [\neg\neg x], [\neg\neg x] \leq [x]$, 所以 $[x] = [\neg\neg x]$. 由于 $[\neg\neg x] = \neg\neg[x]$, 则 $\dfrac{E}{\ker(s)}$ 是可分的 IEQ-代数.

命题 4.3.8 设 s 是剩余 EQ-代数 E 的 Bosbach 态, $K = \ker(s)$, 在 IEQ-代数 $\dfrac{E}{\ker(s)}$ 上, 以下结论成立:

(1) $[x] \leq [y]$ 当且仅当 $s(x \to y) = 1$ 当且仅当 $s(x) = s(x \wedge y)$,

(2) $[x] = [y]$ 当且仅当 $s(x \to y) = s(y \to x) = 1$ 当且仅当 $s(x) = s(y) = s(x \wedge y)$.

此外, 由 $\hat{s}([x]) = s(x)$ 定义的映射 $\hat{s}: \dfrac{E}{K} \to [0,1]$ 是 $\dfrac{E}{K}$ 上的 Bosbach 态.

证明 (1) $[x] \leq [y]$ 当且仅当 $x \to y \in K$ 当且仅当 $s(x \to y) = 1$. 由命题 4.3.5, $s(x \to y) = 1$ 当且仅当 $s(x) = s(x \wedge y)$.

(2) 由 (1), 显然成立.

命题 4.3.9 设 s 是 EQ-代数 E 的 Bosbach 态, 且 $m = 1 - s$, 则以下结论成立: 对任意的 $x, y \in E$,

4.3 EQ-代数上的态

(1) $m(0) = 1$;

(2) 若 $x \leq y$, 则 $m(y \to x) = m(x) - m(y)$.

此外, 若映射 $m : E \to [0,1]$ 满足 (1), (2), 则 $s = 1 - m$ 是 E 上的 Bosbach 态.

证明 (1) $m(0) = 1 - s(0) = 1$.

(2) 设 $x \leq y$, 则 $x \to y = 1$. 由命题 4.3.5 知, $s(y \to x) = 1 - s(y) + s(x)$, 因为 $1 - m(y \to x) = 1 - (1 - m(y)) + (1 - m(x))$, 所以 $m(y \to x) = m(x) - m(y)$.

反过来, 设 m 满足 (1), (2), 由 (2) 知, $x \wedge y \leq x$, $m(x \to x \wedge y) = m(x \wedge y) - m(x)$. 由定理 1.2.18(8) 知, $m(x \to y) = m(x \wedge y) - m(x)$. 同样地, $m(y \to x) = m(x \wedge y) - m(y)$. 因此 $m(x \to y) + m(x) = m(y \to x) + m(y)$ 或者 $s(x \to y) + s(x) = s(y \to x) + s(y)$. 于是由 (1) 得, $s(0) = 1 - m(0) = 0$. 因为 $1 \leq 1$, 由 (2) 得, $m(1) = m(1 \to 1) = m(1) - m(1) = 0$, 即 $s(1) = 1$. 因此, s 是 E 上的 Bosbach 态.

定义 4.3.10 设 E 是 EQ-代数, 若 $\neg\neg y \leq \neg x$, 称 x, y **正交**, 记为 $x \perp y$. 对任意的两个正交元 x, y, E 上的二元运算 "+" 定义为: $x + y = \neg x \to \neg\neg y$. 显然 + 是部分二元运算.

命题 4.3.11 设 s 是 EQ-代数, 以下结论成立: 对任意的 $x, y \in E$,

(1) $\neg x \perp x$, $\neg x + x = 1$;

(2) $x \perp 0$, $0 \perp x$;

(3) 若 $x \leq y$, 则 $\neg y \perp x$.

如果 E 是好的 EQ-代数, 则

(4) $x \perp \neg x$;

(5) 若 $x \leq y$, 则 $x \perp \neg y$;

(6) $x \perp y$ 当且仅当 $y \perp x$.

证明 (1) 因为 $\neg\neg x \leq \neg\neg x$, 则 $\neg x \perp x$. $\neg x + x = 1$ 显然.

(2) 因为 $x \leq 1$, 有 $\neg 1 \leq \neg x$ 或者 $\neg\neg 0 \leq \neg x$, 所以 $x \perp 0$. 又因为 $\neg\neg x \leq 1 = \neg 0$, 可得 $0 \perp x$.

(3) 设 $x \leq y$, 由定理 1.2.18(7) 知, $\neg x \leq \neg y$, 即 $\neg y \perp x$.

(4) 由定理 1.2.18(15) 知, $x \leq \neg\neg x$. 因此 $\neg\neg\neg x \leq \neg x$, 即 $x \perp \neg x$.

(5) 设 $x \leq y$, 由定理 1.2.18(15) 知, $x \leq y \leq \neg\neg y$, 则 $\neg\neg\neg y \leq \neg x$, 即 $x \perp \neg y$.

(6) 设 $x \perp y$, 则 $\neg\neg y \leq \neg x$. 由定理 1.2.18(15) 知, $y \leq \neg\neg y$. 于是 $y \leq \neg x$, 由定理 1.2.18(7) 知, $\neg\neg x \leq \neg y$. 所以 $y \perp x$.

定义 4.3.12 设 E 是 EQ-代数, 且 $s : E \to [0,1]$ 是函数. 如果对任意的 $x, y \in E$, 满足:

(1) $s(1) = 1$;

(2) 若 $x \perp y$, 则 $s(x + y) = s(x) + s(y)$,

则称 s 为 E 的 **Riečan 态**.

定理 4.3.13 EQ-代数上每个 Bosbach 态是 Riečan 态.

证明 设 s 是 E 上的 Bosbach 态, 则 $s(1) = 1$. 若 $x \perp y$, 则 $\neg\neg y \leq \neg x$. 因为 $s(\neg x) + s(\neg x \to \neg\neg y) = s(\neg\neg y) + s(\neg\neg y \to \neg x)$, 由命题 4.3.4 知, $1 - s(x) + s(\neg x \to \neg\neg y) = s(y) + 1$, 即 $s(x+y) = s(x) + s(y)$. 所以 s 是 Riečan 态.

一般情况下, 定理 4.3.13 的逆命题未必成立的.

例 4.3.14 在例 4.3.3 中, 证明了由 $s(1) = s(c) = 1, s(0) = 0, s(a) = s(b) = \dfrac{1}{2}$ 定义的映射 $s : E \to [0,1]$ 是 Riečan 态. 但不是 Bosbach 态.

定理 4.3.15 设 s 是 E 上的 Riečan 态, 以下结论成立: 对任意 $x, y \in E$,

(1) $s(\neg x) = 1 - s(x)$;

(2) $s(\neg\neg x) = s(x)$;

(3) 若 $x \leq y$, 则 $s(x) \leq s(y)$.

若 E 是好的 EQ-代数, 则:

(4) $s(0) = 0$;

(5) $s(\widetilde{x}) = s(x)$.

证明 (1) 由定理 4.3.11(1), $\neg x \perp x$, 得 $s(\neg x + x) = s(\neg x) + s(x)$, 也就是 $s(\neg\neg x \to \neg x) = s(\neg x) + s(x)$ 或 $1 = s(\neg x) + s(x)$. 因此 $s(\neg x) = 1 - s(x)$.

(2) 显然成立.

(3) 设 $x \leq y$, 由定理 1.2.20, $\neg\neg x \leq \neg\neg y$. 由于 $\neg y \perp x$, 所以 $s(\neg y + x) = s(\neg\neg x \to \neg\neg y) = s(\neg y) + s(x) = 1 - s(y) + s(x)$. 从而 $s(y) - s(x) = 1 - s(\neg y + x) \geq 0$, 即 $s(x) \leq s(y)$.

(4) 因为 $\neg\neg 0 = \neg 1 \leq \neg 0 = 1$, 且 E 是好的, $0 \perp 0$. 因为 $s(0) + s(0) = s(0+0) = s(\neg 0 \to \neg\neg 0) = s(1 \to 0) = s(1 \sim 0) = s(0)$, 所以 $s(0) = 0$.

(5) 显然成立.

定理 4.3.16 设 E 是 IEQ-代数, 则 E 上每个 Riečan 态是 Bosbach 态.

证明 设 s 是 E 上 Riečan 态, $s(1) = 1$. 由定理 4.3.15 知, $s(0) = 0$. 因为 $x \wedge y \leq x$, 由定理 1.2.18, $\neg\neg(x \wedge y) \leq \neg\neg x$, 即 $\neg x \perp x \wedge y$. 于是 $s(\neg x + x \wedge y) = s(\neg\neg x \to \neg\neg(x \wedge y)) = s(x \to (x \wedge y)) = s(\neg x) + s(x \wedge y) = 1 - s(x) + s(x \wedge y)$. 由定理 1.2.18 得, $s(x \to y) = 1 - s(x) + s(x \wedge y)$. 所以由命题 4.3.5 知, s 是 Bosbach 态.

定义 4.3.17 称函数 $m : E \to [0,1]$ 为 E 上的**态射**, 如果满足:

(1) $m(0) = 0$;

(2) $m(x \to y) = \min\{1, 1 - m(x) + m(y)\}$.

定理 4.3.18 EQ-代数上的态射是 Bosbach 态.

证明 任意 $x \in E$, $m(1) = m(x \sim x) = m(x \to x) = \min\{1, 1 - m(x) + m(x)\} = 1$. 又 $m(x) + m(x \to y) = m(x) + \min\{1, 1 - m(x) + m(y)\} = \min\{1 + m(x), 1 + m(y)\} =$

$m(y) + \min\{1, 1 - m(y) + m(x)\} = m(y) + m(y \to x)$. 因此 m 是 Bosbach 态.

定理 4.3.19 EQ-代数上的 Bosbach 态是态射当且仅当对任意的 $x, y \in E$, $m(x \wedge y) = \min\{m(x), m(y)\}$.

证明 设 m 是 Bosbach 态, 且是 E 上的态射. 由命题 4.3.5 知, $m(x \to y) = 1 - m(x) + m(x \wedge y)$. 于是 $m(x \wedge y) = m(x) - 1 + m(x \to y) = m(x) - 1 + \min\{1, 1 - m(x) + m(y)\} = \min\{m(x), m(y)\}$. 反过来, 由 (BS2), $m(0) = 0$. 由命题 4.3.5 知, $m(x \to y) = 1 - m(x) + m(x \wedge y) = 1 - m(x) + \min\{m(x), m(y)\} = \min\{1, 1 - m(x) + m(y)\}$. 因此 m 是态射.

定理 4.3.20 设 m 是 IEQ-代数 E 上的 Bosbach 态, 以下结论成立: 对任意的 $x, y \in E$,

(1) m 是态射;

(2) $m(\neg x \to \neg\neg y) = \min\{m(x) + m(y), 1\}$.

证明 (1)$\Rightarrow$(2) 由 (SM2) 和命题 4.3.4(3), (4) 知, $m(\neg x \to \neg\neg y) = \min\{1, 1 - m(\neg x) + m(\neg\neg y)\} = \min\{1, 1 - 1 + m(x) + m(y)\} = \min\{1, m(x) + m(y)\}$.

(2)$\Rightarrow$(1) 由 (SM2), $m(0) = 0$. E 是 IEQ-代数, 则 $m(x \to y) = m(\neg\neg x \to \neg\neg y) = \min\{1, m(\neg x) + m(y)\} = \min\{1, 1 - m(x) + m(y)\}$.

4.4 超 MV-代数上的态理论

本节介绍超 MV-代数上的态理论. 主要结果均包含在文献 [145] 中.

设 M 是一个超 MV-代数, 定义 $x \odot y = (x^* \oplus y^*)^*$, $x \ominus y = x \odot y^*$, $x \vee y = (x \ominus y) \oplus y = (x \odot y^*) \oplus y$, $x \wedge y = x \odot (x^* \oplus y) = x \ominus (x \ominus y)$.

定义 4.4.1 设 M 是一个超 MV-代数, 若映射 $s : M \to [0, 1]$ 满足:

(1) $s(1) = 1$;

(2) 当 $0 \in x \odot y$ 时, $s(x \oplus y) = s(x) + s(y)$,

则称 s 是 M 上的 **Riečan** 态, 其中, 对任意非空子集 $A \subseteq M$, $s(A) = \inf\{s(t) | t \in A\}$.

例 4.4.2 设 $M = \{0, b, 1\}$. 定义 M 上的超运算 $\oplus$ 及一元运算 $*$ 如下:

$\oplus$	0	b	1
0	$\{0\}$	$\{0, b\}$	$\{1\}$
b	$\{0, b\}$	$\{0, b, 1\}$	$\{0, b, 1\}$
1	$\{1\}$	$\{0, b, 1\}$	$\{1\}$

$*$	0	b	1
	1	b	0

则 $(M, \oplus, *, 0)$ 是一个超 MV-代数. 此时, M 上的超运算 $\odot$ 如下:

$\odot$	0	b	1
0	{0}	{0,b,1}	{0}
b	{0,b,1}	{0,b,1}	{b,1}
1	{0}	{b,1}	{1}

现定义 $s: M \to [0,1]$: $s(0)=0$, $s(1)=1$, $s(b)=0$, 则 s 是 M 上的 Riečan 态.

定义 4.4.3 设 M 是一个超 MV-代数. 若映射 $s: M \to [0,1]$ 满足: 对任意的 $x \in M$, $s(x^*) = 1 - s(x)$, 则称 s 是 M 上的**正则映射**. 特别地, 若 M 上的 Riečan 态是正则的, 则称 s 是 M 上的**正则 Riečan 态**.

设 $s: M \to [0,1]$ 是一个正则映射, 则 $\forall A \subseteq M$, $s(A^*) = 1 - s^*(A)$, 其中 $s^*(A) = \sup\{s(x) | x \in A\}$. 事实上, $s(A^*) = \inf\{s(x^*) | x \in A\} = \inf\{1 - s(x) | x \in A\} = 1 - \sup\{s(x) | x \in A\} = 1 - s^*(A)$.

下面给出超 MV-代数上正则 Riečan 态的实例.

例 4.4.4 设 $M = \{0, a, b, 1\}$. 定义 M 上的超运算 $\oplus$ 及一元运算 $*$ 如下:

$\oplus$	0	a	b	1
0	{0}	{0,a}	{b}	{b,1}
a	{0,a}	{0,a}	{b,1}	{b,1}
b	{b}	{b,1}	{b,1}	{b,1}
1	{b,1}	{b,1}	{b,1}	{b,1}

$*$	0	a	b	1
	1	b	a	0

则 $(M, \oplus, *, 0)$ 是一个超 MV-代数. 此时, M 上的 $\odot$ 运算如下:

$\odot$	0	a	b	1
0	{0,a}	{0,a}	{0,a}	{0,a}
a	{0,a}	{0,a}	{0,a}	{a}
b	{0,a}	{0,a}	{b,1}	{b,1}
1	{0,a}	{a}	{b,1}	{1}

现定义 $s: M \to [0,1]$: $s(0)=0$, $s(a)=0$, $s(1)=1$, $s(b)=1$, 则 s 是 M 上的正则 Riečan 态.

命题 4.4.5 设 M 是一个超 MV-代数, 则对任意的 $x, y \in M$,

(1) $x \ll y$ 当且仅当 $0 \in x \odot y^*$;

(2) $x \ominus y \ll x$, $0 \ominus 0 = 0$;

(3) $(x \oplus y) \ominus y = x \ominus (x \odot y)$.

证明 (1) $x \ll y$ 当且仅当 $1 \in x^* \oplus y$ 当且仅当 $1^* \in (x^* \oplus y)^*$ 当且仅当 $0 \in x \odot y^*$.

4.4 超 MV-代数上的态理论

(2) 因为 $0 \in 0 \odot y^* \subseteq (x \odot x^*) \odot y^* = (x \odot y^*) \odot x^* = (x \ominus y) \odot x^*$, 由 (1) 得 $x \ominus y \ll x$. 因此 $0 \ominus 0 \ll 0$, 这表明 $0 \ominus 0 = 0$.

(3) 由 $(x \oplus y)^* \oplus y = (y^* \oplus x^*)^* \oplus x^*$ 得: $(x^* \odot y^*) \oplus y = (x \odot y) \oplus x^*$. 于是 $((x^* \odot y^*)^* \odot y^*)^* = (x \odot (x \odot y)^*)^*$, 从而 $((x \oplus y) \odot y^*)^* = (x \odot (x \odot y)^*)^*$, 即 $((x \oplus y) \ominus y)^* = (x \ominus (x \odot y))^*$. 因此 $(x \oplus y) \ominus y = x \ominus (x \odot y)$.

命题 4.4.6 设 s 是 M 上的正则 Riečan 态, 则对任意的 $x, y \in M$,

(1) $s(0) = 0$;
(2) $s(x \oplus x^*) = 1$;
(3) 若 $x \ll y$, 则 $s^*(y \ominus x) = s(y) - s(x), s(x) \leq s(y), s(y^*) \leq s(x^*)$;
(4) 若 $x \ll y$, 则 $s(x \ominus y) = 0$;
(5) $s(x \ominus y) + s(y) \leq s^*(x \vee y), s(y \ominus x) + s(x) \leq s^*(x \vee y)$;
(6) 若 $x \ll y$, 则 $s(y) \leq s^*(x \vee y)$;
(7) $s(x) \leq s^*(x \wedge y) + s^*(x \ominus y), s(y) \leq s^*(x \wedge y) + s^*(y \ominus x)$.

证明 (1) $s(0) = s(1^*) = 1 - s(1) = 0$.

(2) 由 $0 \in x \odot x^*$ 得 $1 = s(x) + (1 - s(x)) = s(x) + s(x^*) = s(x \oplus x^*)$, 进而 $s(x \oplus x^*) = 1$.

(3) 显然 $0 \in x \odot y^*$, 于是 $s(x) + s(y^*) = s(x \oplus y^*) = s((x^* \odot y)^*) = 1 - s^*(x^* \odot y) = 1 - s^*(y \ominus x)$, 进一步 $s(x) + s(y^*) = 1 - s^*(y \ominus x)$. 这表明 $s(x) + 1 - s(y) = 1 - s^*(y \ominus x)$, 即 $s(y) - s(x) = s^*(y \ominus x)$. 由 $s(y) - s(x) = s^*(y \ominus x) \geq 0$ 得 $s(x) \leq s(y)$. 此外, $s(x) \leq s(y)$ 推出 $1 - s(y) \leq 1 - s(x)$, 因此 $s(y^*) \leq s(x^*)$.

(4) 由 $x \ll y$ 可得 $0 \in x \odot y^* = x \ominus y$. 因而 $s(x \ominus y) = 0$.

(5) 由 $0 \in y \odot y^*$ 得 $0 \in x \odot y^* \odot y = (x \ominus y) \odot y$, 故存在 $t \in x \ominus y$ 使得 $0 \in t \odot y$. 于是 $s(x \ominus y) + s(y) \leq s(t) + s(y) = s(t \oplus y) \leq s^*((x \ominus y) \oplus y) = s^*(x \vee y)$. 同理可证 $s(y \ominus x) + s(x) \leq s^*(x \vee y)$.

(6) 由 $x \ll y$ 得 $0 \in x \odot y^*$. 再利用 (5), $s^*(x \vee y) \geq s(x \ominus y) + s(y) = s(x \odot y^*) + s(y) = 0 + s(y) = s(y)$.

(7) 因为 $x \ominus y \ll x$, 所以存在 $t \in x \ominus y$ 使得 $t \ll x$. 因而由 (3) 知 $s^*(x \wedge y) = s^*(x \ominus (x \ominus y)) \geq s^*(x \ominus t) = s(x) - s(t)$. 故 $s^*(x \wedge y) \geq s(x) - s(t) \geq s(x) - s^*(x \ominus y)$, 即 $s(x) \leq s^*(x \wedge y) + s^*(x \ominus y)$. 同理可证 $s(y) \leq s^*(x \wedge y) + s^*(y \ominus x)$.

注意当一个超 MV-代数是 MV-代数时, 正则 Riečan 态与 Riečan 态一致. 于是由命题 4.4.6 的证明可得 MV-代数中 Riečan 态的一些性质.

推论 4.4.7 设 M 是一个 MV-代数, s 是 M 上的 Riečan 态, 则对任意的 $x, y \in M$,

(1) $s(0) = 0$;
(2) $s(x^*) = 1 - s(x)$;

(3) 若 $x \leq y$, 则 $s(x) \leq s(y)$;

(4) $s(x) + s(y) = s(x \oplus y) + s(x \odot y)$;

(5) $s(x) + s(y) = s(x \vee y) + s(x \wedge y)$;

(6) $s(x \vee y) \leq s(x \oplus y) \leq s(x) + s(y)$.

推论 4.4.8 设 M 是一个 MV-代数, s 是 M 上的 Riečan 态, 则对任意的 $x, y \in M$,

(1) 若 $x \leq y$, 则 $s(y \ominus x) = s(y) - s(x)$;

(2) 若 $x \leq y$, 则 $s(x \ominus y) = 0$;

(3) $s(x \vee y) = s(x \ominus y) + s(y) = s(y \ominus x) + s(x)$;

(4) 若 $x \leq y$, 则 $s(x \vee y) = s(y)$;

(5) $s(x \wedge y) = s(y) - s(y \ominus x) = s(x) - s(x \ominus y)$;

(6) 若 $x \leq y$, 则 $s(x \wedge y) = s(x)$.

证明 (1) $s(y \ominus x) = s^*(y \ominus x) = s(y) - s(x)$.

(2) 由 $0 = x \odot y^* = x \ominus y$ 得 $s(x \ominus y) = 0$.

(3) 由 $y \odot y^* = 0$ 得 $0 = x \odot y^* \odot y = (x \ominus y) \odot y$. 因此 $s(x \ominus y) + s(y) = s((x \ominus y) \oplus y) = s(x \vee y)$. 同理可证 $s(x \vee y) = s(y \ominus x) + s(x)$.

(4) 由 $x \leq y$ 得 $0 = x \odot y^*$. 利用 (3), $s(x \vee y) = s(x \ominus y) + s(y) = s(x \odot y^*) + s(y) = 0 + s(y) = s(y)$.

(5) 由 (1) 及 $x \ominus y \leq x$ 得 $s(x \wedge y) = s(x \ominus (x \ominus y)) = s(x) - s(x \ominus y)$. 同理可得 $s(x \wedge y) = s(y) - s(y \ominus x)$.

(6) 由 (5) 及 $0 = x \odot y^*$ 得 $s(x \wedge y) = s(x) - s(x \ominus y) = s(x) - s(x \odot y^*) = s(x) - 0 = s(x)$.

下述定理给出了超 MV-代数上正则 Riečan 态的等价刻画.

定理 4.4.9 设 M 是一个超 MV-代数, $s : M \to [0,1]$ 是 M 上的正则映射, 则以下条件等价:

(1) s 是 M 上的 Riečan 态;

(2) 对任意的 $x, y \in M$, $x \ll y \Rightarrow s^*(y \ominus x) = s(y) - s(x)$.

证明 (1) $\Rightarrow$ (2) 由命题 4.4.6(3) 可证.

(2) $\Rightarrow$ (1) 假设 (2) 成立. 由 $0 \ominus 0 = 0$ 得 $s(0) = s^*(0) = s^*(0 \ominus 0) = s(0) - s(0) = 0$. 于是 $s(1) = s(0^*) = 1 - s(0) = 1 - 0 = 1$. 设 $0 \in x \odot y$, 则 $x \ll y^*$. 由 (2) 得 $s^*(y^* \ominus x) = s(y^*) - s(x)$, $s^*(y^* \odot x^*) = s^*((x \oplus y)^*) = 1 - s(x \oplus y)$. 因此 $s(y^*) - s(x) = 1 - s(x \oplus y)$, 进而 $1 - s(y) - s(x) = 1 - s(x \oplus y)$. 这表明 $s(x \oplus y) = s(x) + s(y)$. 综上, s 是 M 上的正则 Riečan 态.

下面引入超 MV-代数上的 Bosbach 态.

定义 4.4.10 设 M 是一个超 MV-代数, 若映射 $s : M \to [0,1]$ 满足:

4.4 超 MV-代数上的态理论

(1) $s(1) = 1$;

(2) 对任意的 $x, y \in M$, $s(x) + s(y) = s(x \oplus y) + s(x \odot y)$,

则称 s 是一个 **Bosbach 态**, 其中, 对任意非空子集 $A \subseteq M$, $s(A) = \inf\{s(t) | t \in A\}$.

例 4.4.11 设 s 是例 4.4.4 定义的 Riečan 态, 容易验证, s 也是 M 上的 Bosbach 态.

下面的实例表明并不是每个超 MV-代数都存在 Bosbach 态.

例 4.4.12 设 $M = \{0, 1, 2, 3\}$. 定义 M 上的超运算 $\oplus$ 和一元运算 $*$ 如下:

$\oplus$	0	a	b	1
0	$\{0\}$	$\{0,a\}$	$\{0,b\}$	$\{0,a,b,1\}$
a	$\{0,a\}$	$\{0,a\}$	$\{0,a,b,1\}$	$\{0,a,b,1\}$
b	$\{0,b\}$	$\{0,a,b,1\}$	$\{0,a,b,1\}$	$\{0,a,b,1\}$
1	$\{0,a,b,1\}$	$\{0,a,b,1\}$	$\{0,a,b,1\}$	$\{0,a,b,1\}$

$*$	0	a	b	1
	1	b	a	0

则 $(M, \oplus, *, 0)$ 是一个超 MV-代数. 不难计算 M 上的超运算 $\odot$ 如下:

$\odot$	0	a	b	1
0	$\{0\}$	$\{0,a\}$	$\{0,b\}$	$\{0,a,b,1\}$
a	$\{0,a\}$	$\{0,a\}$	$\{0,a,b,1\}$	$\{0,a,b,1\}$
b	$\{0,b\}$	$\{0,a,b,1\}$	$\{0,a,b,1\}$	$\{0,a,b,1\}$
1	$\{0,a,b,1\}$	$\{0,a,b,1\}$	$\{0,a,b,1\}$	$\{0,a,b,1\}$

现定义 $s : M \to [0, 1]$: $s(0) = 0$, $s(a) = \alpha$, $s(b) = \beta$, $s(1) = 1$. 在 $s(x) + s(y) = s(x \oplus y) + s(x \odot y)$ 中, 取 $x = 1, y = b$ 得 $1 + \beta = 0 + \beta$, 矛盾. 因此 M 不存在 Bosbach 态.

定理 4.4.13 设 s 是超 MV-代数上的 Bosbach 态, 则 s 是 M 上的 Riečan 态.

证明 显然 $s(0) = 0$. 若 $0 \in x \odot y$, 则 $s(x) + s(y) = s(x \oplus y) + s(x \odot y) = s(x \oplus y) + 0 = s(x \oplus y)$. 因此 s 是 M 上的 Riečan 态.

下面的实例表明上述定理反之不真.

例 4.4.14 在例 4.4.2 中, s 是 M 上的 Riečan 态, 但不是 Bosbach 态. 否则, $s(b) + s(1) = 1 = s(b \oplus 1) + s(b \odot 1) = s(\{0, b, 1\}) + s(\{b, 1\}) = 0 + 0 = 0$, 矛盾.

下面给出超 MV-代数上正则 Bosbach 态的等价刻画.

定理 4.4.15 设 M 是一个超 MV-代数, $s : M \to [0, 1]$ 是 M 上的正则映射, 则以下条件等价:

(1) s 是 M 上的正则 Bosbach 态;

(2) 对任意的 $x, y \in M$, $s^*(y \ominus x) - s(x \ominus y) = s(y) - s(x)$.

证明 (1)⇒(2) 假设 s 是 M 上的正则 Bosbach 态, 则 $s(x) + s(y^*) = s(x \oplus y^*) + s(x \odot y^*) = s((x^* \odot y)^*) + s(x \ominus y) = 1 - s^*(y \ominus x) + s(x \ominus y)$, 于是 $s(x) + 1 - s(y) = 1 - s^*(y \ominus x) + s(x \ominus y)$. 因此 $s^*(y \ominus x) - s(x \ominus y) = s(y) - s(x)$.

(2)⇒(1) 假设 (2) 成立. 在 $s^*(y \ominus x) - s(x \ominus y) = s(y) - s(x)$ 中, 取 $x = y = 0$, 可得 $s^*(0 \ominus 0) - s(0 \ominus 0) = s(0) - s(0)$, 于是 $s^*(0 \ominus 0) - 0 = 0$. 由 $0 \ominus 0 = 0$ 得 $s^*(0) = 0$. 再由 $s(x) \le s^*(0) = 0$, 有 $s(0) = 0$. 注意到 s 是正则的, 得到 $s(1) = 1$, 而且 $s^*(y^* \ominus x) - s(x \ominus y^*) = s(y^*) - s(x)$. 因而 $s^*(y^* \ominus x) - s(x \odot y) = (1 - s(y)) - s(x)$. 又因为 $s^*(y^* \ominus x) = s^*(y^* \odot x^*) = s^*((x \oplus y)^*) = 1 - s(x \oplus y)$, 所以 $1 - s(x \oplus y) - s(x \odot y) = (1 - s(y)) - s(x)$, 即 $s(x \oplus y) + s(x \odot y) = s(x) + s(y)$. 综上, s 是 M 上的 Bosbach 态.

通过利用超 MV 代数上的 Bosbach 态, 我们构建并研究商超 MV-代数.

定义 4.4.16 设 M 是一个超 MV-代数, s 是 M 上的 Bosbach 态, $\sim$ 是 M 上的好的 H-同余. 若对任意的 $x, y \in M$, $x \sim y \Leftrightarrow s(x) = s(y)$, 则称 s 是$\sim$-**兼容的**.

设 μ 是 M 的一个模糊集. 若对任意的 $A \subseteq M$, $\sup\{\mu(t)|t \in A\} = \alpha$ ($\inf\{\mu(t)|t \in A\} = \alpha$) 蕴涵存在 $t \in A$, 使得 $\mu(t) = \alpha$ 成立. 则称 μ 具有**sup-性质 (inf-性质)**.

定理 4.4.17 设 M 是一个超 MV-代数, $\sim$ 是一个好的 H-同余, s 是 M 上的正则 $\sim$-兼容 Bosbach 态, 则在有界商超 MV-代数 $\left(\dfrac{M}{\sim}, \overline{\oplus}, \overline{*}, I_0, I_1\right)$ 中, 下列结论成立: 其中 $I_x = [x]_\sim$, $I_x \overline{\oplus} I_y = I_{x \oplus y}$, $I_x^{\overline{*}} = I_{x^*}$,

(1) 若 $I_x \ll I_y$, 则 $s(x \ominus y) = 0$;
(2) 若 s 具有 sup-性质且 $s(x \ominus y) = 0$, 则 $I_x \ll I_y$;
(3) 若 $I_x = I_y$, 则 $s(x) = s(y)$.

证明 (1) 因为 $I_x \ll I_y$ 当且仅当 $I_1 \in I_{x^*} \overline{\oplus} I_y$, 所以存在 $z \in x^* \oplus y$ 使得 $z \sim 1$. 于是 $s(z) = s(1) = 1$, 因此 $s(x \ominus y) = s(x \odot y^*) = s((x^* \oplus y)^*) = 1 - s^*(x^* \oplus y) = 1 - \sup\{s(t)|t \in x^* \oplus y\} = 0$.

(2) 因为 $s((x^* \oplus y)^*) = 1 - s^*(x^* \oplus y) = 1 - \sup\{s(t)|t \in x^* \oplus y\} = 0$, 所以存在 $z \in x^* \oplus y$ 使得 $s(z) = 1$, 从而 $z \sim 1$, $I_z = I_1$. 因此存在 $I_z \in I_{x^*} \oplus I_y$ 使得 $I_z = I_1$, 这就证明了 $I_x \ll I_y$.

(3) 显然, $I_x = I_y$ 当且仅当 $x \sim y$. 因此由 $I_x = I_y$ 得 $s(x) = s(y)$.

定理 4.4.18 设 M 是一个超 MV-代数, $\sim$ 是 M 的好的 H-同余, s 是 M 上的正则 $\sim$-兼容 Bosbach 态. 定义映射 $\hat{s}: \dfrac{M}{\sim} \to [0, 1]$: 对任意的 $x \in M$, $A \subseteq M$, $\hat{s}(I_x) = s(x)$, $\hat{s}(\{I_x | x \in A\}) = \inf\{\hat{s}(I_t)|t \in A\}$, 则 $\hat{s}$ 是 $\dfrac{M}{\sim}$ 上的 Bosbach 态.

证明 显然, $\hat{s}$ 是良定的且 $\hat{s}(I_0) = s(0) = 0$, $\hat{s}(I_1) = s(1) = 1$. 因为 $\hat{s}(I_x \overline{\oplus} I_y) = \inf\{\hat{s}(I_t)|t \in x \oplus y\} = \inf\{s(t)|t \in x \oplus y\} = s(x \oplus y)$, $\hat{s}(I_x \overline{\odot} I_y) = \inf\{\hat{s}(I_t)|t \in x \odot y\} =$

$\inf\{s(t)|t \in x \odot y\} = s(x \odot y)$, 所以 $\hat{s}(I_x \overline{\oplus} I_y) + \hat{s}(I_x \overline{\odot} I_y) = s(x \oplus y) + s(x \odot y) = s(x) + s(y) = s(I_x) + s(I_y)$. 这就证明了 $\hat{s}$ 是 $\dfrac{M}{\sim}$ 上的 Bosbach 态.

定义 4.4.19[64] 设 M 是一个超 MV-代数, F 是 M 的一个非空子集. 若 F 满足:

(1) $1 \in F$;

(2) 对任意的 $x, y \in M, F \ll x^* \oplus y, x \in F \Rightarrow y \in F$,

则称 F 是 M 的**超 MV-滤子**.

设 F 是 MV-代数 M 上的超 MV-滤子. 若对任意的 $x, y \in M, x \oplus y \subseteq F \Rightarrow x \in F$ 或 $y \in F$, 则称 F 为**素超 MV-滤子**.

定理 4.4.20 设 s 是超 MV-代数 M 上的正则 Bosbach 态, 则 s 的核 $K := \{a \in M | s(a) = 1\}$ 是 M 的超 MV-滤子.

证明 显然 $1 \in K$, 设 $K \ll x^* \oplus y, x \in K$, 则 $s(x) = 1$ 且存在 $a \in K, b \in x^* \oplus y$ 使得 $a \ll b$. 由命题 4.4.6(3) 得 $s(a) \le s(b)$, 进而 $1 = s(a) \le s(b) \le s^*(x^* \oplus y) = s^*((x \odot y^*)^*) = s^*((x \ominus y)^*) = 1 - s(x \ominus y)$. 于是 $s(x \ominus y) \le 0$ 且 $s(x \ominus y) = 0$. 由于 s 是 M 上的 Bosbach 态, 因此有 $s^*(x \oplus y) - s(x \ominus y) = s(y) - s(x)$, 所以 $s^*(x \oplus y) = s(y) - s(x)$. 注意到 $s(x) = 1$, 因而有 $s(y) = s^*(x \oplus y) + s(x) \ge 1$ 或 $s(y) = 1$, 这表明 $y \in K$. 因此 K 是 M 的超 MV-滤子.

设 M 是一个超 MV-代数, s 是 M 上的 Bosbach 态. 定义 M 上的二元关系 $\sim_K$ 如下: $x \sim_K y$ 当且仅当 $x^* \oplus y \subseteq K, y^* \oplus x \subseteq K$.

定义 4.4.21 设 s 是超 MV-代数上的 Bosbach 态. 若 $\max\{s(x), m(y)\} \le s(x \oplus y)$ 对任意的 $x, y \in M$ 成立, 则称 s 是**强保序的**.

例 4.4.22 在例 4.4.4 中, 不难验证超 MV-代数 M 上的正则 Bosbach 态 s 是强保序的.

命题 4.4.23 设 s 是 M 上的正则 Bosbach 态, 则

(1) 对任意的 $k_1, k_2 \in K, k_1 \odot k_2 \subseteq K$, 而且, 对任意的 $A, B \subseteq K, A \odot B \subseteq K$;

(2) 对任意的 $A \subseteq M, B \subseteq K, A \oplus B^* \subseteq K \Rightarrow A \subseteq K$;

(3) 若 s 是强保序的, 则对任意的 $k \in K, x \in M, k \oplus x \subseteq K$, 而且, 对任意的 $A \subseteq K, B \subseteq M, A \oplus B \subseteq K$.

证明 (1) $s(k_1 \odot k_2) = s(k_1 \ominus k_2^*) = s^*(k_2^* \ominus k_1) - s(k_2^*) + s(k_1) = s^*(k_2^* \ominus k_1) + 1$. 于是 $s(k_1 \odot k_2) = 1$, 从而 $k_1 \odot k_2 \subseteq K$.

(2) 由于 $A \oplus B^* \subseteq K$, 则对任意的 $a \in A, b \in B, a \oplus b^* \subseteq K$, 从而 $s(a \oplus b^*) = 1$. 于是 $1 = s((a^* \odot b)^*) = 1 - s^*(a^* \odot b)$. 这表明 $s^*(a^* \odot b) = s^*(b \ominus a) = 0$. 因此 $s^*(b \ominus a) - s(a \ominus b) = s(b) - s(a) = 1 - s(a)$, 即 $s(a) = 1 + s(a \ominus b)$. 这就证明了 $s(a) = 1$ 或 $a \in K$, 进而 $A \subseteq K$.

(3) 由 s 是正则强保序 Bosbach 态知, $s(k \oplus x) \geq \max\{s(k), s(x)\} = 1$. 于是 $s(k \oplus x) = 1$, 这表明 $k \oplus x \subseteq K$.

命题 4.4.24 设 s 是超 MV-代数 M 上的正则强保序 Bosbach 态, 则以下条件等价:

(1) $\sim_K$ 是 M 上的等价关系;

(2) $x \sim_K y$ 当且仅当 $x^* \sim_K y^*$.

证明 (1) 对称性显然成立. 由推论 4.4.8, $s(x^* \oplus x) = 1$, 于是 $x^* \oplus x \subseteq K$, 也即 $x \sim_K x$, 故自反性成立. 假设 $x \sim_K y, y \sim_K z$, 则 $x \oplus y^* \subseteq K$, $y \oplus z^* \subseteq K$. 由命题 4.4.5(2) 和 4.4.23(3) 得: $y \oplus (y \oplus x^*)^* \oplus y^* \oplus (y^* \oplus z)^* \subseteq K$. 于是 $y \oplus (y \oplus x^*)^* \oplus y^* \oplus (y^* \oplus z)^* = x \oplus (x \oplus y^*)^* \oplus z^* \oplus (z^* \oplus y)^* = (x \oplus z^*) \oplus (x \oplus y^*)^* \oplus (y \oplus z^*)^* = (x \oplus z^*) \oplus ((x \oplus y^*) \odot (y \oplus z^*))^* \subseteq K$. 因此 $x \oplus z^* \subseteq K$. 同理可证 $z \oplus x^* \subseteq K$. 因此 $x \sim_K z$, 即证传递性.

(2) $x \sim_K y$ 当且仅当 $x^* \oplus y \subseteq K$, $y^* \oplus x \subseteq K$ 当且仅当 $x^* \oplus (y^*)^* \subseteq K$, $y^* \oplus (x^*)^* \subseteq K$ 当且仅当 $x^* \sim_K y^*$.

定理 4.4.25 设 s 是超 MV-代数 M 上的正则强保序 Bosbach 态, 则

(1) $\sim_K$ 是 M 上的强 H-同余;

(2) $\sim_K$ 是好的;

(3) $x \sim_K y$ 当且仅当 $s^*(x \ominus y) = s^*(y \ominus x) = 0$;

(4) s 是 $\sim_K$-兼容态.

证明 (1) 设 $x \sim_K y$, 则 $x^* \oplus y \subseteq K$, $y^* \oplus x \subseteq K$. 对任意的 $u \in x \oplus z, v \in y \oplus z$, 我们有 $u^* \oplus v \subseteq (x \oplus z)^* \oplus (y \oplus z) = (x^* \oplus y) \oplus x \odot z \subseteq K$. 于是 $u^* \oplus v \subseteq K$. 同理可证 $v^* \oplus u \subseteq K$. 因而 $(x \oplus z) \approx (y \oplus z)$. 因此 s 是 M 上的强 H-同余.

(2) 设 $x^* \oplus y \sim_K \{1\}$, $y^* \oplus x \sim_K \{1\}$. 由 (1) 得 $(x^* \oplus y)^* \sim_K \{0\}$, $(y^* \oplus x)^* \sim_K \{0\}$. 因为 $\sim_K$ 是 M 上的强 H-同余, 所以 $(x^* \oplus y)^* \oplus y \approx_K 0 \oplus y$, $(y^* \oplus x)^* \oplus x \approx_K 0 \oplus x$. 又 $(x^* \oplus y)^* \oplus y = (y^* \oplus x)^* \oplus x$. 故 $0 \oplus y \approx_K 0 \oplus x$. 注意到 $y \in 0 \oplus y$, $x \in 0 \oplus x$, 我们有 $x \sim_K y$. 因此 $\sim_K$ 是好的.

(3) 设 $x \sim_K y$, 则 $x^* \oplus y \subseteq K$, 进而 $s(x^* \oplus y) = 1$. 于是 $1 = s(x^* \oplus y) = s((x \ominus y)^*) = 1 - s^*(x \ominus y)$, 从而 $s^*(x \ominus y) = 0$. 同理可得 $s^*(y \ominus x) = 0$. 反之, 设 $s^*(x \ominus y) = s^*(y \ominus x) = 0$, 则 $s(x^* \oplus y) = s((x \ominus y)^*) = 1 - s^*(x \ominus y) = 1$. 因此 $x^* \oplus y \subseteq K$. 同理可证 $y^* \oplus x \subseteq K$. 这表明 $x \sim_K y$.

(4) 设 $x \sim_K y$. 由 (3) 得 $s^*(x \ominus y) = s^*(y \ominus x) = 0$. 于是 $s(x \ominus y) = 0$. 而且, 由定理 4.4.15 得 $s^*(y \ominus x) = s^*(y \ominus x) - s(x \ominus y) = s(y) - s(x)$, 即 $s(x) = s(y)$.

由定理 4.4.18、定理 4.4.25 得如下推论.

推论 4.4.26 设 s 是超 MV-代数 M 上的正则强保序 Bosbach 态, 则

(1) $\dfrac{M}{\sim_K}$ 是 MV-代数;

(2) $\overline{s}: \dfrac{M}{\sim_K} \to [0,1]$: $\overline{s}([x]_{\sim_K}) = s(x)$ 是 $\dfrac{M}{\sim_K}$ 上的 Bosbach 态.

为方便起见, 用 M/K, K_x 和 s_K 分别表示 $\dfrac{M}{\sim_K}$, $[x]_{\sim_K}$ 和 $\overline{s}$.

命题 4.4.27 在 M/K 中, s_K 具有如下性质:

(1) $s_K(K_x \overline{\oplus} K_y) = s(x \oplus y)$;

(2) $s_K(K_x{}^{\overline{*}}) = 1 - s(x)$;

(3) $s_K(K_x \overline{\ominus} K_y) = s(x \ominus y)$;

(4) $s_K(K_x \overline{\odot} K_y) = s(x \odot y)$;

(5) $s_K(K_x \overline{\wedge} K_y) = s(x \wedge y)$;

(6) $s_K(K_x \overline{\vee} K_y) = s(x \vee y)$.

证明 略.

定义 4.4.28 设 M 是一个超 MV-代数, I 是 M 上的一个非空子集, 如果满足

(1) $0 \in I$;

(2) 对任意的 $x, y \in M$, $y \ominus x \ll I$, $x \in I \Rightarrow y \in I$,

则称 I 是一个**超 MV-理想**.

若超 MV-代数 M 上的超 MV-理想 I 满足: 对任意的 $x, y \in M$, $x \odot y \subseteq I \Rightarrow x \in I$ 或 $y \in I$, 则称 I 是 M 的素超 MV-理想.

命题 4.4.29 设 M 是一个超 MV-代数, s 是 M 上的正则 Bosbach 态, 则 $I_0 = \{t \in M \mid s(t) = 0\}$ 是 M 的超 MV-理想.

证明 显然 $0 \in I_0$. 设 $y \ominus x \ll I_0$, $x \in I_0$, 则 $s(x) = 0$ 且存在 $t \in y \ominus x$ 和 $i \in I_0$ 使得 $t \ll i$. 于是 $s(t) \leq s(i) = 0$, 进而 $s(t) = 0$, 也即 $s(y \ominus x) = 0$. 由定理 4.4.15 知 $s^*(x \ominus y) - s(y \ominus x) = s(x) - s(y)$ 或 $s^*(x \ominus y) = -s(y)$. 因此 $s^*(x \ominus y) = s(y) = 0$, 即 $y \in I_0$.

定理 4.4.30 设 s 是超 MV-代数上的正则强保序 Bosbach 态, 则以下条件等价:

(1) M/K 是一个仅含两个元素的 MV-代数, 即 $M/K = \{K_0, K_1\}$;

(2) K 是 M 上的素超 MV-滤子;

(3) I_0 是 M 上的素超 MV-理想.

证明 (1)$\Rightarrow$(2) 设 $x \oplus y \subseteq K$, 则 $s(x \oplus y) = 1$. 若 $x \notin K$, 则 $x \in K_0$, 即 $s(x) = 0$. 于是 $1 + s(x \odot y) = s(x \oplus y) + s(x \odot y) = s(x) + s(y) = s(y)$, 这表明 $y \in K$. 因此 K 是 M 上的素超 MV-滤子.

(2)$\Rightarrow$(3) 设 $x \odot y \subseteq I_0$, 则 $s^*(x \odot y) = 0$, 进而 $s^*((x^* \oplus y^*)^*) = 0$. 于是 $1 - s(x^* \oplus y^*) = 0$, 这表明 $s(x^* \oplus y^*) = 1$. 因而 $x^* \oplus y^* \subseteq K$. 由 K 是素超 MV-滤

子, 则 $x^* \in K$ 或 $y^* \in K$. 因此 $x \in I_0$ 或 $y \in I_0$.

(3)⇒(1)　由 $s(x^* \oplus x) = 1$ 得 $s^*(x \odot x^*) = s^*((x^* \oplus x)^*) = 1 - s(x^* \oplus x) = 0$, 即 $x \odot x^* \subseteq I_0$. 根据 (3), $x \in I_0$ 或 $x^* \in I_0$. 于是 $x \in I_0$ 或 $x \in K_1$. 注意到 $I_0 = K_0$, 我们有 $x \in K_0$ 或 $x \in K_1$. 这就证明了 $M/K = \{K_0, K_1\}$.

我们引入超 MV-代数上的态射, 研究态射和 Bosbach 态之间的关系.

设 $[0,1]_{MV} = ([0,1], \oplus_s, \neg_s, 0)$ 是一个标准 MV-代数, 其中 $r \ominus_s s = \max\{r - s, 0\}$, $r \odot_s s = \max\{r + s - 1, 0\}$, $r \to_s s = \min\{1 - r + s, 1\}$, $r \vee_s s = \max\{r, s\}$, $r \wedge_s s = \min\{r, s\}$.

定义 4.4.31　设 $(M, \oplus, *, 0)$ 是一个超 MV-代数. 若映射 $m : M \to [0,1]$ 满足:

(1) $m(x \oplus y) = m(x) \oplus_s m(y)$;

(2) $m(x \odot y) = m(x) \odot_s m(y)$;

(3) $m(x^*) = \neg_s m(x)$,

其中对任意的 $A \subseteq M$, $m(A) = \inf\{m(t) \mid t \in A\}$, 则称 m 是 M 上的**态射**.

命题 4.4.32　设 m 是超 MV-代数 M 上的态射, 则对任意的 $x, y \in M$:

(1) $m(0) = 0$, $m(1) = 1$;

(2) $m(x \ominus y) = m(x) \ominus_s m(y)$.

证明　(1) 由 $0 \ominus 0 = 0$ 得 $m(0) = m(0 \ominus 0) = m(0 \odot 0^*) = m(0) \odot_s m(0^*) = \max\{m(0) + m(0^*) - 1, 0\} = \max\{m(0) + (1 - m(0)) - 1, 0\} = 0$. 而且 $m(1) = m(0^*) = \neg_s m(0) = 1 - m(0) = 1$.

(2) $m(x \ominus y) = m(x \odot y^*) = m(x) \odot_s m(y^*) = \max\{m(x) + m(y^*) - 1, 0\} = \max\{m(x) + (1 - m(y)) - 1, 0\} = \max\{m(x) - m(y), 0\} = m(x) \ominus_s m(y)$.

定理 4.4.33　设 m 是超 MV-代数 M 上的态射, 则 m 是 M 上的正则强保序 Bosbach 态.

证明　由命题 4.4.32, $m(1) = 1$.

$m(x \oplus y) + m(x \odot y) = m(x) \oplus_s m(y) + m(x) \odot_s m(y) = \min\{m(x) + m(y), 1\} + \max\{m(x) + m(y) - 1, 0\}$.

(1) 若 $m(x) + m(y) \leq 1$, 则 $m(x \oplus y) + m(x \odot y) = \min\{m(x) + m(y), 1\} + \max\{m(x) + m(y) - 1, 0\} = m(x) + m(y) + 0 = m(x) + m(y)$.

(2) 若 $m(x) + m(y) > 1$, 则 $m(x \oplus y) + m(x \odot y) = \min\{m(x) + m(y), 1\} + \max\{m(x) + m(y) - 1, 0\} = 1 + m(x) + m(y) - 1 = m(x) + m(y)$.

因此 m 是 M 上的 Bosbach 态.

又 $m(x^*) = 1 - m(x)$ 且 $m(x \oplus y) = m(x) \oplus_s m(y) = \min\{m(x) + m(y), 1\} \geq \max\{s(x), m(y)\}$, 这表明 m 是 M 上等的正则强保序 Bosbach 态.

设 m 是超 MV-代数 M 上的态射,则分别称 $K_m = \{a \in M \mid m(a) = 1\}$ 和 $I_m = \{t \in M \mid m(t) = 0\}$ 为 m 的**核**.

由定理 4.4.20、定理 4.4.33 和命题 4.4.29,可得如下推论.

推论 4.4.34 设 m 是超 MV-代数 M 上的态射,则

(1) K_m 是 M 上的超 MV-滤子;

(2) I_m 是 M 上的超 MV-理想.

设 m 是超 MV-代数 M 上的态射. 定义 M 上的二元关系 $\sim_m$: 对任意的 $x, y \in M$, $x \sim_m y$ 当且仅当 $x^* \oplus y \subseteq K_m, y^* \oplus x \subseteq K_m$.

由推论 4.4.26 和定理 4.4.33,可得如下命题.

命题 4.4.35 设 m 是超 MV-代数 M 上的态射,则:

(1) $\dfrac{M}{\sim_m}$ 是一个 MV-代数;

(2) $s_m : \dfrac{M}{\sim_m} \to [0,1]$: $s_m([x]_{\sim_m}) = m(x)$ 是 $\dfrac{M}{\sim_m}$ 上的 Bosbach 态.

命题 4.4.36 设 m 是超 MV-代数 M 上的态射,则以下条件等价:

(1) $x \sim_m y$;

(2) $m(x^* \oplus y) = 1$ 且 $m(y^* \oplus x) = 1$;

(3) $m(x) = m(y)$.

证明 (1)$\Rightarrow$(2) 设 $x \sim_m y$,则 $x^* \oplus y \subseteq K_m, y^* \oplus x \subseteq K_m$. 因此 $m(x^* \oplus y) = inf\{m(t) \mid t \in x^* \oplus y\} = 1$. 同理可证 $m(y^* \oplus x) = 1$.

(2)$\Rightarrow$(3) 假设 (2) 成立. 反设 $m(x) \neq m(y)$. 不妨设 $m(x) > m(y)$,则 $m(x^* \oplus y) = \min\{m(x^*) + m(y), 1\} = \min\{1 - (m(x) - m(y)), 1\} = 1 - (m(x) - m(y)) < 1$,矛盾. 因此 $m(x) = m(y)$.

(3)$\Rightarrow$(1) 假设 (3) 成立. 则 $m(x^* \oplus y) = m(x^*) \oplus_s m(y) = \min\{m(x^*) + m(y), 1\} = \min\{1 - m(x) + m(y), 1\} = 1$,于是 $x^* \oplus y \subseteq K_m$. 同理可证 $y^* \oplus x \subseteq K_m$. 因此 $x \sim_m y$.

设 $(M, \oplus)$ 是一个超 MV 代数, S 是 M 的一个非空子集. 若 S 关于运算 $\oplus$ 和 $*$ 封闭,则称 S 是 M 的一个**子代数**. 而且, S 是 M 的一个子代数当且仅当 $0 \in S$, $x^* \oplus y \subseteq S$.

命题 4.4.37 设 $(M, \oplus)$ 是一个超 MV-代数, m 是 M 上的具有 inf-性质的态射,则 $m(M)$ 是 $[0,1]_{\text{MV}}$ 的子代数,其中 $m(M) = \{m(t) \mid t \in M\}$.

证明 显然 $m(M) \neq \varnothing$, $0 \in m(M)$. 设 $x, y \in m(M)$,则存在 $s, t \in M$ 使得 $x = m(s), y = m(t)$. 于是 $\neg_s x \oplus_s y = \neg_s m(s) \oplus_s m(t) = m(s^*) \oplus_s m(t) = m(s^* \oplus t)$. 由 m 具有 inf-性质,故存在 $t_0 \in s^* \oplus t \subseteq M$ 使得 $m(s^* \oplus t) = m(t_0)$. 这表明 $\neg_s x \oplus_s y = m(t_0), t_0 \in M$, 从而 $\neg_s x \oplus_s y \in m(M)$.

设 $(M_1, \oplus_1, *_1, 0_1)$ 和 $(M_2, \oplus_2, *_2, 0_2)$ 是两个超 MV-代数. 若映射 $f: M_1 \to M_2$ 满足如下条件:

(i) $f(0_1) = 0_2$;

(ii) $f(x \oplus_1 y) = f(x) \oplus_2 f(y)$;

(iii) $f(x_1^*) = (f(x))_2^*$,

则称 f 是一个**同态**. 若 f 是一个单 (满) 的, 则称 f 是一个**单 (满) 同态**; 若 f 是一个既单又满的, 则称 f 是一个**同构**, 记作 $M_1 \cong M_2$.

命题 4.4.38 设 M 是一个超 MV-代数, m 是 M 上的具有 inf-性质的态射, 则 $\dfrac{M}{\sim_m} \cong m(M)$.

证明 定义映射 $f: \dfrac{M}{\sim_m} \to m(M)$: $f([x]_{\sim_m}) = m(x)$. 由命题 4.4.35 知, f 是良定的且是双射. 对任意的 $[x]_{\sim_m}, [y]_{\sim_m} \in \dfrac{M}{\sim_m}$, $f([x]_{\sim_m} \overline{\oplus} [y]_{\sim_m}) = f([x \oplus y]_{\sim_m}) = m(x \oplus y) = m(x) \oplus_s m(y) = f([x]_{\sim_m}) \oplus_s f([y]_{\sim_m})$, $f([x]_{\sim_m}^{\overline{*}}) = f([x^*]_{\sim_m}) = m(x^*) = \neg_s m(x) = \neg_s f([x]_{\sim_m})$ 且 $f([0]_{\sim_m}) = m(0) = 0$. 因此 f 是一个同构, 即 $\dfrac{M}{\sim_m} \cong m(M)$.

4.5 超 BCK-代数上的态

本节将介绍超 BCK-代数上的态和超测度. 结合超代数运算的特征, 定义有界超 BCK-代数 $(H, \circ, 0, e)$ 上的态: inf-Bosbach 态, 讨论它的基本性质, 探究它的等价刻画, 并将其诱导至商超 BCK-代数. 进一步给出超 BCK-代数上的超测度和超态射的概念, 讨论其相关概念与性质. 本节的主要概念和结果均包含在文献 [141] 中.

定义 4.5.1 设 $(H, \circ, 0, e)$ 是一个有界超 BCK-代数. 映射 $s: P^*(H) \to [0, 1]$ 若满足下列条件: 对任意的 $x, y \in H$,

(1) $s(0) = 0$, $s(e) = 1$;

(2) $s(x) + s(y \circ x) = s(y) + s(x \circ y)$, 其中 $s(x)$ 是 $s(\{x\})$ 的简写形式,

则 s 称为 H 上的 **Bosbach 态**.

例 4.5.2 设集合 $H = \{0, 1, 2\}$. 定义 H 上的超代数运算如下表所示:

$\circ$	0	1	2
0	$\{0\}$	$\{0\}$	$\{0\}$
1	$\{1\}$	$\{0,1\}$	$\{0,1\}$
2	$\{2\}$	$\{1,2\}$	$\{0,1,2\}$

经验证 $(H, \circ, 0, 2)$ 是一个有界超 BCK-代数, 其最大元是 2. 在 H 上我们定义 $s(0) =$

4.5 超 BCK-代数上的态

0, $s(1) = 1/2$, $s(2) = 1$, $s(\{0,1\}) = 0$, $s(\{0,2\}) = 0$, $s(\{1,2\}) = 1/2$, $s(\{0,1,2\}) = 0$. 可以验证 s 是 H 上的 Bosbach 态.

定义 4.5.3 设 $(H, \circ, 0, e)$ 是一个有界超 BCK-代数. 映射 $s : H \to [0,1]$, 若满足下列条件: 对任意的 $x, y \in H$,

(1) $s(0) = 0$, $s(e) = 1$;

(2) $s(x) + s(y \circ x) = s(y) + s(x \circ y)$, 其中 $s(x)$ 是 $s(\{x\})$ 的简写形式.

对任意非空子集 $A \subseteq H$, 我们定义 $s(A) = \inf\{s(t) | t \in A\}$, 并称 s 为 H 上的 **inf-Bosbach 态**.

例 4.5.4 考虑例 4.5.2 中所定义的有界超 BCK-代数 $(H, \circ, 0, 2)$. 假设 s 是 H 上的 inf-Bosbach 态, 则有 $s(0) = 0$, $s(2) = 1$. 令 $s(1) = a$. 由定义 4.5.3 可得, $s(1) + s(2 \circ 1) = s(2) + s(1 \circ 2)$, 于是有 $a + s(1) = 1 + s(0)$, 得出 $a + a = 1 + 0$, 因此 $a = 1/2$. 由此我们验证了 s 是 H 上唯一的 inf-Bosbach 态.

下面的例子说明并非所有的有界超 BCK-代数都存在 inf-Bosbach 态.

例 4.5.5 设集合 $H = \{0, 1, 2, 3\}$. 在 H 上定义超代数运算 "$\circ$" 如下:

$\circ$	0	1	2	3
0	{0}	{0}	{0}	{0}
1	{1}	{0}	{0}	{0}
2	{2}	{1}	{0,1}	{1}
3	{3}	{1}	{0}	{0,1}

则 $(H, \circ, 0, 2)$ 是一个有界超 BCK-代数. 令 $s(0) = 0$, $s(1) = a$, $s(3) = b$, $s(2) = 1$. 假设 s 是 H 上的 inf-Bosbach 态, 由定义 4.5.3, $s(x) + s(y \circ x) = s(y) + s(x \circ y)$. 令 $x = 1, y = 2$, 可得 $a = 1/2$. 再令 $x = 1, y = 3$, 得 $b = 1$. 再取 $x = 2, y = 3$, 得到 $1 = b + a = 1 + 1/2$. 显然这是不可能的. 因此, H 上不存在 inf-Bosbach 态.

定理 4.5.6 有界超 BCK-代数上每个 inf-Bosbach 态都是 Bosbach 态.

接下来, 我们给出 inf-Bosbach 态的一些基本性质.

命题 4.5.7 设 s 是 $(H, \circ, 0, e)$ 上的 inf-Bosbach 态, 则下列结论成立: 任意的 $x, y \in H$,

(1) $x \ll y \Rightarrow s(y \circ x) = s(y) - s(x)$;

(2) $x \ll y \Rightarrow s(x) \leq s(y)$;

(3) $s(y \circ (y \circ (y \circ x))) = s(y \circ x)$.

证明 (1) 和 (2) 容易证明. 我们只证明 (3). 根据命题 1.3.21 和 (1) 可得, $s(y \circ (y \circ (y \circ x))) = s(y) - s(y \circ (y \circ x)) = s(y) - (s(y) - s(y \circ x)) = s(y \circ x)$. 所以 (3) 成立.

命题 4.5.8 设 s 是 $(H,\circ,0,e)$ 上的 inf-Bosbach 态，则下列结论成立：任意的 $x,y \in H$，

(1) $s(x \wedge y) = s(y) - s(y \circ x)$；

(2) $s(x \wedge y) = s(y \wedge x)$；

(3) $s(x^-) = 1 - s(x)$，$s(x^{--}) = s(x)$；

(4) $s(x^- \circ y) = s(y^- \circ x)$，$s(x \circ y^-) = s(y \circ x^-)$；

(5) $y \ll x \Rightarrow s(x \circ y) = s(y^- \circ x^-)$.

证明 (1) 由命题 1.3.21，$y \circ x \ll \{y\}$，可得 $s(x \wedge y) = s(y \circ (y \circ x)) = s(y) - s(y \circ x)$.

(2) 由 (1) 及定义 4.5.3 可得，$s(x \wedge y) - s(y \wedge x) = (s(y) - s(y \circ x)) - (s(x) - s(x \circ y)) = s(y) + s(x \circ y) - (s(x) + s(y \circ x)) = 0$，即 $s(x \wedge y) = s(y \wedge x)$.

(3) 因为 $x \ll e$，所以 $s(x^-) = s(e \circ x) = s(e) - s(x) = 1 - s(x)$. 此外，$s(x^{--}) = 1 - s(x^-) = 1 - (1 - s(x)) = s(x)$.

(4) 由定义 1.3.24 可知，$x^- \circ y = y^- \circ x$. 所以有 $s(x^- \circ y) = s(y^- \circ x)$. 此外，$s(x \circ y^-) = s(x) + s(y^- \circ x) - s(y^-) = s(x) + s(x^- \circ y) - 1 + s(y) = s(y) + s(x^- \circ y) - s(x^-) = s(y \circ x^-)$.

(5) 设 $y \ll x$，则有 $x^- \ll y^-$. 因此 $s(x \circ y) = s(x) - s(y) = (1 - s(y)) - (1 - s(x)) = s(y^-) - s(x^-) = s(y^- \circ x^-)$.

下面给出 inf-Bosbach 态的等价刻画.

定理 4.5.9 设 $(H,\circ,0,e)$ 是有界超 BCK-代数，映射 $s: H \to [0,1]$ 满足 $s(e) = 1$，则下列条件等价：

(1) s 是 H 上的 inf-Bosbach 态；

(2) 对于任意的 $x, y \in H$，等式 $s(x \wedge y) = s(y \wedge x)$ 和 $x \ll y \Rightarrow s(y \circ x) = s(y) - s(x)$ 成立.

证明 (1) $\Rightarrow$ (2) 在定理 4.5.6 和命题 4.5.7 中已证明.

(2) $\Rightarrow$ (1) 首先，$s(0 \circ 0) = s(0) = s(0) - s(0) = 0$. 由 $s(x \wedge y) = s(y \wedge x)$ 可得，$s(y) - s(y \circ x) = s(x) - s(x \circ y)$，即 $s(x) + s(y \circ x) = s(y) + s(y \circ x)$.

定理 4.5.10 设 s 是 $(H,\circ,0,e)$ 上的 inf-Bosbach 态. 我们定义 s 的核 $K = \ker(s) = \{a \in H | s(a) = 0\}$，则 K 是 H 的超 BCK-理想.

证明 显然，$0 \in K$. 设 $x \circ y \ll K$ 和 $y \in K$. 由 $y \in K$ 可知 $s(y) = 0$. 因为 $x \circ y \ll K$，于是对任意的 $t \in x \circ y$，都存在 $i \in K$ 使得 $t \ll i$. 由命题 4.5.7 可得，$s(t) \leq s(i)$. 又因为 $s(i) = 0$，所以 $s(t) = 0$，故而，$s(x \circ y) = 0$. 此外，注意到 $y \circ x \ll \{y\}$，于是可证得 $s(y \circ x) = 0$. 由定义 4.5.3，得到 $s(x) = 0$，即 $x \in K$.

下面我们研究商超 BCK-代数上的态. 首先给出 θ-相容 inf-Bosbach 态的定义.

定义 4.5.11 设 θ 是 $(H,\circ,0,e)$ 上的同余，若对任意的 $x, y \in H$，满足：$s(x) = s(y) \Leftrightarrow x\theta y$，则 H 上的 inf-Bosbach 态 s 称为 θ-相容的.

引理 4.5.12 设 θ 是 $(H,\circ,0,e)$ 上的正则同余, s 是 θ-相容 inf-Bosbach 态. 令 $I=[0]_\theta$, 则在商超 BCK-代数 $(H/I,\circ,I,I_e)$ 中, $I_x=[x]_\theta$, $I=I_0$ 以及 $I_{x\circ y}=I_x\circ I_y$, 且有下列结论成立:

(1) $I_x < I_y \Leftrightarrow s(x\circ y) = 0$;

(2) $I_x = I_y \Leftrightarrow s(x) = s(y)$.

证明 (1) 先证必要性: 设 $I_x < I_y$, 则有 $I \in I_x \circ I_y$. 于是存在 $z \in x\circ y$ 使得 $z\theta 0$. 由定义 4.5.11 可得, $s(z) = s(0) = 0$. 则 $s(x\circ y) = \inf\{s(t) | t \in x\circ y\} = 0$.

再证充分性: 设 $s(x\circ y) = 0$, 则存在 $z\in x\circ y$ 使得 $s(z)=0$. 再根据定义 4.5.11 可得, $z\theta 0$. 由此, 我们得到 $I_z = I_0 = I$. 因为 $z\in x\circ y$, 所以 $I = I_z \in I_x \circ I_y$, 因此 $I_x < I_y$.

(2) 容易证明 $I_x = I_y$ 当且仅当 $x\theta y$ 当且仅当 $s(x) = s(y)$.

定理 4.5.13 设 θ 是 $(H,\circ,0,e)$ 上的正则同余, s 是 θ-相容 inf-Bosbach 态. 令 $I=[0]_\theta$. 定义映射 $\hat{s}: H/I \to [0,1]$ 为: 对于任意的 $x\in H$, $\hat{s}(\{I_x | x\in A\}) = \inf\{\hat{s}(I_t)|t\in A\}$, $\varnothing \neq A \subseteq H$, $\hat{s}(I_x)=s(x)$, 则 $\hat{s}$ 是 $(H/I,\circ,I,I_e)$ 上的 inf-Bosbach 态.

证明 由定义 4.5.11 知, $\hat{s}$ 是良定的. 显然, $\hat{s}(I) = s(0) = 0$ 且 $\hat{s}(I_e) = s(e) = 1$. 因为 $\hat{s}(I_x \circ I_y) = \hat{s}(I_{x\circ y}) = \hat{s}(\{I_t | t\in x\circ y\}) = \inf\{\hat{s}(I_t)|t\in x\circ y\} = \inf\{s(t) | t \in x\circ y\} = s(x\circ y)$, 所以 $\hat{s}(I_x) + \hat{s}(I_y \circ I_x) = s(x) + s(y\circ x) = s(y) + s(x\circ y) = \hat{s}(I_y) + \hat{s}(I_x + I_y)$. 于是, $\hat{s}$ 是 $(H/I,\circ,I,I_e)$ 上的 inf-Bosbach 态.

定义 4.5.14 设 θ 是 $(H,\circ,0,e)$ 上的正则同余, 则 θ 称为 $\circ$-相容的, 若对任意 $x,y\in H$, 都存在 $t\in H$ 使得 $x\circ y \subseteq [t]_\theta$ 成立.

引理 4.5.15 设 θ 是 $(H,\circ,0,e)$ 上的 $\circ$-相容正则同余, 则对于任意的 $x,y \in H$, 都存在 $u \in H$ 使得 $x \wedge y \subseteq [u]_\theta$ 成立.

证明 因为 θ 是 $\circ$-相容的, 所以对任意的 $x,y\in H$, 都存在 $t\in H$ 使得 $y\circ x \subseteq [t]_\theta$ 成立. 于是 $x\wedge y = y\circ(y\circ x) \subseteq y\circ[t]_\theta$. 对任意 $a,b\in [t]_\theta$, 有 $a\theta b$. 因为 θ 是同余, 所以由定义 1.3.25 得, $y\circ a \bar{\theta} y\circ b$. 又 θ 是 $\circ$-相容的, 则存在 $u\in H$ 使得 $y\circ a \subseteq [u]_\theta$ 和 $y\circ b \subseteq [u]_\theta$ 成立. 也就是说, 对于任意 $w\in [t]_\theta$, $y\circ w$ 都包含在同一个等价类中. 故而, $y\circ [t]_\theta \subseteq [u]_\theta$, 即 $x\wedge y \subseteq [u]_\theta$.

引理 4.5.16 设 θ 是 $(H,\circ,0,e)$ 上的 $\circ$-相容的正则同余, $x,y\in H$, 则有 $(x\wedge y)\bar{\theta}(y\wedge x)$.

证明 由引理 4.5.15 知, 对任意 $x,y\in H$ 都存在 $u\in H$ 使得 $x\wedge y \subseteq [u]_\theta$ 成立. 类似地, 存在 $v\in H$ 使得 $y\wedge x\subseteq [v]_\theta$ 成立. 设 s 是 $(H,\circ,0,e)$ 上的 θ-相容 inf-Bosbach 态, 由定义 4.5.3 可知, $s(x\wedge y) = s(y\wedge x)$, 即存在 $a\in x\wedge y$ 和 $b\in y\wedge x$, 使得 $s(a) = s(b)$. 因为 s 是 θ-相容的, 则有 $a\theta b$. 因此 $[u]_\theta = [a]_\theta = [b]_\theta = [v]_\theta$. 故而, $x\wedge y \subseteq [u]_\theta$ 以及 $y\wedge x \subseteq [u]_\theta$, 即 $(x\wedge y)\bar{\theta}(y\wedge x)$.

引理 4.5.17 设 θ 是 $(H,\circ,0,e)$ 上的正则同余，$I = [0]_\theta$，$x,y \in H$，则在 $(H/I,\circ,I,I_e)$ 中有，$I_x \wedge I_y = I_{x \wedge y}$.

证明 $I_x \wedge I_y = I_y \circ (I_y \circ I_x) = I_y \circ \{I_t | t \in y \circ x\} = \{I_y \circ I_t | t \in y \circ x\} = \{I_u | u \in y \circ t, t \in y \circ x\} = \{I_u | u \in y \circ (y \circ x)\} = \{I_u | u \in x \wedge y\} = I_{x \wedge y}$.

引理 4.5.18 设 θ 是 $(H,\circ,0,e)$ 上的 $\circ$-相容正则同余，s 是 $(H,\circ,0,e)$ 上的 θ-相容 inf-Bosbach 态，则有界商超 BCK-代数 $(H/I,\circ,I,I_e)$ 是有界可换 BCK-代数.

证明 首先，$I_x \circ I_y = \{I_z | z \in x \circ y\}$. 因为 θ 是 $\circ$-相容的，所以存在 $t \in H$ 使得 $x \circ y \subseteq [t]_\theta$. 即对任意 $x,y \in H$，有 $|I_x \circ I_y| = 1$. 所以 H/I 是一个 BCK-代数. 又 θ 是 $\circ$-相容的，则由引理 4.5.15，存在 $u \in H$ 使得 $x \wedge y \subseteq [u]_\theta$ 成立. 故而，$I_x \wedge I_y = I_{x \wedge y} \subseteq I_{[u]_\theta} = I_u$. 因为 H/I 是一个 BCK-代数，所以 $I_x \wedge I_y = I_u$. 由引理 4.5.16 得，$I_y \wedge I_x = I_u$. 因此，$I_x \wedge I_y = I_y \wedge I_x$.

综合以上结论，我们得到下面的定理.

定理 4.5.19 设 θ 是 $(H,\circ,0,e)$ 上的 $\circ$-相容正则同余，s 是 θ-相容 inf-Bosbach 态. $I = [0]_\theta$. 对任意 $I_x, I_y \in H/I$，定义 $I_x^- = I_{x^-}$，$I_x \oplus I_y = (I_x^- \circ I_y)^-$，则 $(H/I, \oplus, ^-)$ 是一个 MV-代数. 此外，定理 4.5.13 中所定义的映射 $\hat{s} : H/I \to [0,1]$ 是 $(H/I, \oplus, ^-)$ 上的态，且有下列结论成立:

(1) $\hat{s}(I_x \circ I_y) = s(x \circ y)$;

(2) $\hat{s}(I_x^-) = 1 - s(x)$;

(3) $\hat{s}(I_x \oplus I_y) = 1 - s(x^- \circ y)$;

(4) $\hat{s}(I_x \wedge I_y) = \hat{s}(I_y \wedge I_x) = s(x \wedge y) = s(y \wedge x)$.

设集合 $X = [0, \infty)$，在 X 上定义运算 "$*$" 为: $x * y = \max\{0, x - y\}, \forall x, y \in X$，则 $(X, *, 0)$ 是一个**可换 BCK-代数**. 在文献 [48] 中，作者定义了 BCK-代数 $(X, \bullet, 0)$ 上的测度及相关概念. 设 m 是 $(X, \bullet, 0)$ 上的映射: $m : X \to [0, \infty)$，$x, y \in X$.

(1) 若 $y \leq x \Rightarrow m(x \bullet y) = m(x) - m(y)$，则称 m 是 X 上的**测度**.

(2) 若 X 是有界的，1 是其最大元. m 是 X 上的测度且 $m(1) = 1$，则称 m 是 X 上的态.

(3) 若 $m(x \bullet y) = m(x) * m(y)$，则称 m 是 X 上的**测度态射**.

(4) 若 X 是有界的，1 是其最大元. m 是 X 上的测度态射且 $m(1) = 1$，则称 m 是 X 上的**态射**. 基于 BCK-代数上测度的相关理论. 下面将介绍超 BCK-代数上超测度的概念.

定义 4.5.20 设 $(H, \circ, 0)$ 是一个超 BCK-代数，m 是 $P^*(H)$ 上的映射: $m : P^*(H) \to [0, \infty)$，$x, y \in H$,

(1) 若 $y \ll x \Rightarrow m(x \circ y) = m(x) - m(y)$，则称 m 是 H 上的**超测度**.

4.5 超 BCK-代数上的态

(2) 若 H 是有界的, e 是其最大元. m 是 H 上的超测度且 $m(e) = 1$, 则称 m 是 H 上的**超态**.

(3) 若 $m(x \circ y) = m(x) * m(y)$, 则称 m 是 H 上的**超测度态射**.

(4) 若 H 是有界的, e 是其最大元. m 是 H 上的超测度态射且 $m(e) = 1$, 则称 m 是 H 上的**超态射**.

显然, 超 BCK-代数上每个超测度态射都是超测度.

命题 4.5.21 设 m 是超 BCK-代数 $(H, \circ, 0)$ 上的超测度, 则有下列结论成立: 任意的 $x, y \in H$,

(1) $m(0) = 0$;

(2) $x \ll y \Rightarrow m(x) \leq m(y)$;

(3) $x \ll y \Rightarrow m(x \wedge y) = m(x)$;

(4) $m(x \circ (y \wedge x)) = m(x \circ y)$.

证明 (1) 容易证明 $m(0) = m(0 \circ 0) = m(0) - m(0) = 0$.

(2) 设 $x \ll y$, 则有 $m(y \circ x) = m(y) - m(x) \geq 0$, 于是 $m(x) \leq m(y)$.

(3) 设 $x \ll y$, 则有 $m(x \wedge y) = m(y \circ (y \circ x)) = m(y) - m(y \circ x) = m(y) - (m(y) - m(x)) = m(x)$.

(4) $m(x \circ (y \wedge x)) = m(x \circ (x \circ (x \circ y))) = m(x) - m(x \circ (x \circ y)) = m(x) - (m(x) - m(x \circ y)) = m(x \circ y)$.

定理 4.5.22 有界超 BCK-代数上的每个超态射都是 Bosbach 态.

证明 显然, $m(0) = 0$ 且 $m(e) = 1$. 由命题 4.5.21, 对于任意 $x \in H$, 有 $m(x) \in [0, 1]$. 因为 $m(x) + m(y \circ x) = m(x) + \max\{0, m(y) - m(x)\} = \max\{m(x), m(y)\} = \max\{m(x) - m(y), 0\} + m(y) = m(x \circ y) + m(y)$, 所以, m 是 H 上的 Bosbach 态.

命题 4.5.23 设 m 是 $(H, \circ, 0, e)$ 上的超态射, 则有下列结论成立: 任意的 $x, y \in H$,

(1) $m(x \wedge y) = m(y) - m(y \circ x)$;

(2) $m(x \wedge y) = m(y \wedge x)$;

(3) $m(x^-) = 1 - m(x)$, $m(x^{--}) = m(x)$;

(4) $m(x^- \circ y) = m(y^- \circ x)$.

证明 (1) 因为 $x \circ y \ll x$, 所以 $m(y \wedge x) = m(x \circ (x \circ y)) = m(x) - m(x \circ y)$.

(2) 由定理 4.5.22 知, $m(x) + m(y \circ x) = m(y) + m(x \circ y)$. 故而, $m(x \wedge y) = m(y \wedge x)$.

(3) 由 $x \ll e$ 得, $m(x^-) = m(e \circ x) = m(e) - m(x) = 1 - m(x)$, $m(x^{--}) = 1 - m(x^-) = m(x)$.

(4) 因为 $x^- \circ y = y^- \circ x$, 所以 $m(x^- \circ y) = m(y^- \circ x)$.

下面将介绍且研究商超 BCK-代数上的态射.

定义 4.5.24[81] 设 I 是 $(H,\circ,0)$ 上的超 BCK-理想, 则 I 称为**自反的**, 若对任意 $x\in H$, 有 $x\circ x\subseteq I$ 成立.

定理 4.5.25[16] 设 I 是 $(H,\circ,0)$ 上的自反超 BCK-理想, H 上的二元关系 Θ 定义为: 对任意的 $x,y\in H$,

$$x\Theta y \Leftrightarrow x\circ y\subseteq I, y\circ x\subseteq I.$$

则 Θ 是 H 上的正则同余关系且 $I=[0]_\Theta$. 此时, 商代数 H/I 是一个 BCK-代数.

引理 4.5.26 设 m 是 $(H,\circ,0,e)$ 上的超态射, 则 m 的核 $\ker(m)=\{x\in H|m(x)=0\}$ 是自反超 BCK-理想.

证明 显然, $0\in\ker(m)$. 设 $x\circ y\ll\ker(m)$, $y\in\ker(m)$. 因为 $x\circ y\ll\ker(m)$, 所以对任意 $t\in x\circ y$, 存在 $u\in\ker(m)$ 使得 $t\ll u$ 成立. 由命题 4.5.21 可得, $m(t)\leq m(u)=0$. 因此 $m(x\circ y)=0$. 又 $y\circ x\ll\{y\}$, 则对任意 $t\in y\circ x$, 有 $t\ll y$. 而 $y\in\ker(m)$, 因此 $m(t)\leq m(y)=0$. 故而 $m(y\circ x)=0$. 由定理 4.5.22 知, m 是一个 Bosbach 态, 所以 $m(x)+m(y\circ x)=m(y)+m(x\circ y)$. 于是, $m(x)=0$, 即 $x\in\ker(m)$. 因此, $\ker(m)$ 是一个超 BCK-理想. 又 $m(x\circ x)=\max\{0,m(x)-m(x)\}=0$, 则 $x\circ x\subseteq\ker(m)$. 所以, $\ker(m)$ 是自反的.

定理 4.5.27 设 m 是 $(H,\circ,0,e)$ 上的超态射, H 上的二元关系 Θ 定义为

$$x\Theta y \Leftrightarrow x\circ y\subseteq\ker(m), y\circ x\subseteq\ker(m), \text{任意的 } x,y\in H.$$

则 $(H/\ker(m),\circ,\bar{0},\bar{e})$ 是一个有界 BCK-代数, 其中 $\bar{x}=x/\ker(m)$, $\bar{x}\circ\bar{y}=(x\circ y)/\ker(m)$. $\bar{x}\leq\bar{y}$ 定义为 $\bar{x}\circ\bar{y}=\bar{0}$.

此外, 定义映射 $M:H/\ker(m)\to[0,1]$ 为: $M(\bar{x})=m(x)$, $\forall\bar{x}\in H/\ker(m)$. 有下列结论成立:

(1) $\bar{x}\leq\bar{y}\Leftrightarrow m(x\circ y)=0\Leftrightarrow M(\bar{x})\leq M(\bar{y})$;

(2) $\bar{x}=\bar{y}\Leftrightarrow m(x\circ y)=m(y\circ x)=0\Leftrightarrow M(\bar{x})=M(\bar{y})$;

(3) M 是 $H/\ker(m)$ 上的态射.

证明 由引理 4.5.26 和定理 4.5.25 知, $H/\ker(m)$ 是一个有界 BCK-代数. 接下来, 我们证明定理的第二部分.

(1) 注意到 $\bar{x}\leq\bar{y}$ 当且仅当 $\bar{x}\circ\bar{y}=\bar{0}$ 当且仅当 $(x\circ y)/\ker(m)=0/\ker(m)$, 也就是说, 若 $\bar{x}\leq\bar{y}$, 则对任意 $t\in x\circ y$, $t\Theta 0$. 于是 $t\circ 0=\{t\}\subseteq\ker(m)$, 所以 $m(t)=0$. 从而, $m(x\circ y)=0$. 由 $m(x\circ y)=\max\{0,m(x)-m(y)\}$, 可得 $m(x)\leq m(y)$, 即 $M(\bar{x})\leq M(\bar{y})$. 反之, 设 $M(\bar{x})\leq M(\bar{y})$, 则 $m(x)\leq m(y)$. 由超态射的定义, 我们可知 $m(x\circ y)=0$. 这就意味着对于任意 $t\in x\circ y$ 都有 $t/\ker(m)=0/\ker(m)$, 所以 $(x\circ y)/\ker(m)=\bar{x}\circ\bar{y}=0/\ker(m)$, 即 $\bar{x}\circ\bar{y}=\bar{0}$. 故而 $\bar{x}\leq\bar{y}$.

(2) 由 (1) 容易证明 (2) 也成立.

(3) 由 (2) 可知, 对任意 $\bar{x},\bar{y} \in H/\ker(m)$, $\bar{x} = \bar{y}$ 当且仅当 $m(x) = m(y)$ 当且仅当 $M(\bar{x}) = M(\bar{y})$. 因此, M 是良定的. 显然 $M(\bar{0}) = m(0) = 0$, 且 $M(\bar{e}) = m(e) = 1$. 注意到 $M(\bar{x} \circ \bar{y}) = M((x/\ker(m)) \circ (y/\ker(m))) = M((x \circ y)/\ker(m)) = m(x \circ y) = \max\{0, m(x) - m(y)\} = \max\{0, M(\bar{x}) - M(\bar{y})\} = M(\bar{x}) * M(\bar{y})$. 因此, M 是 $H/\ker(m)$ 上的态射.

4.6 MV-代数上态的存在性

为了度量 Łukasiewicz 逻辑中命题真值的平均度, Mundici[108] 在 1995 年提出了 MV-代数 $(A, \oplus, *, 0)$ 上态 s, 即映射 $s: A \to [0,1]$ 满足: ① $s(1) = 1$; ② 当 $x \perp y$ 时, $s(x \oplus y) = s(x) \oplus s(y)$. 这样的态不仅是布尔代数上有限可加测度的推广, 而且也给出了一种将逻辑与概率有效结合的方法. 2006 年, Kroupa[91] 讨论了 MV-代数上态的表示和扩张. 本小节来讨论 MV-代数上态的存在性. 主要结果包含在文献 [91] 中.

设 M 是 MV-代数, 则 M 称为 σ-**完备**, 若 M 的基础格是 σ-完备的. 我们将 M 中所有的幂等元组成的集合记为 $\mathbf{B}(M) = \{a \in M | a \oplus a = a\}$, 则 $(\mathbf{B}(M), \oplus, \odot, \neg)$ 是布尔代数.

例 4.6.1 每一个布尔代数 B 是一个 MV-代数, 其中 MV-代数中的 $\oplus, \odot$ 和 ′ 运算与 B 中的 $\vee, \wedge$ 和 ¬ 运算分别重合且 $\mathbf{B}(B) = B$. 此外, 每一个 σ-完备布尔代数是一个 σ-完备 MV-代数.

设 $(M, \oplus_M, ', 0_M)$ 和 $(N, \oplus_N, *, 0_N)$ 是 MV-代数. 若映射 $h: M \to N$ 满足对任意的 $a, b \in M$, $h(0_M) = 0_N$, $h(a \oplus_M b) = h(a) \oplus_N h(b)$ 且 $h(a') = h(a)^*$, 则称 h 是**同态**. 若对任意的 $x \in M$ 且 $x \neq 0$, 存在一个同态 $h: M \to [0,1]$ 使得 $h(x) \neq 0$, 则称 M 是**半单的**. 特别地, 每一个布尔代数和每一个 σ-完备 MV-代数都是半单的.

用 $[0,1]^X$ 表示集合 $\{f | f: X \to [0,1]\}$, 其中 X 是非空集合. 在 $[0,1]^X$ 中, 运算 $\oplus$ 和 ′ 按逐点定义. 若 $[0,1]^X$ 上的函数组成的集合 $\mathcal{C}$ 满足以下条件:

(1) 0 函数在 $\mathcal{C}$ 里;
(2) $f \in \mathcal{C} \Rightarrow f' \in \mathcal{C}$;
(3) $f, g \in \mathcal{C} \Rightarrow f \oplus g \in \mathcal{C}$,

则称 $\mathcal{C}$ 是 X 上(**Łukasiewicz**)**clan**.

X 上的 $[0,1]$-值函数的 clan 是 MV-代数, 其中格运算 $\vee$ 和 $\wedge$ 与逐点定义的上确界和下确界分别重合. $\mathcal{C}$ 上的函数也称为 X 上的**模糊集**且 $\mathcal{C}$ 的布尔骨架 (skeleton) $\mathbf{B}(\mathcal{C})$ 由 $\mathcal{C}$ 中包含所有特征函数的函数组成. 容易验证 X 的子集组成的集合 $\mathbb{B}(\mathcal{C}) = \{A \subseteq X | \chi_A \in \mathbf{B}(\mathcal{C})\}$ 是布尔代数. X 上的(**Łukasiewicz**)**tribe** 是指任意一个 clan $\mathcal{T}$ 关于上确界 $\oplus$ 可数 (逐点序) 运算是封闭的:

$(f_n)_{n\in\mathbb{N}} \in \mathcal{T}^\mathbb{N} \Rightarrow \bigoplus_{n\in\mathbb{N}} f_n \in \mathcal{T}$, 其中 $\bigoplus_{n\in\mathbb{N}} f_n \in \mathcal{T} = f_1 \oplus f_2 \oplus \cdots$.

任意一个 tribe $\mathcal{T}$ 是 σ-完备 MV-代数且 $\mathbb{B}(\mathcal{T})$ 是 X 的某个子集的布尔 σ-代数. 此外, 函数 $f \in \mathcal{T}$ 是 $\mathbb{B}(\mathcal{T})$-测度.

一个 MV-代数称为 (在集合 G 上) 是**自由的**, 若 G 是 M 的子集且映射 $f: G \to M'$ 可以唯一扩充成 M 到 M' 的同态, 其中 M' 是任意的 MV-代数. G 中的元素称为**生成子**.

例 4.6.2 函数 $f: [0,1] \to [0,1]$ 被称为 (一元)**McNaughton 函数**是指 f 属于 clan $\mathcal{C}(Id)$, 其中, $\mathcal{C}(Id)$ 是由 $[0,1]$ 上恒等映射 Id 通过逐点序运算 $'$ 和有限上确界 $\oplus$ 生成的 $[0,1] \to [0,1]$ 上的函数. 这些函数是由 McNaughton[101] 刻画: 函数 $f: [0,1] \to [0,1]$ 属于 $\mathcal{C}(Id)$ 当且仅当 f 是连续分段线性函数, 其中每一段是由一个整系数的线性方程决定的. clan $\mathcal{C}(Id)$ 是 $\{Id\}$ 上的一个自由 MV-代数.

将函数推广到 n 个变量的 McNaughton 函数是显然的. 每个 n 元 McNaughton 函数在无限值 Łukasiewicz 逻辑中代表一个公理. Nola 和 Navara 在文献 [114] 中提出 McNaughton 函数的 σ-完备化问题.

例 4.6.3 函数 $f: [0,1] \to [0,1]$ 被称为 (一元) **σ-McNaughton 函数**是指它属于 tribe $\mathcal{T}(Id)$, 其中 $\mathcal{T}(Id)$ 是由 $[0,1]$ 上恒等映射 Id 通过逐点序运算 $'$ 和有限上确界 $\oplus$ 生成的 $[0,1] \to [0,1]$ 上的函数. 每一个 σ-McNaughton 函数是布尔测度.

类似于布尔代数的 Stone 表示, 半单 MV-代数可表示为连续函数的 MV-代数[4].

定理 4.6.4 MV-代数是半单的当且仅当 M 同构于一个定义在紧的 Hausdorff 空间的连续函数的 clan M^*.

给定 σ-完备 MV-代数 M, N. 同态 $h: M \to N$ 是称为**σ-同态**, 若对任意序列 $(a_n)_{n\in\mathbb{N}} \in M^\mathbb{N}$ 有 $h(\vee_{i\in\mathbb{N}} a_i) = \vee_{i\in\mathbb{N}} h(a_i)$, 其中等号左边的上确界运算是在 M 里的运算, 右边的上确界运算是在 N 里的运算. 特别地, 若 M 是集合 X 上的 tribe 且 h 是 M 到 N 的 σ-同态, 则序列 $(f_n)_{n\in\mathbb{N}} \in M^\mathbb{N}$ 的上确界 $\vee_{i\in\mathbb{N}} f_i$ 是 X 上的函数的逐点上确界 f 且 $h(f) = \vee_{i\in\mathbb{N}} h(f_i)$. 根据著名的 Loomis-Sikorski 定理[130] 得, 每一个 σ-完备布尔代数是一个紧的 Hausdorff 空间的子集的一个 σ-完备布尔代数的一个 σ-同态像. 由文献 [1], [43] 和 [109] 可知, 对于 σ-完备 MV-代数和 tribe 可得类似的结果.

定理 4.6.5 设 M 是 σ-完备 MV-代数. 则在紧的 Hausdorff 空间 X 上存在一个 tribe M^* 且存在 M^* 到 M 的 σ-同态 η 满足以下条件: 对任意的 $a \in M$ 存在唯一的连续函数 $a^* \in M^*$ 使得 $\eta(a^*) = a$. 然而, M^* 上的函数 f 与 a^* 有相同的像当且仅当集合 $\{x \in X | f(x) \neq a^*(x)\}$ 是第一范畴的.

设 M 是 MV-代数. M 上的**态**是指映射 $s: M \to [0,1]$ 且满足以下条件: 对任意的 $a, b \in M$,

(1) $a \odot b = 0 \Rightarrow s(a \oplus b) = s(a) + s(b)$;

(2) $s(1) = 1$.

下文中, 符号 $a_n \nearrow a$ 代表 MV-代数中的一个非递减序列的元素 $(a_n)_{n \in \mathbb{N}}$ 且存在 $a = \vee_{n \in \mathbb{N}} a_n$. MV-代数上的态称为 **$\sigma$-可加的**, 若对任意的 $(a_n)_{n \in \mathbb{N}} \in M^{\mathbb{N}}$ 有

$$a_n \nearrow a \Rightarrow s(a_n) \nearrow s(a).$$

clan $\mathcal{C}$ 上的态 s 决定了 $\mathbb{B}(\mathcal{C})$ 上的一个有限可加概率测度 P, 其中对任意的 $A \in \mathbb{B}(\mathcal{C})$, 令 $P(A) = s(\chi_A)$. 显然, 当 $\mathcal{C}$ 是 tribe 时, 概率 P 是 σ-可加的且 s 是 σ-可加的态. 由于以下定理是由 Butnariu 和 Klement[20] 提出的, 即在 tribe $\mathcal{T}$ 上每一个 σ-可加的态 s 都有以下积分表示.

定理 4.6.6 设 $\mathcal{T}$ 是 tribe 且 s 是 $\mathcal{T}$ 上的 σ-可加的态. 则对任意的 $f \in \mathcal{T}$, 有

$$s(f) = \int_X f \mathrm{d}P. \tag{4.6.1}$$

此外, 若 X 是一个紧的 Hausdorff 空间且 η 是定理 4.6.5 中所述的 X 上的 tribe M^* 到 M 的 σ-同态, 则映射 $s^* : M^* \to [0,1]$ 使得 $s^* = s \circ \eta$ 是 M^* 上的态且映射 $P^* : A \in \mathbb{B}(M^*) \mapsto s^*(\chi_A)$ 是 $\mathbb{B}(M^*)$ 上的概率测度. 令映射 $* : M \to M^*$ 给 M 中的每一个 a 分配了一个唯一的连续函数 a^* 使得 $\eta(a^*) = a$. 因此, 根据定理 4.6.6 和定理 4.6.5 可知, 对任意的 $a \in M$, 有

$$s(a) = s(\eta(a^*)) = s^*(a^*) = \int_X a^* \mathrm{d}P^*. \tag{4.6.2}$$

定理 4.6.7 设 s 为定义在 clan $\mathcal{C}$ 的一个态, 其中 clan $\mathcal{C}$ 是由 X 上的连续函数组成, 则存在一个正则的布尔概率测度 μ 使得

$$s(f) = \int_X f \mathrm{d}\mu, \quad f \in \mathcal{C}. \tag{4.6.3}$$

证明 运用 MV-代数和具有序单位的格序阿贝尔群 (ℓ-群) 的范畴等价[106]: $\mathcal{C}$ 上的态唯一扩充到 ℓ-群 $\langle G, +, 0 \rangle$ 上的一个正规的正的同态 s', 其中 $s' : G \to R$ 且满足 $s'(1) = 1$, 当 $x \geq 0$ 时, 相应地 $s'(x) \geq 0$. 显然, 从同构的角度看, 可以把 G 看成 $C(X)$ 的子群, 其中 $C(X)$ 是由 X 上的所有连续函数组成的 ℓ-群. 于是从关于 ℓ-群的同态扩张定理 ([65] 中的推论 4.3) 可得 s' 扩充到一个定义在线性空间 $C(X)$ 上的正规的正的同态 s''. 因为每一个正的群同态 $C(X) \to R$ 也是一个线性映射 (参考 [65] 中的 Lemma 6.7), 所以空间 $C(X)$ 上的正线性函数具备了上确界范数. 因为 s'' 把 $C(X)$ 的单位球 $B_X = \{f \in C(X) | \sup_{x \in X} f(x)| = 1\}$ 映射到 $[-1,1]$, 所以 s'' 是有界的. 由 Riesz 表示定理可得存在一个正则的布尔概率测度 μ 使得

$$s''(f) = \int_X f \mathrm{d}\mu, \quad f \in C(X).$$

注意 $\mu \upharpoonright \mathbb{B}(C) = P$, 其中 $P: A \in \mathbb{B}(C) \mapsto s(\chi_A) \in [0,1]$. 考虑半单 MV-代数的函数表示, 前面的定理表明任何 (有限可加) 半单 MV-代数上的态都有整的表示: 事实上, 如果 s 是半单 MV-代数上的态, 则

$$s(a) = \int_X a^* \mathrm{d}\mu, \quad a \in M,$$

与定理 4.6.4 中的符号保持一致, 也就是, M 同构于 X 上的一个 clan M^*, 其中 $*$ 表示 $M \to M^*$ 的一个同构.

实际上, 已经证明了一个 (有限可加) 态的概念, 其可以描述公理的平均真值: 对任何 Łukasiewicz 逻辑的公理 ψ, 其与 n-元 McNaughton 函数 f 对应, 给定所有 n-元 McNaughton 函数组成的 clan 上的一个态 s, $s(f)$ 的真值可以理解为 ψ 关于 s 的整表示 (4.6.3) 的一些 "平均" 真值, 态 s 的真值完全由定义在 $[0,1]$ 的布尔子集上的一些表示正则概率测度所决定. 特别地, 考虑一个这样的态 s_λ, 其定义为对任意的 $f \in \mathcal{C}(id)$ 都有 $s_\lambda(f) = \int_{[0,1]} f \mathrm{d}x$, 表示概率是勒贝格测度 λ 并且显然 s_λ 的每个值从对待所有的真值来看, 它们是同等可能的. 注意原子公理 ψ 的平均真值 $s_\lambda(f)$ 是 $\dfrac{1}{2}$. 相反, 如果态 s_x 定义为对任意固定的 $x \in [0,1]$ 都有 $s_x(f) = f(x), f \in \mathcal{C}(id)$, 则代表测量是狄拉克测度 δ_x, 其在单点集 $\{x\}$ 上达到 1 的值, 所以真值不为 1 的点不可能取到. 因此, 可能会发生原子公理 ψ 的平均真值总是 0 或 1 其分别依赖于 s_0 和 s_1 的值.

接下来讨论子代数上的态的扩张.

定理 4.6.8 设 A 是一个布尔代数. 若 m' 是 A 的一个子代数 B 上的测度, 则存在 A 上的测度 m 使得与 B 上的测度 m' 重合.

实际上, m 的扩张不是唯一的.

定理 4.6.9 设 M 是一个 MV-代数. 若 s' 是 M 的一个子 MV-代数 N 上的态, 则存在 M 上的态 s 使得 $s \upharpoonright N = s'$.

证明 存在唯一的一个有序单位 μ 的 ℓ-群 $\langle H, +, 0 \rangle$ 使得 N 同构于区间 MV-代数 $[0,\mu]_H = \{x \in H \mid 0 \leq x \leq \mu\}$, 其中对任意的 $x, y \in H$: $x \oplus y = \mu \wedge (x+y)$, $x' = \mu - x$ 且 $1 \in N$ 实由 $\mu \in H$ 在同构意义下决定的. 由范畴等价可得, N 上的态 s' 可以扩张到 (唯一) 一个正规正同态 $h': H \to R$ (参考定理 4.6.7 的证明). 显然, H 可以被认为 ℓ-群 G 的一个子群, 因为 N 是 M 的一个子 MV-代数, 所以 G 与 MV-代数 M 对应. 由 [65] 中的推论 4.3 可得, h' 扩充到定义在 G 上的一个正规的正同态 h. 因为 M 中的元素可以由单位区间 $[0,\mu]_G = \{x \in G \mid 0 \leq x \leq \mu\}$ 中的

元素确定，对任意的 $x \in [0,\mu]_G$，令 $s(x) = h(x)$. 显然, s 是 s' 的扩张. 设 $x \odot y = 0$，则 $x + y \leq 1$，因此 $x \oplus y = x + y$. 由 h 是一个同态，可得 $s(x \oplus y) = s(x + y) = h(x + y) = h(x) + h(y) = s(x) + s(y)$.

一般情况下, s 的扩张不是唯一的. 作为前面定理的一个推论，可以得到每一个 MV-代数的态空间是非空的; 注意到当 MV-代数 M 是半单的，则 M 同构于定义在一个紧 Hausdorff 空间 X 的连续函数组成的一个 clan M^*, 对任意固定的 $x \in X$, 定义态 $s: M \to [0,1]$ 为 $s: a \in M \mapsto a^*(x) \in [0,1]$, 其中 $*$ 表示同构.

推论 4.6.10 每一个 MV-代数 M 都存在一个态 s.

证明 设 $N = 0, 1$, $s'(0) = 0$, $s'(1) = 1$ 并且将 s' 扩张到 M.

4.7 MTL-代数上态的存在性

刘练珍教授在文献 [94—96] 中，研究了基于 MTL-代数的逻辑代数上的态理论，特别是在文献 [94] 中讨论了 MTL-代数上 Bosbach 态和 Riečan 态的存在性. 本节未标明引用文献的概念和结果均来自文献 [94].

定义 4.7.1[159] 设 F 为 MTL-代数 L 的滤子. 对任意的 $x, y \in L$, 若 $y \to x \in F$, 都有 $((x \to y) \to y) \to x \in F$, 则称 F 是 **MV-滤子**.

引理 4.7.2[159] 设 F 是 MTL-代数 L 的滤子，则 F 是 MV-滤子当且仅当商代数 L/F 是 MV-代数.

设 L 是 MTL 代数. 对任意的 $x, y \in L$. 如果 $x \prec y$ 且不存在 $z \in L$ 使得 $x \prec z \prec y$, 则称 y 覆盖 x. 覆盖 0 的元素称为**原子**, 被 1 覆盖的元素称为**余原子**[7].

设 L 是 MTL-代数. 对任意的 $x \in L$, $n \in \mathbb{N}^+$, 定义 $x^0 = 1$, $x^n = x^{n-1} \odot x$.

定义 4.7.3[110] 设 L 是 MTL-代数. 对任意的 $x \in L$, 若存在最小的自然数 n 使得 $x^n = 0$, 则称 n 为元素 x 的**阶**, 记为 $ord(x)$. 若这样的最小的自然数 n 的不存在，则称 x 的**阶为无限**, 即 $ord(x) = \infty$.

定义 4.7.4[110] 设 L 是 MTL-代数，则称 L 为:

(1) **局部的**, 若对任意的 $x \in L$, $ord(x) < \infty$ 或 $ord(\neg x) < \infty$.

(2) **局部有限的**, 若对任意的 $x \in L \setminus \{1\}$, $ord(x) < \infty$.

(3) **完美的**, 若对任意的 $x \in L$, $ord(x) < \infty$ 当且仅当 $ord(\neg x) = \infty$.

设 L 是 MTL-代数. 定义 $D(L) = \{x \in L : ord(x) = \infty\}$, $D^*(L) = \{x \in L : \neg x \in D(L)\}$.

引理 4.7.5[110] 设 L 是 MTL-代数，则 L 是局部的当且仅当 $D(L)$ 是它的真滤子.

定义 4.7.6[32] 设 L 是 MTL-代数. 若映射 $s : L \to [0,1]$ 满足: 对任意的 $x, y \in L$,

(S1) $s(0)=0$, $s(1)=1$;

(S2) $s(x)+s(x\to y)=s(y)+s(y\to x)$,

则称 s 为 L 上的 **Bosbach 态**.

定义 4.7.7[32]　设 L 是 MTL-代数. 若映射 $s:L\to[0,1]$ 满足: 对任意的 $x,y\in L$,

(1) $s(1)=1$;

(2) 若 $\neg\neg x\odot\neg\neg y=0$, 有 $s(\neg(\neg x\odot\neg y))=s(x)+s(y)$,

则称 s 为 L 上的 **Riečan 态**.

引理 4.7.8[32]　MTL-代数上的每一个 Bosbach 态都是 Riečan 态.

引理 4.7.9[32]　设 s 是 MTL-代数 L 上的 Bosbach 态. 则以下结论成立: 对任意的 $x,y\in L$,

(1) $s(\neg x)=1-s(x)$, $s(x)=s(\neg\neg x)$;

(2) 若 $x\leq y$, 则 $s(x)\leq s(y)$;

(3) $\ker(s)=\{x\in L\mid s(x)=1\}$ 是 L 的真滤子.

引理 4.7.10[33]　设 s 是 MTL-代数 L 上的 Riečan 态, 则以下结论成立: 对任意的 $x,y\in L$,

(1) $s(0)=0$;

(2) 若 $x\leq y$, 则 $s(x)\leq s(y)$.

定义 4.7.11[56]　设 L 是 MTL-代数, 对任意 $x\in L$, 若满足 $(x\to 0)\to 0=x$, 则称 L 为**IMTL-代数**.

引理 4.7.12[95]　IMTL-链上的 Bosbach 态与 Riečan 态是一致的.

设 $[0,1]_{\mathrm{L}}=([0,1],\oplus,\odot,\to,\neg,\wedge,\vee)$ 是 $[0,1]$ 标准 MV-代数, 其中对任意的 $x,y\in[0,1]$, $x\oplus y=\min\{x+y,1\}$, $x\odot y=\max\{x+y-1,0\}$, $x\to y=\min\{1-x+y,1\}$, $\neg x=1-x$, $x\wedge y=\min\{x,y\}$, $x\vee y=\max\{x,y\}$.

定义 4.7.13[32]　设 L 是 MTL-代数. 若映射 $s:L\to[0,1]_{\mathrm{L}}$ 满足以下条件: 对任意的 $x,y\in L$,

(1) $s(x\to y)=s(x)\to_{\mathrm{L}} s(y)$;

(2) $s(x\wedge y)=s(x)\wedge s(y)$;

(3) $s(1)=1, s(0)=0$,

则称 s 是 L 上的**态射**.

引理 4.7.14[33]　设 s 是 MTL-代数 L 上的 Bosbach 态, 则以下结论等价:

(1) s 是 L 上的赋值态;

(2) $\ker(s)$ 是 L 的极大滤子.

首先, 我们研究在什么条件下 MTL-代数存在 Bosbach 态.

4.7 MTL-代数上态的存在性

设 L 是有限的 MTL-链,$\equiv$ 是由 $D(L)$ 诱导的同余关系,$[x]$ 是在 $\equiv$ 下的同余类. 下面定理说明了在什么条件下有限的局部有限 MTL-链有 Bosbach 态.

定理 4.7.15[96] 设 L 是有限的局部有限 MTL-链,m 是 L 的余原子,则以下结论成立:

(1) L 有 Bosbach 态;

(2) L 是 MV-代数;

(3) $ord(m) = |L| - 1$.

引理 4.7.16 设 L 是有限的 MTL-链,$\lambda = \min D(L)$,则以下结论成立: 对任意的 $x, y, z \in L$,

(1) $\min[x] \odot \lambda = \min[x]$;

(2) $x \odot \lambda = \min[x]$;

(3) 若 $x \equiv y$,则 $x \odot \lambda = y \odot \lambda$;

(4) 若 $x \equiv y$ 且 $z = \min[z]$,则 $z \odot x = z \odot y$.

证明 (1) 由 $\lambda \equiv 1$ 得 $\min[x] \odot \lambda \equiv \min[x] \odot 1 = \min[x]$,所以 $\min[x] \odot \lambda \in [x]$,因此 $\min[x] \odot \lambda = \min[x]$.

(2) 因为 $x \equiv \min[x]$,由 (1) 得 $x \odot \lambda \equiv \min[x] \odot \lambda = \min[x]$,因此 $x \odot \lambda \in [x]$. 假设 $x \odot \lambda > \min[x]$,则 $x \to \min[x] < \lambda$,所以 $x \to \min[x] \notin D(L)$. 这也就与 $x \equiv \min[x]$ 相矛盾. 因此 $x \odot \lambda = \min[x]$.

(3) 由 (2) 可证得.

(4) 若 $x \equiv y, z = \min[z]$,则 $x \odot z \equiv y \odot z$. 由 (1) 和 (3) 得,$x \odot z = (x \odot z) \odot \lambda = (y \odot z) \odot \lambda = y \odot z$.

推论 4.7.17 设 L 是有限的 MTL-链,则 $x \equiv y$ 当且仅当 $x \odot \lambda = y \odot \lambda$.

证明 若 $x \odot \lambda = y \odot \lambda$. 则由引理 4.7.16 得 $\min[x] = x \odot \lambda = y \odot \lambda = \min[y]$. 所以 $x \to y \geq \lambda, y \to x \geq \lambda$,因此 $x \equiv y$. 必要性由引理 4.7.16 证得.

引理 4.7.18 设 L 是有限的 MTL-链. 若 $ord(\min[x]) = k > 1$,则 $(\min[x])^{k-1} \notin [0]$.

证明 若 $ord(\min[x]) = k > 1$,则 $x \notin D^*(L), (\min[x])^{k-1} > 0$. 假设 $(\min[x])^{k-1} \notin [0]$,则 $(\min[x])^{k-1} \odot \lambda = 0$. 另一方面,由引理 4.7.16 得 $(\min[x])^{k-1} \odot \lambda = ((\min[x])^{k-2} \odot \min[x]) \odot \lambda = (\min[x])^{k-2} \odot (\min[x] \odot \lambda) = (\min[x])^{k-2} \odot \min[x] = (\min[x])^{k-1}$. 因此,$(\min[x])^{k-1} = 0$,矛盾. 所以 $(\min[x])^{k-1} \notin [0]$.

引理 4.7.19 设 L 是有限的 MTL-链,则对任意的 $x \in L, ord(x) = ord(\min[x])$ 或 $ord([x]) = ord(\min[x]) + 1$.

证明 设 $x \in L$. 若 $x \in D(L)$,则 $ord(x) = \infty = ord(\lambda)$. 若 $x \notin D(L)$,则 $ord(x) < \infty$,因此 $ord(\min[x]) \leq ord(x) < \infty$. 设 $ord(\min[x]) = k$,则 $(\min[x])^k = 0$. 由 $x \equiv \min[x]$ 可得 $(\min[x])^k \equiv x^k$,所以 $x^k \equiv 0$. 若 $x^k = 0$,则 $ord(x) = k$,否

则 $ord(\min[x]) < k$, 矛盾. 如果 $x^k \neq 0$, 那么 $x^{k+1} = x^k \odot x = 0$. 所以 $ord([x]) = k+1 = ord(\min[x]) + 1$.

引理 4.7.20 设 L 是有限的 MTL-链, 则 $ord([x]) = ord(\min[x])$.

证明 对任意的 $x \in L$, 设 $k = ord(\min[x])$, 则 $(\min[x])^k = 0$, $(\min[x])^{k-1} > 0$. 由 $x \equiv \min[x]$ 得 $[x] = [\min[x]]$, 所以 $([x])^k = ([\min[x]])^k = [0]$, $([x])^{k-1} = ([\min[x]])^{k-1} > [0]$. 因此 $ord([x]) = k = ord(\min[x])$.

引理 4.7.21 设 s 是有限的 MTL-链 L 上的 Bosbach 态, 则 $s(x) = 1$ 当且仅当 $ord(x) = \infty$.

证明 因为 s 是 L 上的 Bosbach 态. 如果 $s(x) = 1$, 即 $x \in \ker(s)$, 所以由引理 4.7.9 得 $ord(x) = \infty$. 反之, 若 $x \in L$, $ord(x) = \infty$, 则 $x \in D(L)$, 因此 $x \geq \lambda$. 因为 s 是 Bosbach 态, 所以 $s(\lambda) + s(\lambda \to \neg\lambda) = s(\neg\lambda) + s(\neg\lambda + \lambda)$, 即 $s(\lambda) + s(\neg\lambda) = s(\neg\lambda) + s(1) = s(\neg\lambda) + 1$. 由引理 4.7.9 得 $s(x) = 1$.

注 4.7.22 引理 4.7.21 可由文献 [96] 引理 4.2.5 得.

推论 4.7.23 设 L 是有限的 MTL-链. 若 s 是 L 上的 Bosbach 态, 则 $D(L) = \ker(s)$.

定理 4.7.24 设 L 是有限的 MTL-链, 则以下结论等价:

(1) L 有 Bosbach 态;

(2) $L/D(L)$ 是 MV-代数;

(3) $ord([\chi]) = ord(\min[\chi]) = |L/D(L)| - 1$, 其中 $\chi = \max\{x \in L \mid ord(x) < \infty, ord(\neg x) < \infty\}$;

(4) $D(L)$ 是 MV-滤子.

证明 (1) $\Rightarrow$ (2) 设 L 有 Bosbach 态 s. 定义 $s_1 : L/D(L) \to [0,1]$, 其中 $s_1([x]) = s(x)$. 易证 s_1 是 $L/D(L)$ 上的 Bosbach 态. 因为 $L/D(L)$ 是局部有限的 MTL-代数, 由定理 4.7.15 得 $L/D(L)$ 是 MV-代数.

(2) $\Rightarrow$ (1) 设 $L/D(L)$ 是 MV-代数. 则由引理 4.7.14 和文献 [108] 得 $L/D(L)$ 有 Bosbach 态 s_1. 定义函数 s, 其中 $s(x) = s_1([x])$, 可以验证 s 是 L 上的 Bosbach 态.

(2) $\Rightarrow$ (3) 设 $L/D(L)$ 是 MV-代数, 由定理 4.7.15 得 $ord([\chi]) = |L/D(L)| - 1$. 再根据引理 4.7.20 得 $ord([\chi]) = ord(\min[\chi]) = |L/D(L)| - 1$.

(3) $\Rightarrow$ (2) 若 $ord([\chi]) = |L/D(L)| - 1$, 则由定理 4.7.15 得 $L/D(L)$ 是 MV-代数.

(2) $\Rightarrow$ (4) 由引理 4.7.2 证得.

下例说明 MTL-代数上存在 Bosbach 态.

例 4.7.25 设 $L = \{0, a, b, c, d, e, 1\}$ 是链. 定义 $\odot$ 和 $\to$ 如下:

4.7 MTL-代数上态的存在性

$\odot$	0	a	b	c	d	e	1
0	0	0	0	0	0	0	0
a	0	0	0	0	0	a	a
b	0	0	0	0	a	b	b
c	0	0	0	0	a	b	c
d	0	0	a	a	b	d	d
e	0	a	b	b	d	e	e
1	0	a	b	c	d	e	1

$\to$	0	a	b	c	d	e	1
0	1	1	1	1	1	1	1
a	d	1	1	1	1	1	1
b	c	d	1	1	1	1	1
c	c	d	e	1	1	1	1
d	a	c	d	d	1	1	1
e	0	a	c	c	d	1	1
1	0	a	b	c	d	e	1

则 $(L, \wedge, \vee, \odot, \to, 0, 1)$ 是 MTL-代数, 显然 $L/D(L) = \{[0], [a], [b], [d], [1]\}$. 因为 $ord([d]) = 4 = |L/D(L)| - 1$, 由定理 4.7.24 得 L 有 Bosbach 态. 定义 $s(x) = 0$, $s(e) = s(1) = 1$, $s(a) = \frac{1}{4}$, $s(b) = s(c) = \frac{1}{2}$, $s(d) = \frac{3}{4}$, 易证 s 是 L 上的 Bosbach 态.

下例说明 MTL-代数上未必存在 Bosbach 态.

例 4.7.26 设 $L = \{0, a, b, c, d, 1\}$ 是链. 定义 $\odot$ 和 $\to$ 如下:

$\odot$	0	a	b	c	d	1
0	0	0	0	0	0	0
a	0	0	0	0	a	a
b	0	0	a	a	b	b
c	0	0	a	a	c	c
d	0	a	b	c	d	d
1	0	a	b	c	d	1

$\to$	0	a	b	c	d	1
0	1	1	1	1	1	1
a	c	1	1	1	1	1
b	a	c	1	1	1	1
c	a	c	c	1	1	1
d	0	a	b	c	1	1
1	0	a	b	c	d	1

则 $(L, \wedge, \vee, \odot, \to, 0, 1)$ 是 MTL-代数, 显然 $D(L) = \{1, d\}$, 可得 $a \to b = 1 \in D(L)$, 但 $((b \to a) \to a) \to b = c \notin D(L)$. 因此 $D(L)$ 不是 MV-代数. 由定理 4.7.24 得 L 没有 Bosbach 态.

引理 4.7.27 设 L 是 MTL-代数. 若 s 是 L 上的 Bosbach 态, 则 $\ker(s)$ 是 MV-滤子.

证明 因为 s 是 L 上的 Bosbach 态, 由引理 4.7.8 得 $\ker(s)$ 是真滤子. 若 $x \to y \in \ker(s)$, 则 $s(x \to y) = 1$. 由 s 是 L 上 Bosbach 态得 $s(y) + s(y \to x) = s(x) + s(x \to y) = s(x) + 1$, $s(y \to x) + s((y \to x) \to x) = s(x) + s(x \to (y \to x)) = s(x) + 1$, 因此 $s(y) = s((y \to x) \to x)$. 另一方面, 由 $s((y \to x) \to x) + s(((y \to x) \to x) \to y) = s(y) + s(y \to ((y \to x) \to x)) = s(y) + 1$, 得 $s(((y \to x) \to x) \to y) = 1$, 即 $((y \to x) \to x) \to y \in \ker(s)$, 因此 $\ker(s)$ 是 MV-滤子.

由引理 4.7.2 和引理 4.7.27, 可得以下结论.

定理 4.7.28 设 L 是 MTL-代数, 则 L 有 Bosbach 态当且仅当 L 有 MV-滤子.

证明 假设 L 有 MV-滤子 F, 由引理 4.7.2 得 L/F 是 MV-代数. 根据文献 [108], 在 L/F 上存在 Bosbach 态 s_1. 对任意的 $x \in L$, 定义 $s(x) = s_1(x/F)$. 所以 s 是 L 上的 Bosbach 态. 必要性可由引理 4.7.27 得.

定理 4.7.29 设 L 是 MTL-代数, 则下列结论等价:
(1) L 有赋值态;
(2) L 有极大 MV-滤子.

证明 (1) $\Rightarrow$ (2) 假设 L 有赋值态 s, 则 s 是 L 上的 Bosbach 态. 由引理 4.7.27 和引理 4.7.12 得 $\ker(s)$ 是极大 MV-滤子. 这也就证明了 L 有极大 MV-滤子.

(2) $\Rightarrow$ (1) 假设 L 有极大 MV-滤子 F, 由引理 4.7.2 得 L/F 是局部有限 MV-代数. 因此 $1/F$ 是 L/F 的极大滤子. 所以 L/F 有赋值态 s_1[108]. 定义 $s: L \to [0,1]$, $s(x) = s_1(x/F)$. 因此 s 是 L 上的 Bosbach 态. 另一方面, 有 $\ker(s) = F$. 根据引理 4.7.12 得 s 是 L 上的赋值态.

引理 4.7.30 MTL-链上的 Bosbach 态与赋值态是一致的.

证明 设 s 是 MTL-链 L 上的 Bosbach 态. 由引理 4.7.8 得 $L/\ker(s)$ 是 MTL-代数. 对任意的 $x, y \in L$, 因为 L 是链, 有 $x \leq y$ 或 $y \leq x$, 因此 $x \to y = 1$ 或 $y \to x = 1$, 即 $s(x \to y) = 1$ 或 $s(y \to x) = 1$, 也就是 $x \to y \in \ker(s)$ 或 $y \to x \in \ker(s)$. 因此 $x/\ker(s) \leq y/\ker(s)$ 或 $y/\ker(s) \leq x/\ker(s)$. 所以 $L/\ker(s)$ 是链. 因此 s 是赋值态[62]. 反过来, 如果 s 是赋值态, 显然 s 是 Bosbach 态[33].

由定理 4.7.29 和引理 4.7.30 得以下结论.

推论 4.7.31 设 L 是 MTL-链, 则以下结论等价:
(1) L 有 Bosbach 态;
(2) $D(L)$ 是 MV-滤子;
(3) $L/D(L)$ 是 MV-代数.

作为定理 4.7.28 和定理 4.7.29 的一个应用, 我们有下列例子.

例 4.7.32 设 $L = \{0, a, b, c, d, 1\}$, 其中 $0 \leq a \leq c, d \leq 1, 0 \leq b \leq d \leq 1$. 定义 $\odot$ 和 $\to$ 如下:

$\odot$	0	a	b	c	d	1
0	0	0	0	0	0	0
a	0	a	0	a	a	a
b	0	0	b	0	b	b
c	0	a	0	c	a	c
d	0	a	b	a	d	d
1	0	a	b	c	d	1

$\to$	0	a	b	c	d	1
0	1	1	1	1	1	1
a	b	1	b	1	1	1
b	c	c	1	c	1	1
c	b	d	b	1	d	1
d	0	c	b	c	1	1
1	0	a	b	c	d	1

易验证 $(L, \wedge, \vee, \odot, \to, 0, 1)$ 是 MTL-代数且 $\{1, b, d\}, \{1, a, c, d\}$ 是极大 MV-滤子. 由

定理 4.7.29 得, L 有赋值态. 可验证 $s_1(b) = s_1(d) = s_1(1) = 1$, $s_1(a) = s_1(c) = s_1(0) = 0$, $s_2(b) = s_2(0) = 0$, $s_2(d) = s_2(1) = s_2(a) = s_2(c) = 1$ 是 L 上的赋值态. 另一方面, $\{1, d\}$ 是 MV-滤子, 由定理 4.7.28 得 L 有 Bosbach 态. 定义 $s_3(d) = s_3(1) = 1$, $s_3(a) = s_3(c)$, $s_3(b) = 1 - s_3(a)$, $s_3(0) = 0$, 可验证 s 是 L 上的 Bosbach 态.

接下来讨论 MTL-代数上 Riečan 态的存在性.

设 L 是 MTL-代数. 定义 $\mathrm{MV}(L) = \{\neg x : x \in L\}$. 在文献 [96] 已证明 $\mathrm{MV}(L) = (\mathrm{MV}(L), \vee, \wedge, \rightarrow, \odot^*, 0, 1)$ 是 IMTL-代数, 其中 $x, y \in \mathrm{MV}(L)$, $x \odot^* y = \neg\neg(x \odot y)$.

定理 4.7.33[96] 设 L 是 IMTL-代数. 若 s 是 L 上的 Riečan 态, 则 $|_{\mathrm{MV}(L)}$ 是 IMTL-代数 $\mathrm{MV}(L)$ 上的 Riečan 态. 反之, 若 s 是 IMTL-代数 $\mathrm{MV}(L)$ 上的 Riečan 态, 映射 $\hat{s} = L \rightarrow [0, 1]$, 定义 $\hat{s}(x) = s(\neg\neg x)$ 是 L 上的 Riečan 态.

引理 4.7.34 若 s 是 MTL-代数 L 上的 Riečan 态, 则 $\ker(s) = \{x \in L : s(x) = 1\}$ 是 L 的真滤子.

证明 设 s 是 Riečan 态, 因此 $1 \in \ker(s)$. 根据引理 4.7.9, 如果 $x \in \ker(s)$ 且 $x \leq y$, 那么就有 $y \in \ker(s)$. 若 $x, x \rightarrow y \in \ker(s)$, 则 $s(x) = s(x \rightarrow y) = 1$. 因为 $x \rightarrow y \leq x \rightarrow \neg\neg y$, $x \leq (x \rightarrow \neg\neg y) \rightarrow \neg\neg y$, 可得 $s(x \rightarrow \neg\neg y) = 1$, $s((x \rightarrow \neg\neg y) \rightarrow \neg\neg y) = 1$. 因此由引理 4.7.9 得 $s(x \odot \neg y) = 1 - s(\neg(x \odot \neg y)) = 1 - s(x \rightarrow \neg\neg y) = 0$. 因为 $\neg\neg y \odot \neg\neg(x \odot \neg y) = 0$, 由定义 4.7.6 得 $s(\neg(\neg y \odot \neg(x \odot \neg y))) = s(y) + s(x \odot \neg y) = s(y)$. 由 $\neg(\neg y \odot \neg(x \odot \neg y)) = (x \rightarrow \neg\neg y) \rightarrow \neg\neg y$ 得 $s(\neg(\neg y \odot \neg(x \odot \neg y))) = 1$, 所以 $s(y) = 1$, 即 $y \in \ker(s)$. 因此 $\ker(s)$ 是滤子. 再根据 $s(0) = 0$ 得 $\ker(s)$ 是真滤子.

引理 4.7.35 设 L 是 MTL-代数. 若 F 是 L 的滤子, 则 $F|_{\mathrm{MV}(L)}$ 是 $\mathrm{MV}(L)$ 的滤子.

证明 因为 F 是 L 的滤子, 所以 $1 \in F$. 又因为 $1 \in \mathrm{MV}(L)$, 因此 $1 \in F|_{\mathrm{MV}(L)}$. 对任意的 $x, y \in \mathrm{MV}(L)$, 若 $x \leq y$ 且 $x \in F|_{\mathrm{MV}(L)}$, 则 $x \in F$, 由 F 是滤子得 $y \in F$. 因此 $y \in F|_{\mathrm{MV}(L)}$. 设 $x, y \in F|_{\mathrm{MV}(L)}$, 所以 $x, y \in F$, $x \odot y \in F$, 又因为 $x \odot_* y = \neg\neg(x \odot y)$, 所以 $x \odot_* y \in F$, 因此 $x \odot_* y \in F|_{\mathrm{MV}(L)}$. 综上 $F|_{\mathrm{MV}(L)}$ 是 $\mathrm{MV}(L)$ 的滤子.

定理 4.7.36 设 L 是 MTL-链, 则以下条件等价:

(1) L 有 Riečan 态;

(2) L 存在真滤子 F 满足 (WMV) 条件: 对任意的 $x, y \in L$, 若 $x \rightarrow y \in F$, 则 $((\neg\neg y \rightarrow \neg\neg x) \rightarrow \neg\neg x) \rightarrow \neg\neg y \in F$.

证明 (1) $\Rightarrow$ (2) 设 s 是 L 的 Riečan 态, 由引理 4.7.34 得 $\ker(s)$ 是 L 的真滤子. 根据定理 4.7.33 和引理 4.7.10 可知 s 的限制 $s|_{\mathrm{MV}(L)}$ 是 $\mathrm{MV}(L)$ 上的 Bosbach 态. 如果 $x \rightarrow y \in \ker(s)$, 由 $x \rightarrow y \leq \neg\neg x \rightarrow \neg\neg y$ 得 $\neg\neg x \rightarrow \neg\neg y \in \ker(s)$. 又 $\neg\neg x, \neg\neg y, \neg\neg x \rightarrow \neg\neg y \in \mathrm{MV}(L)$, 所以 $\neg\neg x \rightarrow \neg\neg y \in \ker(s|_{\mathrm{MV}(L)})$. 根据引理 4.7.27, $\ker(s|_{\mathrm{MV}(L)})$ 是 MV-滤子, 即 $((\neg\neg y \rightarrow \neg\neg x) \rightarrow \neg\neg x) \rightarrow \neg\neg y \in \ker(s|_{\mathrm{MV}(L)})$.

所以 $((\neg\neg y \to \neg\neg x) \to \neg\neg x) \to \neg\neg y \in \ker(s)$. 因此 $F = \ker(s)$ 满足 (WMV) 条件.

(2) ⇒ (1) 设 F 是 L 的滤子. 若 F 满足 (WMV) 条件, 则 $F|_{MV(L)}$ 也满足 (WMV) 条件. 因此 $F|_{MV(L)}$ 是 $MV(L)$ 的 MV-滤子. 由定理 4.7.28 和引理 4.7.10 得 $MV(L)$ 有 Riečan 态. 因此根据定理 4.7.33 得 L 有 Riečan 态.

下例说明 MTL-代数上存在 Riečan 态.

例 4.7.37 设 $L = \{0, a, b, c, d, 1\}$ 是链. 定义 ⊙ 和 → 如下:

⊙	0	a	b	c	d	1
0	0	0	0	0	0	0
a	0	0	0	0	0	a
b	0	0	0	0	0	b
c	0	0	0	0	0	c
d	0	0	0	0	a	d
1	0	a	b	c	d	1

→	0	a	b	c	d	1
0	1	1	1	1	1	1
a	d	1	1	1	1	1
b	d	d	1	1	1	1
c	d	d	d	1	1	1
d	c	d	d	d	1	1
1	0	a	b	c	d	1

则 $(L, \wedge, \vee, \odot, \to, 0, 1)$ 是 MTL-代数. 易证滤子 $\{1\}$ 满足 (WMV) 条件, 因此由定理 4.7.36 得 L 有 Riečan 态. 定义 $s(d) = \dfrac{2}{3}$, $s(a) = s(b) = s(c) = \dfrac{1}{3}$, $s(0) = 0$, $s(1) = 1$, 易证 s 是 L 的 Riečan 态.

下例说明 MTL-代数上未必存在 Riečan 态.

(2) 设 $L = \{0, a, b, c, d, e, 1\}$ 是链. 定义 ⊙ 和 → 如下:

⊙	0	a	b	c	d	e	1
0	0	0	0	0	0	0	0
a	0	0	0	0	0	a	a
b	0	0	0	0	0	a	b
c	0	0	0	0	a	c	c
d	0	0	0	a	a	d	d
e	0	a	a	c	d	e	e
1	0	a	b	c	d	e	1

→	0	a	b	c	d	e	1
0	1	1	1	1	1	1	1
a	d	1	1	1	1	1	1
b	d	e	1	1	1	1	1
c	c	d	d	1	1	1	1
d	b	d	d	d	1	1	1
e	0	b	b	c	d	1	1
1	0	a	b	c	d	e	1

则 $(L, \wedge, \vee, \odot, \to, 0, 1)$ 是 MTL-代数. 易验证 $\{1\}$ 和 $\{1, e\}$ 是 L 的仅有的两个真滤子. 由于 $a \to c = 1 \in \{1\}$, 但 $((\neg\neg c \to \neg\neg a) \to \neg\neg a) \to \neg\neg c = d \notin \{1\}$. 因此 $\{1\}$ 不满足 (WMV) 条件. 类似地, $\{1, e\}$ 也不满足 (WMV) 条件, 所以由定理 4.7.36 得 L 没有 Riečan 态.

例 4.7.38 设 L 是例 4.7.26 中所给的 MTL-代数. 易证 $\{1, d\}$ 满足 (WMV)

条件, 由定理 4.7.36 得 L 有 Riečan 态. 定义 $s(d) = s(1) = 1$, $s(0) = 0$, $s(c) = \frac{2}{3}$, $s(a) = s(b) = s(c) = \frac{1}{3}$, 易证 s 是 L 的 Riečan 态.

注 4.7.39 例 4.7.26 和例 4.7.38 说明存在 MTL-代数有 Riečan 态, 但是没有 Bosbach 态.

4.8 EQ-代数上态的存在性

本节讨论 EQ-代数上的 Bosbach 态和 Riečan 态的存在性. 以下概念和结论除了标记文献之外, 其余均来自文献 [143].

定义 4.8.1 设 E 是 EQ-代数. 对任意的 $x, y \in E$, 有 $(x \to y) \to y = (y \to x) \to x$, 则称 E 满足 **(MV)** 条件.

定理 4.8.2 设 E 是满足 (MV) 条件的好的 EQ-代数, 0 是最小元. 对任意的 $x, y \in E$, 定义一元运算 $*$ 和二元运算 $\oplus$, $x^* := x \to 0$, $x \oplus y := (x \to 0) \to y$, 则 $(E, \oplus, *, 0, 1)$ 是 MV-代数.

证明 好的 EQ-代数是 BCK-交半格, 同时满足 (MV) 条件的 BCK-代数是可换 BCK-代数. 可换 BCK-代数与 MV-代数范畴等价 ([28]). 因此, 满足 (MV) 条件的好的 EQ-代数与 MV-代数范畴等价.

定理 4.8.3 设 $(E, \oplus, *, 0, 1)$ 是 MV-代数. 定义: $x \to y = x^* \oplus y$, $x \sim y = (x \to y) \wedge (y \to x)$, $x \odot y = (x^* \oplus y^*)^*$, 则 $(E, \wedge, \sim, \odot, 1)$ 是满足 (MV) 条件的好的 EQ-代数.

证明 由文献 [120] 的命题 3 知, $(E, \wedge, \sim, \odot, 1)$ 是 EQ-代数. 显然是好的. 设 $x, y \in E$, 根据 (MV6) 得, $(x \to y) \to y = (x^* \oplus y) \to y = (x^* \oplus y)^* \oplus y = (y^* \oplus x)^* \oplus x = (y \to x) \to x$. 因此 $(E, \wedge, \sim, \odot, 1)$ 是满足 (MV) 条件的好的 EQ-代数.

定理 4.8.4 设 E 是好的 EQ-代数, F 是 E 的滤子, 则以下结论等价:

(1) F 是奇异滤子;

(2) F 是 MV-滤子;

(3) 商 EQ-代数 E/F 满足 (MV) 条件;

(4) 商 EQ-代数 E/F 是 MV-代数.

证明 (1)⇔(2) 由定理 2.4.13 可证.

(2)⇒(3) 对任意的 $[x], [y] \in E/F$, 有 $((([x] \to [y]) \to [y]) \to (([y] \to [x]) \to [x]) = [((x \to y) \to y) \to ((y \to x) \to x)] = [1]$. 因此, $([x] \to [y]) \to [y] \leq ([y] \to [x]) \to [x]$. 同理可得, $([y] \to [x]) \to [x] \leq ([x] \to [y]) \to [y]$. 所以, $([x] \to [y]) \to [y] = ([y] \to [x]) \to [x]$, 即 E/F 满足 (MV) 条件.

(3)⇒(4) 由定理 4.8.2 可证.

(4)⇒(2) 由定理 4.8.3, E/F 满足 (MV) 条件. 因此, 对任意的 $x, y \in E$, $([x] \to [y]) \to [y] = ([y] \to [x]) \to [x]$, 即 $((([x] \to [y]) \to [y]) \to ((([y] \to [x]) \to [x]) = [1]$. 所以, $[((x \to y) \to y) \to ((y \to x) \to x)] = [1]$, 因此, $((x \to y) \to y) \to ((y \to x) \to x) \in F$.

命题 4.8.5 设 s 是 EQ-代数 E 上的 Bosbach 态.

(1) 若 E 是可分的, 则 $\ker(s)$ 是 E 的奇异前滤子.

(2) 若 E 是剩余的, 则 $\ker(s)$ 是 E 的奇异滤子.

证明 (1) 因为 s 是 E 上的 Bosbach 态, 则由命题 4.3.6 得 $\ker(s)$ 是前滤子. 若 $x \to y \in \ker(s)$, 则 $s(x \to y) = 1$. 由 s 是 Bosbach 态得 $s(y) + s(y \to x) = s(x) + s(x \to y) = s(x) + 1$, $s(y \to x) + s((y \to x) \to x) = s(x) + s(x \to (y \to x)) = s(x) + 1$. 因此 $s(y) = s((y \to x) \to x)$. 另一方面, $s((y \to x) \to x) + s(((y \to x) \to x) \to y) = s(y) + s(y \to ((y \to x) \to x)) = s(y) + 1$. 所以 $s(((y \to x) \to x) \to y) = 1$, 即 $((y \to x) \to x) \to y \in \ker(s)$. 因此 $\ker(s)$ 是 E 的奇异前滤子.

(2) 根据 (1) 知, $\ker(s)$ 是 E 的奇异前滤子. 由命题 4.3.6 得, $\ker(s)$ 是 E 的奇异滤子.

引理 4.8.6[91] 任何 MV-代数都存在 Bosbach 态.

定理 4.8.7 任何有奇异滤子的好的 EQ-代数都存在 Bosbach 态.

证明 假设 EQ-代数 E 有奇异滤子 F, 则由定理 4.8.4 得 E/F 是 MV-代数. 因此由引理 4.8.6 可知, E/F 上存在 Bosbach 态 s_1. 对任意的 $x \in E$, 定义 $s(x) = s_1(x/F)$. 易验证 s 是 E 上的 Bosbach 态.

下面的例子说明定理 4.8.7 的逆命题不成立.

例 4.8.8[54] 设 E 是有界格 $\{0, a, b, c, 1\}$, 其中 $0 \leq a \leq b \leq 1$, $0 \leq a \leq c \leq 1$, b 和 c 不可比较. 定义 $\odot$ 和 $\sim$ 如下:

$\odot$	0	a	b	c	1
0	0	0	0	0	0
a	0	0	0	a	a
b	0	a	b	a	b
c	0	0	0	c	c
1	0	a	b	c	1

$\sim$	0	a	b	c	1
0	1	0	0	0	0
a	0	1	a	a	a
b	0	a	1	a	b
c	0	a	a	1	c
1	0	a	b	c	1

$\to$	0	a	b	c	1
0	1	1	1	1	1
a	0	1	1	1	1
b	0	a	1	c	1
c	0	a	b	1	1
1	0	a	b	c	1

易验证 E 是一个预线性的好的 EQ-代数. 设映射 $s: E \to [0, 1]$. 对任意的 $x \neq 0$, $s(0) = 0$, $s(x) = 1$. 易证 s 是 E 的 Bosbach 态, $F = \{1\}$ 是极大滤子. 但它不是 E 的奇异滤子, 因为 $a \to b = 1 \in F$ 而 $((b \to a) \to a) \to b = b \notin F$, 所以在 E 上不存在奇异滤子.

下面考虑一类特殊的 EQ-代数, 在这个代数上定理 4.8.7 的逆命题成立.

4.8 EQ-代数上态的存在性

定理 4.8.9 设 E 是剩余 EQ-代数, 则 E 有 Bosbach 态当且仅当 E 有奇异滤子.

证明 假设 E 有奇异滤 F. 因为剩余 EQ-代数是好的, 由定理 4.8.7 可知 E 存在 Bosbach 态 s. 必要性由命题 4.8.5(2) 证得.

由于剩余格、MTL-代数、NM-代数、完全的 MTL-代数、线性 BL-代数、BL-代数都是特殊的剩余 EQ-代数. 鉴于定理 4.8.9, 可以得到以下结果.

注 4.8.10 (1) 有奇异滤子的剩余格有 Bosbach 态[32].

(2) 有奇异滤子的 NM-代数有 Bosbach 态[97].

(3) 有奇异滤子的 MTL-代数有 Bosbach 态[94].

(4) 有奇异滤子的完全的 MTL-代数有 Bosbach 态[94].

(5) 有奇异滤子的线性 BL-代数有 Bosbach 态[61].

(6) 有奇异滤子的 BL-代数有 Bosbach 态[61].

设 $[0,1]_L$ 是标准 MV-代数, 其中对任意的 $x,y \in [0,1]$, $x \oplus y = \min\{x+y,1\}$, $x \odot y = \max\{x+y-1,0\}$, $x \to_L y = \min\{1-x+y,1\}$, $\neg x = 1-x$, $x \wedge y = \min\{x,y\}$, $x \vee y = \max\{x,y\}$.

定义 $x^0 = 1, x^1 = x$, 对任意的 $n \in N$, $x^n = x^{n-1} \odot x$.

引理 4.8.11 设 $[0,1]_L$ 是标准 MV-代数. 对任意的 $x \in [0,1]$, $x \neq 1$, 存在 $n \in N$ 使得 $x^n = 0$.

证明 设 $x \in [0,1]$, $x \neq 1$. $x^2 = \max\{2x-1, 0\}$. 若 $x^2 \neq 0$, 则 $x^3 = \max\{3x-2, 0\}$. 因此, 对于 $i = 1, 2, \cdots, n-1$, $x^i \neq 0$, 则有 $x^n = \max\{nx - (n-1), 0\} = \max\{x + (n-1)(x-1), 0\}$. 因此 $n \in N$ 使得 $x + (n-1)(x-1) < 0$, 所以 $x^n = 0$.

定义 4.8.12[54] 设 F 是 EQ-代数 E 的前滤子 (滤子). 若对任意的 $x,y \in E$, 都有 $x \to y \in F$ 或 $y \to x \in F$, 则称 F 是**素前滤子 (素滤子)**.

显然, 我们可得到以下性质.

命题 4.8.13 设 F, G 是 EQ-代数 E 的真滤子. 若 $F \subseteq G$ 且 F 是素滤子, 则 G 也是素滤子.

定义 4.8.14 设 E 是 EQ-代数. 若映射 $s : E \to [0,1]$ 且满足以下条件: 对任意的 $x,y \in E$,

(1) $s(x \to y) = s(x) \to_L s(y)$;

(2) $s(x \wedge y) = s(x) \wedge s(y)$;

(3) $s(0) = 0$,

则称 s 是 E 上的**赋值态**.

命题 4.8.15 设 F 是 EQ-代数 E 的真滤子. 若存在 $n \in N$, 对任意的 $x \in E$, $x \notin F$ 当且仅当 $(x^n)^* \in F$, 则 F 是极大滤子. 但逆命题并非总是成立.

证明 假设 H 是真滤子且 $F \subseteq H, H \neq F$, 则存在 $x \in H \backslash F$, 即存在 $n \in N$, 使得 $(x^n)^* \in F \subseteq H$, 所以 $x^n \in H, x^n \odot (x^n)^* = 0 \in H$. 这与 H 是真滤子相矛盾. 下面例子说明逆命题不成立.

例 4.8.16 设 $E = \{0, a, b, c, d, 1\}$, 其中 $0 < a, b < c < d < 1$. 定义二元运算 $\odot$ 和 $\sim$, 诱导算子 $\to$ 如下:

$\odot$	0	a	b	c	d	1
0	0	0	0	0	0	0
a	0	0	0	0	0	a
b	0	0	0	0	0	b
c	0	0	0	0	0	c
d	0	0	0	0	d	d
1	0	a	b	c	d	1

$\sim$	0	a	b	c	d	1
0	1	1	a	a	a	a
a	1	1	a	a	a	a
b	a	a	1	c	c	c
c	a	a	c	1	c	c
d	a	a	c	c	1	d
1	a	a	c	c	d	1

$\to$	0	a	b	c	d	1
0	1	1	1	1	1	1
a	1	1	1	1	1	1
b	a	a	1	1	1	1
c	a	a	c	1	1	1
d	a	a	c	c	1	1
1	a	a	c	c	d	1

则 $E = (E, \wedge, \odot, \sim, 1)$ 是 EQ-代数[120]. 易证 $F = \{1\}$ 是 E 的极大滤子. 对任意的 $n \in N, d \notin F$ 但 $d^n = d$. 因此对任意的 $n \in N$, 有 $(d^n)^* = a \neq 1$, 即 $(d^n)^* \notin F$.

引理 4.8.17 EQ-代数上赋值态是 Bosbach 态.

证明 与文献 [11] 中命题 3.18 的证明类似.

引理 4.8.18 设 s 是剩余 EQ-代数 E 是上的 Bosbach 态, 则以下结论等价:

(1) s 是 E 上的赋值态;

(2) $\ker(s)$ 是 E 的素滤子.

证明 (1)$\Rightarrow$(2) 由命题 4.8.5 和引理 4.8.17 得 $\ker(s)$ 是滤子. 设 $x, y \in E$. 因为 $[0, 1]_L$ 是线性的, 所以有 $s(x) \leq s(y)$ 或 $s(y) \leq s(x)$, 也就是 $s(x \to y) = s(x) \to_L s(y) = 1$ 或 $s(y \to x) = s(y) \to_L s(x) = 1$. 因此 $x \to y \in \ker(s)$ 或 $y \to x \in \ker(s)$.

(2)$\Rightarrow$(1) 设 $\ker(s)$ 是素滤子. 由定义 4.8.12 得, 对任意的 $x, y \in E$, 有 $x \to y \in \ker(s)$ 或 $y \to x \in \ker(s)$. 若 $x \to y \in \ker(s)$, 则 $s(x \to y) = 1$. 所以 $1 + s(x \wedge y) = s(x) + s(x \to y) = s(x) + 1$. 因此, $s(x \wedge y) = s(x)$. 另一方面, $s(x) \to_L s(y) = \min\{1 - s(x) + s(y), 1\} = \min\{1 - s(x \wedge y) + s(y), 1\} = 1$, 所以 $s(x) \leq s(y)$. 因此 $s(x \wedge y) = s(x) = s(x) \wedge s(y)$. 同理, 若 $y \to x \in \ker(s)$, 则 $s(x \wedge y) = s(y) = s(x) \wedge s(y)$. 因此, s 满足定义 4.8.14(2). 所以 $s(x \to y) = 1 + s(x \wedge y) - s(x) = 1 + s(x) \wedge s(y) - s(x) = 1 + \min\{s(x), s(y)\} - s(x) = \min\{1, 1 + s(y) - s(x)\} = s(x) \to_L s(y)$. 因此 s 是 E 上的赋值态.

定理 4.8.19 设 E 是好的 EQ-代数, 则以下结论等价:

(1) E 有赋值态;

(2) E 有素奇异滤子.

证明 (1) $\Rightarrow$ (2) 由定理 4.8.4、引理 4.8.17 和引理 4.8.18 证得.

(2) ⇒ (1) 设 E 有素奇异滤子 F. 由定理 4.8.4 得, E/F 是 MV-代数. 根据引理 4.8.6 得 E/F 有 Bosbach 态 s_1. 定义映射 $s: L \to [0,1]$, $s(x) = s_1(x/F)$, 则 s 是 E 上的 Bosbach 态. 另一方面, 若 $x \in F$, 则 $s(x) = s_1(x/F) = s_1(1/F) = 1$, 因此 $x \in \ker(s)$, $F \subseteq \ker(s)$. 由定理 2.4.7 和命题 4.8.13 得 $\ker(s)$ 也是素奇异滤子. 由引理 4.8.18 得 s 是 E 上的赋值态.

下面介绍拟对合 EQ-代数的概念.

定义 4.8.20 设 E 是 EQ-代数. 若 E 满足以下条件: 对任意的 $x, y \in E$,

(1) $\neg x \sim \neg y = \neg\neg(x \sim y)$;

(2) $\neg x \odot \neg y = \neg\neg(\neg x \odot \neg y)$,

则称 E 为拟对合 **QI-EQ-代数**(简记**QI-EQ-代数**).

注 4.8.21 在例 2.4.3、例 2.4.4 和例 4.8.16 中所给的 EQ-代数都是 QI-EQ-代数, 但不是对合 EQ-代数.

定理 4.8.22 IEQ-代数是 QI-EQ-代数. 但逆命题不成立.

证明 设 E 是 IEQ-代数, 对任意的 $x, y \in E$, 有 $\neg\neg(x \sim y) = x \sim y \leq \neg x \sim \neg y$. 由 E 是对合 EQ-代数得 $\neg x \sim \neg y \leq \neg\neg x \sim \neg\neg y = x \sim y$. 所以 $\neg x \sim \neg y = \neg\neg(x \sim y)$, 因此 E 是 QI-EQ-代数. 同理证得 $\neg x \odot \neg y = \neg\neg(\neg x \odot \neg y)$. 根据注 4.8.21 可知逆命题不成立.

定理 4.8.23 设 E 是格序 EQ-代数, 定义 $\mathrm{MV}(E) = \{\neg x \mid x \in E\}$, 则以下结论等价:

(1) E 是 QI-EQ-代数;

(2) $\mathrm{MV}(E) = (\mathrm{MV}(E), \wedge, \odot, \sim, 1)$ 是 IEQ-代数.

证明 (1)⇒(2) 显然 $1 \in \mathrm{MV}(E)$. 对任意的 $x, y \in E$, 有 $\neg x \wedge \neg y = (x \to 0) \wedge (y \to 0) = (x \vee y) \to 0 = \neg(x \vee y)$, 所以 $\neg x \wedge \neg y \in \mathrm{MV}(E)$, 即 $\mathrm{MV}(E)$ 关于 $\wedge$ 运算封闭. 由 E 是 QI-EQ-代数得, $\mathrm{MV}(E)$ 关于 $\sim$ 和 $\odot$ 运算封闭. 因此 $\mathrm{MV}(E) = (\mathrm{MV}(E), \wedge, \sim, \odot, 1)$ 是 EQ-代数. 又对任意的 $x \in E$, $\neg\neg\neg x = \neg x$. 所以 $\mathrm{MV}(E) = (\mathrm{MV}(E), \wedge, \sim, \odot, 1)$ 是 IEQ-代数.

(2)⇒(1) 设 $\mathrm{MV}(E) = (\mathrm{MV}(E), \wedge, \sim, \odot, 1)$ 是 IEQ-代数, 则对任意的 $x, y \in E$, 有 $\neg x \sim \neg y \in \mathrm{MV}(E)$. 因此存在 $z \in E$ 使得 $\neg x \sim \neg y = \neg z$. 所以 $\neg\neg(\neg x \sim \neg y) = \neg\neg\neg z = \neg z = \neg x \sim \neg y$, 说明 $\neg x \sim \neg y = \neg\neg(x \sim y)$. 同理证得 $\neg x \odot \neg y = \neg\neg(\neg x \odot \neg y)$. 根据定义 4.8.20 得, E 是 QI-EQ-代数.

定理 4.8.24 Heyting-代数是 QI-EQ-代数.

证明 设 $(H, \wedge, \vee, \to, 0, 1)$ 是 Heyting-代数. 对任意的 $x, y \in H$, 定义运算 $\sim$, $\odot$ 为: $x \sim y = (x \to y) \wedge (y \to x)$, $x \odot y = x \wedge y$, 则 $(H, \wedge, \odot, \sim, 1)$ 是 EQ-代数. 由 $x \odot y = x \wedge y$ 得, $\neg x \odot \neg y = \neg x \wedge \neg y \in \mathrm{MV}(H)$. 下面为了证明 $(\mathrm{MV}(H), \wedge, \odot, \sim, 1)$ 是 EQ-代数, 只需证明对任意的 $x, y \in H$, 有 $\neg x \to \neg y \in \mathrm{MV}(H)$. 由 H 是剩余格

得 $\neg x \to \neg y = (x \to 0) \to (y \to 0) = ((x \to 0) \odot y) \to 0 = \neg(y \odot (x \to 0)) \in \mathrm{MV}(H)$. 因此 $(\mathrm{MV}(H), \wedge, \odot, \sim, 1)$ 是 EQ-代数. 显然是 IEQ-代数. 由定理 4.8.23 得 H 是 QI-EQ-代数.

接下来, 讨论 EQ-代数上 Riečan 态的存在性.

定理 4.8.25 设 E 是格序 QI-EQ-代数. 若 s 是 E 上的 Riečan 态, 则 $s \mid_{\mathrm{MV}(E)}$ 是 IEQ-代数 $\mathrm{MV}(E)$ 的 Riečan 态. 反之, 若 s 是 IEQ-代数 $\mathrm{MV}(E)$ 的 Riečan 态, 对任意的 $x \in E$, 定义映射 $\tilde{s} : E \to [0,1]$ 为 $\tilde{s}(x) = s(\neg\neg x)$, 则 $\tilde{s}$ 是 E 上的 Riečan 态.

证明 设 s 是 E 上的 Riečan 态. 由定理 4.8.23 得 $(\mathrm{MV}(E), \wedge, \sim, \odot, 1)$ 是 IEQ-代数. $s \mid_{\mathrm{MV}(E)}$ 是 IEQ-代数 $\mathrm{MV}(E)$ 的 Riečan 态.

反过来, 设 s 是 IEQ-代数 $\mathrm{MV}(E)$ 的 Riečan 态. 对任意的 $x \in E$, 定义映射 $\tilde{s} : E \to [0,1]$ 为 $\tilde{s}(x) = s(\neg\neg x)$. 根据定理 4.3.15(2) 得 $\tilde{s}(1) = s(\neg\neg 1) = s(1) = 1$. 若对任意的 $x, y \in E$, $x \perp y$, 则有 $\tilde{s}(x+y) = s(\neg\neg(x+y)) = s(x+y) = s(x) + s(y) = s(\neg\neg x) + s(\neg\neg y) = \tilde{s}(x) + \tilde{s}(y)$. 由定义 4.3.12 得 $\tilde{s}$ 是 E 上的 Riečan 态.

命题 4.8.26 设 s 是 IEQ-代数 E 上的 Riečan 态.

(1) 若 E 是好的 IEQ-代数, 则 $\ker(s) = \{x \in E \mid s(x) = 1\}$ 是 E 的真前滤子;

(2) 设 E 是剩余 IEQ-代数, 则 $\ker(s)$ 是 E 的真滤子.

证明 (1) 假设 s 是 Riečan 态, 则 $1 \in \ker(s)$. 根据命题 4.3.15(3), 若 $x \in \ker(s)$, $x \leq y$, 则 $y \in \ker(s)$. 若 $x, x \to y \in \ker(s)$, 则 $s(x) = s(x \to y) = 1$. 又因为 $y \leq \neg\neg y$, $x \leq (x \to \neg\neg y) \to \neg\neg y$, 所以 $x \to y \leq x \to \neg\neg y$. 从而 $s(x \to \neg\neg y) = 1$, $s((x \to \neg\neg y) \to \neg\neg y) = 1$. 因为 $\neg\neg\neg(\neg y \to \neg x) \to \neg y = \neg(\neg y \to \neg x) \to \neg y = y \to \neg\neg(\neg y \to \neg x) = y \to (\neg y \to \neg x) = \neg y \to (y \to \neg x) = \neg y \to (x \to \neg y) = 1$, 所以 $\neg(\neg y \to \neg x) \leq \neg y$. 从而 $y \perp \neg(\neg y \to \neg x)$. 根据定义 4.3.12 得 $s(y + \neg(\neg y \to \neg x)) = s(y) + s(\neg(\neg y \to \neg x))$. 一方面, $s(y) + s(\neg(\neg y \to \neg x)) = s(y) + 1 - s(\neg y \to \neg x) = s(y) + 1 - s(x \to \neg\neg y) = s(y) + 1 - 1 = s(y)$. 另一方面, $s(y + \neg(\neg y \to \neg x)) = s(\neg y \to \neg\neg\neg(\neg y \to \neg x)) = s(\neg y \to \neg(\neg y \to \neg x)) = s(\neg y \to \neg(x \to \neg\neg y)) = s((x \to \neg\neg y) \to \neg\neg y) = 1$. 所以 $s(y) = 1$, 即 $y \in \ker(s)$. 因此 $\ker(s)$ 是前滤子. 又因为 $s(0) = 0$, 所以 $\ker(s)$ 是 E 的真前滤子.

(2) 设 $x \to y \in \ker(s)$, 所以 $s(x \to y) = 1$. 又 $x \to y \leq (x \odot z) \to (y \odot z)$, 所以 $s((x \odot z) \to (y \odot z)) = 1$, $(x \odot z) \to (y \odot z) \in \ker(s)$. 因此 $\ker(s)$ 是 E 的真滤子.

引理 4.8.27 设 F 是格序 EQ-代数 E 的滤子, 则 $F \cap \mathrm{MV}(E)$ 是 $\mathrm{MV}(E)$ 的滤子.

证明 设 F 是 E 的滤子. 因为 $1 \in F$, $1 \in \mathrm{MV}(E)$, 所以 $1 \in F \cap \mathrm{MV}(E)$. 若 $x, y \in \mathrm{MV}(E)$, $x, x \to y \in F \cap \mathrm{MV}(E)$, 则 $x, x \to y \in F$, 从而 $y \in F$, 因此 $y \in F \cap \mathrm{MV}(E)$, 说明 $F \cap \mathrm{MV}(E)$ 是 $\mathrm{MV}(E)$ 的前滤子. 若 $x, y, z \in \mathrm{MV}(E)$, 且

$x \to y \in F \cap \mathrm{MV}(E)$, 则 $x \to y \in F$. 因为 F 是 E 的滤子, 所以 $x \odot z \to y \odot z \in F$. 由定理 4.8.23 得, $x \odot z \to y \odot z \in \mathrm{MV}(E)$, 所以 $x \odot z \to y \odot z \in F \cap \mathrm{MV}(E)$. 因此 $F \cap \mathrm{MV}(E)$ 是 $\mathrm{MV}(E)$ 的滤子.

定义 4.8.28 设 F 是 EQ-代数 E 的滤子. 对任意的 $x, y \in E$, 若 $x \to y \in F$, 有 $((\neg\neg y \to \neg\neg x) \to \neg\neg x) \to \neg\neg y \in F$, 则称 F 是**弱奇异滤子**(简记为**w-奇异滤子**).

命题 4.8.29 EQ-代数的奇异滤子是 w-奇异滤子.

证明 设 F 是 E 的奇异滤子且 $x \to y \in F$, 所以 $x \to y \leq \neg y \to \neg x \leq \neg\neg x \to \neg\neg y$, $\neg\neg x \to \neg\neg y \in F$. 由 F 是奇异滤子得 $((\neg\neg y \to \neg\neg x) \to \neg\neg x) \to \neg\neg y \in F$. 因此 F 是 w-奇异滤子.

显然, 在 IEQ-代数上, 奇异滤子与 w-奇异滤子是一样的.

定理 4.8.30 设 E 是好的格序 QI-EQ-代数. 若 E 有真 w-奇异滤子, 则它有 Riečan 态.

证明 设 F 是 E 的真 w-奇异滤子. 由引理 4.8.27 得 $F \cap \mathrm{MV}(E)$ 是 $\mathrm{MV}(E)$ 的滤子, 因此它是 $\mathrm{MV}(E)$ 的奇异滤子. 由定理 4.8.7 和定理 4.3.13 得 $\mathrm{MV}(E)$ 有 Riečan 态. 根据定理 4.8.24 得 E 有 Riečan 态.

下例说明了 EQ-代数存在 Riečan 态.

例 4.8.31 考虑例 4.8.8 中所给的 EQ-代数, 可以验证 E 是 QI-EQ-代数且 $F = \{1\}$ 是 E 的滤子, F 不是奇异滤子. 但 F 是 w-奇异滤子. 由定理 4.8.30 可知 E 有 Riečan 态. 可验证 s 是 Riečan 态, 其中 $s(0) = 0, s(a) = \dfrac{1}{3}, s(b) = \dfrac{2}{3}, s(1) = 1$.

下例说明了定理 4.8.30 的逆命题不成立.

例 4.8.32[120] 设 E 是线性序的 EQ-代数. 定义 $\odot, \sim, \to$ 如下:

$\odot$	0	a	b	c	d	1
0	0	0	0	0	0	0
a	0	0	0	0	0	a
b	0	0	0	0	a	b
c	0	0	0	a	a	c
d	0	0	a	a	a	d
1	0	a	b	c	d	1

$\sim$	0	a	b	c	d	1
0	1	c	b	a	0	0
a	c	1	b	a	a	a
b	b	b	1	b	b	b
c	a	a	b	1	c	c
d	0	a	b	c	1	d
1	0	a	b	c	d	1

$\to$	0	a	b	c	d	1
0	1	1	1	1	1	1
a	c	1	1	1	1	1
b	b	b	1	1	1	1
c	a	a	b	1	1	1
d	0	a	b	c	1	1
1	0	a	b	c	d	1

则 E 是好的 QI-EQ-代数. 易证 $F = \{1\}$ 是极大滤子, 因为 $a \to c = 1 \in F$, $((\neg\neg c \to \neg\neg a) \to \neg\neg a) \to \neg\neg c = c \notin F$, 所以 F 不是 w-奇异滤子, 因此 E 没有真 w-奇异滤子. 可验证 s 是 Riečan 态, 其中 $s(0) = s(a) = 0, s(b) = \dfrac{1}{2}, s(c) = s(d) = s(1) = 1$.

定理 4.8.33 设 E 是剩余 QI-EQ-代数, 则以下结论等价:

(1) E 有 Riečan 态;

(2) E 有 w-奇异滤子.

证明 (1)⇒(2) 设 E 有 Riečan 态 s, 则由命题 4.8.26(2) 得 $\ker(s)$ 是 E 的真滤子. 由定理 4.8.24 和定理 4.3.16 得 s 的限制 $s\mid_{MV(E)}$ 是 $MV(E)$ 上的 Bosbach 态. 若 $x \to y \in \ker(s)$, 因为 $x \to y \leq \neg\neg x \to \neg\neg y$, 则 $\neg\neg x \to \neg\neg y \in \ker(s)$. 由 $\neg\neg x, \neg\neg y, \neg\neg x \sim \neg\neg y \in MV(E)$ 得 $\neg\neg x \to \neg\neg y \in \ker(s\mid_{MV(L)})$. 根据命题 4.8.5(2) 得 $\ker(s\mid_{MV(L)})$ 是奇异滤子, 所以 $((\neg\neg y \to \neg\neg x) \to \neg\neg x) \to \neg\neg y \in \ker(s\mid_{MV(L)})$. 故 $((\neg\neg y \to \neg\neg x) \to \neg\neg x) \to \neg\neg y \in \ker(s)$. 因此 $\ker(s)$ 满足 (WF), 即 $\ker(s)$ 是 E 的 w-奇异滤.

(2)⇒(1) 由定理 4.8.30 证得.

由定理 4.8.23 和定理 4.8.30 得以下结论.

推论 4.8.34 设 H 是 Heyting-代数, 则以下结论等价:

(1) H 有 Riečan 态;

(2) H 有 w-奇异滤子.

证明 由定理 4.8.24 和定理 4.8.33 证得.

例 4.8.35 设 $H = \{0, a, b, c, 1\}$ 是有界格, 其中 $0 < a < c < 1, 0 < b < c < 1$. 定义 $\to$ 如下:

$\to$	0	a	b	c	1
0	1	1	1	1	1
a	b	1	b	1	1
b	a	a	1	1	1
c	0	a	b	1	1
1	0	a	b	c	1

则 $(H, \wedge, \vee, \to, 0, 1)$ 是 Heyting-代数. 定义映射 $s: H \to [0,1]$ 为 $s(0) = 0, s(a) = s(b) = \dfrac{1}{2}, s(c) = s(1) = 1$. 可验证 s 是 E 上的 Riečan 态. 由推论 4.8.34 得, H 有 w-奇异滤子. 事实上, $F = \{c, 1\}$ 是 H 的 w-奇异滤子.

第5章 逻辑代数上的内态理论

一般来说,逻辑代数与其上的态不构成一个泛代数. 为了给模糊事件的概率提供代数基础, Flaminio 在文献 [58] 中引入了 MV-代数内态, 它保持了 MV-代数上的态的基本性质, 并与 MV-代数一起构成泛代数. 本章先介绍 MV-代数内态理论. 进而, 将 MV-代数的内态理论一般化到剩余格和 EQ-代数中, 建立剩余格和 EQ-代数上的内态理论.

5.1 MV-代数上的内态

在文献 [58] 中, Flaminio 引入了 MV-代数上的内态算子并研究其相关性质. 本节主要介绍这些工作, 除已标注文献的内容外, 其余的内容均来自文献 [58].

定义 5.1.1 设 L 是 MV-代数, $\sigma: L \to L$ 是 L 上的自映射. 若 σ 满足以下条件: 对任意的 $x, y \in L$,

(1) $\sigma(0) = 0$;

(2) $\sigma(\neg x) = \neg \sigma(x)$;

(3) $\sigma(x \oplus y) = \sigma(x) \oplus \sigma(y \ominus (x \odot y))$;

(4) $\sigma(\sigma(x) \oplus \sigma(y)) = \sigma(x) \oplus \sigma(y)$,

则称 σ 是 L 上的**内态算子**, 并称 (L, σ) 为**态 MV-代数**.

例 5.1.2 (1) 设 L 是 MV-代数. σ 是 L 上的恒等映射, 则 (L, σ) 为态 MV-代数.

(2) 设 L 是 MV-代数. σ 是 L 上的幂等自同态映射, 则 (L, σ) 为态 MV-代数.

命题 5.1.3 设 (L, σ) 是态 MV-代数, 则以下结论成立: 对任意的 $x, y \in L$,

(1) $\sigma(1) = 1$;

(2) 若 $x \leq y$, 则 $\sigma(x) \leq \sigma(y)$;

(3) $\sigma(x \oplus y) \leq \sigma(x) \oplus \sigma(y)$, 当 $x \odot y = 0$ 时等号成立;

(4) $\sigma(x \ominus y) \geq \sigma(x) \ominus \sigma(y)$, 当 $y \leq x$ 时等号成立;

(5) $\sigma(d(x,y)) \leq d(\sigma(x), \sigma(y))$;

(6) $\sigma(x) \odot \sigma(y) \leq \sigma(x \odot y)$;

(7) 若 $x \oplus y = 1$, 则 $\sigma(x \odot y) = \sigma(x) \odot \sigma(y)$;

(8) $\sigma\sigma(x) = \sigma(x)$;

(9) $\sigma(L) = \{\sigma(x) | x \in L\}$ 是 L 的子代数;

(10) 若 $\sigma(L) = L$, 则 σ 为恒等映射;

(11) 若 σ 是忠实的, 当 $x < y$ 时 $\sigma(x) < \sigma(y)$;

(12) 若 σ 是忠实的, 则对任意 $x \in L$, 要么 $x = \sigma(x)$, 要么 x 与 $\sigma(x)$ 不可比较.

证明 (1) 由定义 5.1.1 (1) 与 (2) 知 $\sigma(1) = \neg\sigma(0) = 1$.

(2) 设 $x \leq y$, 则 $y = x \oplus (y \ominus x)$, 从而 $\sigma(y) = \sigma(x \oplus (y \ominus x))$, 又因为 $x \odot (y \ominus x) = 0$, 所以由定义 5.1.1(3) 知 $\sigma(y) = \sigma(x) \oplus \sigma(y \ominus x) \geq \sigma(x)$.

(3) 由 (2) 知 $\sigma(y) \geq \sigma(y \ominus (x \odot y))$, 从而 $\sigma(x \oplus y) = \sigma(x) \oplus \sigma(y \ominus (x \odot y)) \leq \sigma(x) \oplus \sigma(y)$. 若 $x \odot y = 0$, 则 $\sigma(x \oplus y) = \sigma(x) \oplus \sigma(y \ominus (x \odot y)) = \sigma(x) \oplus \sigma(y)$.

(4) 由 (3) 及定义 5.1.1(2) 知 $\sigma(x \ominus y) = \sigma(\neg(\neg x \oplus y)) = \neg\sigma(\neg x \oplus y) \geq \neg(\neg\sigma(x) \oplus \sigma(y)) = \sigma(x) \ominus \sigma(y)$. 进一步 若 $y \leq x$, 则 $\neg x \odot y = 0$, 从而由定义 5.1.1(3) 知 $\sigma(x \ominus y) = \sigma(\neg(\neg x \oplus y)) = \neg\sigma(\neg x \oplus y) = \sigma(x) \ominus \sigma(y)$.

(5) 因为 $(x \ominus y) \odot (y \ominus x) = \neg(x \to y) \odot \neg(y \to x) = \neg((x \to y) \oplus (y \to x)) \leq \neg((x \to y) \vee (y \to x)) = 0$, 所以由 (3) 和 (4) 可得: $\sigma(d(x,y)) = \sigma((x \to y) \wedge (y \to x)) = \sigma((x \to y) \odot (y \to x)) = \neg\sigma(\neg((x \to y) \odot (y \to x))) = \neg\sigma((x \ominus y) \oplus (y \ominus x)) = \neg(\sigma(x \ominus y) \oplus \sigma(y \ominus y)) \leq \neg((\sigma(x) \ominus \sigma(y)) \oplus (\sigma(y) \ominus \sigma(y))) = (\sigma(x) \to \sigma(y)) \odot (\sigma(y) \to \sigma(x)) = d(\sigma(x), \sigma(y))$.

(6) 因为 $x \odot y = \neg(x \to \neg y) = x \ominus \neg y$, 所以由 (4) 和定义 5.1.1(2) 知 $\sigma(x \odot y) = \sigma(x \ominus \neg y) \geq \sigma(x) \ominus \sigma(\neg y) = \sigma(x) \odot \sigma(y)$.

(7) 设 $x \oplus y = 1$, 则 $\neg x \odot y = 0$, 从而由 (3) 知 $\sigma(x \odot y) = \neg\sigma(\neg x \oplus \neg y) = \sigma(x) \odot \sigma(y)$.

(8) 由定义 5.1.1(1) 和 (4) 知 $\sigma(\sigma(x)) = \sigma(\sigma(x) \oplus \sigma(0)) = \sigma(x) \oplus \sigma(0) = \sigma(x)$.

(9) 由 (7) 知 $\sigma(L)$ 为 σ 的全体不动点之集. 由 (1) 及定义 5.1.1(1) 知 $0, 1 \in \sigma(L)$. 又由定义 5.1.1(4) 知 $\sigma(L)$ 关于 $\oplus$ 封闭. 由 (8) 及定义 5.1.1(2) 知 σ 关于 $\neg$ 封闭. 从而, $\sigma(L)$ 是 L 的子代数.

(10) 设 $L = \sigma(L)$, 则对任一 $x \in L$, 存在 $y \in L$ 使得 $x = \sigma(y)$, 从而 $\sigma(x) = \sigma\sigma(y) = \sigma(y) = x$.

(11) 设 σ 是忠实的, 对任意的 $x, y \in L$ 且 $x < y$, 则 $\neg x \oplus y = 1$. 假设 $\sigma(x) = \sigma(y)$, 则由 (7) 得 $\sigma(\neg x \odot y) = \neg\sigma(x) \odot \sigma(y) = 0$, 所以 $\sigma(y \to x) = \neg\sigma(\neg x \odot y) = 1$, 因为 σ 是忠实的, 所以 $y \to x = 1$, 从而 $y \leq x$, 矛盾.

(12) 设 σ 是忠实的, $x < \sigma(x)$, 则由 (11) 知 $\sigma(x) < \sigma\sigma(x) = \sigma(x)$, 矛盾. 类似可证 $\sigma(x) < x$ 也不能成立, 所以 $x = \sigma(x)$ 或者 x 与 $\sigma(x)$ 不可比较.

接下来, 利用态 MV-代数上的态滤子, 我们刻画了次直不可约态 MV-代数.

定义 5.1.4 设 (L, σ) 是态 MV-代数且 F 是 L 的滤子. 若 F 满足: 对任意的 $x \in L, x \in F$ 蕴涵 $\sigma(x) \in F$, 则称 F 是态 MV-代数 (L, σ) 的**态滤子**.

5.1 MV-代数上的内态

设 F 是态 MV-代数中的态滤子, 定义 $\sim_F = \{(x,y) \in L^2 | d(x,y) \in L\}$. 反之, 对于态 MV-代数的任一态同余关系 $\sim$, 定义 $F_\sim = \{x \in L | (x,1) \in \sim\}$.

定理 5.1.5 设 (L,σ) 是态 MV-代数, 则 (L,σ) 的全体态滤子的集合和全体态同余的集合之间存在着一一对应.

证明 仅证明 F 是态 MV-代数的态滤子当且仅当 $\sim_F$ 是它的态同余. 由于 $\sigma(1) = 1$, 从而 1 的 $\sim_1$ 同余类 $F_\sim$ 是态 MV-代数的态滤子. 反过来, 设 F 是 (L,σ) 的态滤子且 $x \sim_F y$, 则 $d(x,y) \in F$, 从而 $\sigma(d(x,y)) \in F$. 又由命题 5.1.3(5) 知 $\sigma(d(x,y)) \leq d(\sigma(x),\sigma(y))$. 因为 F 是上集, 从而 $d(\sigma(x),\sigma(y)) \in F$. 故, $\sigma(x) \sim_F \sigma(y)$.

定理 5.1.6 设 (L,σ) 是态 MV-代数, 则由 $\sigma(x)$ 生成的态滤子 $\langle\sigma(x)\rangle_\sigma = \{y \in L | \exists n \in N, 使得 y \geq (\sigma(x))^n\}$.

证明 令 $F = \{y \in L | \exists n \in N, 使得 y \geq (\sigma(x))^n\}$. 显然, $\sigma(x) \in F$ 且 F 是上集. 设 $y,z \in F$, 则存在 $n,m \in N$ 使得 $y \geq (\sigma(x))^n$, $z \geq (\sigma(y))^n$, 从而 $y \odot z \geq (\sigma(x))^n \odot (\sigma(y))^n = (\sigma(x))^{m+n}$, 所以 $y \odot z \in F$, 这就证明了 F 是 L 中的滤子. 设 $y \in F$, 则存在 $y \geq \sigma(x)^n$, 从而由命题 5.1.3(6) 知 $\sigma(y) \geq \sigma(\sigma(x)^n) \geq \sigma(\sigma(x))^n = \sigma(x)^n$, 所以, $\sigma(y) \in F$, 因此, F 是 (L,σ) 的态滤子. 另外, 由态滤子的定义知任一包含 $\sigma(x)$ 的态滤子必包含 F, 从而 $\langle\sigma(x)\rangle_\sigma = F$.

定理 5.1.7 设 (L,σ) 是次直不可约态 MV-代数, 则 $\sigma(x)$ 是全序 MV-代数.

证明 设 (L,σ) 是次直不可约态 MV-代数, 则它有最小的非平凡态滤子 F. 任取 $x \in F\backslash\{1\}$, 假设 $\sigma(x)$ 不是全序的, 则存在 $\sigma(a),\sigma(b) \in \sigma(L)$ 使得 $\sigma(a)$ 与 $\sigma(b)$ 不可比较, 从而分别由 $\sigma(a) \to \sigma(b)$ 与 $\sigma(b) \to \sigma(a)$ 生成的态滤子 $\langle\sigma(a) \to \sigma(b)\rangle_\sigma$ 与 $\langle\sigma(b) \to \sigma(a)\rangle_\sigma$ 都是非平凡的, 因而都包含 F. 特别地, $x \in \langle\sigma(a) \to \sigma(b)\rangle_\sigma$, $x \in \langle\sigma(b) \to \sigma(a)\rangle_\sigma$. 因为 $\sigma(a) \to \sigma(b), \sigma(b) \to \sigma(a) \in \sigma(L)$, 从而由命题 5.1.6 知存在 $\exists n \in N$ 使得 $x \geq \langle\sigma(b) \to \sigma(a)\rangle_\sigma$ 且 $x \geq \langle\sigma(a) \to \sigma(b)\rangle_\sigma$, 从而 $x \geq (\langle\sigma(b) \to \sigma(a))^n \vee (\langle\sigma(a) \to \sigma(b))^n = 1$, 这与 $x \neq 1$ 矛盾.

定理 5.1.8 设 (L,σ) 是态 MV-代数且 σ 是忠实的, 则以下事实等价:

(1) (L,σ) 是次直不可约态 MV-代数;

(2) $\sigma(L)$ 是次直不可约 MV-代数.

证明 (1) $\Rightarrow$ (2) 设 σ 是忠实的且 (L,σ) 是次直不可约态 MV-代数. 设 F 是 (L,σ) 中的任一非平凡的态滤子, 则由 σ 是忠实的知 $F \cap \sigma(L)$ 是 $\sigma(L)$ 中的非平凡滤子. 又 $\sigma(L)$ 中的任一滤子也是 (L,σ) 中的态滤子. 现设 F 是 (L,σ) 中的最小非平凡态滤子, 则 $F \cap \sigma(L)$ 是 $\sigma(L)$ 中最小的非平凡滤子. 事实上, 假设 G 是 $\sigma(L)$ 中任一非平凡滤子, 则由 G 生成的 (L,σ) 的态滤子 $\langle G\rangle_\sigma$ 也包含 F 且 $G = \langle G\rangle_\sigma \cap \sigma(L) \supseteq F \cap \sigma(L)$. 所以 $F \cap \sigma(L)$ 是 $\sigma(L)$ 中的最小非平凡滤子, 从而 $\sigma(L)$ 是次直不可约 MV-代数.

(2) $\Rightarrow$ (1) 设 F 是 $\sigma(L)$ 中的最小非平凡滤子, 则由 F 在 (L, σ) 中生成的态滤子 $\langle F \rangle_\sigma$ 也是 (L, σ) 中的最小非平凡态滤子. 事实上, 设 G 是 (L, σ) 中的任一非平凡的态滤子, 则 $G \cap \sigma(L) \supseteq F = \langle F \rangle_\sigma \cap \sigma(L)$, 从而 $F \subseteq G$, 进而 $\langle F \rangle_\sigma \subseteq G$, 所以, $\langle F \rangle_\sigma$ 是 (L, σ) 中的最小的非平凡的态滤子. 因此, (L, σ) 是次直不可约态 MV-代数.

下面讨论态 MV-代数与 MV-代数态之间的关系.

定理 5.1.9 设 (L, σ) 是态 MV-代数且 F 是 $\sigma(L)$ 中的极大滤子, 则 s 是 MV-代数 L 上的一个态, 其中, $s = i \circ n_F \circ \sigma$, $i : \sigma(L)/F \to [0, 1]_{\text{MV}}$, $n_F : \sigma(L) \to \sigma(L)/F$.

证明 因为 $\sigma(1) = 1$, 映射 i 与 n_F 都保持 1, 所以 $s(1) = 1$. 任取 $x, y \in L$ 使得 $x \odot y = 0$, 则由命题 5.1.3(5) 知 $\sigma(x) \odot \sigma(y) = 0$, 从而 $s(x) \odot s(y) = 0$. 因而 $s(x \oplus y) = s(x) \oplus s(y) = s(x) + s(y) - s(x) \odot s(y) = s(x) + s(y)$.

定义 5.1.10 设 L_1, L_2, L_3 是 MV-代数, 映射 $L_1 \times L_2 \to L_3$ 称为一个**双同态** β, 若满足以下条件: 对任意的 $x_1, x_2, x_3 \in L_1$, $y_1, y_2, y_3 \in L_2$,

(1) $\beta(1, 1) = 1$;

(2) $\beta(x, 0) = 0 = \beta(0, x)$;

(3) $\beta(x, y_1 \vee y_2) = \beta(x, y_1) \vee \beta(x, y_2)$, $\beta(x_1 \vee x_2, y) = \beta(x_1, y) \vee \beta(x_2, y)$;

(3) $\beta(x, y_1 \wedge y_2) = \beta(x, y_1) \wedge \beta(x, y_2)$, $\beta(x_1 \wedge x_2, y) = \beta(x_1, y) \wedge \beta(x_2, y)$;

(4) 当 $y_1 \odot y_2 = 0$, $\beta(x, y_1) \odot \beta(x, y_2) = 0$, $\beta(x, y_1 \oplus y_2) = \beta(x, y_1) \oplus \beta(x, y_2)$.

对称地, 当 $x_1 \odot x_2 = 0$ 时, $\beta(x_1, y) \odot \beta(x_2, y) = 0$, $\beta(x_1 \oplus x_2, y) = \beta(x_1, y) \oplus \beta(x_2, y)$.

定义 5.1.11 设 L 是 MV-代数, 若 L 满足下列条件:

(1) 存在双同态 $\beta : A \times B \to A \otimes B$;

(2) β 具有泛性质, 即对任一 MV-代数 C 及双同态 $\beta' : A \times B \to C$, 存在唯一 MV-同态 $\lambda : A \otimes B \to C$ 使得 $\beta' = \lambda \circ \beta$,

则称 L 为 A 与 B 的张量积, 记为 $A \otimes B$.

命题 5.1.12 设 $T = [0, 1]_{\text{MV}} \odot L$, $a_1, a_2, a_3 \in [0, 1]$, $x_1, x_2, x_3 \in L$, 则以下性质成立:

(1) $(a_2 \oplus a_3) \odot 1 = (a_2 \odot 1) \oplus (a_3 \odot 1)$, $1 \odot (x_2 \oplus x_3) = (1 \odot x_2) \oplus (1 \odot x_3)$.

(2) $\neg(a_1 \odot 1) = (1 - a_1) \odot 1$; $\neg(1 \odot x_1) = 1 \odot (\neg x_1)$.

(3) 映射 $a_1 \mapsto a_1 \odot 1$ 与 $x_1 \mapsto 1 \odot x_1$ 分别是 $[0, 1]_{\text{MV}}$ 与 L 到 T 的嵌入.

(4) 当 $a_2 \odot a_2 = 0$ 时, $(a_2 \oplus a_3) \odot x_1 = (a_2 \odot x_1) \oplus (a_3 \odot x_1)$; 当 $x_2 \odot x_3 = 0$ 时, $a_1 \odot (x_2 \oplus x_3) = (a_1 \odot x_2) \oplus (a_1 \odot x_3)$.

(5) $a_1 \odot (x_2 \ominus x_3) = (a_1 \odot x_2) \ominus (a_1 \odot x_3)$, $(a_2 \ominus a_3) \odot x = (a_2 \odot x_1) \ominus (a_2 \odot x_1)$.

(6) $1 \odot 1 = 1$, $0 \odot a_1 = a_1 \odot 0 = 0$.

命题 5.1.13 设 $s: L \to [0,1]$ 是 L 上的态, $T = [0,1]_{\mathrm{MV}} \odot L$, 定义 $\sigma: T \to T$ 为
$$\sigma(\alpha \odot x) = \alpha \odot s(x), \quad a \odot x \in T,$$
则 (T, σ) 是一个态 MV-代数.

证明 参阅文献 [22] 中定理 5.3, 以及 MV-代数与带强单位的格序群范畴等价的相关知识.

5.2 剩余格上的内态

本节介绍剩余格上的内态算子并研究其相关性质, 其中未标明的概念及结果均来自文献 [69].

定义 5.2.1 设 L 是剩余格. 若映射 $\tau: L \to L$ 满足: 对任意的 $x, y \in L$,

(L1) $\tau(0) = 0$;

(L2) $x \to y = 1 \Rightarrow \tau(x) \to \tau(y) = 1$;

(L3) $\tau(x \to y) = \tau(x) \to \tau(x \wedge y)$;

(L4) $\tau(x \odot y) = \tau(x) \odot \tau(x \to (x \odot y))$;

(L5) $\tau(\tau(x) \odot \tau(y)) = \tau(x) \odot \tau(y)$;

(L6) $\tau(\tau(x) \to \tau(y)) = \tau(x) \to \tau(y)$;

(L7) $\tau(\tau(x) \vee \tau(y)) = \tau(x) \vee \tau(y)$;

(L8) $\tau(\tau(x) \wedge \tau(y)) = \tau(x) \wedge \tau(y)$,

则称 τ 为剩余格 L 的态算子, (L, τ) 称为态剩余格, 或者称具有内态的剩余格.

设 τ 是剩余格 L 上的态算子, 则称 $\ker(\tau) = \{x \in L | \tau(x) = 1\}$ 是 τ 的核. 若 $\ker(\tau) = \{1\}$, 则称 τ 是忠实的.

2011 年 Ciungu 等在文献 [34] 中提出了态 BL-代数, 他们是在 BL-代数上定义了态算子 $\tau: L \to L$ 且满足 (L1) 和 (L3)—(L6). 众所周知, BL-代数满足可分性与预线性型. 因此, 在态 BL-代数中 (L4) 可以推出 (L2), (L5) 和 (L6) 可以推出 (L7) 和 (L8). 故态剩余格是由态 BL-代数发展而成的. 而在文献 [34, 57, 58] 中已经证明了态 MV-代数当且仅当可看作是态 BL-代数. 根据这种观点, 态剩余格也是态 MV-代数发展而成的. 显然态 BL-代数和态剩余格的类可以形成一个簇[23].

例 5.2.2 设 L 是剩余格, 由命题 1.2.5 可知 id_L 是态算子 L. 因此 (L, id_L) 是态剩余格, 即剩余格可看成态剩余格.

例 5.2.3 设 $L = \{0, a, b, c, 1\}$ 且 $0 < a < b < c < 1$. $\odot$ 与 $\to$ 定义如下:

⊙	0	a	b	c	1
0	0	0	0	0	0
a	0	a	a	a	a
b	0	a	a	a	b
c	0	a	a	c	c
1	0	a	b	c	1

→	0	a	b	c	1
0	1	1	1	1	1
a	0	1	1	1	1
b	0	c	1	1	1
c	0	b	b	1	1
1	0	a	b	c	1

则 $(L, \wedge, \vee, \odot, \rightarrow, 0, 1)$ 是剩余格但不是 $R\ell$-monoid, 因为 $b = b \wedge c \neq c \odot (c \rightarrow b) = c \odot b = a$. 定义映射 τ 如下:

$$\tau(x) = \begin{cases} 0, & x = 0, \\ a, & x = a, b, \\ 1, & x = 1, c. \end{cases}$$

容易验证 τ 是态算子, (L, τ) 是态剩余格.

例 5.2.4 设 $L = [0, 1]$ 是实单位区间. 对于任意 $x, y \in L$, $\odot$ 与 $\rightarrow$ 定义如下: $x \odot y = \min\{x, y\}$, $x \rightarrow y = \tau_a(x) = \begin{cases} 1, & x \leq y, \\ y, & 否则, \end{cases}$ 则 $(L, \min, \max, \odot, \rightarrow, 0, 1)$ 是剩余格. 定义映射 τ_a 如下: $(\forall a \in L)$

$$\tau_a(x) = \begin{cases} x, & x \leq a, \\ 1, & 否则. \end{cases}$$

容易验证 τ_a 是态算子, (L, τ_a) 是态剩余格.

下面介绍剩余格上态算子的一些性质.

命题 5.2.5 设 (L, τ) 是态剩余格, 则下列性质成立: 对任意 $x, y \in L$,

(1) $\tau(1) = 1$;

(2) $x \leq y$ 蕴涵 $\tau(x) \leq \tau(y)$;

(3) $\tau(x^*) = (\tau(x))^*$;

(4) $\tau(x \odot y) \geq \tau(x) \odot \tau(y)$. 若 $x \odot y = 0$, 则 $\tau(x \odot y) = \tau(x) \odot \tau(y)$;

(5) $\tau(x \odot y^*) \geq \tau(x) \odot (\tau(y))^*$. 若 $x \leq y$, 则 $\tau(x \odot y^*) = \tau(x) \odot (\tau(y))^*$;

(6) $\tau(x \rightarrow y) \leq \tau(x) \rightarrow \tau(y)$, 特别地, 若 x, y 可比较, 则 $\tau(x \rightarrow y) = \tau(x) \rightarrow \tau(y)$;

(7) 若 τ 是忠实的, 则 $x < y$ 蕴涵 $\tau(x) < \tau(y)$;

(8) $\tau^2(x) = \tau(x)$;

(9) $\tau(L) = \text{Fix}(\tau)$, 其中 $\text{Fix}(\tau) = \{x \in L | \tau(x) = x\}$;

(10) $\tau(L)$ 是 L 的子代数;

(11) $\ker(\tau)$ 是 L 的滤子.

证明 (1) 由 $(L3)$ 知 $\tau(1) = \tau(0 \to 0) = \tau(0) \to \tau(0 \wedge 0) = 1$.

(2) 若 $x \leq y$, 则 $x \to y = 1$. 又由 $(L2)$ 有 $\tau(x) \to \tau(y) = 1$. 因此, $\tau(x) \leq \tau(y)$.

(3) 由 $(L3)$ 有 $\tau(x^*) = \tau(x \to 0) = \tau(x) \to \tau(x \wedge 0) = \tau(x) \to 0 = (\tau(x))^*$.

(4) 由 $x \odot y \leq x \odot y$ 知 $y \leq x \to (x \odot y)$. 又因 (2), 有 $\tau(y) \leq \tau(x \to (x \odot y))$. 根据 $(L4)$ 可得 $\tau(x \odot y) = \tau(x) \odot \tau(x \to (x \odot y)) \geq \tau(x) \odot \tau(y)$. 又 $x \odot y = 0$, 则 $\tau(x \odot y) = \tau(0) = 0$, 因此 $\tau(x \odot y) = \tau(x) \odot \tau(y) = 0$.

(5) 由 (3) 和 (4) 有 $\tau(x \odot y^*) \geq \tau(x) \odot (\tau(y))^*$. 如果 $x \leq y$, 则有 $y^* \leq x^*$, 故 $x \odot y^* \leq x \odot x^* = 0$, 进而有 $\tau(x \odot y^*) = 0$, 因此 $\tau(x \odot y^*) = \tau(x) \odot (\tau(y))^*$.

(6) 由 $(L3)$ 可得 $\tau(x \to y) = \tau(x) \to \tau(x \wedge y) \leq \tau(x) \to \tau(y)$. 如果 $x \leq y$, 则有 $\tau(x) \leq \tau(y)$ 和 $x \to y = 1$. 故有 $\tau(x) \to \tau(y) = 1$ 和 $\tau(x \to y) = 1$, 因此 $\tau(x \to y) = \tau(x) \to \tau(y)$. 另一方面, 若 $y \leq x$, 则 $x \wedge y = y$. 又由 $(L3)$, 则有 $\tau(x \to y) = \tau(x) \to \tau(y)$.

(7) 由 (2), 如果 $x < y$, 那么 $\tau(x) \leq \tau(y)$. 假设 $\tau(x) = \tau(y)$, 则 $\tau(y \to x) = \tau(y) \to \tau(x) = 1$. 又因 τ 是忠实的, 故 $y \to x \in \ker(\tau) = \{1\}$, 即 $y \to x = 1$, 因此 $y \leq x$, 矛盾.

(8) 由 $(L5)$ 和 (1) 知 $\tau^2(x) = \tau(\tau(x)) = \tau(\tau(x) \odot \tau(1)) = \tau(x) \odot \tau(1) = \tau(x)$.

(9) 设 $y \in \tau(L)$, 则存在 $x \in L$ 使得 $y = \tau(x)$. 因此 $\tau(y) = \tau(\tau(x)) = \tau(x) = y$. 进而可得 $y \in \text{Fix}(\tau)$. 反之, 如果 $y \in \text{Fix}(\tau) = \{x \in L | \tau(x) = x\}$, 则有 $y \in \tau(L)$. 因此 $\tau(L) = \text{Fix}(\tau)$.

(10) 由 $(L1), (L5)$—$(L8)$ 和 (1) 知 $\tau(L)$ 对 $\wedge, \vee, \odot, \to, 0, 1$ 这些运算封闭. 因此 $\tau(L)$ 是 L 的子代数.

(11) 因为 $\tau(1) = 1$, 所以 $1 \in \ker(\tau)$. 设 $x, y \in \ker(\tau)$, 则 $\tau(x \odot y) \geq \tau(x) \odot \tau(y) = 1$, 因此 $\tau(x \odot y) = 1$, 即 $x \odot y \in \ker(\tau)$. 另一方面, 如果 $x \in \ker(\tau)$ 和 $y \in L$ 使得 $x \leq y$ 成立, 则有 $1 = \tau(x) \leq \tau(y)$, 即 $y \in \ker(\tau)$. 因此, $\ker(\tau)$ 是 L 上的滤子.

命题 5.2.6 设 τ 是剩余格 L 上的态算子, 若 L 是 $R\ell$-monoid, 则下列结论成立: 对任意 $x, y \in L$,

(1) $\tau(x \wedge y) = \tau(x) \odot \tau(x \to y)$;

(2) $\tau(x \to y) = \tau(x) \to \tau(y)$ 当且仅当 $\tau(y \to x) = \tau(y) \to \tau(x)$ 当且仅当 $\tau(x \wedge y) = \tau(x) \wedge \tau(y)$.

证明 (1) 由 $(L4)$ 可得 $\tau(x \wedge y) = \tau(x \odot (x \to y)) = \tau(x) \odot \tau(x \to (x \odot (x \to y))) = \tau(x) \odot \tau(x \to (x \wedge y)) = \tau(x) \odot \tau(x \to y)$.

(2) 假设 $\tau(x \to y) = \tau(x) \to \tau(y)$. 由 (L3) 和 (1) 知 $\tau(y \to x) = \tau(y) \to \tau(y \wedge x) = \tau(y) \to (\tau(x) \odot \tau(x \to y)) = \tau(y) \to (\tau(x) \odot (\tau(x) \to \tau(y))) = \tau(y) \to (\tau(x) \wedge \tau(y)) = \tau(y) \to \tau(x)$. 同理, 由 $\tau(y \to x) = \tau(y) \to \tau(x)$ 可得 $\tau(x \to y) = \tau(x) \to \tau(y)$.

假设 $\tau(x \to y) = \tau(x) \to \tau(y)$. 由 (1) 知 $\tau(x \wedge y) = \tau(x) \odot \tau(x \to y) = \tau(x) \odot (\tau(x) \to \tau(y)) = \tau(x) \wedge \tau(y)$. 反之, 若 $\tau(x \wedge y) = \tau(x) \wedge \tau(y)$, 则有 $\tau(x \to y) = \tau(x) \to \tau(x \wedge y) = \tau(x) \to (\tau(x) \wedge \tau(y)) = \tau(x) \to \tau(y)$.

定理 5.2.7 设 L 是剩余格, 则下列结论等价:

(1) L 是一个 $R\ell$-monoid;

(2) 每个态算子 τ 均满足 $\tau(x \wedge y) = \tau(x) \odot \tau(x \to y), \forall x, y \in L$.

证明 $(1) \Rightarrow (2)$ 由命题 5.2.6(1) 可得.

$(2) \Rightarrow (1)$ 假设 $\forall x, y \in L$, 每个态算子 τ 均满足 $\tau(x \wedge y) = \tau(x) \odot \tau(x \to y)$. 令 $\tau = id_L$, 则 $\forall x, y \in L$, 有 $x \wedge y = x \odot (x \to y)$. 因此, L 是 $R\ell$-monoid.

命题 5.2.8 τ 是剩余格 L 上的态算子, 若 L 是 Heyting 代数, 则下列结论成立: 对任意 $x, y \in L$,

(1) $\tau(x \wedge y) = \tau(x \odot y) = \tau(x) \odot \tau(y) = \tau(x) \wedge \tau(y)$;

(2) $\tau(x \to y) = \tau(x) \to \tau(y)$.

证明 (1) 由命题 5.2.5(4) 知 $\tau(x \wedge y) = \tau(x \odot y) \geq \tau(x) \odot \tau(y) = \tau(x) \wedge \tau(y)$. 另一方面, $\tau(x \wedge y) \leq \tau(x) \wedge \tau(y) = \tau(x) \odot \tau(y)$. 因此, $\tau(x \wedge y) = \tau(x \odot y) = \tau(x) \odot \tau(y) = \tau(x) \wedge \tau(y)$.

(2) 因为对于任意 $x, y \in L$, Heyting 代数满足 $x \odot y = x \wedge y = x \odot (x \to y)$. 故由命题 5.2.6(2) 和 (1) 有 $\tau(x \to y) = \tau(x) \to \tau(y)$.

定理 5.2.9 设 L 是剩余格, 则下列结论等价:

(1) L 是 Heyting 代数;

(2) 对于任意 $x, y \in L$, 每个态算子 τ 均满足 $\tau(x \wedge y) = \tau(x) \odot \tau(y)$.

证明 $(1) \Rightarrow (2)$ 由命题 5.2.8(1) 可得.

$(2) \Rightarrow (1)$ 假设对于任意 $x, y \in L$, 每个态算子 τ 均满足 $\tau(x \wedge y) = \tau(x) \odot \tau(y)$. 令 $\tau = id_L$, 则对于任意 $x, y \in L$, 有 $x \wedge y = x \odot y$. 因此, L 是 Heyting 代数.

下面讨论剩余格上态算子与态之间的关系.

定理 5.2.10 设 L 是剩余格, τ 是态算子且保 $\to$ 运算. 若 s 是 $\tau(L)$ 的 Bosbach 态, 则 s_τ 也是 Bosbach 态, 其中 $s_\tau(x) = s(\tau(x))$.

证明 显然 $s_\tau(0) = 1, s_\tau(1) = 1$.

假设 τ 保 $\to$ 运算. 故对任意 $x, y \in L$, 有 $s_\tau(x) + s_\tau(x \to y) = s(\tau(x)) + s(\tau(x \to y)) = s(\tau(x)) + s(\tau(x) \to \tau(y)) = s(\tau(y)) + s(\tau(y) \to \tau(x)) = s(\tau(y)) + s(\tau(y \to x)) = s_\tau(y) + s_\tau(y \to x)$. 因此, s_τ 是 Bosbach 态.

5.2 剩余格上的内态

推论 5.2.11 (1) 设 L 是线性序剩余格, τ 是 L 上的态算子. 若 s 是 $\tau(L)$ 上的 Bosbach 态, 则 s_τ 也是 Bosbach 态, 其中 $s_\tau(x) = s(\tau(x))$.

(2) 设 L 是幂等剩余格, 即 L 是 Heyting 代数且 τ 是 L 上的态算子. 若 s 是 $\tau(L)$ 上的 Bosbach 态, 则 s_τ 也是 Bosbach 态, 其中 $s_\tau(x) = s(\tau(x))$.

证明 (1) 设 L 是线性序剩余格, 由命题 5.2.5(6) 知 τ 保 $\to$ 运算, 因此由 5.2.10 知 s_τ 是 L 上的 Bosbach 态.

(2) 由命题 5.2.8(2) 和定理 5.2.10 可得.

定理 5.2.12 设 L 是剩余格, τ 是 L 上的态算子. 若 s 是 $\tau(L)$ 上的 Riečan 态, 则 s_τ 也是 Riečan 态, 其中 $s_\tau(x) = s(\tau(x))$.

证明 显然 $s_\tau(1) = 1$.

下面我们将证明当 $x \perp y$ 时, $s_\tau(x+y) = s_\tau(x) + s_\tau(y)$ 成立. 首先证明当 $x \perp y$ 时, $\tau(x+y) = \tau(x) + \tau(y)$ 成立. 假设 $x \perp y$, 则有 $x^{**} \leq y^*$, 进而有 $\tau(x^{**}) \leq \tau(y^*)$, 即 $(\tau(x))^{**} \leq (\tau(y))^*$. 因此 $\tau(x) \perp \tau(y)$. 故有 $\tau(x) + \tau(y) = (\tau(y))^* \to (\tau(x))^{**} = (\tau(x))^* \to (\tau(y))^{**}$ 且 $\tau(x+y) = \tau(x^* \to y^{**}) = \tau(x^*) \to \tau(x^* \wedge y^{**})$. 又因 $x \perp y$, 则 $y^{**} \leq x^*$. 因此, $\tau(x+y) = \tau(x^*) \to \tau(y^{**}) = (\tau(x))^* \to (\tau(y))^{**} = \tau(x) + \tau(y)$.

其次再证明当 $x \perp y$ 时, $s_\tau(x+y) = s_\tau(x) + s_\tau(y)$ 成立. 因为当 $x \perp y$ 时 $\tau(x+y) = \tau(x) + \tau(y)$ 成立, 故有 $s_\tau(x+y) = s(\tau(x+y)) = s(\tau(x)+\tau(y)) = s(\tau(x)) + s(\tau(y)) = s_\tau(x) + s_\tau(y)$. 因此, s_τ 是 L 上的 Riečan 态.

下面介绍态剩余格上的态滤子, 并且讨论态剩余格的一些分类.

定义 5.2.13 设 (L, τ) 是态剩余格. $\forall x \in L$, 若 $x \in F$, 有 $\tau(x) \in F$, 则滤子 F 称为 (L, τ) 上的态滤子. 若真态滤子 G 不完全包含在任意真态滤子中, 则称 G 为极大态滤子.

记 (L, τ) 上所有态滤子的集合记为 $SF[L]$.

例 5.2.14 设 (L, τ) 是态剩余格, 则 $\ker(\tau)$ 是态滤子.

例 5.2.15 设 $L = \{0, a, b, c, d, 1\}$, 其哈塞图和 $\odot, \to$ 定义如下:

$\odot$	0	a	b	c	d	1
0	0	0	0	0	0	0
a	0	0	a	0	0	a
b	0	a	b	0	a	b
c	0	0	0	c	c	c
d	0	0	a	c	c	d
1	0	a	b	c	d	1

$\to$	0	a	b	c	d	1
0	1	1	1	1	1	1
a	d	1	1	d	1	1
b	c	d	1	c	d	1
c	b	b	b	1	1	1
d	a	b	d	1	1	1
1	0	a	b	c	d	1

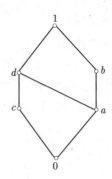

则 $(L, \wedge, \vee, \odot, \rightarrow, 0, 1)$ 是剩余格. 其滤子分别为 $\{1\}, \{b, 1\}, \{c, d, 1\}$ 和 L. 定义映射 τ 如下:

$$\tau(x) = \begin{cases} 0, & x = 0, a, b, \\ 1, & x = c, d, 1. \end{cases}$$

容易验证 (L, τ) 是态剩余格且态滤子为 $\{1\}, \{c, d, 1\}$ 和 L.

设 (L, τ) 是态剩余格, $\varnothing \neq X \subseteq L$. 记 $\langle X \rangle_\tau$ 为由 X 生成的态滤子, 即 $\langle X \rangle_\tau$ 是包含 X 的最小态滤子. 若 F 是态滤子且 $x \notin F$, 记 $\langle F, x \rangle_\tau := \langle F \cup \{x\} \rangle_\tau$.

定理 5.2.16 设 (L, τ) 是态剩余格, 且 $\varnothing \neq X \subseteq L$, 则:
$$\langle X \rangle_\tau = \{x \in L | x \geq (x_1 \odot \tau(x_1))^{n_1} \odot \cdots \odot (x_k \odot \tau(x_k))^{n_k}, x_i \in X, n_i \geq 1, k \geq 1\}.$$

证明 证明类似于 [34] 中的命题 5.4.

定理 5.2.17 设 F, F_1, F_2 是 (L, τ) 的态滤子且 $a \notin F$, 则下列结论成立:

(1) $\langle a \rangle_\tau = \{x \in L | x \geq (a \odot \tau(a))^n, n \geq 1\}$, 其中 $\langle a \rangle_\tau$ 被称为主态滤子;

(2) $\langle F, a \rangle_\tau = \{x \in L | x \geq f \odot (a \odot \tau(a))^n, f \in F, n \geq 1\}$;

(3) $\langle F_1 \cup F_2 \rangle_\tau = \{x \in L | x \geq f_1 \odot f_2, f_1 \in F_1, f_2 \in F_2, n \geq 1\}$.

证明 由定理 5.2.16 可得.

定理 5.2.18 设 (L, τ) 是态剩余格. 真态滤子 F 是极大态滤子当且仅当对于任意 $a \notin F$, 存在正整数 $n \geq 1$ 使得 $(\tau(a)^n)^* \in F$.

证明 证明类似于 [34] 中的命题 5.8.

命题 5.2.19 设 (L, τ) 是态剩余格. 则以下结论成立:

(1) 若 F 是 $\tau(L)$ 的 (极大) 滤子, 则 $\tau^{-1}(F)$ 是 (L, τ) 的 (极大) 态滤子;

(2) 若 F 是 (L, τ) 的 (极大) 态滤子, 则 $\tau(F)$ 是 $\tau(L)$ 的 (极大) 滤子.

证明 (1) 假设 F 是 $\tau(L)$ 的滤子. 若 $x, y \in \tau^{-1}(F)$, 则 $\tau(x), \tau(y) \in F$. 故有 $\tau(x) \odot \tau(y) \in F$. 又因 $\tau(x \odot y) \geq \tau(x) \odot \tau(y)$ 和 $\tau(x \odot y) \in \tau(L)$, 故有 $\tau(x \odot y) \in F$, 即 $x \odot y \in \tau^{-1}(F)$. 不妨假设 $x, y \in L$ 使得 $x \in \tau^{-1}(F)$ 和 $x \leq y$, 则 $\tau(x) \leq \tau(y)$. 再由 $\tau(x) \in F$ 和 $\tau(y) \in \tau(L)$ 知 $\tau(y) \in F$, 即 $y \in \tau^{-1}(F)$. 因此, $\tau^{-1}(F)$ 是 L 的滤子.

若 $x \in \tau^{-1}(F)$, 则有 $\tau(x) \in F$, 进而有 $\tau(\tau(x)) = \tau(x) \in F$, 即 $\tau(x) \in \tau^{-1}(F)$. 因此, $\tau^{-1}(F)$ $\tau^{-1}(F)$ 是 (L,τ) 的态滤子.

现假设 F 是 $\tau(L)$ 的极大滤子. 令 $a \notin \tau^{-1}(F)$, 则有 $\tau(a) \notin F$. 由 F 的极大性知, 存在正整数 $n \geq 1$ 使得 $(\tau(a)^n)^* \in F \subseteq \tau(L)$. 又由 $\tau((\tau(a)^n)^*) = (\tau(a)^n)^* \in F$ 知 $(\tau(a)^n)^* \in \tau^{-1}(F)$. 因此, $\tau^{-1}(F)$ 是 (L,τ) 的极大态滤子.

(2) 先证 $\tau(F) = F \cap \tau(L)$. 事实上, 如果 $x \in F \cap \tau(L)$, $x \in \tau(L)$ 和 $x \in F$, 则有 $x = \tau(x)$ 和 $\tau(x) \in \tau(F)$. 故有 $x \in \tau(F)$. 因此 $F \cap \tau(L) \subseteq \tau(F)$. 反之, 若 $y \in \tau(F)$, 则存在 $x \in F$ 使得 $y = \tau(x)$. 又因 F 是 (L,τ) 的态滤子, 则有 $y = \tau(x) \in F$. 故有 $\tau(F) = F \cap \tau(L)$.

若 $x, y \in \tau(F) = F \cap \tau(L)$, 则 $x \odot y \in F \cap \tau(L) = \tau(F)$. 另一方面, 若 $x \in \tau(F) = F \cap \tau(L)$, $y \in \tau(L)$ 使得 $y \geq x$, 则有 $y \in F \cap \tau(L) = \tau(F)$. 因此, $\tau(F)$ 是 $\tau(L)$ 的滤子.

再证 $\tau(F)$ 是 $\tau(L)$ 的极大滤子. 假设 F 是极大的且 $\tau(a) \notin \tau(F)$, 则有 $a \notin F$ 且存在正整数 $n \geq 1$ 使得 $(\tau(a)^n)^* \in F$ 和 $\tau((\tau(a)^n)^*) = (\tau(\tau(a)^n))^* \in \tau(F)$ 成立. 又因 $\tau(\tau(a)^n) \geq (\tau(\tau(a)))^n = (\tau(a))^n$, 则有 $((\tau(a))^n)^* \geq (\tau(\tau(a)^n))^* \in \tau(F)$. 故有 $(\tau(a)^n)^* \in \tau(F)$. 因此, $\tau(F)$ 是 $\tau(L)$ 的极大滤子.

下面给出两类态剩余格的一些刻画.

定义 5.2.20 设 (L,τ) 是态剩余格. 若 (L,τ) 只有两个态滤子 $\{1\}$ 和 L, 则称其为态单的.

定理 5.2.21 设 (L,τ) 是态剩余格, 则下列结论等价:

(1) (L,τ) 是态单的;

(2) $\tau(L)$ 是单的且 τ 是忠实的.

证明 (1) $\Rightarrow$ (2) 设 F 是 $\tau(L)$ 的滤子且 $F \neq \{1\}$, 则由命题 5.2.19(1) 知 $\tau^{-1}(F)$ 是 (L,τ) 的态滤子. 因为 (L,τ) 是态单的, 则有 $\tau^{-1}(F) = \{1\}$ 或者 $\tau^{-1}(F) = L$. 又因 $F \subseteq \tau^{-1}(F)$ (若 $x \in F$, 则 $\tau(x) = x$, 即 $x \in \tau^{-1}(F)$), 则有 $\tau^{-1}(F) \neq \{1\}$. 故有 $\tau^{-1}(F) = L$. 进而有 $0 \in \tau^{-1}(F)$, 即 $0 = \tau(0) \in F$. 故 $F = \tau(L)$. 因此 $\tau(L)$ 是单的.

下证 τ 是忠实的. 由例 5.2.14 知 $\ker(\tau)$ 是 (L,τ) 的态滤子且 $\ker(\tau) \neq L$. 故有 $\ker(\tau) = \{1\}$. 因此 τ 是忠实的.

(2) $\Rightarrow$ (1) 设 F 是 (L,τ) 的态滤子且 $F \neq \{1\}$. 由命题 5.2.19(2) 知 $\tau(F)$ 是 $\tau(L)$ 的滤子. 又因 $\tau(L)$ 是单的, 故有 $\tau(F) = \{1\}$ 或者 $\tau(F) = \tau(L)$. 再由 τ 是忠实的和 $F \neq \{1\}$, 则有 $\tau(F) \neq \{1\}$. 因而 $\tau(F) = \tau(L)$. 则 $0 \in \tau(F)$, 即 $0 \in F$. 所以 $F = L$. 因此, (L,τ) 态单的.

例 5.2.22 设 $L = \{0, a, b, c, d, 1\}$, 其哈塞图和 $\odot, \to$ 定义如下:

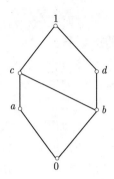

⊙	0	a	b	c	d	1
0	0	0	0	0	0	0
a	0	a	0	a	0	a
b	0	0	0	0	b	b
c	0	a	0	a	b	c
d	0	0	b	b	d	d
1	0	a	b	c	d	1

→	0	a	b	c	d	1
0	1	1	1	1	1	1
a	d	1	d	1	d	1
b	c	c	1	1	1	1
c	b	c	d	1	d	1
d	a	a	c	c	1	1
1	0	a	b	c	d	1

则 $(L, \wedge, \vee, \odot, \rightarrow, 0, 1)$ 是剩余格. 定义映射 τ 如下:

$$\tau(x) = \begin{cases} 0, & x = 0, b, d; \\ 1, & x = a, c, 1. \end{cases}$$

容易验证 (L, τ) 是态剩余格, $\tau(L) = \{0, 1\}$ 是单的. 但 (L, τ) 不是态单的且 τ 不是忠实的.

定义 5.2.23 设 (L, τ) 是态剩余格. 若 (L, τ) 只有一个极大态滤子, 则称 (L, τ) 为态局部的.

定理 5.2.24 设 (L, τ) 是态剩余格, 则下列结论等价:

(1) (L, τ) 是态局部的;

(2) $\tau(L)$ 是局部的.

证明 (1) ⇒ (2) 设 F 为 (L, τ) 的唯一极大态滤子. 下证 $\tau(F)$ 为 $\tau(L)$ 的唯一极大态滤子. 首先, $\tau(F)$ 是 $\tau(L)$ 的真滤子. 事实上, 若 $\tau(F) = \tau(L)$, 则 $0 \in \tau(F)$, 进而有 $0 \in F$, 矛盾. 设 F' 是 $\tau(L)$ 的滤子, $F' \neq \tau(L)$ 且 $x \in F'$, 则由命题 5.2.19(1) 知 $\tau^{-1}(F')$ 是 (L, τ) 的态滤子. 因此, $\tau^{-1}(F')$ 是 (L, τ) 的真态滤子. 事实上, 若 $\tau^{-1}(F') = L$, 则 $0 \in \tau^{-1}(F')$, 进而有 $0 \in F'$, 矛盾. 因此 $\tau^{-1}(F') \subseteq F$. 如果 $x = \tau(x) \in F'$, 则 $x \in \tau^{-1}(F')$, 故有 $x \in F$. 但是 $x = \tau(x)$, 故 $x \in \tau(F)$. 进而有 $F' \subseteq \tau(F)$. 故 $\tau(F)$ 是 $\tau(L)$ 的唯一极大滤子. 因此, $\tau(L)$ 是局部的.

(2) ⇒ (1) 假设 F' 是 $\tau(L)$ 的唯一极大滤子. 由命题 5.2.19(1) 知 $\tau^{-1}(F')$ 是 (L, τ) 的极大态滤子. 下证 $\tau^{-1}(F')$ 是 (L, τ) 的唯一态滤子. 设 F 是 (L, τ) 的态滤子

5.2 剩余格上的内态

且 $F \neq L$, 则 $\tau(F)$ 是 $\tau(L)$ 的真滤子, 故 $\tau(F) \subseteq F'$, 令 $x \in F$, 则 $\tau(x) \in \tau(F) \subseteq F'$, 故 $x \in \tau^{-1}(F')$, 进而有 $F \subseteq \tau^{-1}(F')$. 因此, (L,τ) 是态局部的.

对任意 $F_1, F_2 \in SF[L]$, 记 $F_1 \wedge F_2 = F_1 \cap F_2$ 和 $F_1 \vee F_2 = \langle F_1 \cup F_2 \rangle_\tau$.

命题 5.2.25 设 (L,τ) 是态剩余格, 则下列结论成立:

(1) 若 $a \leq b$, 则 $\langle b \rangle_\tau \subseteq \langle a \rangle_\tau$;

(2) $\langle \tau(a) \rangle_\tau \subseteq \langle a \rangle_\tau$;

(3) $\langle a \odot \tau(a) \rangle_\tau = \langle a \rangle_\tau$;

(4) $\langle a \rangle_\tau \cap \langle b \rangle_\tau = \langle (a \odot \tau(a)) \vee (b \odot \tau(b)) \rangle_\tau$;

(5) $\langle a \rangle_\tau \vee \langle b \rangle_\tau = \langle a \wedge b \rangle_\tau = \langle a \odot b \rangle_\tau$.

证明 由定理 5.2.17 可得 (1)—(3).

(4) 因为 $a \odot \tau(a) \leq (a \odot \tau(a)) \vee (b \odot \tau(b))$, 则 $\langle (a \odot \tau(a)) \vee (b \odot \tau(b)) \rangle_\tau \subseteq \langle a \odot \tau(a) \rangle_\tau = \langle a \rangle_\tau$. 类似地有 $\langle (a \odot \tau(a)) \vee (b \odot \tau(b)) \rangle_\tau \subseteq \langle b \rangle_\tau$. 因此 $\langle (a \odot \tau(a)) \vee (b \odot \tau(b)) \rangle_\tau \subseteq \langle a \rangle_\tau \cap \langle b \rangle_\tau$. 反之, 设 $x \in \langle a \rangle_\tau \cap \langle b \rangle_\tau$. 则对某些自然数 $n, m \geq 1$, 有 $x \geq (a \odot \tau(a))^m$ 和 $x \geq (b \odot \tau(b))^n$. 故 $x \geq (a \odot \tau(a))^m \vee (b \odot \tau(b))^n \geq ((a \odot \tau(a)) \vee (b \odot \tau(b)))^{mn} \geq (((a \odot \tau(a)) \vee (b \odot \tau(b))) \odot \tau((a \odot \tau(a)) \vee (b \odot \tau(b))))^{mn}$, 进而有 $x \in \langle (a \odot \tau(a)) \vee (b \odot \tau(b)) \rangle_\tau$, 即 $\langle a \rangle_\tau \cap \langle b \rangle_\tau \subseteq \langle (a \odot \tau(a)) \vee (b \odot \tau(b)) \rangle_\tau$. 因此, $\langle a \rangle_\tau \cap \langle b \rangle_\tau = \langle (a \odot \tau(a)) \vee (b \odot \tau(b)) \rangle_\tau$.

(5) 因为 $a \odot b \leq a \wedge b \leq a, b$, 则 $\langle a \rangle_\tau, \langle b \rangle_\tau \subseteq \langle a \wedge b \rangle_\tau \subseteq \langle a \odot b \rangle_\tau$. 故有 $\langle a \rangle_\tau \vee \langle b \rangle_\tau \subseteq \langle a \wedge b \rangle_\tau \subseteq \langle a \odot b \rangle_\tau$. 反之, 设 $x \in \langle a \odot b \rangle_\tau$, 则对某些自然数 $n \geq 1$, 有 $x \geq ((a \odot b) \odot \tau(a \odot b))^n \geq ((a \odot \tau(a)) \odot (b \odot \tau(b)))^n = (a \odot \tau(a))^n \odot (b \odot \tau(b))^n$. 故 $x \in \langle a \rangle_\tau \vee \langle b \rangle_\tau$, 进而有 $\langle a \odot b \rangle_\tau \subseteq \langle a \rangle_\tau \vee \langle b \rangle_\tau$. 因此, $\langle a \rangle_\tau \vee \langle b \rangle_\tau = \langle a \wedge b \rangle_\tau = \langle a \odot b \rangle_\tau$.

定理 5.2.26 设 (L, τ) 是态剩余格, 则 $(SF[L], \subseteq)$ 是框架.

证明 假设 $\{F_i\}_{i \in I}$ 是态滤子的子集族. 容易验证 $\{F_i\}_{i \in I}$ 的下确界是 $\bigwedge_{i \in I} F_i = \bigcap_{i \in I} F_i$, 上确界是 $\bigvee_{i \in I} F_i = \langle \bigcup_{i \in I} F_i \rangle_\tau = \{x \in L | x \geq x_{i_1} \odot x_{i_2} \odot \cdots \odot x_{i_m}, i_j \in I, x_{i_j} \in F_{i_j}, 1 \leq j \leq m\}$. 因此, $(SF[L], \subseteq)$ 是一个完备格.

下证对于任意 $F \in SF[L]$ 且 $\{F_i\}_{i \in I} \subseteq SF[L], F \wedge (\bigvee_{i \in I} F_i) = \bigvee_{i \in I} (F \wedge F_i)$ 成立, 即 $F \cap \langle \bigcup_{i \in I} F_i \rangle_\tau = \langle \bigcup_{i \in I} (F \cap F_i) \rangle_\tau$ 成立.

设 $x \in F \cap \langle \bigcup_{i \in I} F_i \rangle_\tau$, 则 $x \in F$ 且 $x \in \langle \bigcup_{i \in I} F_i \rangle_\tau$. 于是存在 $i_j \in I, x_{i_j} \in F_{i_j}, 1 \leq j \leq m$ 使得 $x \geq x_{i_1} \odot x_{i_2} \odot \cdots \odot x_{i_m}$ 成立. 因此 $x = x \vee (x_{i_1} \odot x_{i_2} \odot \cdots \odot x_{i_m}) \geq (x \vee x_{i_1}) \odot (x \vee x_{i_2}) \odot \cdots \odot (x \vee x_{i_m})$. 又因 F, F_{i_j} 是态滤子, 则有对每个 $1 \leq j \leq m$, $x \vee x_{i_j} \in F \cap F_{i_j}$ 成立. 于是有 $x \in \langle \bigcup_{i \in I} (F \cap F_i) \rangle_\tau$, 因此 $F \cap \langle \bigcup_{i \in I} F_i \rangle_\tau \subseteq \langle \bigcup_{i \in I} (F \cap F_i) \rangle_\tau$. 反之, 显然 $\langle \bigcup_{i \in I} (F \cap F_i) \rangle_\tau \subseteq F \cap \langle \bigcup_{i \in I} F_i \rangle_\tau$ 成立. 因此 $F \cap \langle \bigcup_{i \in I} F_i \rangle_\tau = \langle \bigcup_{i \in I} (F \cap F_i) \rangle_\tau$. 故 $(SF[L], \subseteq)$ 是框架.

根据定理 5.2.26, 映射 $F_1 \bigcap_- : SF[L] \longrightarrow SF[L], \forall F \in SF[L], F_1 \bigcap_-(F) = F_1 \cap F$ 一定有唯一的右伴随. 以下我们给其右伴随的具体刻画.

对任意 $F_1, F_2 \in SF[L]$, 记 $F_1 \hookrightarrow F_2 = \{x \in L | F_1 \cap \langle x \rangle_\tau \subseteq F_2\}$.

定理 5.2.27 $(SF[L], \subseteq)$ 是框架, 则对于任意 $F, F_1, F_2 \in SF[L]$, 下列结论成立:

(1) $F_1 \cap F \subseteq F_2 \Leftrightarrow F \subseteq F_1 \hookrightarrow F_2$, 即 $F_1 \hookrightarrow \_: SF[L] \longrightarrow SF[L]$ 是 $F_1 \cap \_ : SF[L] \longrightarrow SF[L]$ 的右伴随;

(2) $F_1 \hookrightarrow F_2 = \{x \in L | f \vee (x \odot \tau(x))^n \in F_2, \forall f \in F_1, n \geq 1\}$.

证明 (1) 首先证明 $F_1 \hookrightarrow F_2$ 是 (L, τ) 的态滤子.

显然, $F_1 \hookrightarrow F_2 \neq \varnothing$. 事实上, $\langle 1 \rangle_\tau = \{1\}$ 和 $F_1 \cap \langle 1 \rangle_\tau = \{1\} \subseteq F_2$ 成立. 因此 $1 \in F_1 \hookrightarrow F_2$.

设 $x, y \in F_1 \hookrightarrow F_2$, 则有 $F_1 \cap \langle x \rangle_\tau \subseteq F_2$ 和 $F_1 \cap \langle y \rangle_\tau \subseteq F_2$ 成立. 故 $(F_1 \cap \langle x \rangle_\tau) \vee (F_1 \cap \langle y \rangle_\tau) \subseteq F_2$. 又由定理 5.2.26 知 $F_1 \cap (\langle x \rangle_\tau \vee \langle y \rangle_\tau) \subseteq F_2$, 故 $F_1 \cap \langle x \odot y \rangle_\tau \subseteq F_2$. 因此 $x \odot y \in F_1 \hookrightarrow F_2$.

假设 $x \in F_1 \hookrightarrow F_2$ 和 $x \leq y$, 则有 $F_1 \cap \langle x \rangle_\tau \subseteq F_2$ 和 $\langle y \rangle_\tau \subseteq \langle x \rangle_\tau$. 进而有 $F_1 \cap \langle y \rangle_\tau \subseteq F_1 \cap \langle x \rangle_\tau \subseteq F_2$. 因此 $y \in F_1 \hookrightarrow F_2$.

最后, 设 $x \in F_1 \hookrightarrow F_2$, 则 $F_1 \cap \langle x \rangle_\tau \subseteq F_2$. 因为 $F_1 \cap \langle \tau(x) \rangle_\tau \subseteq F_1 \cap \langle x \rangle_\tau \subseteq F_2$, 则有 $\tau(x) \in F_1 \hookrightarrow F_2$. 因此, $F_1 \hookrightarrow F_2$ 是 (L, τ) 的态滤子.

再证, 对于任意 $F, F_1, F_2 \in SF[L]$ 有 $F_1 \cap F \subseteq F_2 \Leftrightarrow F \subseteq F_1 \hookrightarrow F_2$ 成立.

假设 $F_1 \cap F \subseteq F_2, x \in F$, 则 $F_1 \cap \langle x \rangle_\tau \subseteq F_1 \cap F \subseteq F_2$. 故有 $x \in F_1 \hookrightarrow F_2$, 即 $F \subseteq F_1 \hookrightarrow F_2$. 反之, 设 $F \subseteq F_1 \hookrightarrow F_2$ 和 $x \in F_1 \cap F$, 则有 $x \in F \subseteq F_1 \hookrightarrow F_2$, 即 $F_1 \cap \langle x \rangle_\tau \subseteq F_2$. 又因 $x \in F_1 \cap \langle x \rangle_\tau \subseteq F_2$, 则 $x \in F_2$, 故有 $F_1 \cap F \subseteq F_2$.

因此, $F_1 \hookrightarrow \_: SF[L] \longrightarrow SF[L]$ 是 $F_1 \cap \_ : SF[L] \longrightarrow SF[L]$ 的右伴随.

(2) 对于任意 $f \in F_1$ 和 $n \geq 1$, 令 $A = \{x \in L | f \vee (x \odot \tau(x))^n \in F_2, \forall f \in F_1, n \geq 1\}$. 设 $x \in F_1 \hookrightarrow F_2$, 则 $F_1 \cap \langle x \rangle_\tau \subseteq F_2$. 故对于任意 $f \in F_1$ 和 $n \geq 1$, 有 $(x \odot \tau(x))^n \in \langle x \rangle_\tau$, 则 $f \vee (x \odot \tau(x))^n \in F_1 \cap \langle x \rangle_\tau$, 进而有 $f \vee (x \odot \tau(x))^n \in F_2$. 因而 $x \in A$. 反之, 设 $x \in A$ 和 $t \in F_1 \cap \langle x \rangle_\tau$, 则存在 $n \geq 1$ 使得 $t \geq (x \odot \tau(x))^n$. 于是有 $t = t \vee (x \odot \tau(x))^n \in F_2$, 即 $F_1 \cap \langle x \rangle_\tau \subseteq F_2$. 故有 $x \in F_1 \hookrightarrow F_2$. 因此, $F_1 \hookrightarrow F_2 = \{x \in L | f \vee (x \odot \tau(x))^n \in F_2, \forall f \in F_1, n \geq 1\}$.

定理 5.2.28 设 (L, τ) 是态剩余格, $F \in SF[L]$, 则 F 是紧的当且仅当 F 是主态滤子.

证明 ($\Rightarrow$) 假设 F 是紧的. 因为 $F = \bigvee_{x \in F} \langle x \rangle_\tau$, 则存在 $x_1, x_2, \cdots, x_n$ 使得 $F = \langle x_1 \rangle_\tau \vee \langle x_2 \rangle_\tau \vee \cdots \vee \langle x_n \rangle_\tau$ 成立 ([69] 中的命题 2.10). 由命题 5.2.25(5) 知 $F = \langle x_1 \odot x_2 \odot \cdots \odot x_n \rangle_\tau$. 因此, F 是主态滤子.

($\Leftarrow$) 设 F 是主态滤子, 则存在 $x \in L$ 使得 $F = \langle x \rangle_\tau$. 假设 $\{F_i\}_{i \in I} \subseteq SF[L]$ 和 $F = \langle x \rangle_\tau \subseteq \bigvee_{i \in I} \{F_i\}$, 则 $x \in \bigvee_{i \in I} \{F_i\} = \langle \bigcup_{i \in I} F_i \rangle_\tau$. 故对任意 $1 \leq j \leq m$ 存在

$i_j \in I$ 和 $x_{i_j} \in F_{i_j}$ 使得 $x \geq x_{i_1} \odot x_{i_2} \odot \cdots \odot x_{i_m}$ 成立, 即 $x \in \langle F_{i_1} \cup F_{i_2} \cup \cdots \cup F_{i_m} \rangle_\tau = F_{i_1} \vee F_{i_2} \vee \cdots \vee F_{i_m}$ 成立. 故 $F = \langle x \rangle_\tau \subseteq F_{i_1} \vee F_{i_2} \vee \cdots \vee F_{i_m}$. 因此, F 是紧的.

由定理 5.2.28, 有 $K(SF[L]) = \{\langle x \rangle_\tau | x \in L\}$.

定理 5.2.29 设 (L, τ) 是态剩余格, 则 $(SF[L], \subseteq)$ 是凝聚式框架.

证明 (1) 由定理 5.2.26 知 $(SF[L], \subseteq)$ 是框架.

(2) 又由定理 5.2.28 知 $K(SF[L]) = \{\langle x \rangle_\tau | x \in L\}$. 再由命题 5.2.25 知对于任意 $x, y \in L$, 有 $\langle x \rangle_\tau \cap \langle y \rangle_\tau = \langle (x \odot \tau(x)) \vee (y \odot \tau(y)) \rangle_\tau$ 和 $\langle x \rangle_\tau \vee \langle y \rangle_\tau = \langle x \odot y \rangle_\tau$ 成立. 因此, $(K(SF[L]), \subseteq)$ 是 $(SF[L], \subseteq)$ 的子格.

(3) 对任意 $F \in SF[L]$, 显然 $F = \bigvee_{x \in F} \langle x \rangle_\tau$.

结合 (1), (2), (3) 和 [69] 中的定义 2.11, 则有 $(SF[L], \subseteq)$ 是凝聚式框架.

根据 [69] 中的定理 2.12 和定理 5.2.26, 则下列结论成立.

推论 5.2.30 设 (L, τ) 是态剩余格, 则 $(SF[L], \subseteq)$ 是伪补格. 显然, 对任意 $F \in SF[L]$, 有 $F \hookrightarrow \{1\} = \{x \in L | F \cap \langle x \rangle_\tau = \{1\}\}$ 是 F 的伪补.

由于剩余格 L 可以看作态剩余格 (L, id_L), 因此滤子 F 是态滤子. 根据定理 5.2.29 和推论 5.2.30, 则有如下推论成立.

推论 5.2.31 设 L 是剩余格, 则下列结论成立:

(1) $(F[L], \subseteq)$ 是凝聚式框架;

(2) $(F[L], \subseteq)$ 是伪补格.

下面介绍关于态滤子的非空子集上的对偶零化子, 并研究其相关性质.

设 (L, τ) 是态剩余格, F 是 (L, τ) 的态滤子. 对于 L 的非空子集 F, 如果 $X_F^{\perp_\tau} = \{a \in L | \tau(a) \vee x \in F, \forall x \in X\}$ 成立, 则称 $X_F^{\perp_\tau}$ 为关于 F 的对偶零化子. 其中 $X_F^{\perp_\tau} \neq \emptyset, 1 \in X_F^{\perp_\tau}$.

特别地, 有如下事实:

(1) 若 $F = \{1\}$, 规定 $X^{\perp_\tau} := X_{\{1\}}^{\perp_\tau} = \{a \in L | \tau(a) \vee x = 1, \forall x \in X\}$;

(2) 若 $X = \{x\}$, 规定 $x_F^{\perp_\tau} := \{x\}_F^{\perp_\tau} = \{a \in L | \tau(a) \vee x \in F\}$;

(3) 若 $\tau = id_L$, 规定 $X_F^\perp := X_F^{\perp id_L} = \{a \in L | a \vee x \in F, \forall x \in X\}$;

(4) 若 $\tau = id_L$, $F = \{1\}$, 记作 $X^\perp := X_{\{1\}}^{\perp id_L} = \{a \in L | a \vee x = 1, \forall x \in X\}$, 则称 $X^\perp$ 为 X 的对偶零化子, 见 [132].

例 5.2.32 设 $(L = [0,1], \min, \max, \odot, \to, 0, 1)$ 在例 5.2.4 中是 Gödel 结构. 根据例 5.2.4, 可得映射 $\tau_{0.5}(x) = \begin{cases} x, & x \leq 0.5 \\ 1, & \text{否则} \end{cases}$ 是态算子. 显然, $F = [0.5, 1]$ 是 $(L, \tau_{0.5})$ 的态滤子. 设 $X = [0.2, 0.3]$, 我们验证得 $X_F^{\perp \tau_{0.5}} = [0.5, 1]$.

例 5.2.33 设 $L = \{0, a, b, c, 1\}$ 是有界格, 其哈塞图, $\odot$ 和 $\to$ 定义如下:

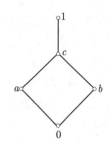

$\odot$	0	a	b	c	1
0	0	0	0	0	0
a	0	a	0	a	a
b	0	0	b	b	b
c	0	a	b	c	c
1	0	a	b	c	1

$\to$	0	a	b	c	1
0	1	1	1	1	1
a	b	1	b	1	1
b	a	a	1	1	1
c	0	a	b	1	1
1	0	a	b	c	1

则 $(L, \wedge, \vee, \odot, \to, 0, 1)$ 是剩余格. 定义映射 τ 如下:

$$\tau(x) = \begin{cases} 0, & x = 0, a, \\ 1, & x = b, c, 1. \end{cases}$$

容易验证 (L, τ) 是态剩余格且 $F = \{c, 1\}$ 是 (L, τ) 的态滤子. 设 $X = \{a, b\}$, 则 $X_F^{\perp_\tau} = \{b, c, 1\}$, $X_F^\perp = \{c, 1\}$ 和 $X^\perp = \{1\}$.

定理 5.2.34 设 (L, τ) 是态剩余格, 且 F 是 (L, τ) 的态滤子, 则有下列结论成立: 对于 L 上的非空集合 X,

(1) $X_F^{\perp_\tau}$ 是 (L, τ) 的态滤子;

(2) $F \subseteq X_F^{\perp_\tau}$.

证明 (1) 设 $a, b \in X_F^{\perp_\tau}$, 则对于任意 $x \in X$, 有 $\tau(a) \vee x \in F$ 和 $\tau(b) \vee x \in F$ 成立. 因此 $(\tau(a) \vee x) \odot (\tau(b) \vee x) \in F$. 又因 $\tau(a \odot b) \vee x \geq (\tau(a) \odot \tau(b)) \vee x \geq (\tau(a) \vee x) \odot (\tau(b) \vee x)$, 则 $\tau(a \odot b) \vee x \in F$, 即 $a \odot b \in X_F^{\perp_\tau}$.

设 $a \in X_F^{\perp_\tau}$, $b \in L$ 使得 $a \leq b$, 则 $\tau(a) \leq \tau(b)$. 进而有 $\tau(a) \vee x \leq \tau(b) \vee x$. 又由 $\tau(a) \vee x \in F$ 知 $\tau(b) \vee x \in F$, 故 $b \in X_F^{\perp_\tau}$.

对任意 $a \in X_F^{\perp_\tau}$, 因为 $\tau^2(a) = \tau(a)$, 则对于任意 $x \in X$, 有 $\tau(\tau(a)) \vee x \in F$. 故 $\tau(a) \in X_F^{\perp_\tau}$. 因此, $X_F^{\perp_\tau}$ 是 (L, τ) 的态滤子.

(2) 设 $a \in F$, 则 $\tau(a) \in F$. 又由 $\tau(a) \leq \tau(a) \vee x$ 知 $\tau(a) \vee x \in F$, 即 $a \in X_F^{\perp_\tau}$. 因此, $F \subseteq X_F^{\perp_\tau}$.

推论 5.2.35 设 (L, τ) 是态剩余格且 F 是 (L, τ) 的态滤子, 则下列结论成立: 对于非空集合 X,

(1) $X^{\perp_\tau}$ 是 (L, τ) 的态滤子;

(2) $X_F^{\perp}$ 和 $X^{\perp}$ 是 L 的滤子;

(3) 对于任意 $x \in L$, $x_F^{\perp_\tau}$ 是 (L,τ) 的态滤子, 且 $F \subseteq x_F^{\perp_\tau}$.

命题 5.2.36 设 (L,τ) 是态剩余格, F,G 是 (L,τ) 的态滤子, 则下列结论成立: 对于非空集合 X, X',

(1) 若 $F \subseteq G$, 则 $X_F^{\perp_\tau} \subseteq X_G^{\perp_\tau}$;

(2) 若 $X \subseteq X'$, 则 $(X')_F^{\perp_\tau} \subseteq X_F^{\perp_\tau}$;

(3) $(\bigcup_{i \in I} X_i)_F^{\perp_\tau} = \bigcap_{i \in I}(X_i)_F^{\perp_\tau}$;

(4) $X_{\bigcap_{i \in I} F_i}^{\perp_\tau} = \bigcap_{i \in I} X_{F_i}^{\perp_\tau}$;

(5) $\langle X \rangle_F^{\perp_\tau} = X_F^{\perp_\tau}$;

(6) $\ker(\tau) \subseteq X^{\perp_\tau}$, $L^{\perp_\tau} = \ker(\tau)$.

证明 (1) 若 $F \subseteq G$ 和 $a \in X_F^{\perp_\tau}$, 则对于任意 $x \in X$, 有 $\tau(a) \vee x \in F$. 故对于任意 $x \in X$, 有 $\tau(a) \vee x \in G$, 即 $a \in X_G^{\perp_\tau}$. 因此, $X_F^{\perp_\tau} \subseteq X_G^{\perp_\tau}$.

(2) 若 $X \subseteq X'$ 和 $a \in (X')_F^{\perp_\tau}$, 则对于任意 $x \in X'$, 有 $\tau(a) \vee x \in F$. 故对于任意 $x \in X$, 有 $\tau(a) \vee x \in F$, 进而有 $a \in X_F^{\perp_\tau}$. 所以 $(X')_F^{\perp_\tau} \subseteq X_F^{\perp_\tau}$.

(3) 由 (2) 知, 对于任意 $i \in I$ 有 $(\bigcup_{i \in I} X_i)_F^{\perp_\tau} \subseteq (X_i)_F^{\perp_\tau}$. 故有 $(\bigcup_{i \in I} X_i)_F^{\perp_\tau} \subseteq \bigcap_{i \in I}(X_i)_F^{\perp_\tau}$. 另一方面, 若 $a \in \bigcap_{i \in I}(X_i)_F^{\perp_\tau}$, 则对于任意 $i \in I$, 有 $a \in (X_i)_F^{\perp_\tau}$. 因而对于任意 $x_i \in X$ 和 $i \in I$, 有 $\tau(a) \vee x_i \in F$, 故 $a \in (\bigcup_{i \in I} X_i)_F^{\perp_\tau}$. 所以 $(\bigcup_{i \in I} X_i)_F^{\perp_\tau} = \bigcap_{i \in I}(X_i)_F^{\perp_\tau}$.

(4) 我们知 $a \in X_{\bigcap_{i \in I} F_i}^{\perp_\tau}$ 当且仅当对于任意 $x \in X$, 有 $\tau(a) \vee x \in \bigcap_{i \in I} F_i$ 当且仅当对于任意 $x \in X$ 和 $i \in I$, 有 $\tau(a) \vee x \in F_i$, 也就是对于任意 $i \in I$, 有 $a \in X_{F_i}^{\perp_\tau}$ 成立, 即 $a \in \bigcap_{i \in I} X_{F_i}^{\perp_\tau}$. 因此, $X_{\bigcap_{i \in I} F_i}^{\perp_\tau} = \bigcap_{i \in I} X_{F_i}^{\perp_\tau}$.

(5) 因为 $X \subseteq \langle X \rangle$, 故由 (2) 知 $\langle X \rangle_F^{\perp_\tau} \subseteq X_F^{\perp_\tau}$. 另一方面, 若 $a \in X_F^{\perp_\tau}$ 和 $z \in \langle X \rangle$, 则对于任意 $x \in X$, 有 $\tau(a) \vee x \in F$. 又因 $z \in \langle X \rangle$, 则存在 $x_1, x_2, \cdots, x_n \in X$ 使得 $z \geq x_1 \odot x_2 \odot \cdots \odot x_n$. 因而 $\tau(a) \vee z \geq \tau(a) \vee (x_1 \odot x_2 \odot \cdots \odot x_n) \geq (\tau(a) \vee (x_1)) \odot (\tau(a) \vee x_2) \odot \cdots \odot (\tau(a) \vee x_n)$. 而 $\forall i, 1 \leq i \leq n, \tau(a) \vee x_i \in F$, 则 $\tau(a) \vee z \in F$, 故 $a \in \langle X \rangle_F^{\perp_\tau}$. 所以 $\langle X \rangle_F^{\perp_\tau} = X_F^{\perp_\tau}$.

(6) 若 $a \in \ker(\tau)$, 则对于任意 $x \in X$, 有 $\tau(a) \vee x = 1$, 即 $a \in X^{\perp_\tau}$. 因而 $\ker(\tau) \subseteq X^{\perp_\tau}$. 若 $a \in L^{\perp_\tau}$, 则对于任意 $x \in X$, 有 $\tau(a) \vee x = 1$. 特别地, 令 $x = \tau(a)$, 则有 $\tau(a) = 1$, 故 $a \in \ker(\tau)$. 所以 $L^{\perp_\tau} = \ker(\tau)$.

推论 5.2.37 设 (L,τ) 是态剩余格, F 是 (L,τ) 的态滤子, 则下列结论成立: 对于非空集合 X, X',

(1) $X_F^{\perp_\tau} = \bigcap_{x \in X} x_F^{\perp_\tau}$;

(2) $X^{\perp_\tau} = \bigcap_{x \in X} x^{\perp_\tau}$.

证明 (1) 根据命题 5.2.36(3) 知 $X_F^{\perp_\tau} = (\bigcup_{x \in X}\{x\})_F^{\perp_\tau} = \bigcap_{x \in X} x_F^{\perp_\tau}$.

(2) 在 (1) 中令 $F = \{1\}$, 则 $X^{\perp_\tau} = \bigcap_{x \in X} x^{\perp_\tau}$.

下面我们介绍对偶零化子的一些应用.

引理 5.2.38 设 L 是剩余格, F,G,H 是 L 的滤子, 则下列结论成立:

(1) $G_F^\perp \cap G \subseteq F$;

(2) $G \cap H \subseteq F$ 当且仅当 $H \subseteq G_F^\perp$.

证明 (1) 若 $x \in G_F^\perp \cap G$, 则 $x \in G$ 和 $x \in G_F^\perp$. 故 $x = x \vee x \in F$. 所以 $G_F^\perp \cap G \subseteq F$.

(2) 假设 $G \cap H \subseteq F$ 和 $x \in H$, 则对于任意 $y \in G$, 有 $x \vee y \in G \cap H$. 故对于任意 $y \in G$, 有 $x \vee y \in F$. 因此 $x \in G_F^\perp$, 即 $H \subseteq G_F^\perp$. 设 $H \subseteq G_F^\perp$. 则由 (1) 有 $G \cap H \subseteq G \cap G_F^\perp \subseteq F$.

定理 5.2.39 设 L 是剩余格, F 是滤子. X 是任意非空集合, 在框架 $(F[L], \subseteq)$ 中有 $\langle X \rangle \hookrightarrow F = \{x \in L | \langle X \rangle \cap \langle x \rangle \subseteq F\} = X_F^\perp$.

证明 若 $x \in \langle X \rangle \hookrightarrow F$, 则 $\langle X \rangle \cap \langle x \rangle \subseteq F$. 由命题 5.2.36(5) 和引理 5.2.38(1) 知 $x \in \langle x \rangle \subseteq \langle X \rangle_F^\perp = X_F^\perp$. 所以 $\langle X \rangle \hookrightarrow F \subseteq X_F^\perp$. 另一方面, 设 $x \in X_F^\perp$. 因为 $\langle X \rangle_F^\perp = X_F^\perp$, 所以 $x \in \langle X \rangle_F^\perp$, 故 $\langle x \rangle \subseteq \langle X \rangle_F^\perp$. 再由引理 5.2.38(2) 知 $\langle X \rangle \cap \langle x \rangle \subseteq F$. 故 $x \in \langle X \rangle \hookrightarrow F$. 因此 $X_F^\perp \subseteq \langle X \rangle \hookrightarrow F$. 所以在框架 $(F[L], \subseteq)$ 中有 $\langle X \rangle \hookrightarrow F = X_F^\perp$.

定理 5.2.40 设 L 是剩余格, F, G 是 L 的两个滤子, 则 $G_F^\perp$ 是 G 关于 F 在格 $(F[L], \subseteq)$ 中的相对伪补.

证明 由引理 5.2.38 知 $G_F^\perp$ 是 L 的滤子. 再由引理 5.2.38(1) 知 $G_F^\perp \cap G \subseteq F$. 下证若 $G_F^\perp \cap G \subseteq F$, 则 $G_F^\perp$ 是 L 的最大滤子. 假设 G' 是 L 的滤子且使得 $G' \cap G \subseteq F$. 若 $a \in G'$, 则对于任意 $x \in G$, 有 $a, x \leq a \vee x$. 又因 G 和 G' 是 L 的滤子知 $a \vee x \in G' \cap G \subseteq F$. 因此, 对于任意 $x \in G$, 有 $a \vee x \in F$, 进而有 $a \in G_F^\perp$. 故有 $G' \subseteq G_F^\perp$. 所以 $G_F^\perp$ 是 G 关于 F 在格 $(F[L], \subseteq)$ 中的相对伪补.

推论 5.2.41 设 L 是剩余格, F 是 L 的滤子, 则 $F^\perp = \{a \in L | a \vee x = 1, \forall x \in F\}$ 在框架 $(F[L], \subseteq)$ 中是 F 的相对伪补.

5.3 EQ-代数上的内态

2015 年, Borzooei 在文献 [11] 中首次引入态 EQ-代数 (E, μ) 且在好的 EQ-代数上进行了研究. 王伟在 [137] 中进一步研究了 EQ-代数的内态, 并且得出当 E 是可分的 EQ-代数时, 该内态算子 μ 就是 E 上的恒等映射. 因此, 王伟在文献 [137] 中引入 EQ-代数上新的内态 (内态算子 σ), 进而得出内态算子 σ 是一个非平凡算子, 并研究了其相关性质. 本节中未标明的概念及结果均来自文献 [137].

定义 5.3.1 设 E 为一个 EQ-代数, 若映射 $\sigma : E \to E$ 满足: 对任意的 $x, y \in E$,

(1_E) 若 0 存在, 则 $\sigma(0) = 0$;

5.3 EQ-代数上的内态

(2_E) 若 $x \leq y$, 则 $\sigma(x) \leq \sigma(y)$;

(3_E) $\sigma(x \to y) = \sigma(x) \to \sigma(x \wedge y)$;

(4_E) $\sigma(\sigma(x) \sim \sigma(y)) = \sigma(x) \sim \sigma(y)$;

(5_E) $\sigma(\sigma(x) \wedge \sigma(y)) = \sigma(x) \wedge \sigma(y)$;

(6_E) $\sigma(\sigma(x) \otimes \sigma(y)) = \sigma(x) \otimes \sigma(y)$,

则称 σ 是 EQ-代数 E 上的一个**内态算子**. (E,σ) 为具有内态的 EQ-代数, 简称为 SEQ-代数.

设 (E,σ) 是一个 SEQ-代数, 则称 $\ker(\sigma) = \{x \in E | \sigma(x) = 1\}$ 是 σ 的核. 若 $\ker(\sigma) = 1$, 则称 σ 是忠实的.

例 5.3.2 (1) 设 E 是一个 EQ-代数, 则 (E, id_E) 是一个 SEQ-代数, 即每一个 EQ-代数都是 SEQ-代数.

(2) 设 $E = \{0, a, b, c, d, 1\}$, 其中 $0 \leq a \leq b \leq d \leq 1, a \leq c \leq d$. 定义 E 中二元运算 $\otimes$ 与 $\sim$ 如下:

$\otimes$	0	a	b	c	d	1
0	0	0	0	0	0	0
a	0	0	0	0	0	a
b	0	0	a	a	a	b
c	0	0	a	0	a	c
d	0	0	a	a	a	d
1	0	a	b	c	d	1

$\sim$	0	a	b	c	d	1
0	1	0	0	0	0	0
a	0	1	d	d	d	d
b	0	d	1	d	d	d
c	0	d	d	1	d	d
d	0	d	d	d	1	1
1	0	d	d	d	1	1

则 $E = (E, \wedge, \otimes, \sim, 1)$ 是一个 EQ-代数 [9]. 又映射 $\sigma_1 : E \to E$ 和 $\sigma_2 : E \to E$ 定义如下:

$$\sigma_1(x) = \begin{cases} x, & x = 0, a, b, d, 1, \\ b, & x = c, \end{cases} \qquad \sigma_2(x) = \begin{cases} 1, & x = a, b, c, d, 1, \\ 0, & x = 0. \end{cases}$$

容易验证 (E, σ_1) 和 (E, σ_2) 是 SEQ-代数, 且 σ_1 是忠实的.

命题 5.3.3 设 (E, σ) 一个 SEQ-代数, 则以下结论成立: 对任意的 $x, y \in E$,

(1) $\sigma(1) = 1$;

(2) $\sigma(\tilde{x}) = \widetilde{\sigma(x)}$;

(3) 若 E 有最小元 0, 则 $\sigma(\neg x) = \neg \sigma(x)$;

(4) $\sigma(\sigma(x)) = \sigma(x)$;

(5) $\sigma(\sigma(x) \to \sigma(y)) = \sigma(x) \to \sigma(y)$;

(6) $\sigma(x \to y) \leq \sigma(x) \to \sigma(y)$, 特别地, 若 x, y 可比较, 则 $\sigma(x \to y) = \sigma(x) \to \sigma(y)$, $\sigma(x \sim y) = \sigma(x) \sim \sigma(y)$;

(7) $\sigma(E) = \text{Fix}(\sigma)$, 其中 $\text{Fix}(\sigma) = \{x \in E | \sigma(x) = x\}$;

(8) $\sigma(E)$ 是 E 的子代数;

(9) 若 $\sigma(E) = E$, 则 σ 是 E 上的恒等映射.

证明 (1) 由 (2_E) 有 $\sigma(1) = \sigma(1 \to 1) = \sigma(1) \to \sigma(1 \wedge 1) = \sigma(1) \sim \sigma(1) = 1$.

(2) $\sigma(\tilde{x}) = \sigma(1 \to x) = \sigma(1) \to \sigma(1 \wedge x) = 1 \to \sigma(x) = \widetilde{\sigma(x)}$.

(3) $\sigma(\neg x) = \sigma(x \to 0) = \sigma(x) \to \sigma(x \wedge 0) = \sigma(x) \to 0 = \neg \sigma(x)$.

(4) 由 (5_E) 和 (1) 知 $\sigma(\sigma(x)) = \sigma(\sigma(x) \wedge \sigma(1)) = \sigma(x) \wedge \sigma(1) = \sigma(x)$.

(5) 由 $(2_E),(5_E)$ 和 (4), 则有 $\sigma(\sigma(x) \to \sigma(y)) = \sigma(x) \to \sigma(\sigma(x) \wedge \sigma(y)) = \sigma(x) \to (\sigma(x) \wedge \sigma(y)) = \sigma(x) \to \sigma(y)$.

(6) 由定理 1.2.18 和 (2_E), 则有 $\sigma(x \to y) \leq \sigma(x) \to \sigma(y)$. 若 x, y 可比较, 不妨设 $x \leq y$, 则有 $\sigma(x \to y) = 1 = \sigma(x) \to \sigma(y), \sigma(x \sim y) = \sigma(y \to x) = \sigma(y) \to \sigma(y \wedge x) = \sigma(y) \to \sigma(x) = \sigma(y) \sim \sigma(x)$.

(7) 显然.

(8) 由 $\sigma(1) = 1$ 和 (4_E)—(6_E) 可得 $\sigma(E)$ 为 E 的子代数.

(9) $\forall x \in E$, 存在 $x_0 \in E$ 使得 $\sigma(x_0) = x$. 再由 (4) 可得 $\sigma(x) = \sigma(\sigma(x_0)) = \sigma(x_0) = x$.

命题 5.3.4 设 (E, σ) 是一个 SEQ-代数且 E 是可分的, 则下列结论成立:

(1) $\ker(\sigma)$ 是 E 的一个前滤子;

(2) 若 σ 是忠实的, 则 $x < y$, 蕴涵 $\sigma(x) < \sigma(y)$;

(3) 若 σ 是忠实的, 则 $\sigma(x) = x$ 或 $\sigma(x)$ 与 x 不可比较;

(4) 若 σ 是忠实的, 且 E 线性, 则 σ 为 E 上恒等映射.

证明 (1) 显然, $1 \in \ker(\sigma)$. 若 $x, x \to y \in \ker(\sigma)$, 则 $\sigma(x) = 1, \sigma(x \to y) = \sigma(x) \to \sigma(x \wedge y) = 1$. 因此有 $1 \sim \sigma(x \wedge y) = 1 \to \sigma(x \wedge y) = 1$. 又由 E 是可分的, 故 $\sigma(x \wedge y) = 1$. 由 (2_E) 有 $\sigma(x \wedge y) \leq \sigma(y)$ 和 $y \in \ker(\sigma)$. 因此 $\ker(\sigma)$ 是 E 的前滤子.

(2) 由 (2_E), 如果 $x < y$, 那么 $\sigma(x) \leq \sigma(y)$. 假设 $\sigma(x) = \sigma(y)$, 则 $\sigma(y \to x) = \sigma(y) \to \sigma(x \wedge y) = \sigma(y) \to \sigma(x) = 1$. 又因 σ 是忠实的, 故 $y \to x \in \ker(\sigma) = \{1\}$, 即 $y \to x = 1$. 再由 E 可分, 可得 $y \leq x$, 矛盾.

(3) 假设 $\sigma(x) \neq x$, $\sigma(x)$ 与 x 可以比较, 则 $\sigma(x) < x$ 或 $x < \sigma(x)$. 于是由 (2) 有 $\sigma(x) < \sigma(x)$, 矛盾.

(4) 由 (3) 易得.

定理 5.3.5 设 (E, σ) 是一个 SEQ-代数且 E 是可分的. 若 σ 是忠诚的, 则以下等价:

(1) E 是好的;

(2) $\sigma(E)$ 是好的.

证明 (1)$\Rightarrow$(2) 显然.

5.3 EQ-代数上的内态

(2)⇒(1) 由定理 1.2.18(2) 及 (6), 对任意 $x \in E$, 有 $x \leq 1 \sim x = 1 \to x$. 假设 $x < 1 \to x$, 因为 σ 为忠诚的, 故由命题 5.3.4(2) 和命题 5.3.3(1), (6) 可得 $\sigma(x) < \sigma(1 \to x) = \sigma(1) \to \sigma(x) = 1 \to \sigma(x) = \sigma(x)$, 矛盾. 因此 $x = 1 \sim x$, 即 E 是好的.

命题 5.3.6 设 (E, σ) 是 SEQ-代数且 E 是剩余的, 则:

(1) $\sigma(x) \otimes \sigma(y) \leq \sigma(x \otimes y)$;

(2) $\ker(\sigma)$ 是 E 的滤子.

证明 (1) 由 E 是剩余 EQ-代数, 故 $x \otimes y \leq x \otimes y$ 蕴涵 $x \leq y \to x \otimes y$. 由 (2_E) 及命题 5.3.3(6) 又可得 $\sigma(x) \leq \sigma(y) \to \sigma(x \otimes y)$, 因此 $\sigma(x) \otimes \sigma(y) \leq \sigma(x \otimes y)$.

(2) 由命题 5.3.4(1) 知 $\ker(\sigma)$ 是一个前滤子. 若 $x \to y \in \ker(\sigma)$, 则 $\sigma(x \to y) = 1$. 由 σ 的保序性及定理 1.2.18(19) 和命题 5.3.3(6) 知, 对任意 $z \in E$, 有 $x \otimes z \to y \otimes z \in \ker(\sigma)$. 因此 $\ker(\sigma)$ 为 E 的滤子.

定理 5.3.7 每一个态剩余格都是 SEQ-代数.

证明 假设 (A, σ) 是一个态剩余格, 定义二元运算 $\sim$: $a \sim b = a \Leftrightarrow b$ (其中 $a \Leftrightarrow b = (a \Rightarrow b) \wedge (b \Rightarrow a)$). 显然 $(A, \otimes, \wedge, \sim, 1)$ 是一个 EQ-代数, 下证 (A, σ) 是一个 SEQ-代数. (1_E), (2_E) 和 (5_E), (6_E) 易证, 仅证 (3_E) 与 (4_E).

(3_E) 由于 $\sigma(x \Rightarrow y) = \sigma(x) \Rightarrow \sigma(x \wedge y)$ 和 σ 保序, 故 $\sigma(x \to y) = \sigma(x \sim (x \wedge y)) = \sigma(x \Leftrightarrow (x \wedge y)) = \sigma(x \Rightarrow (x \wedge y)) = \sigma(x) \Rightarrow \sigma(x \wedge y) = \sigma(x) \Leftrightarrow \sigma(x \wedge y) = \sigma(x) \sim \sigma(x \wedge y) = \sigma(x) \to \sigma(x \wedge y)$.

(4_E) 因为 $\sigma(\sigma(x) \Rightarrow \sigma(y)) = \sigma(x) \Rightarrow \sigma(y)$, 所以 $\sigma(\sigma(x) \sim \sigma(y)) = \sigma(\sigma(x) \Leftrightarrow \sigma(y)) = \sigma(\sigma(\sigma(x) \Rightarrow \sigma(y)) \wedge \sigma(\sigma(y) \Rightarrow \sigma(x))) = \sigma(\sigma(x) \Rightarrow \sigma(y)) \wedge \sigma(\sigma(y) \Rightarrow \sigma(x)) = (\sigma(x) \Rightarrow \sigma(y)) \wedge (\sigma(y) \Rightarrow \sigma(x)) = \sigma(x) \Leftrightarrow \sigma(y) = \sigma(x) \sim \sigma(y)$. 因此 (A, σ) 是一个 SEQ-代数.

定理 5.3.8 说明 SEQ-代数是态剩余格的一般化, 由例 5.3.2 可以看出定理 5.3.7 的逆一般不成立.

下面着重讨论 SEQ-代数 (E, σ) (定义 5.3.1) 与态 EQ-代数 (E, μ) ([137] 中的定义 2.9) 之间的关系.

定理 5.3.8 若态 EQ-代数 (E, μ) 满足 $\mu(\mu(x) \otimes \mu(y)) = \mu(x) \otimes \mu(y)$, 则 (E, μ) 必是 SEQ-代数.

证明 由 [137] 中的定义 2.9 和命题 2.10 易得.

例 5.3.9 设 $E = \{0, a, b, 1\}$ 且 $0 < a < b < 1$. 定义 E 中二元运算 $\otimes$ 与 $\sim$ 如下:

$\otimes$	0	a	b	1
0	0	0	0	0
a	0	0	0	a
b	0	0	0	b
1	0	a	b	1

$\sim$	0	a	b	1
0	1	0	0	0
a	0	1	1	1
b	0	1	1	1
1	0	1	1	1

则 E 是一个 EQ-代数, 但不可分. 映射 $\mu: E \to E$ 定义如下:

$$\mu(x) = \begin{cases} 1, & x=1, \\ a, & x=a,b, \\ 0, & x=0, \end{cases}$$

则 (E,μ) 是一个态 EQ-代数, 且 $\forall x,y \in E$, μ 满足 $\mu(\mu(x) \otimes \mu(y)) = \mu(x) \otimes \mu(y)$. 因此由定理 5.3.8, 有 (E,μ) 也是一个 SEQ-代数.

下例将说明定理 5.3.8 的逆一般不成立.

例 5.3.10 设 $E = \{0,a,b,c,d,1\}$ 且 $0 < a < b < c < d < 1$. 定义 E 中二元运算 $\otimes$ 与 $\sim$ 如下:

$\otimes$	0	a	b	c	d	1
0	0	0	0	0	0	0
a	0	0	0	0	0	a
b	0	0	0	0	a	b
c	0	0	0	a	a	c
d	0	0	a	a	a	d
1	0	a	b	c	d	1

$\sim$	0	a	b	c	d	1
0	1	c	b	a	0	0
a	c	1	b	a	a	a
b	b	b	1	b	b	b
c	a	a	b	1	c	c
d	0	a	b	c	1	d
1	0	a	b	c	d	1

则 $E=(E,\wedge,\otimes,\sim,1)$ 为一个 EQ-代数 [9]. 易证 E 为好的但不是剩余的 ($a \otimes d \leq 0 \nRightarrow a \leq d \to 0 = 0$). 映射 $\sigma: E \to E$ 定义如下:

$$\sigma(x) = \begin{cases} 1, & x=c,d,1, \\ b, & x=b, \\ 0, & x=0,a. \end{cases}$$

容易验证 (E,σ) 是一个 SEQ-代数. 但 σ 不满足 [137] 中的定义 2.9.

下例将说明存在态 EQ-代数 (E,μ) 但 μ 不满足 $\mu(\mu(x) \otimes \mu(y)) = \mu(x) \otimes \mu(y)$.

例 5.3.11 设 $E = \{0,a,b,c,d,1\}$, 其中 $0 < a,b < c < d < 1$, a 与 b 不可比较. 定义 E 中二元运算 $\otimes$ 和 $\sim$ 如下:

5.3 EQ-代数上的内态

$\otimes$	0	a	b	c	d	1
0	0	0	0	0	0	0
a	0	a	a	a	a	a
b	0	a	a	a	a	b
c	0	a	a	a	a	c
d	0	a	a	a	d	d
1	0	a	b	c	d	1

$\sim$	0	a	b	c	d	1
0	1	1	d	d	d	d
a	1	1	d	d	d	d
b	d	d	1	d	d	d
c	d	d	d	1	d	d
d	d	d	d	d	1	d
1	d	d	d	d	d	1

则 $(E, \wedge, \otimes, \sim, 1)$ 为一个 EQ-代数且 E 不可分. 因为 $a \sim 0 = a \to 0 = 1$, 但 $0 < a$. 定义映射 $\mu: E \to E$ 如下:

$$\mu(x) = \begin{cases} 0, & x = 0, a, \\ x, & x = b, c, d, 1, \end{cases}$$

则 (E, μ) 为一个态 EQ-代数. 然而, $\mu(\mu(b) \otimes \mu(c)) = 0 < a = \mu(b) \otimes \mu(c)$, 因此 μ 不满足定义 5.3.1.

对任意的代数 (E, O), 其中 O 表示 E 中所有算子组成的集合. 若 $O' \subseteq O$, 则代数 (E, O') 称为代数 (E, O) 的 O'-子约简. 由 [10] 知好的 EQ-代数的 $\{\wedge, \to, 1\}$-子约简是 BCK-交半格. 当只考虑蕴涵运算 $\to$ 时, 好的 EQ-代数的 $\{\to, 1\}$-子约简是 BCK-代数. 一个态 BCK-代数是一个序对 (X, σ), 其中 X 是 BCK-代数, σ 是 X 上的映射且满足: 对任意 $x, y \in X$,

$(X1)$ $x \leq y$ 蕴涵 $\sigma(x) \leq \sigma(y)$;

$(X2)$ $\sigma(x \to y) = \sigma((x \to y) \to y) \to \sigma(y)$;

$(X3)$ $\sigma(\sigma(x) \to \sigma(y)) = \sigma(x) \to \sigma(y)$.

定理 5.3.12 设 (E, σ) 是 SEQ-代数且 E 是好的, 则 SEQ-代数的 $\{\to, 1\}$-子约简是态 BCK-代数.

证明 由 (2_E) 及命题 5.3.3(5), 仅需证明, $\forall x, y \in E$, $\sigma(x \to y) = \sigma((x \to y) \to y) \to \sigma(y)$. 因为 E 是好的, 故 $x \to y = (x \to y) \to y) \to y$. 因此由命题 5.3.3(6) 及定理 1.2.18(2) 可得 $\sigma(x \to y) = \sigma((x \to y) \to y) \to \sigma(y)$.

以下将讨论 EQ-代数上内态与态之间的关系.

定理 5.3.13 设 (E, σ) 是一个 SEQ-代数. 若 s 为 $\sigma(E)$ 的一个 Bosbach 态, 那么映射 $s_\sigma: E \to [0, 1]$ 定义为 $s_\sigma(x) = s(\sigma(x))$ 是 E 的 Bosbach 态.

证明 显然, $s_\sigma(0) = 0, s_\sigma(1) = 1$. 对任意的 $x, y \in E$, 有 $s_\sigma(x) + s_\sigma(x \to y) = s(\sigma(x)) + s(\sigma(x \to y)) = s(\sigma(x)) + s(\sigma(x) \to \sigma(x \wedge y)) = s(\sigma(x \wedge y)) + s(\sigma(x \wedge y) \to \sigma(x)) = (\sigma(x \wedge y)) + s(\sigma(x \wedge y) \to \sigma(y)) = s(\sigma(y)) + s(\sigma(y) \to \sigma(x \wedge y)) = s(\sigma(y)) + s(\sigma(y \to x)) = s_\sigma(y) + s_\sigma(y \to x)$. 因此, s_σ 为 E 的 Bosbach 态.

定理 5.3.14 设 (E,σ) 是一个 SEQ-代数. 若 s 为 $\sigma(E)$ 的一个 Riečan 态, 那么映射 $s_\sigma : E \to [0,1]$ 定义为 $s_\sigma(x) = s(\sigma(x))$ 是 E 的 Riečan 态.

证明 易证 $s_\sigma(1) = 1$. 假设 $x \perp y$, 则 $\neg\neg y \leq \neg x$. 由命题 5.3.3(3) 有 $\neg\neg\sigma(y) = \sigma(\neg\neg y) \leq \sigma(\neg x) = \neg\sigma(x)$, 因此 $\sigma(x)\perp\sigma(y)$. 所以 $\sigma(x) + \sigma(y) = \neg\sigma(x) \to \neg\neg\sigma(y)$. 又 $\sigma(x+y) = \sigma(\neg x \to \neg\neg y) = \sigma(\neg x) \to \sigma(\neg x \wedge \neg\neg y)$. 由 $\neg\neg y \leq \neg x$ 有 $\sigma(x+y) = \sigma(\neg x) \to \sigma(\neg\neg y) = \neg\sigma(x) \to \neg\neg\sigma(y) = \sigma(x) + \sigma(y)$. 因此 $s_\sigma(x+y) = s(\sigma(x+y)) = s(\sigma(x) + \sigma(y)) = s(\sigma(x)) + s(\sigma(y)) = s_\sigma(x) + s_\sigma(y)$, 即 s_σ 是 E 的 Riečan 态.

定义 5.3.15 设 (E,σ) 为 SEQ-代数, s 为 E 的态. 称 s 为 **σ-相容的**当且仅当 $\sigma(x) = \sigma(y)$ 蕴涵 $s(x) = s(y)$, 对任意 $x, y \in E$. $S_{\mathrm{com}}(E,\sigma)$ 表示 (E,σ) 的 σ-相容态的集合.

定理 5.3.16 设 (E,σ) 为 SEQ-代数, 则 $S_{\mathrm{com}}(E,\sigma)$ 与 $S(\sigma(E))$ 存在一一对应. (其中 $S(\sigma(E))$ 是 EQ-代数 $\sigma(E)$ 的所有态组成的集合.)

证明 定义映射 $\varphi : S_{\mathrm{com}}(E,\sigma) \to S(\sigma(E))$ 为 $\forall x \in E, \varphi(s)(\sigma(x)) := s(x)$, 其中 s 为 (E,σ) 的一个 σ-相容的态. 若 $\sigma(x) = \sigma(y)$, 由于 s 是 σ-相容的, 故 $s(x) = s(y)$, 因而 $\varphi(s)(\sigma(x)) = \varphi(s)(\sigma(y))$. 所以 $\varphi(s)$ 是良定的.

下证 $\varphi(s)$ 为 $\sigma(E)$ 的态. 事实上, 对于 $x, y \in \sigma(E)$, 由命题 5.3.1(4_E),(5_E),(6_E), 易得 $\sigma(x) = x$, $\sigma(y) = y$ 和 $\varphi(s)(x) + \varphi(s)(x \to y) = \varphi(s)(\sigma(x)) + \varphi(s)(\sigma(x) \to \sigma(y)) = \varphi(s)(\sigma(\sigma(x))) + \varphi(s)(\sigma(\sigma(x) \to \sigma(y))) = s(\sigma(x)) + s(\sigma(x) \to \sigma(y)) = s(\sigma(y)) + s(\sigma(y) \to \sigma(x)) = \varphi(s)(\sigma(\sigma(y))) + \varphi(s)(\sigma(\sigma(y) \to \sigma(x))) = \varphi(s)(\sigma(y)) + \varphi(s)(\sigma(y) \to \sigma(x)) = \varphi(s)(y) + \varphi(s)(y \to x)$. 又 $\varphi(s)(\sigma(1)) = \varphi(s)(1) = s(1) = 1$, $\varphi(s)(\sigma(0)) = \varphi(s)(0) = s(0) = 0$, 因而 $\varphi(s)$ 为 $\sigma(E)$ 的态.

反之, 定义映射 $\psi : S(\sigma(E)) \to S_{\mathrm{com}}(E,\sigma)$ 为 $\forall s' \in S(\sigma(E)), x \in E, \psi(s')(x) = s'(\sigma(x))$. 由定理 5.3.14 有 $\psi(s') = s'_\sigma$ 是 E 的一个 Riečan 态. 又可证映射 $\psi(s')$ 为 E 的 σ-相容 Riečan 态. 事实上, 假设 $\sigma(x) = \sigma(y)$, 则 $\psi(s')(x) = s'(\sigma(x)) = s'(\sigma(y)) = \psi(s')(y)$.

最后, 说明 φ 是双射. 因为 $\varphi(\psi(s'))(\sigma(x)) = \psi(s')(x) = s'(\sigma(x))$, 因而 $\varphi \circ \psi = id_{S(\sigma(E))}$, 另一方面, 由 $\psi \circ \varphi(s)(x) = \varphi(s)(\sigma(x)) = s(x)$ 可得 $\psi \circ \varphi = id_{S_{\mathrm{com}}(E,\sigma)}$.

下面引入 SEQ-代数上的 S-前滤子 (S-滤子) 概念并研究它们的性质. 给出 S-前滤子的生成公式, 并探讨特殊的次直不可约 SEQ-代数. 最后, 讨论两类特殊的 SEQ-代数的 S-前滤子组成的集合 $\mathrm{SPF}(E,\sigma)$ 的代数结构.

定义 5.3.17 设 (E,σ) 是一个 SEQ-代数, 若 $F \subseteq E$ 是 EQ-代数 E 的前滤子/滤子, 且 $x \in F$ 蕴涵 $\sigma(x) \in F$, 则称 F 是 (E,σ) 的 **S-前滤子 (S-滤子)**. 若 (E,σ) 的一个真 S-前滤子/S-滤子不严格包含于任何真 S-前滤子/S-滤子中, 则称它是**极大的 S-前滤子/S-滤子**. 称 F 为**素 S-前滤子/S-滤子**, 如果 F 为 E 的素前滤子/滤子.

5.3 EQ-代数上的内态

SPF(E,σ) 表示 (E,σ) 所有的 S-前滤子的集合, SF(E,σ) 表示 (E,σ) 所有的 S-滤子的集合. 称 (E,σ) 中包含 X 的最小的 S-前滤子/S-滤子为由 X 生成的 S-前滤子/S-滤子, 记作 $\langle X\rangle_\sigma/(X)_\sigma$. 显然它们是 SPF$(E,\sigma)$/SF$(E,\sigma)$ 中包含 X 的所有 S-前滤子/S-滤子之交.

定义 5.3.18 一个 SEQ-代数 (E,σ) 称作**态单的**, 若它仅有两个 S-滤子 $\{1\}$ 和 E.

例 5.3.19 (1) 设 (E,σ) 为 SEQ-代数且 E 为剩余的, 则 $\ker(\sigma)$ 是 (E,σ) 的一个 S-滤子.

(2) 设 (E,σ) 为 SEQ-代数且 E 为可分的, 则 $\ker(\sigma)$ 是 (E,σ) 的一个 S-前滤子.

(3) 设 (E,σ) 如例 5.3.10 的定义, 则 (E,σ) 为态单的, 而且 $\sigma(E)$ 是一个 EQ-代数且是单的.

(4) 设 $E=\{0,a,b,c,d,e,f,1\}$, 且 $0<a<c<d<e<1, 0<b<c<d<f<1$, 其中序为格序, 定义 E 中二元运算 $\otimes$ 与 $\sim$ 如下:

$\otimes$	0	a	b	c	d	e	f	1
0	0	0	0	0	0	0	0	0
a	0	0	0	0	0	0	0	a
b	0	0	0	0	0	0	0	b
c	0	0	0	0	0	0	0	c
d	0	0	0	0	d	d	d	d
e	0	0	0	0	d	e	d	e
f	0	0	0	0	d	d	d	f
1	0	a	b	c	d	d	f	1

$\sim$	0	a	b	c	d	e	f	1
0	1	e	f	d	c	a	b	0
a	e	1	d	f	c	a	c	a
b	f	d	1	e	c	c	b	b
c	d	f	e	1	c	c	c	c
d	c	c	c	c	1	f	e	d
e	a	a	c	c	f	1	d	e
f	b	c	b	c	e	d	1	f
1	0	a	b	c	d	e	f	1

则 $E=(E,\wedge,\otimes,\sim,1)$ 为非剩余的 IEQ-代数 [9]. 同时可验证 E 的所有滤子为: $\{1\}$, $\{d,e,f,1\}$, E. E 的所有前滤子为: $\{1\}, \{d,e,f,1\}, \{f,1\}$ 和 E. 映射 $\sigma:E\to E$ 定义如下:
$$\sigma(x)=\begin{cases} 0, & x=0,a,b,c, \\ 1, & x=d,e,f,1. \end{cases}$$

容易验证 (E,σ) 为 SEQ-代数. (E,σ) 的所有 S-滤子为: $\{1\}, \{d,e,f,1\}, E$, 因此 (E,σ) 不是态单的. 同时, 易有 (E,σ) 的所有 S-前滤子为: $\{1\}, \{d,e,f,1\}, E$.

若取 $X=\{f,1\}$, 则 $\langle X\rangle_\sigma=\{d,e,f,1\}=(X)_\sigma$.

(5) 设 (E,σ_2) 如例 5.3.2(2) 中的 SEQ-代数且取 $X=\{1\}$, 则 $\langle 1\rangle_{\sigma_2}=\{a,b,c,d,1\}$, $(1)_{\sigma_2}=E$.

定理 5.3.20 设 (E,σ) 为 SEQ-代数且 E 为好的, 则下列结论成立:

(1) 若 F 为 (E,σ) 的 S-滤子, 则 $\sigma(F)$ 为 $\sigma(E)$ 的滤子;

(2) 若 F 为 $\sigma(E)$ 的滤子, 则 $\sigma^{-1}(F)$ 为 (E,σ) 的 S-前滤子;

(3) 假设 E 有最小元 0. 若 σ 为忠实的且 $\sigma(E)$ 为单的, 则 (E,σ) 为态单的.

证明 (1) 若 $x\in\sigma(F)$, 则存在 $y\in F$ 使得 $\sigma(y)=x$ 和 $x\in\sigma(E)$, 由于 F 是 S-滤子, 故 $x\in F$, 因此 $x\in F\cap\sigma(E)$. 另一方面, 若 $x\in F\cap\sigma(E)$, 则 $x\in F$ 且 $x\in\sigma(E)$. 由命题 5.3.3(7) 有 $x=\sigma(x)$, 因此 $x\in\sigma(F)$, 综上知 $\sigma(F)=F\cap\sigma(E)$.

下证 $\sigma(F)$ 为 $\sigma(E)$ 的滤子. 由命题 5.3.3(8) 知 $\sigma(E)$ 是一个好的 EQ-代数. 显然, $1\in\sigma(F)$. 对任意的 $x,y\in\sigma(E)$, 如果 $x,x\to y\in\sigma(F)$, 那么 $y\in\sigma(F)$. 事实上, 由 $x\otimes(x\to y)\leq y$ 有 $y\in F$, 同时由 $\sigma(F)=F\cap\sigma(E)$ 有 $y\in F\cap\sigma(E)$. 设 $x,y\in\sigma(F)$, 因为 F 为一个 S-滤子和命题 5.3.3(8), 故有 $x\otimes y\in F$ 和 $x\otimes y\in\sigma(E)$, 因此 $x\otimes y\in\sigma(F)$. 对任意 $x,y,z\in\sigma(E)$, 假设 $x\to y\in\sigma(F)$, 因为 $\sigma(F)=F\cap\sigma(E)$, F 为一个 S-滤子和命题 5.3.3(8), 因此 $x\otimes z\to y\otimes z\in F\cap\sigma(E)=\sigma(F)$, 故 $\sigma(F)$ 为 $\sigma(E)$ 的滤子.

(2) 显然 $1\in\sigma^{-1}(F)$. 设 $x,y\in E$, 假设 $x,x\to y\in\sigma^{-1}(F)$, 则 $\sigma(x),\sigma(x\to y)\in F$. 因为 F 为 $\sigma(E)$ 的一个滤子, 所以 $\sigma(x)\otimes\sigma(x\to y)\in F$, 同时由命题 5.3.3(6) 和定理 1.2.18(17) 有 $\sigma(x)\otimes\sigma(x\to y)\leq\sigma(x)\otimes(\sigma(x)\to\sigma(y))\leq\sigma(y)$, 因此 $\sigma(y)\in F$, 即 $y\in\sigma^{-1}(F)$. 又若 $x\in\sigma^{-1}(F)$, 则命题 5.3.3(4) 蕴涵 $\sigma(x)\in\sigma^{-1}(F)$. 因此, $\sigma^{-1}(F)$ 为 (E,σ) S-前滤子.

(3) 假设 F 为 (E,σ) 的 S-滤子和 $F\neq\{1\}$. 由 (1) 有 $\sigma(F)$ 为 $\sigma(E)$ 的滤子, 因为 $\sigma(E)$ 为单的, 因此 $\sigma(F)=\{1\}$ 或 $\sigma(F)=\sigma(E)$. 由 σ 为忠实的且 $F\neq\{1\}$, 得 $\sigma(F)=\sigma(E)$. 因为 $0\in\sigma(F)$, 又由 (1) 有 $\sigma(F)=F\cap\sigma(E)$, 所以 $0\in F$. 因而 $F=E$, 故 (E,σ) 为态单的.

下例说明定理 5.3.20(3) 的逆不成立.

例 5.3.21 设 $E=(E,\wedge,\otimes,\sim,1)$ 是好的 EQ-代数, $E=\{0,a,b,c,d,1\}$, 且 $0<a<b<c<d<1$, 定义 E 中二元运算 $\otimes$ 与 $\sim$ 如下:

$\otimes$	0	a	b	c	d	1
0	0	0	0	0	0	0
a	0	0	0	0	0	a
b	0	0	0	0	a	b
c	0	0	0	a	a	c
d	0	0	a	a	a	d
1	0	a	b	c	d	1

$\sim$	0	a	b	c	d	1
0	1	c	b	a	0	0
a	c	1	b	a	a	a
b	b	b	1	b	b	b
c	a	a	b	1	c	c
d	0	a	b	c	1	d
1	0	a	b	c	d	1

映射 $\sigma:E\to E$ 定义如下:

$$\sigma(x)=\begin{cases} x, & x=0,a,b,c, \\ 1, & x=d,1, \end{cases}$$

5.3 EQ-代数上的内态

则 (E,σ) 为 SEQ-代数. 显然, $\sigma(E) = \{0, a, b, c, 1\}$ 为好的 EQ-代数, 也容易验证 $\{1\}$ 为 $\sigma(E)$ 的滤子, 但是 $\sigma^{-1}\{1\} = \{d, 1\}$ 不是 (E, σ) 的 S-滤子. 又可以验证 (E, σ) 有两个 S-滤子: $\{1\}$ 和 E, 即 (E, σ) 为态单的, 但 σ 不是忠实的.

定理 5.3.22 设 (E, σ) 为 SEQ-代数且 E 为剩余的, 则以下结论成立:

(1) 若 F 是 (E, σ) 的一个 S-滤子, 那么 $\sigma(F)$ 是 $\sigma(E)$ 的 (极大的) 滤子;

(2) 若 F 是 $\sigma(E)$ 的一个滤子, 那么 $\sigma^{-1}(F)$ 是 (E, σ) 的 (极大的) S-滤子.

证明 因为 E 为剩余的 EQ-代数, 所以 (E, σ) 的每一个 S-前滤子都是 S-滤子. 因而, 由定理 5.3.20 易得.

定理 5.3.23 设 (E, σ) 为 SEQ-代数且 E 为剩余的, 则下列命题等价:

(1) σ 为忠实的且 $\sigma(E)$ 是单的;

(2) (E, σ) 是态单的.

证明 由定理 5.3.20 与定理 5.3.22 易得.

下面将讨论 SEQ-代数 (E, σ) 上的同余关系.

SEQ-代数 (E, σ) 的一个同余关系 θ 指 θ 为 E 的一个同余关系且满足 $x\theta y \Rightarrow \sigma(x)\theta\sigma(y)$. $\mathrm{Con}(E, \sigma)$ 表示 (E, σ) 上所有同余关系的集合.

命题 5.3.24 设 θ 与 ϕ 为 SEQ-代数 (E, σ) 上的同余关系且 E 是好的, 则:

(1) $[1]_\theta = \{a \in E | a\theta 1\}$ 为 (E, σ) 的 S-滤子;

(2) $a\theta b$ 当且仅当 $(a \sim b)\theta 1$;

(3) $[1]_\theta = \{1\}$ 当且仅当 θ 为平凡的同余关系;

(4) $[1]_\theta = [1]_\phi$ 推出 $\theta = \phi$.

证明 (1) 由 [10] 中的引理 11 有 E 为 $[1]_\theta$ 的一个滤子. 若 $a \in [1]_\theta$, 则 $a\theta 1$. 因为 θ 是 (E, σ) 的一同余关系且 $\sigma(1) = 1$, 因而 $\sigma(a)\theta 1$, 即 $\sigma(a) \in [1]_\theta$.

(2) 与 (3) 类似 [10] 中的引理 11(2-3) 证明可得.

(4) 由 (2) 显然.

命题 5.3.25 设 (E, σ) 为一个 SEQ-代数且 E 是好的, 则 $\mathrm{SF}(E, \sigma)$ 和 $\mathrm{Con}(E, \sigma)$ 存在一个一一对应, 其中 $F \mapsto \approx_F, \theta \mapsto [1]_\theta$.

证明 设 E 是好的, 记 F 是 SEQ-代数 (E, σ) 的一个 S-滤子. 定义 $\approx_F$: $a \approx_F b$ 当且仅当 $a \sim b \in F$, 则 $\approx_F$ 为 (E, σ) 上的一个同余关系. 事实上, 由 [9] 中的定理 2 有 $\approx_F$ 是 E 上的一个同余关系. 更进一步, 若 $a \approx_F b$, 则 $a \sim b \in F$. 由定理 1.2.18(3), 有 $a \to b \in F$. 因此 F 是一个 S-滤子, 所以 $\sigma(a \to b) \in F$. 由命题 5.3.3(6) 可得 $\sigma(a) \to \sigma(b) \in F$, 即 $(\sigma(a) \to \sigma(b)) \approx_F 1$. 由 [10] 中的引理 11(2) 知 $(\sigma(a) \to \sigma(b)) \approx_F 1$ 当且仅当 $\sigma(a) \approx_F \sigma(b)$.

反之, 由命题 5.3.24(1), 显然成立.

由上可知 f 与 g 是良定的. 对 (E, σ) 上的任意同余 θ, 有 $(f \circ g)(\theta) = f([1]_\theta) = \approx_{[1]_\theta}$. 再由命题 5.3.24(1) 和 (2), 继而有 $x \approx_{[1]_\theta} y$ 当且仅当 $x \sim y \in [1]_\theta$ 当且

仅当 $(x \sim y)\theta 1$ 当且仅当 $x\theta y$. 因此 $\approx_{[1]_\theta} = \theta$, 即 $f \circ g = id_{\mathrm{Con}(E,\sigma)}$. 同理, 可得 $g \circ f = id_{SF(E,\sigma)}$.

设 (E,σ) 为一个 SEQ-代数. 对任意 $x,y \in E$ 和 $n \in N$, $x \to^n y$ 定义如下: $x \to^0 y = y, x \to^n y = x \to (x \to^{n-1} y)$.

定理 5.3.26 设 (E,σ) 是一个 SEQ-代数且 X 为 E 的非空子集, 则 $\langle X \rangle_\sigma = \{a \in E \mid x_1 \to (x_2 \to \cdots (x_n \to (\sigma(y_1) \to \cdots (\sigma(y_m) \to (1 \to^k a))\cdots))\cdots) = 1, \exists x_i, y_j \in X, n, m, k \in N\}$.

证明 上式右边记作 M.

(1) $1 \in M$ 显然.

(2) 假设 $a, a \to b \in M$, 则 $x_1 \to (x_2 \to \cdots (x_n \to (\sigma(y_1) \to \cdots (\sigma(y_m) \to (1 \to^{k_1} a))\cdots))\cdots) = 1$ 和 $u_1 \to (u_2 \to \cdots (u_p \to (\sigma(v_1) \to \cdots (\sigma(v_q) \to (1 \to^{k_2} (a \to b)))\cdots))\cdots) = 1$, 其中 $x_n, y_m, u_p, v_q \in X$ 及 $n, m, p, q, k_1, k_2 \in N$. 因此由定理 1.2.18(10), 有

$a \to b \leq (x_1 \to (x_2 \to \cdots (x_n \to (\sigma(y_1) \to \cdots (\sigma(y_m) \to (1 \to^{k_1} a))\cdots))\cdots)) \to (x_1 \to (x_2 \to \cdots (x_n \to (\sigma(y_1) \to \cdots (\sigma(y_m) \to (1 \to^{k_1} b))\cdots))\cdots)) = 1 \to (x_1 \to (x_2 \to \cdots (x_n \to (\sigma(y_1) \to \cdots (\sigma(y_m) \to (1 \to^{k_1} b))\cdots))\cdots))$.

随之由定理 1.2.18(2), 有

$a \to b \leq 1 \to (x_1 \to (x_2 \to \cdots (x_n \to (\sigma(y_1) \to \cdots (\sigma(y_m) \to (1 \to^{k_1} b))\cdots))\cdots)) \leq x_0 \to (x_1 \to (x_2 \to \cdots (x_n \to (\sigma(y_1) \to \cdots (\sigma(y_m) \to (1 \to^{k_1} b))\cdots))\cdots))$, 其中 $x_0 \in X$.

反复对上不等式使用定理 1.2.18(7), 有

$u_1 \to (u_2 \to \cdots (u_p \to (\sigma(v_1) \to \cdots (\sigma(v_q) \to (1 \to^{k_2} (a \to b)))\cdots))\cdots) \leq u_1 \to (u_2 \to \cdots (u_p \to (\sigma(v_1) \to \cdots (\sigma(v_q) \to (1 \to^{k_2} (x_0 \to (x_1 \to (x_2 \to \cdots (x_n \to (\sigma(y_1) \to \cdots (\sigma(y_m) \to (1 \to^{k_1} b))\cdots))\cdots)))))\cdots))\cdots)$.

因而 $u_1 \to (u_2 \to \cdots (u_p \to (\sigma(v_1) \to \cdots (\sigma(v_q) \to (1 \to^{k_2} (x_0 \to (x_1 \to (x_2 \to \cdots (x_n \to (\sigma(y_1) \to \cdots (\sigma(y_m) \to (1 \to^{k_1} b))\cdots))\cdots)))))\cdots))\cdots) = 1$.

再由定理 1.2.18(12) 可得

$u_1 \to (u_2 \to \cdots (u_p \to (x_0 \to \cdots (x_n \to (\sigma(v_1) \to (\sigma(v_2) \to \cdots (\sigma(v_q) \to (\sigma(y_1) \to \cdots (\sigma(y_m) \to (1 \to^k b))\cdots))\cdots)))\cdots))\cdots) = 1$, 其中 $k \in N$, 即 $b \in M$.

(3) 若 $c \in M$, 则 $x_1 \to (x_2 \to \cdots (x_n \to (\sigma(y_1) \to \cdots (\sigma(y_m) \to (1 \to^k c))\cdots))\cdots) = 1$, 其中 $x_i, y_j \in X, n, m, k \in N$. 由命题 5.3.3(1),(4) 和 (6) 及 σ 的保序性, 则 $1 = \sigma(1) = \sigma(x_1 \to (x_2 \to \cdots (x_n \to (\sigma(y_1) \to \cdots (\sigma(y_m) \to (1 \to^k c))\cdots))\cdots)) \leq \sigma(x_1) \to (\sigma(x_2) \to \cdots (\sigma(x_n) \to (\sigma(y_1) \to \cdots (\sigma(y_m) \to (1 \to^k \sigma(c)))\cdots))\cdots)$. 因而 $\sigma(c) \in M$. 所以 M 为 (E,σ) 的 S-前滤子.

5.3 EQ-代数上的内态

(4) 设 F 是 (E,σ) 上包含 X 的任意 S-前滤子,则有 $M \subseteq F$. 事实上, 若 $c \in M$, 则 $x_1 \to (x_2 \to \cdots (x_n \to (\sigma(y_1) \to \cdots (\sigma(y_m) \to (1 \to^k c))\cdots))\cdots) = 1, x_i, y_j \in X, n, m, k \in N$. 因为 F 是一个 S-前滤子, 故 $x_i, \sigma(y_j), 1 \in F$ 及 $c \in F$.

综上, $\langle X \rangle_\sigma = M$.

推论 5.3.27 设 (E,σ) 为一格 SEQ-代数且 $b \in E$, 则 $\langle b \rangle_\sigma = \{x \in E \mid b \to^n (\sigma(b) \to^m (1 \to^k x)) = 1, n, m, k \in N\}$.

定理 5.3.28 设 (E,σ) 是一个 SEQ-代数. 若 F 为 (E,σ) 的一个 S-前滤子且 $a \in E$, 则 $\langle F, a \rangle_\sigma = \{x \in E \mid a \to^n (\sigma(a) \to^m (1 \to^k x)) \in F, n, m, k \in N\}$.

证明 记 $M = \{x \in E \mid a \to^n (\sigma(a) \to^m (1 \to^k x)) \in F, n, m, k \in N\}$. 假设 $x \in M$, 则 $a \to^n (\sigma(a) \to^m (1 \to^k x)) \in F$. 因为 $F \subseteq \langle F, a \rangle_\sigma$ 且 $\langle F, a \rangle_\sigma$ 为 (E,σ) 的一个 S-前滤子, 故 $a, \sigma(a), 1 \in \langle F, a \rangle_\sigma$. 因此 $x \in \langle F, a \rangle_\sigma$.

假设 $x \in \langle F, a \rangle_\sigma$. 由定理 5.3.26, 则存在 $x_1, \cdots, x_n, y_1, \cdots, y_m \in F \cup \{a\}$ 及 $n, m, k \in N$ 使得 $x_1 \to (x_2 \to \cdots (x_n \to (\sigma(y_1) \to \cdots (\sigma(y_m) \to (1 \to^k x))\cdots))\cdots) = 1$. 若存在 i 或 j 使得 $x_i = a$ 或 $y_j = a$, 则由定理 1.2.18(12) 有 $x'_1 \to (x'_2 \to \cdots (x'_{n-p} \to (\sigma(y'_1) \to \cdots (\sigma(y'_{m-q}) \to (a \to^p (\sigma(a) \to^q (1 \to^{k_1} x))))\cdots))\cdots) = 1$ 其中 $k_1 \in N, x'_1, \cdots x'_{n-p}, y'_1, \cdots, y'_{m-q} \in \{x_1, x_2, \cdots, x_n, y_1, y_2, \cdots, y_m\}$ 且 $x'_i \neq a, y'_j \neq a$. 由 F 是 (E,σ) 的 S-前滤子, 有 $x'_i, y'_j, \sigma(x'_i), \sigma(y'_j) \in F$. 因此 $a \to^p (\sigma(a) \to^q (1 \to^{k_1} x)) \in F$, 即 $x \in M$. 若对所有 $x_i, y_j \in F$, 则 $x \in F$. 由定理 1.2.18(2), 有 $x \le a \to^n (\sigma(a) \to^m (1 \to^k x))$ 及 $a \to^n (\sigma(a) \to^m (1 \to^k x)) \in F$, 即 $x \in M$.

综上, $\langle F, a \rangle_\sigma = M = \{x \in E \mid a \to^n (\sigma(a) \to^m (1 \to^k x)) \in F, n, m \in N\}$.

推论 5.3.29 设 (E,σ) 是一个 SEQ-代数且 E 为好的, $\varnothing \neq X \subseteq E$ 且 $b \in E$. 则

(1) $\langle X \rangle_\sigma = \{a \in E \mid x_1 \to (x_2 \to \cdots (x_n \to (\sigma(y_1) \to \cdots (\sigma(y_m) \to a)\cdots))\cdots) = 1, \exists x_i, y_j \in X, n, m \in N\}$;

(2) $\langle b \rangle_\sigma = \{x \in E \mid b \to^n (\sigma(b) \to^m x) = 1, n, m \in N\}$;

(3) 若 $F \in \mathrm{SPF}(E,\sigma)$, 则 $\langle F, b \rangle_\sigma = \{x \in E \mid b \to^n (\sigma(b) \to^m x) \in F, n, m \in N\}$.

命题 5.3.30 设 (E,σ) 是一个 SEQ-代数且 E 是剩余的, 则 $(\sigma(a))_\sigma = \langle \sigma(a) \rangle_\sigma = \{x \mid \sigma(a) \to^p x = 1, p \in N\}$, 其中 $\sigma(a) \in \sigma(E)$.

证明 因为 E 是剩余的, 则 (E,σ) 的每一个 S-前滤子都是 S-滤子. 再由命题 5.3.3(4) 及定理 5.3.10, 继而可得 $(\sigma(a))_\sigma = \langle \sigma(a) \rangle_\sigma = \{x \mid \sigma(a) \to^p x = 1, p \in N\}$.

定理 5.3.31 设 (E,σ) 是一个次直不可约 SEQ-代数且 E 为剩余和预线性的, 则 $\sigma(E)$ 是线性.

证明 因为 (E,σ) 是次直不可约 SEQ-代数, 故在 $\mathrm{Con}(E,\sigma) - \{\triangle\}$ 中存在一个极小同余. 由定理 5.3.25 知存在 (E,σ) 的一个极小非平凡的 S-滤子 M. 因此存

在 $x \in M - \{1\}$.

假设 $\sigma(E)$ 非线性, 则存在 $\sigma(a), \sigma(b) \in \sigma(E)$ 不可比较. 因为 E 是剩余的, 所以 $\sigma(a) \to \sigma(b) \neq 1$ 且 $\sigma(b) \to \sigma(a) \neq 1$. 继而由命题 5.3.3(8) 及命题 5.3.30 可得 $(\sigma(a) \to \sigma(b))_\sigma = \{y \in E | (\sigma(a) \to \sigma(b)) \to^p y = 1, p \in N\}$ 与 $(\sigma(b) \to \sigma(a))_\sigma = \{z \in E | (\sigma(b) \to \sigma(a)) \to^q z = 1, q \in N\}$. 因此有 $M \subseteq (\sigma(a) \to \sigma(b))_\sigma$ 与 $M \subseteq (\sigma(b) \to \sigma(a))_\sigma$. 随之可得存在 $m, n \in N$ 使得 $(\sigma(a) \to \sigma(b)) \to^m x = 1$ 和 $(\sigma(b) \to \sigma(a)) \to^n x = 1$. 令 $k = \max\{m, n\}$, 则有 $(\sigma(a) \to \sigma(b)) \to^k x = 1$ 及 $(\sigma(b) \to \sigma(a)) \to^k x = 1$. 因为每一个剩余和预线性的 EQ-代数是一个 ℓEQ-代数. 因此, 由 [137] 中的引理 2.4, 有 $((\sigma(a) \to \sigma(b)) \vee (\sigma(b) \to \sigma(a))) \to^r x = 1$ 对某 $r \in N$. 因为 E 是预线性的, 有 $1 \to^r x = 1$ 蕴涵 $x = 1$, 矛盾.

定理 5.3.32 设 (E, σ) 是一个 SEQ-代数且 E 是剩余和预线性的. 若 σ 是忠实的, 则 (E, σ) 次直不可约当且仅当 $\sigma(E)$ 次直不可约.

证明 设 M 是 (E, σ) 中最小的非平凡的 S-滤子, 则由定理 5.3.20 有 $\sigma(M)$ 是 $\sigma(E)$ 的一个滤子. 假设 $\sigma(M) = \{1\}$, 则由 σ 是忠实的可得 $M = \{1\}$, 矛盾. 因此 $\sigma(M) \neq \{1\}$. 又因为 σ 是保序的, 结合定理 5.3.20 有 $\sigma(M)$ 是 $\sigma(E)$ 的最小非平凡滤子, 即 $\sigma(E)$ 是次直不可约.

反之, 假设 $\sigma(E)$ 是次直不可约的. 设 M 为 $\sigma(E)$ 的最小非平凡滤子. 由定理 5.3.20 及 σ 的忠实性, 有 $\sigma^{-1}(M)$ 是 (E, σ) 的一个滤子且 $\sigma^{-1}(M) \neq \{1\}$. 对 $\sigma(E)$ 中任意的滤子 F, Q, 若 $F \subseteq Q$, 则 $\sigma^{-1}(F) \subseteq \sigma^{-1}(Q)$. 因而 $\sigma^{-1}(M)$ 是 (E, σ) 的最小非平凡滤子, 即 (E, σ) 为次直不可约 SEQ-代数.

下面将讨论 SEQ-代数上所有 S-前滤子组成的集合 $\mathrm{SPF}(E, \sigma)$ 的代数结构.

格 L 称为 Brouwerian, 若 $a \wedge (\bigvee_{i \in I} b_i) = \bigvee_{i \in I} (a \wedge b_i)$, 其中 I 是某一指标集. 格 L 是一个完备的 Brouwerian 格当且仅当它是一个完备格且满足第一无限分配律 $a \wedge (\bigvee_{i \in I} b_i) = \bigvee_{i \in I} (a \wedge b_i)$. 显然, SEQ-代数 (E, σ) 上的 S-前滤子对任意交是封闭的, 因此 S-前滤子集合是一个 $\wedge$-完备格. 设 $\{F_i | i \in I\}$ 是 (E, σ) 的一簇 S-前滤子. 定义: $\bigwedge_{i \in I} F_i := \bigcap_{i \in I} F_i$ 及 $\bigvee_{i \in I} F_i := \langle \bigcup_{i \in I} F_i \rangle_\sigma$, 则以下结论成立.

定理 5.3.33 设 (E, σ) 是一个 SEQ-代数其且 E 是好的, 则 $(\mathrm{SPF}(E, \sigma), \subseteq)$ 构成一个完备的 Brouwerian 格.

证明 显然 $(\mathrm{SPF}(E, \sigma), \wedge, \vee, \subseteq)$ 是一个完备格. 现证 $F \wedge (\bigvee_{i \in I} Q_i) = \bigvee_{i \in I} (F \wedge Q_i)$, 其中 $\{Q_i\}_{i \in I}$ 及 F 是 (E, σ) 的 S-前滤子. 显然, $F \wedge (\bigvee_{i \in I} Q_i) \supseteq \bigvee_{i \in I} (F \wedge Q_i)$. 设 $x \in F \wedge (\bigvee_{i \in I} Q_i)$, 则 $x \in F$, $x \in \bigvee_{i \in I} Q_i$. 因为 $\bigvee_{i \in I} Q_i = \langle \bigcup_{i \in I} Q_i \rangle_\sigma$, 所以存在 $a_1, \cdots, a_n, b_1, \cdots, b_m \in \bigcup_{i \in I} Q_i$ 使得 $a_1 \to (a_2 \to \cdots (a_n \to (\sigma(b_1) \to \cdots (\sigma(b_m) \to x) \cdots)) \cdots) = 1$. 因为 Q_i 是 (E, σ) 的 S-前滤子, 故有 $\sigma(a_1), \cdots, \sigma(a_n), \sigma(b_1), \cdots, \sigma(b_m) \in \bigcup_{i \in I} Q_i$. 为了方便证明, 令 $c_i = a_i$ $(0 \leq i \leq n)$ 及 $c_{n+j} = \sigma(b_j)$ $(0 \leq j \leq m)$, 于是有 $c_1 \to (c_2 \to \cdots (c_n \to (c_{n+1} \to \cdots (c_{n+m} \to x) \cdots)) \cdots) = 1$, $c_i \in \bigcup_{i \in I} Q_i$.

对于每个 $p \in \{1, \cdots, n+m\}$, 存在 $\pi(p) \in I$ 使得 $c_p \in Q_{\pi(p)}$. 取 $d_1 = c_2 \to (\cdots(c_n \to (c_{n+1} \to \cdots(c_{n+m} \to x)\cdots))\cdots)$, 则 $c_1 \to d_1 = 1$. 因为 $c_1 \in Q_{\pi(1)}$ 及 $Q_{\pi(1)}$ 是一个 S-前滤子, 所以有 $d_1 \in Q_{\pi(1)}$. 对于 $p \in \{1, 2, \cdots, n+m-1\}$, 定义 $d_{p+1} = c_{p+2} \to (\cdots(c_{n+m} \to (d_p \to \cdots(d_1 \to x)\cdots))\cdots)$. 由 $\to$ 的可换性可得

$$d_{p+1} = c_{p+2} \to (\cdots(c_{n+m} \to (d_p \to \cdots(d_1 \to x)\cdots))\cdots)$$
$$= d_p \to (c_{p+2} \to (\cdots(c_{n+m} \to (d_{p-1} \to \cdots(d_1 \to x)\cdots))\cdots))$$
$$= [c_{p+1} \to (c_{p+2} \to (\cdots(c_{n+m} \to (d_{p-1} \to \cdots(d_1 \to x)\cdots))\cdots))] \to$$
$$(c_{p+2} \to (\cdots(c_{n+m} \to (d_{p-1} \to \cdots(d_1 \to x)\cdots))\cdots)).$$

因为 E 是一个好的 EQ-代数, 由定理 1.2.18(15) 可得 $c_{p+1} \leq d_{p+1}$. 因为 $c_{p+1} \in Q_{\pi(p+1)}$ 及 $Q_{\pi(p+1)}$ 是一个 S-前滤子, 则对于每个 $p \in \{1, \cdots, n+m\}$ 有 $d_p \in Q_{\pi(p)}$. 又由定理 1.2.18(2) 可得 $d_p \geq x$. 因此 $d_p \in F \wedge Q_{\pi(p)}$. 由 d_p 的定义有 $d_{n+m-1} = c_{n+m} \to (d_{n+m-2} \to (\cdots(d_1 \to x)\cdots))$, 继而对于 $p > m+n$, 可令 $c_p = 1$, 因为 E 是好的, 则有 $d_{n+m} = d_{n+m-1} \to (d_{n+m-2} \to (\cdots(d_1 \to x)\cdots))$. 因此 $d_{n+m} \to (d_{n+m-1} \to (d_{n+m-2} \to (\cdots(d_1 \to x)\cdots))) = 1$, 其中 $d_i \in \bigcup_{p \in \{1,\cdots,n+m\}}(F \wedge Q_{\pi(p)})$. 所以 $x \in \bigvee_{i \in I}(F \wedge Q_i)$.

下面讨论 ℓEQ-代数, 得出以下结论.

定理 5.3.34 设 (E, σ) 是一个 SEQ-代数且 E 为 ℓEQ-代数, 则 $(\text{SPF}(E, \sigma), \subseteq)$ 是一个完备的 Brouwerian 格.

证明 设 $\{Q_i\}_{i \in I}$ 及 F 是 (E, σ) 的 S-前滤子. 现证 $F \wedge (\bigvee_{i \in I} Q_i) = \bigvee_{i \in I}(F \wedge Q_i)$. 显然, $F \wedge (\bigvee_{i \in I} Q_i) \supseteq \bigvee_{i \in I}(F \wedge Q_i)$.

设 $x \in F \wedge (\bigvee_{i \in I} Q_i)$, 则 $x \in F$ 及 $x \in \bigvee_{i \in I} Q_i$. 因此存在 $q_1, \cdots, q_m \in \bigcup_{i \in I} Q_i, k \in N$ 使得 $q_1 \to (q_2 \to \cdots(q_m \to (1 \to^k x))\cdots) = 1$. 因为 E 是 ℓEQ-代数, 故由定理 1.2.18(2) 及 (22) 可得 $q_1 \vee x \to (q_2 \vee x \to \cdots(q_m \vee x \to (1 \to^k x))\cdots) = 1$. 由于 $q_1, \cdots, q_m \in \bigcup_{i \in I} Q_i$ 及 Q_i 是 (E, σ) 的 S-前滤子, 因此有 $q_1 \vee x, \cdots, q_m \vee x \in \bigcup_{i \in I} Q_i$. 又由 F 是 S-前滤子可得 $x \vee q_1, \cdots, x \vee q_m \in F$. 因此 $x \vee q_1, \cdots, x \vee q_m \in \bigcup_{i \in I}(F \cap Q_i)$ 及 $x \in \bigvee_{i \in I}(F \wedge Q_i)$.

设 (E, σ) 是一个 SEQ-代数且 E 是一个 ℓEQ-代数. 对任意 $F_1, F_2 \in \text{SPF}(E, \sigma)$, 定义:

$F_1 \hookrightarrow F_2 = \{a \in E | \sigma(a) \vee x \in F_2, \forall x \in F_1\}$,

$F_1 \to F_2 = \{a \in E | \langle a \rangle_\sigma \cap F_1 \subseteq F_2\}$.

称 (E, σ) 是一个态射 EQ-代数, 若 σ 保 $\wedge, \sim$ 和 $\otimes$. 若 σ 是态射, 则 $\sigma(x \to y) = \sigma(x) \to \sigma(x \wedge y) = \sigma(x) \to \sigma(x) \wedge \sigma(y) = \sigma(x) \to \sigma(y)$, 即 σ 保 $\to$. 又若 E 是好的及预线性的, 则 $\forall a, b \in E$, 有 $\sigma(a \vee b) = \sigma(((a \to b) \to b) \wedge ((b \to a) \to a)) =$

$((\sigma(a) \to \sigma(b)) \to \sigma(b)) \wedge ((\sigma(b) \to \sigma(a)) \to \sigma(a)) = \sigma(a) \vee \sigma(b)$, 即 σ 也保 $\vee$.

定理 5.3.35 设 (E,σ) 是一个 SEQ-代数且 E 是 ℓEQ-代数, 则 $\forall F_1, F_2 \in$ SPF(E,σ), 有 $F_1 \hookrightarrow F_2$ 是 (E,σ) 的 S-前滤子.

证明 显然, $1 \in F_1 \hookrightarrow F_2$.

设 $a, a \to b \in F_1 \hookrightarrow F_2$, 则 $\forall x \in F_1$, 有 $\sigma(a) \vee x = 1$ 和 $\sigma(a \to b) \vee x = 1$. 由命题 5.3.3(6) 知 $(\sigma(a) \to \sigma(b)) \vee x = 1$. 又由 E 为 ℓEQ-代数及定理 1.2.18(22) 可得 $\sigma(a) \to \sigma(b) \leq \sigma(a) \vee x \to \sigma(b) \vee x$. 结合 $x \leq \sigma(b) \vee x \leq \sigma(a) \vee x \to \sigma(b) \vee x$ 有 $(\sigma(a) \to \sigma(b)) \vee x \leq \sigma(a) \vee x \to \sigma(b) \vee x$. 因此 $\sigma(a) \vee x \to \sigma(b) \vee x \in F_2$, 继而有 $\sigma(b) \vee x \in F_2$, 即 $b \in F_1 \hookrightarrow F_2$. 若 $a \in F_1 \hookrightarrow F_2$, 则由命题 5.3.3(4) 可得 $\sigma(a) \in F_1 \hookrightarrow F_2$. 因此 $F_1 \hookrightarrow F_2$ 是一个 S-前滤子.

定理 5.3.36 设 (E,σ) 是一个 SEQ-代数且 E 为 ℓEQ-代数. 若 σ 是忠实的且保 $\to$, 则 $\forall F_1, F_2 \in$ SPF(E,σ), 有 $F_1 \hookrightarrow F_2 = F_1 \to F_2$.

证明 若 $x \in F_1 \hookrightarrow F_2$, 则 $\forall y \in F_1$, 有 $\sigma(x) \vee y \in F_2$. 现证 $\langle x \rangle_\sigma \cap F_1 \subseteq F_2$. 假设 $z \in \langle x \rangle_\sigma \cap F_1$, 那么 $\sigma(x) \vee z \in F_2$, $x \to^{k_1} (\sigma(x) \to^{k_2} (1 \to^{k_3} z)) = 1$ 对某些 $k_1, k_2, k_3 \in N$. 由命题 5.3.3(4), (6) 及 σ 保 $\to$, 可得 $x \to^{k_1} (\sigma(x) \to^{k_2} (1 \to^{k_3} z)) \leq \sigma(x) \to^{k_1+k_2} (\sigma(1) \to^{k_3} \sigma(z)) = \sigma(\sigma(x)) \to^{k_1+k_2} (\sigma(1) \to^{k_3} \sigma(z)) = \sigma(\sigma(x) \to^{k_1+k_2} (1 \to^{k_3} z))$. 又因为 σ 是忠实的, 则有 $\sigma(x) \to^{k_1+k_2} (1 \to^{k_3} z) = 1$. 因此由定理 1.2.18(2), (7) 及 (22), 可得 $\sigma(x) \to^{k_1+k_2} (1 \to^{k_3} z) \leq \sigma(x) \vee z \to (\sigma(x) \to^{k_1+k_2-1} (1 \to^{k_3} z)) \vee z = \sigma(x) \vee z \to (\sigma(x) \to^{k_1+k_2-1} (1 \to^{k_3} z)) \leq \sigma(x) \vee z \to^{k_1+k_2} (1 \to^{k_3} z)$. 继而有 $\sigma(x) \vee z \to^{k_1+k_2} (1 \to^{k_3} z) = 1$. 因为 $1, \sigma(x) \vee z \in F_2$, 所以 $z \in F_2$. 因而 $\langle x \rangle_\sigma \cap F_1 \subseteq F_2$, 即 $x \in F_1 \to F_2$.

反之, 若 $x \in F_1 \to F_2$, 则 $\langle x \rangle_\sigma \cap F_1 \subseteq F_2$. 显然, $\sigma(x) \in \langle x \rangle_\sigma$. 因而 $y \in F_1$, 有 $\sigma(x) \vee y \in \langle x \rangle_\sigma$. 又因为 $y \in F_1$ 可推得 $\sigma(x) \vee y \in F_1$, 故 $\sigma(x) \vee y \in \langle x \rangle_\sigma \cap F_1 \subseteq F_2$, 即 $x \in F_1 \hookrightarrow F_2$.

推论 5.3.37 若 (E,σ) 为态射 ℓEQ-代数且 σ 是忠实的, 则 $\forall F_1, F_2 \in$ SPF(E, σ), 有 $F_1 \hookrightarrow F_2 = F_1 \to F_2$.

定理 5.3.38 设 (E,σ) 是一个 SEQ-代数且 E 为 ℓEQ-代数. 若 σ 是忠实的且保 $\to$, 则 $(\text{SPF}(E,\sigma), \wedge, \vee, \to, \langle 1 \rangle_\sigma, E)$ 是一个 Heyting 代数.

证明 由定理 5.3.2 知 $(\text{SPF}(E,\sigma), \wedge, \vee)$ 是一个 Brouwerian 格. 现证 $\forall F, F_1, F_2 \in$ SPF(E,σ), $F \cap F_1 \subseteq F_2$ 当且仅当 $F \subseteq F_1 \to F_2$.

若 $F \cap F_1 \subseteq F_2$ 及 $x \in F$, 则 $\langle x \rangle_\sigma \subseteq F$. 随之可得 $\langle x \rangle_\sigma \cap F_1 \subseteq F \cap F_1 \subseteq F_2$, 即 $x \in F_1 \to F_2$.

反之, 若 $F \subseteq F_1 \to F_2$ 及 $x \in F \cap F_1$, 则 $x \in F$. 进而推出 $x \in F_1 \to F_2$, 即 $\langle x \rangle_\sigma \cap F_1 \subseteq F_2$. 又因为 $x \in F_1$, 故有 $x \in \langle x \rangle_\sigma \cap F_1$ 可推出 $x \in F_2$.

5.3 EQ-代数上的内态

推论 5.3.39 设 (E,σ) 是一个态射 ℓEQ-代数且 σ 为忠实的,则 $(\mathrm{SPF}(E,\sigma), \wedge, \vee, \rightarrow, \langle 1 \rangle_\sigma, E)$ 是一个 Heyting 代数.

一个态射 EQ-代数若可以嵌入到线性序的态射 EQ-代数的次直积,则称该态射 EQ-代数是可以表示的.

设 L 是一个格,若对任意的有限子集 $X \subseteq L$, $\wedge X = a$ 蕴涵 $a \in X$,则称元素 a 为 L 上的交不可约元. 若 $\forall X \subseteq L$ 都有 $\wedge X = a$ 蕴涵 $a \in X$,则称 a 是一个完备交不可约的元. 事实上,一个元素是完备交不可约的当且仅当它有唯一的覆盖. 设 F 是 SEQ-代数 (E, σ) 的一个 S-前滤子且 E 是可分的,对 (E, σ) 上真包含 F 的任意 S-前滤子 Q,若有 $e \notin F$ 且 $e \in Q$,则称 F 是 e-极大的. 用 $A-B$ 表示集合 A 减去集合 B.

定理 5.3.40 设 (E, σ) 态射 EQ-代数且 E 是预线性和好的,则 $\langle a \vee b \rangle_\sigma = \langle a \rangle_\sigma \cap \langle b \rangle_\sigma$.

证明 显然,$\langle a \vee b \rangle_\sigma \subseteq \langle a \rangle_\sigma \cap \langle b \rangle_\sigma$. 若 $x \in \langle a \rangle_\sigma \cap \langle b \rangle_\sigma$,则 $a \rightarrow^n (\sigma(a) \rightarrow^m x) = 1$ 和 $b \rightarrow^p (\sigma(b) \rightarrow^q x) = 1$,其中 $m, n, p, q \in N$. 令 $k = \max\{n, p\}$, $r = \max\{m, q\}$. 由定理 1.2.18(2) 可得 $a \rightarrow^k (\sigma(a) \rightarrow^m x) = 1$ 和 $b \rightarrow^k (\sigma(b) \rightarrow^q x) = 1$. 因为 E 是好的,由定理 1.2.18(16) 可得 $\sigma(a) \rightarrow^m (a \rightarrow^k x) = 1$ 和 $\sigma(b) \rightarrow^q (b \rightarrow^k x) = 1$. 随之由 [137] 中的命题 2.3(2) 得到 $\sigma(a) \rightarrow^r (a \rightarrow^k x) = 1$ 和 $\sigma(b) \rightarrow^r (b \rightarrow^k x) = 1$. 再由 [137] 中的引理 2.4 及定理 1.2.18(16) 知存在 $k_1, k_2 \in N$ 使得 $(a \vee b) \rightarrow^{k_1} ((\sigma(a) \vee \sigma(b)) \rightarrow^{k_2} x) = 1$. 因为 E 预线性的和好的,有 σ 保 $\vee$. 因此 $(a \vee b) \rightarrow^{k_1} (\sigma(a \vee b) \rightarrow^{k_2} x) = 1$,即 $x \in \langle a \vee b \rangle_\sigma$.

命题 5.3.41 设 F 是态射 EQ-代数 (E, σ) 的 S-前滤子且 E 是预线性的和好的,则下列结论等价:

(1) F 是素的;

(2) $\forall x, y \in F$, $x \vee y \in F$ 蕴涵 $x \in F$ 或 $y \in F$;

(3) $\forall x, y \in F$, $x \vee y = 1$ 蕴涵 $x \in F$ 或 $y \in F$;

(4) $(E, \sigma)/F$ 是链;

(5) $\{Q | Q$ 是 (E, σ) 的 S-前滤子且 $F \subseteq Q\}$ 是线性序的;

(6) F 是 $\mathrm{SPF}(E, \sigma)$ 中的交不可约元.

证明 (1)—(4) 显然等价. 下证 (1), (5) 和 (6) 的等价性.

(1)$\Rightarrow$(5) 设 F 是素的,则 $(E, \sigma)/F$ 是一个链. 假设 $F \subseteq Q_1, Q_2$ 且 Q_1, Q_2 不可比较,那么存在 $a \in Q_1 - Q_2$ 及 $b \in Q_2 - Q_1$. 不妨设 $[a]_F \leq [b]_F$,有 $[a]_F \rightarrow [b]_F = [a \rightarrow b]_F = [1]_F$,即 $a \rightarrow b \in F$. 因此 $a \rightarrow b \in Q_1$. 因为 $a \in Q_1$ 及 Q_1 是一个 S-前滤子,故有 $b \in Q_1$,矛盾.

(5)$\Rightarrow$(6) 设 $F = Q_1 \cap Q_2$,则 $F \subseteq Q_1, Q_2$. 由 (5) 不妨设 $Q_1 \subseteq Q_2$,则有 $F = Q_1$.

(6)⇒(1) 假设 $a \vee b \in F$, 则由定理 5.3.40 及定理 5.3.34 有 $(F \vee \langle a \rangle_\sigma) \cap (F \vee \langle b \rangle_\sigma) = F \vee (\langle a \rangle_\sigma \cap \langle b \rangle_\sigma) = F \vee \langle a \vee b \rangle_\sigma = F$. 又由 (6) 有 $F \vee \langle a \rangle_\sigma = F$ 或 $F \vee \langle b \rangle_\sigma = F$, 即 $a \in F$ 或 $b \in F$. 因此, F 是素的.

引理 5.3.42 设 F 是态射 EQ-代数 (E, σ) 的 S-前滤子且 E 是预线性的和好的, 则 F 是 e-极大的对某个 $e \in E - \{1\}$ 当且仅当 F 是 SPF(E, σ) 中的完备交不可约元.

证明 ($\Rightarrow$) 记 $M = \{N | N \in \text{SPF}(E, \sigma), 且 F \subset N\}$, 则 $\cap M = N_0$ 是 (E, σ) 的一个 S-前滤子. 因为 F 是 e-极大的且 $e \in E - \{1\}$, 故有 $e \notin F$ 但 $e \in N$ 对每个 $N \in M$. 继而有 $e \in N_0$. 即说明 N_0 是 F 在 SPF(E, σ) 中的唯一覆盖, 因此 F 是 SPF(E, σ) 中的完备交不可约元.

($\Leftarrow$) 设 F 是 SPF(E, σ) 中的完备交不可约元, 则存在 (E, σ) 的 S-前滤子 M 使得 M 是 F 的唯一覆盖. 对于 (E, σ) 中任意 S-前滤子 N 使得 $F \subset N$, 有 $M \subseteq N$. 设 $e \in M - F$, 则 $e \in N$, 即 F 是 e-极大的.

定理 5.3.43 设 (E, σ) 是一个态射 EQ-代数且 E 是预线性的和好的, F 是 (E, σ) 的 S-前滤子且 $a \in E$. 则下列结论成立:

(1) 若 $a \notin F$, 则存在 (E, σ) 的一个素的 S-前滤子 P 使得 $a \notin P$ 且 $F \subseteq P$,

(2) 若 $a < 1$, 则存在 (E, σ) 的一个素的 S-前滤子 P 使得 $a \notin P$.

证明 (1) 记 $M = \{Q \mid Q \in \text{SPF}(E, \sigma)$ 使得 $F \subseteq Q$ 和 $a \notin Q\}$. 显然, $M \neq \varnothing$. 由定理 5.3.34 知 $(\text{SPE}(E, \sigma), \subseteq)$ 是一个完备分配格. 因此对 M 的对任意的链 $\{Q_i\}_{i \in I}$, 显然 $\bigvee_{i \in I} Q_i$ 是 (E, σ) 的 S-前滤子. 因此由 Zorn 引理有, M 中存在极大元 P. 下证 P 是素的. 假设 $\exists x, y \in E$ 使得 $x \to y, y \to x \notin P$. 由 P 的极大性, 有 $\langle P, x \to y \rangle_\sigma \notin M$ 及 $\langle P, y \to x \rangle_\sigma \notin M$, $a \in \langle P, x \to y \rangle_\sigma$ 和 $a \in \langle P, y \to x \rangle_\sigma$. 因此 $(x \to y) \to^n (\sigma(x \to y) \to^m a) \in P$, $(y \to x) \to^p (\sigma(y \to x) \to^q a) \in P$, 其中 $m, n, p, q \in \mathbb{N}$. 因此存在 $p_1, p_2 \in P$, 使得 $p_1 \to ((x \to y) \to^n (\sigma(x \to y) \to^m a)) = 1$ 和 $p_2 \to ((y \to x) \to^p (\sigma(y \to x) \to^q a)) = 1$. 由定理 1.2.18(2) 和 (16) 有 $(x \to y) \to^n (\sigma(x \to y) \to^m (p_1 \to (p_2 \to a))) = 1$ 和 $(y \to x) \to^p (\sigma(y \to x) \to^q (p_1 \to (p_2 \to a))) = 1$. 令 $t = f_1 \to (f_2 \to x)$, $k = \max\{n, p\}$, $r = \max\{m, q\}$. 类似定理 5.3.40 的证明, 则 $\exists k_1, k_2 \in \mathbb{N}$, 使得 $((y \to x) \vee (x \to y)) \to^{k_1} (\sigma((y \to x) \vee (x \to y)) \to^{k_2} (p_1 \to (p_2 \to a))) = 1$, 即 $1 \to (1 \to (p_1 \to (p_2 \to a))) = 1$. 因为 $1, p_1, p_2 \in P$, 故有 $a \in P$, 矛盾. 因此 P 是素的.

若 $M = \{F\}$, 则 $\forall Q, F \subset Q$, 有 $a \notin F$ 但 $a \in Q$, 即说明 F 是 a-极大的. 由引理 5.3.42 及命题 5.3.41 可知 F 是素的.

(2) 由 (1) 直接可得.

引理 5.3.44 设 (E, σ) 是态射 EQ-代数且 E 是预线性的和好的, 则下列结论

成立:

(1) $\cap\{F|F$ 是 SPF(E,σ) 中的交不可约元 $\}=\{1\}$;

(2) (E,σ) 中的每一个交不可约 S-前滤子都包含一个极小交不可约 S-前滤子;

(3) $\cap\{F|F$ 是 SPF(E,σ) 中极小交不可约元 $\}=\{1\}$.

证明 (1) 由定理 5.3.43(2), 显然成立.

(2) 由定理 5.3.34 知 (SPF$(E,\sigma),\subseteq$) 是一个完备的分配格. 假设 F 是一个交不可约元. 由 Zorn 引理, 在 (SPF$(E,\sigma),\subseteq$) 中存在关于交不可约元的极大链 $\{Q_i\}_{i\in I}$ 使得 $F\in\{Q_i\}_{i\in I}$. 令 $Q=\bigwedge_{i\in I}\{Q_i\}$. 由 (SPF$(E,\sigma),\subseteq$) 是一个完备分配格可得 Q 是 SPF(E,σ) 中的交不可约元. Q 的极小性完全由链 $\{Q_i\}$ 的极大性决定.

(3) 由 (1) 和 (2) 直接可得.

设 (E,σ) 是一个 SEQ-代数且 E 是一个 ℓEQ-代数. E 的一个非空子集 I 称为 E 的理想, 若 I 满足:

(1) $x\vee y\in I, \forall x,y\in I$,

(2) 若 $x\leq y$ 且 $y\in I$, 则 $x\in I$.

设 $A\subseteq E$, 称 $A_\sigma^\perp=\{x\in E\mid a\vee\sigma(x)=1, \forall a\in A\}$ 是 A 的 σ-对偶零化子. 若 $A=\{a\}$, 则 $\{a\}_\sigma^\perp$ 简记为 $a_\sigma^\perp$. 又规定 $\varnothing_\sigma^\perp=E$.

定理 5.3.45 设 (E,σ) 是一个 SEQ-代数且 E 是可分的 ℓEQ-代数, 则

(1) $A_\sigma^\perp$ 是 (E,σ) 的一个 S-前滤子;

(2) 若 I 为 E 的一个理想, 则 $\cup\{u_\sigma^\perp|u\in I\}$ 是 (E,σ) 的 S-前滤子.

证明 (1) 显然 $1\in A_\sigma^\perp$. 设 $x, x\to y\in A_\sigma^\perp$, 则 $\sigma(x)\vee a=1$ 和 $\sigma(x\to y)\vee a=1$. 故 $\forall a\in A$, 有 $(\sigma(x)\to\sigma(y))\vee a=1$. 因此由定理 1.2.18(22) 和 (2), 有 $(\sigma(x)\to\sigma(y))\vee a\leq(\sigma(x)\vee a\to\sigma(y)\vee a)\vee(\sigma(y)\vee a)\leq\sigma(x)\vee a\to\sigma(y)\vee a=1\to\sigma(y)\vee a$. 继而有 $1\to\sigma(y)\vee a=1$ 蕴涵 $\sigma(y)\vee a=1$, 即 $y\in A_\sigma^\perp$. 若 $x\in A_\sigma^\perp$, 则由命题 5.3.3(4) 得 $\sigma(x)\in A_\sigma^\perp$. 因此 $A_\sigma^\perp$ 是 (E,σ) 的 S-前滤子.

(2) 显然, $1\in\cup\{u_\sigma^\perp|u\in I\}$. 设 $x, x\to y\in\cup\{u_\sigma^\perp|u\in I\}$, 则存在 $a,b\in I$ 使得 $\sigma(x)\vee a=1, \sigma(x\to y)\vee b=1$, $a\vee b\in I$. 因此 $\sigma(x)\vee(a\vee b)=1$ 和 $\sigma(x\to y)\vee(a\vee b)=1$. 类似 (1) 的证明, 有 $\sigma(y)\vee(a\vee b)=1$, 即 $y\in\cup\{u_\sigma^\perp|u\in I\}$. 若 $x\in\cup\{u_\sigma^\perp|u\in I\}$, 由命题 5.3.3(4), 则有 $\sigma(x)\in\cup\{u_\sigma^\perp|u\in I\}$. 因此, $\cup\{u_\sigma^\perp|u\in I\}$ 是 (E,σ) 的 S-前滤子.

定理 5.3.46 设 F 是态射 EQ-代数 (E,σ) 的一个 S-前滤子且 σ 是忠实的. 若 E 是预线性的且是好的, 则下列结论等价:

(1) F 是一个极小素 S-前滤子;

(2) $F=\cup\{u_\sigma^\perp|u\in E-F\}$.

证明 (1)$\Rightarrow$(2) 设 F 是一个极小素 S-前滤子. 若 $u,v\in E-F$, 则 $u\vee v\in E-F$. 若 $u\in E-F$ 且 $v\leq u$, 则 $v\in E-F$. 因此, $E-F$ 是 E 的一个理想. 由 Zorn 引理,

存在一个极大理想 I, 使得 $E-F \subseteq I$. 由 I 是真理想, $\forall e \in I$, 有 $e_\sigma^\perp \subseteq E-I \subseteq F$. 否则, 存在 $a \in I$ 使得 $a_\sigma^\perp \not\subseteq E-I$, 即存在 $m \in a_\sigma^\perp$ 且 $m \in I$. 于是有 $\sigma(m) \vee a = 1$. 又因为 σ 是态射且 E 预线性的和好的, 则 $\sigma(\sigma(m) \vee a) = \sigma(\sigma(m)) \vee \sigma(a) = \sigma(m) \vee \sigma(a) = \sigma(m \vee a) = 1$. 继而由 σ 的忠实性, 可得 $m \vee a = 1$ 蕴涵 $1 \in I$. 矛盾. 随之, 记 $M = \cup\{e_\sigma^\perp | e \in I\}$, 因此 $M \subseteq F$. 由定理 5.3.45(2) 知 M 是 (E, σ) 的一个 S-前滤子.

下证 M 是素的. 假设 $m \vee n = 1$ 且 $m \notin M$, 则 $\forall e \in I, m \notin e_\sigma^\perp$, 即 $\sigma(m) \vee e \neq 1$. 因此 $\forall e \in I, m \vee e \neq 1$. 否则, 有 $m \vee e = 1$ 和 $\sigma(m \vee e) = \sigma(\sigma(m) \vee e) = 1$. 又因为 σ 是忠实的, 有 $\sigma(m) \vee e = 1$, 矛盾. 又由 $\forall e \in I, m \vee e \neq 1$, 可得 $I \cup \{m\}$ 生成一个真理想. 由 I 的极大性, 有 $m \in I$. 从 $m \vee n = 1$ 得到 $\sigma(n) \vee m = 1$, 即 $n \in m_\sigma^\perp$, $n \in M$. 因此 M 是素的.

由 F 的极小性, 有 $M = F$. 若 $f \in F$, 则存在 $e \in I$ 使得 $f \in e_\sigma^\perp$, 即 $\sigma(f) \vee e = 1$. 又因为 σ 是忠实的, 有 $f \vee e = 1$. 因此有 $f \notin I$ 和 $F \subseteq E-I$, 随之可得 $I \subseteq E-F$. 因此 $I = E - F$ 且 $F = \cup\{u_\sigma^\perp | u \in E - F\}$.

(2)$\Rightarrow$(1) 令 $a \vee b = 1$ 且 $b \notin F$, 则有 $b \in E - F$ 和 $a \vee b = 1$, 因此 $\sigma(a) \vee b = 1$, 即 $a \in b_\sigma^\perp$. 因此 $a \in F$ 和 F 是素的. 进一步, 假设 P 是素的 S-前滤子且 $P \subseteq F$. 若 $f \in F$, 则存在 $c \in E - F$ 使得 $f \in c_\sigma^\perp$, 即 $\sigma(f) \vee c = 1$. 因而有 $f \vee c = 1$. 因为 $E - F \subseteq E - P$, 有 $c \in E - P$, 即 $c \notin P$. 同时, 由 $f \vee c = 1$ 和 P 是素的, 有 $f \in P$. 因此 $P = F$.

命题 5.3.47 设 F 是态射 EQ-代数 (E, σ) 的一个 S-前滤子且 E 是好的, 则下列命题等价:

(1) F 是一个 S-滤子;

(2) $\forall b, c \in E, b \in F$, 蕴涵 $c \to (b \otimes c) \in F, c \to (c \otimes b) \in F$;

(3) $\forall b, c, d \in E$, $b \in F$, 蕴涵 $d \to (d \otimes (c \to (b \otimes c))) \in F$.

证明 类似 [10] 中的命题 9 可证.

命题 5.3.48[10] 设 (E, σ) 是一个态射 EQ-代数且 E 是好的, 则以下结论等价: $\forall a, b, c, u, v \in E$,

(1) E 是预线性的且满足拟等式: $a \vee b = 1$ 蕴涵 $a \vee (u \to (u \otimes (c \to (b \otimes c)))) = 1$;

(2) E 满足等式 $(a \to b) \vee (u \to (u \otimes (c \to ((b \to a) \otimes c)))) = 1$;

(3) E 满足 $(a \to b) \to v \leq (u \to (u \otimes (c \to ((b \to a) \otimes c)))) \to v$;

(4) E 满足 $(u \to (u \otimes (c \to ((b \to a) \otimes c)))) \to v \leq ((a \to b) \to v) \to v$.

定理 5.3.49 设 (E, σ) 是态射 EQ-代数且 σ 是忠实的. 若 E 是好的且满足命题 5.3.48(3) 或等价命题 5.3.48(4), 则

(1) 若 $u \in \sigma(E)$, 则 $u_\sigma^\perp$ 是 (E, σ) 的 S-滤子;

(2) 若 I 是 E 的理想, 则 $\cup\{u_\sigma^\perp | u \in I\}$ 是 (E, σ) 的 S-滤子;

(3) (E, σ) 的每一个极小素 S-前滤子都是 S-滤子.

5.3 EQ-代数上的内态

证明 (1) 若 E 是好的且满足命题 5.3.48(3), 则 E 是预线性的且满足命题 5.3.48(1). 由定理 5.3.45 可得 $u_\sigma^\perp$ 是 (E,σ) 的一个 S-前滤子. 下证 $u_\sigma^\perp$ 满足命题 5.3.47(3), 即 $u_\sigma^\perp$ 是 (E,σ) 的 S-滤子. 假设 $x \in u_\sigma^\perp$. 有 $\sigma(x) \vee u = 1$, 因而 $u \vee x = 1$. 事实上, 因为 σ 是态射且是忠实的, 所以有 $\sigma(\sigma(x) \vee u) = \sigma(\sigma(x)) \vee \sigma(u) = \sigma(x) \vee \sigma(u) = \sigma(x \vee u) = 1$ 蕴涵 $u \vee x = 1$. 又因为 E 满足命题 5.3.48(1), 可得 $\forall z, c \in E, u \vee (z \to (z \otimes (c \to (x \otimes c)))) = 1$. 继而有 $u \vee \sigma(z \to (z \otimes (c \to (x \otimes c)))) = 1$, 即 $z \to (z \otimes (c \to (x \otimes c))) \in u_\sigma^\perp$. 因此, $u_\sigma^\perp$ 是 (E,σ) 的 S-滤子.

(2) 由定理 5.3.45(2) 有 $\cup \{u_\sigma^\perp \mid u \in I\}$ 是 (E,σ) 的 S-前滤子. 若 $x \in \cup \{u_\sigma^\perp \mid u \in I\}$, 则存在 $u_0 \in I$ 使得 $x \in \{u_0\}_\sigma^\perp$. 类似 (1) 的证明, $\forall z, c \in E$, 有 $z \to (z \otimes (c \to (x \otimes c))) \in \{u_0\}_\sigma^\perp$. 因此 $z \to (z \otimes (c \to (x \otimes c))) \in \cup \{u_\sigma^\perp \mid u \in I\}$. 再由命题 5.3.47(3), 有 $\cup \{u_\sigma^\perp \mid u \in I\}$ 是 (E,σ) 的 S-滤子.

(3) 由命题 5.3.48 可得 E 是预线性的. 假设 F 是极小的素 S-前滤子, 则由定理 5.3.46 有 $F = \cup \{u_\sigma^\perp \mid u \in E - F\}$. 因为 F 是素的, 因此 $E - F$ 是 E 的一个理想. 故由 (2) 可得 F 是 (E,σ) 的 S-滤子.

定理 5.3.50 设 (E,σ) 是一个态射好的 EQ-代数且 σ 是忠实的, 则下列结论等价:

(1) (E,σ) 是线性态射好的 EQ-代数积的次直嵌入, 即 (E,σ) 是可以表示的;

(2) E 满足命题 5.3.48(3) 或等价命题 5.3.48(4);

(3) E 预线性的且 (E,σ) 的每一个极小素 S-前滤子是 S-滤子.

证明 (1)$\Rightarrow$(2) 对任意的线性好的 EQ-代数, 有 $a \to b = 1$ 或 $b \to a = 1$ 对所有 $a, b \in E$, 因此命题 5.3.48(3) 或命题 5.3.48(4) 成立.

(2)$\Rightarrow$(3) 由命题 5.3.48 有 E 是预线性的. 由定理 5.3.49 可得 (E,σ) 的极小素 S-前滤子是 S-滤子.

(3)$\Rightarrow$(1) 由命题 5.3.41 知每一个 S-前滤子 P 是素的当且仅当 P 是交不可约元. 记 $Q = \{P \mid P$ 是 SPF(E,σ) 中极小交不可约元$\}$, 则由命题 5.3.44(3) 有 $\cap Q = \{1\}$. 由定理 5.3.25 有 $\cap \{\approx_P \mid P \in Q\}$ 是 (E,σ) 上的平凡同余关系. 再由命题 5.3.41 可得 $(E,\sigma)/\approx_P$ 是线性序的. 因为 σ 是态射, $\sigma([a]_{\approx_P}) = [\sigma(a)]_{\approx_P}$, 由 [38] 中的定理 7 类似得到一个同态 $f : (E,\sigma) \to ((E,\sigma)/\approx_P, \bigwedge_P, \otimes_P, \sim_P, \approx_P)$ 使得 $(E,\sigma)/\approx_P$ 是好的. 现定义一个自然的同态 $g : (E,\sigma) \to \prod_{P \in Q}((E,\sigma)/\approx_P), g(a) = ([a]_P)_{P \in Q}$, 则 g 是 (E,σ) 到 $\{(E,\sigma)/\approx_P \mid P \in Q\}$ 的直积的次直嵌入, 即 (E,σ) 是可表示的.

第 6 章 逻辑代数上的广义态理论

本章我们将介绍 EQ-代数、相等代数、BCI-代数上的广义态的概念、相关性质及其应用. 广义态是相应代数上的态、内态的统一框架.

6.1 EQ-代数上的广义态

本节引自 [146], 将介绍 EQ-代数上的广义态的概念, 并且讨论 EQ-代数上的广义态与其他类型态之间的关系.

定义 6.1.1 设 $(X, \sim_1, \bigwedge_1, \odot_1, 1_1)$ 和 $(Y, \sim_2, \bigwedge_2, \odot_2, 1_2)$ 为两个 EQ-代数. 若映射 $\sigma: X \to Y$ 满足以下条件: 对任意的 $x, y, z \in X$,

(GS1) 若 $x \leq_1 y$, 则 $\sigma(x) \leq_2 \sigma(y)$;

(GS2) $\sigma(x \sim_1 x \bigwedge_1 y) = \sigma((x \sim_1 x \bigwedge_1 y) \sim_1 y) \sim_2 \sigma(y)$;

(GS3) $\sigma(x) \odot_2 \sigma(x \to_1 (x \odot_1 y)) \leq \sigma(x \odot_1 y)$;

(GS4) 对任意的 $x, y \in X$, $\sigma(x) \sim_2 \sigma(y) \in \sigma(X)$;

(GS5) 对任意的 $x, y \in X$, $\sigma(x) \bigwedge_2 \sigma(y) \in \sigma(X)$;

(GS6) 对任意的 $x, y \in X$, $\sigma(x) \odot_2 \sigma(y) \in \sigma(X)$,

则称 σ 为 X 到 Y 的**广义态**, 简记为 G-态.

此外, 若 $X = Y$ 且 $\sigma^2 = \sigma$, 则称 σ 为 X 上的**广义内态**, 简记为 X 上的 GI-态.

例 6.1.2 设 $\mathcal{E}_1$ 和 $\mathcal{E}_2$ 为两个 EQ-代数. 定义映射 $1_{\mathcal{E}}$ 为对任意的 $x \in \mathcal{E}_1$ 都有 $1_{\mathcal{E}}(x) = 1_2$, 则 $1_{\mathcal{E}}$ 是从 $\mathcal{E}_1$ 到 $\mathcal{E}_2$ 的一个 G-态.

例 6.1.3 若 $\mathcal{E}$ 是一个好的 EQ-代数, 则恒等映射 $Id_{\mathcal{E}}: \mathcal{E} \to \mathcal{E}$ 是 $\mathcal{E}$ 上的一个 GI-态.

证明 显然 (GS1), (GS4), (GS5) 和 (GS6) 是成立的. 由定理 1.2.18, 可得 (GS3) 和 (GS2) 成立. 此外, $\sigma^2 = \sigma$ 显然成立. 因此 $Id_{\mathcal{E}}$ 是一个 GI-态.

例 6.1.4 若 $\mathcal{E} = (E, \wedge, \odot, \sim, 1)$ 是一个线性序好的 EQ-代数, 则可得 $\mathcal{E} \times \mathcal{E} = (E \times E, \wedge \times \wedge, \odot \times \odot, \sim \times \sim, 1 \times 1)$ 是一个好的 EQ-代数, 其中 $E \times E$ 的运算是由坐标分量来定义的. 在 $E \times E$ 上定义两个算子 σ_1 和 σ_2 如下:

$$\sigma_1(a, b) = (a, a), \quad \sigma_2(a, b) = (b, b), \quad (a, b) \in E \times E,$$

则 σ_1 和 σ_2 是 $E \times E$ 上的两个 GI-态, 同时它们也是满足 $\sigma_i^2 = \sigma_i, i = 1, 2$ 的自同态. 并且 $(\mathcal{E} \times \mathcal{E}, \sigma_1)$ 和 $(\mathcal{E} \times \mathcal{E}, \sigma_2)$ 在同构 $(a, b) \mapsto (b, a)$ 下是同构态 EQ-代数.

6.1 EQ-代数上的广义态

例 6.1.5 设 $\mathcal{E}_1 = \{0_1, a_1, b_1, 1_1\}$ 和 $\mathcal{E}_2 = \{0_2, a_2, b_2, 1_2\}$ 是两条链. 分别定义 $\odot$, $\sim$ 和 $\to$ 如下:

$\odot_1$	0_1	a_1	b_1	1_1
0_1	0_1	0_1	0_1	0_1
a_1	0_1	a_1	a_1	a_1
b_1	0_1	a_1	b_1	b_1
1_1	0_1	a_1	b_1	1_1

$\sim_1$	0_1	a_1	b_1	1_1
0_1	1_1	0_1	0_1	0_1
a_1	0_1	1_1	a_1	a_1
b_1	0_1	a_1	1_1	1_1
1_1	0_1	a_1	1_1	1_1

$\to_1$	0_1	a_1	b_1	1_1
0_1	1_1	1_1	1_1	1_1
a_1	0_1	1_1	1_1	1_1
b_1	0_1	a_1	1_1	1_1
1_1	0_1	a_1	1_1	1_1

$\odot_2$	0_2	a_2	b_2	1_2
0_2	0_2	0_2	0_2	0_2
a_2	0_2	0_2	0_2	a_2
b_2	0_2	0_2	0_2	b_2
1_2	0_2	a_2	b_2	1_2

$\sim_2$	0_2	a_2	b_2	1_2
0_2	1_2	a_2	0_2	0_2
a_2	a_2	1_2	a_2	a_2
b_2	0_2	a_2	1_2	b_2
1_2	0_2	a_2	b_2	1_2

$\to_2$	0_2	a_2	b_2	1_2
0_2	1_2	1_2	1_2	1_2
a_2	a_2	1_2	1_2	1_2
b_2	0_2	a_2	1_2	1_2
1_2	0_2	a_2	b_2	1_2

则 $(\mathcal{E}_1, \bigwedge_1, \odot_1, \sim_1, 1_1)$ 是 EQ-代数但不是一个好的 EQ-代数, 而 $(\mathcal{E}_2, \bigwedge_2, \odot_2, \sim_2, 1_2)$ 是一个好的 EQ-代数.

定义映射 $\sigma : \mathcal{E}_1 \to \mathcal{E}_2$ 为: $\sigma(0_1) = 0_2$, $\sigma(a_1) = a_2$; $\sigma(b_1) = 1_2$; $\sigma(1_1) = 1_2$. 容易得到 σ 是从 $\mathcal{E}_1$ 到 $\mathcal{E}_2$ 的一个 G-态.

命题 6.1.6 若 σ 是从一个好的 EQ-代数 $\mathcal{E}_1$ 到一个 EQ-代数 $\mathcal{E}_2$ 的 G-态, 则下列结论成立:

(1) $\sigma(1_1) = 1_2$;

(2) $\sigma(x \to_1 y) = \sigma((x \to_1 y) \to_1 y) \to_2 \sigma(y)$;

(3) $\sigma(\mathcal{E}_1)$ 是 $\mathcal{E}_2$ 的子代数;

(4) $\sigma(x \to_1 y) \leq_2 \sigma(x) \to_2 \sigma(y)$;

(5) 若 $\mathcal{E}_2$ 是好的, 则 $\ker(\sigma)$ 是 $\mathcal{E}_1$ 的前滤子, 其中 $\ker(\sigma) = \{x \in \mathcal{E}_1 | \sigma(x) = 1_2\}$;

(6) $\sigma(\overline{x}) = \overline{\sigma(x)}$.

证明 (1) 令 (GS2) 中 $y = x$, 可得 $\sigma(1_1) = \sigma(1_1 \sim x) \sim \sigma(x) = \sigma(x) \sim \sigma(x) = 1_2$.

(2) 由 (GS2) 可得, $\sigma(x \to_1 y) = \sigma((x \to_1 y) \sim_1 y) \sim_2 \sigma(y)$. 由定理 1.2.18(10) 和 (15), 可知 $(x \to_1 y) \sim_1 y = (x \to_1 y) \to_1 y$, 所以 $\sigma(x \to_1 y) = \sigma((x \to_1 y) \to_1 y) \sim_2 \sigma(y)$. 由 1.2.18(15) 可得, $\sigma(y) \leq_2 \sigma((x \to_1 y) \to_1 y)$. 于是得到 $\sigma(x \to_1 y) = \sigma((x \to_1 y) \to_1 y) \to_2 \sigma(y)$.

(3) 从 (1), (GS4), (GS5) 和 (GS6) 可得 $\sigma(\mathcal{E}_1)$ 是 $\mathcal{E}_2$ 的子代数.

(4) 由定理 1.2.18(17), 有 $x \leq_1 (x \sim_1 x \bigwedge_1 y) \sim_1 y$ 和 $y \leq_1 (x \sim_1 x \bigwedge_1 y) \sim_1 y$. 则由 (GS2), 可得 $\sigma(x \to_1 y) = \sigma(x \sim_1 x \bigwedge_1 y) = \sigma((x \sim_1 x \bigwedge_1 y) \sim_1 y) \sim_2 \sigma(y)$. 再由定理 1.2.18(10) 和 (11), 可知 $\sigma((x \sim_1 x \bigwedge_1 y) \sim_1 y) \sim_2 \sigma(y) \leq_2 \sigma((x \sim_1$

$x \bigwedge_1 y) \sim_1 y) \to_2 \sigma(y) \leq_2 \sigma(x) \to_2 \sigma(y)$.

(5) 由 (1), 有 $1 \in \ker(\sigma)$. 若 $a \in \ker(\sigma)$ 和 $a \to_1 b \in \ker(\sigma)$, 则 $\sigma(a) = 1_2$ 且由 (4) 可得 $1_2 = \sigma(a \to_1 b) \leq \sigma(a) \to_2 \sigma(b)$. 所以 $1_2 = \sigma(a) \to_2 \sigma(b) = 1 \to_2 \sigma(b) = \sigma(b)$. 因此 $b \in \ker(\sigma)$.

(6) 由 (1) 和 (GS2), 可得 $\sigma(\overline{x}) = \sigma(x \sim_1 1_1) = \sigma(1_1 \sim_1 (1_1 \bigwedge_1 x)) = \sigma((1_1 \sim_1 (1_1 \bigwedge_1 x)) \sim_1 x) \sim_2 \sigma(x) = \sigma(x \sim_1 x) \sim_2 \sigma(x) = 1_2 \sim_2 \sigma(x) = \overline{\sigma(x)}$.

命题 6.1.7 若 σ 是 EQ-代数 $\mathcal{E}$ 上的 GI-态, 则下列结论成立:

(1) $\sigma(\sigma(x) \sim \sigma(y)) = \sigma(x) \sim \sigma(y)$;

(2) $\sigma(\sigma(x) \wedge \sigma(y)) = \sigma(x) \wedge \sigma(y)$;

(3) $\sigma(\sigma(x) \odot \sigma(y)) = \sigma(x) \odot \sigma(y)$;

(4) $\sigma(\sigma(x) \to \sigma(y)) = \sigma(x) \to \sigma(y)$;

(5) $\sigma(\mathcal{E}) = \{x \in \mathcal{E} | x = \sigma(x)\}$.

此外, 若 $\mathcal{E}$ 是好的,

(6) $\sigma(1) = 1$;

(7) $\sigma(\mathcal{E})$ 是 $\mathcal{E}$ 的子代数.

证明 由 (GS4) 可得, 存在 $a \in E$ 使得 $\sigma(x) \sim \sigma(y) = \sigma(a)$. 所以 $\sigma(\sigma(x) \sim \sigma(y)) = \sigma(\sigma(a)) = \sigma(a) = \sigma(x) \sim \sigma(y)$, 因为 σ 是一个 GI-态.

(2)—(4) 类似于 (1) 的证明.

(5) 显然, $\{x \in E | x = \sigma(x)\} \subseteq \sigma(E)$. 设 $x \in \sigma(E)$, 即 $x_1 \in E$ 使得 $x = \sigma(x_1)$. 因为 $\sigma^2 = \sigma$, 所以 $x = \sigma(x_1) = \sigma(\sigma(x_1)) = \sigma(x)$, 也就是, $x \in \{x \in E | x = \sigma(x)\}$. 于是有 $\sigma(E) \subseteq \{x \in E | x = \sigma(x)\}$. 因此 $\sigma(E) = \{x \in E | x = \sigma(x)\}$.

(6) 从命题 6.1.6(1) 可以得到.

(7) 从命题 6.1.6(3) 可以得到.

命题 6.1.8 设 σ 是从一个好的 EQ-代数 $\mathcal{E}_1$ 到一个好的 EQ-代数 $\mathcal{E}_2$ 的 G-态 且 $x, y \in \mathcal{E}_1$ 使得 $y \leq_1 x$, 则以下结论成立:

(1) $\sigma(x \sim_1 y) \leq \sigma(x) \sim_2 \sigma(y)$;

(2) $\sigma(x) \sim_2 \sigma(y) = \sigma(x) \to_2 \sigma(y)$.

证明 (1) 由定理 1.2.18(17), 可得 $y \leq_1 x \leq_1 (x \sim_1 x \bigwedge_1 y) \sim_1 y$. 于是有 $\sigma(y) \leq_2 \sigma(x) \leq_2 \sigma((x \sim_1 x \bigwedge_1 y) \sim_1 y)$. 所以 $\sigma(y) \sim_2 \sigma((x \sim_1 x \bigwedge_1 y) \sim_1 y) \leq_2 \sigma(y) \sim_2 \sigma(x)$, 故由 (GS2) 可得 $\sigma(x \sim_1 y) \leq_2 \sigma(x) \sim_2 \sigma(y)$.

(2) 因为 $y \leq_1 x$, 所以可得 $\sigma(y) \leq_2 \sigma(x)$ 和 $\sigma(x) \to_2 \sigma(y) = \sigma(x) \sim_2 \sigma(x) \bigwedge_2 \sigma(y) = \sigma(x) \sim_2 \sigma(y)$.

命题 6.1.9 若 σ 是从一个剩余 EQ-代数 $\mathcal{E}_1$ 到一个 EQ-代数 $\mathcal{E}_2$ 的 G-态, 则 对任意的 $x, y \in E$, 都有 $\sigma(x) \odot_2 \sigma(y) \leq_2 \sigma(x \odot_1 y)$.

证明 因为 $\mathcal{E}_1$ 是一个剩余 EQ-代数且 $x \odot_1 y \leq_1 x \odot_1 y$, 所以有 $y \leq_1 x \to_1 x \odot_1 y$. 由 (GS1), 可知 $\sigma(y) \leq_2 \sigma(x \to_1 (x \odot_1 y))$. 利用 (GS3) 和定义 1.2.15(2), 可得 $\sigma(x \odot_1 y) \geq_2 \sigma(x) \odot_2 \sigma(x \to_1 (x \odot_1 y)) \geq_2 \sigma(x) \odot_2 \sigma(y)$.

定义 6.1.10[55] 设 $\mathcal{E}$ 是一个 EQ-代数且 $\varnothing \neq F \subseteq E$. F 被称为 $\mathcal{E}$ 的**前滤子** 如果它满足以下条件: 对任意的 $x, y \in E$,

(F1) $1 \in F$;

(F2) 若 $x \in F$ 且 $x \to y \in F$, 则 $y \in F$;

前滤子 F 称为滤子如果它满足

(F3) 若 $x \to y \in F$, 则对任意的 $x, y, z \in E$ 都有 $(x \odot z) \to (y \odot z) \in F$.

引理 6.1.11 剩余 EQ-代数中的前滤子和滤子是一致的.

证明 令 F 是一个剩余 EQ-代数 $\mathcal{E}$ 中的前滤子且 $x \to y \in F$, 则由命题定理 1.2.18(19), 可得 $(x \to y) \to ((x \odot z) \to (y \odot z)) = 1 \in F$, 由 (F2) 可得, 对任意的 $x, y, z \in E$ 有 $(x \odot z) \to (y \odot z) \in F$. 因此 F 是一个滤子.

把由 $\mathcal{E}$ 的所有滤子组成的集合记作 $F(\mathcal{E})$. 显然, $\mathcal{E} \in F(\mathcal{E})$ 且 $F(\mathcal{E})$ 对任意交是封闭的. 因此, $(F(\mathcal{E}), \subseteq)$ 是一个格.

引理 6.1.12[55] 若 F 是一个可分的 EQ-代数 $\mathcal{E}$ 的前滤子, 则以下结论是成立的: 对任意的 $a, b \in E$,

(1) 若 $a \in F$ 且 $a \leq b$, 则 $b \in F$;

(2) 若 $a, a \sim b \in F$, 则 $b \in F$;

(3) 若 $a, b \in F$, 则 $a \wedge b \in F$;

(4) 若 $a \sim b \in F$ 且 $b \sim c \in F$, 则 $a \sim c \in F$;

(5) $1 \sim b \in F$ 当且仅当 $b \in F$;

(6) $F = \{b \in E | b \sim 1 \in F\}$.

引理 6.1.13[55] 设 F 是一个可分的 EQ-代数 $\mathcal{E}$ 的前滤子, $a \sim b \in F$ 且 $a' \sim b' \in F$, 则以下结论成立:

(1) $(a \wedge a') \sim (b \wedge b') \in F$;

(2) $(a \sim a') \sim (b \sim b') \in F$;

(3) $(a \to a') \sim (b \to b') \in F$.

引理 6.1.14[55] 若 F 是一个可分的 EQ-代数 $\mathcal{E}$ 的滤子, 则以下结论成立: 对任意的 $a, b \in E$,

(1) 若 $a, b \in F$, 则 $a \odot b \in F$;

(2) 若 $a \sim b \in F$, 则对所有的 $c \in E$ 都有 $(a \odot c) \sim (b \odot c) \in F$.

给定前滤子 $F \subseteq E$, 一般情况下, 下列 $\mathcal{E}$ 上的关系是等价关系但不是同余关系: $a \approx_F b$ 当且仅当 $a \sim b \in F$. $a \in E$ 关于 $\approx_F$ 的等价类记作 $[a]_F$, 且把关于 $\approx_F$ 的商集记作 E/F.

由引理 6.1.13 和引理 6.1.14, 能够得到下列命题.

命题 6.1.15[116] 设 F 是可分的 EQ-代数 $\mathcal{E}$ 的一个滤子, 则 $\approx_F$ 是 $\mathcal{E}$ 上的同余关系.

命题 6.1.16 每一个好的 EQ-代数 $\mathcal{E}$ 的滤子都是它的一个子代数.

证明 设 $\mathcal{E}$ 是一个好的 EQ-代数且 F 是 $\mathcal{E}$ 的滤子. 由 (F1) 可得, $1 \in F$. 设 $x, y \in F$. 因为 $x \leq (x \sim y) \sim y$, 于是从引理 6.1.12(1) 得到 $(x \sim y) \sim y \in F$. 所以 $y \sim (x \sim y) \in F$. 从引理 6.1.12(2) 和 $y, y \sim (x \sim y) \in F$ 中得到 $x \sim y \in F$. 因为一个好的 EQ-代数是可分的, 所以由引理 6.1.12(3) 和引理 6.1.14(1) 知 $x \wedge y \in F$ 且 $x \odot y \in F$. 所以 F 是 $\mathcal{E}$ 的子代数.

命题 6.1.17 若 σ 是从一个剩余 EQ-代数 $\mathcal{E}_1$ 到一个好的 EQ-代数 $\mathcal{E}_2$ 的 G-态, 则以下结论成立:

(1) $\ker(\sigma) \in F(\mathcal{E}_1)$;

(2) $\ker(\sigma)$ 是 $\mathcal{E}_1$ 的一个子代数.

证明 (1) 从命题 6.1.6(5) 和引理 6.1.11 得到.

(2) 这是 (1) 和命题 6.1.16 的推论.

命题 6.1.18 设 σ 是从一个剩余 EQ-代数 $\mathcal{E}_1$ 到一个好的 EQ-代数 $\mathcal{E}_2$ 的 G-态. 记 $K = \ker(\sigma)$, 则下列结论成立:

(1) $\approx_K$ 是 $\mathcal{E}_1$ 上的同余;

(2) $\mathcal{E}_1 / \approx_K$ 是一个好的 EQ-代数;

(3) $[x]_K \leq [y]_K$ 当且仅当 $x \to y \in K$.

证明 (1) 从命题 6.1.17 和命题 6.1.15 中得到.

(2) 从 (1) 知商代数 $\mathcal{E}_1 / \approx_K$ 是一个 EQ-代数, 且对所有的 $x \in \mathcal{E}_1$, 注意 $[1]_K \sim [x]_K = [1_1 \sim_1 x]_K$. 因为 $\mathcal{E}_1$ 是剩余的, 所以 $\mathcal{E}_1$ 是好的, 进而可得 $1_1 \sim_1 x = x$. 因此 $[1]_K \sim [x]_K = [1_1 \sim_1 x]_K = [x]_K$. 这就表明 $\mathcal{E}_1 / \approx_K$ 是一个好的 EQ-代数.

(3) 注意 $[x]_K \leq [y]_K$ 当且仅当 $[x]_K \wedge [y]_K = [x]_K$ 当且仅当 $[x \bigwedge_1 y]_K = [x]_K$ 当且仅当 $x \bigwedge_1 y \sim_1 x \in K$ 当且仅当 $x \to_1 y \in K$.

定义 6.1.19 设 σ 是从一个 EQ-代数 $\mathcal{E}_1$ 到另外一个 EQ-代数 $\mathcal{E}_2$ 的 G-态.

(1) σ 被称为强的, 如果它对所有的 $x, y \in \mathcal{E}_1$ 满足 $\sigma(x \to_1 y) = \sigma(x) \to_2 \sigma(y)$;

(2) σ 被称为剩余的, 如果它满足 $\sigma((x \odot_1 y) \bigwedge_1 z) = \sigma(x \odot_1 y)$ 当且仅当对所有的 $x, y, z \in \mathcal{E}_1$ 都有 $\sigma(x \bigwedge_1 ((y \bigwedge_1 z) \sim_1 y)) = \sigma(x)$;

(3) σ 被称为幂等的, 如果它对所有的 $x \in \mathcal{E}_1$ 满足 $\sigma(x \odot x) = \sigma(x)$.

命题 6.1.20 设 σ 是从一个剩余 EQ-代数 $\mathcal{E}_1$ 到一个好的 EQ-代数 $\mathcal{E}_2$ 的强的 G-态且令 $K = \ker(\sigma)$, 则以下结论成立:

(1) $\mathcal{E}_1 / \approx_K$ 是剩余的当且仅当 σ 是剩余的;

(2) $\mathcal{E}_1 / \approx_K$ 是幂等的当且仅当 σ 是幂等的.

6.1 EQ-代数上的广义态

证明 (1) 设 σ 是剩余的, 则 $([x]_K \odot [y]_K) \wedge [z]_K = [x]_K \odot [y]_K$ 当且仅当 $[(x \odot_1 y) \bigwedge_1 z]_K = [x \odot_1 y]_K$ 当且仅当 $(x \odot_1 y) \bigwedge_1 z \sim_1 x \odot_1 y \in K$ 当且仅当 $(x \odot_1 y) \rightarrow_1 (x \odot_1 y) \wedge z \in K$ 当且仅当 $\sigma((x \odot_1 y) \rightarrow_1 (x \odot_1 y) \wedge z) = 1_2$. 因为 σ 是强的, 所以有 $\sigma((x \odot_1 y) \rightarrow_1 (x \odot_1 y) \wedge z) = 1_2$ 当且仅当 $\sigma(x \odot_1 y) \rightarrow_2 \sigma((x \odot_1 y) \bigwedge_1 z) = 1_2$ 当且仅当 $\sigma(((x \odot_1 y]) \bigwedge_1 z)) = \sigma(x \odot_1 y)$. 因为 σ 是剩余的, 所以有 $\sigma(((x \odot_1 y)) \bigwedge_1 z) = \sigma(x \odot_1 y)$ 当且仅当 $\sigma(x \bigwedge_1((y \bigwedge_1 z) \sim_1 y)) = \sigma(x)$ 当且仅当 $\sigma(x) \rightarrow_2 \sigma(x \bigwedge_1((y \bigwedge_1 z) \sim_1 y)) = 1_2$ 当且仅当 $\sigma(x \rightarrow_1 (x \bigwedge_1(y \bigwedge_1 z) \sim_1 y)) = 1_2$ 当且仅当 $x \rightarrow_1 (x \bigwedge_1(y \bigwedge_1 z) \sim_1 y) \in K$ 当且仅当 $x \sim_1 (x \bigwedge_1(y \bigwedge_1 z) \sim_1 y) \in K$ 当且仅当 $[x]_K = [(x \bigwedge_1(y \bigwedge_1 z) \sim_1 y)]_K$ 当且仅当 $[x]_K = [x]_K \wedge ([y]_K \wedge [z]_K \sim [y]_K)$. 同样地我们可以证明如果 $\mathcal{E}_1/\approx_K$ 是剩余的, 则 σ 是剩余的.

(2) 证明类似于 (1).

在 [11] 中, Borzooei 介绍了 EQ-代数上的 (内) 态. 本节将讨论 EQ-代数上的广义态和 (内) 态之间的关系. 在这一部分假设 EQ-代数有最小元 0.

定义 6.1.21[11] 映射 $s: \mathcal{E} \rightarrow [0,1]$ 被称为 EQ-代数 $\mathcal{E}$ 上的 **Bosbach 态**, 如果它满足以下条件:

(BS1) 对任意的 $x, y \in \mathcal{E}$ 都有 $s(x) + s(x \rightarrow y) = s(y) + s(y \rightarrow x)$;

(BS2) $s(0) = 0$ 且 $s(1) = 1$.

命题 6.1.22[11] 若 s 是 EQ-代数 $\mathcal{E}$ 上的 Bosbach 态, 则下列结论成立: 对任意的 $x, y, z \in \mathcal{E}$,

(1) 若 $x \leq y$, 则 $s(x) \leq s(y)$;

(2) 若 $x \leq y$, 则 $s(y \rightarrow x) = 1 - s(y) + s(x) = s(x \sim y)$.

定义 6.1.23[11] 映射 $m: E \rightarrow [0,1]$ 被称为 EQ-代数 $\mathcal{E}$ 上的**态射**, 如果它满足以下结论:

(SM1) $m(0) = 0$,

(SM2) $m(x \rightarrow y) = \min\{1, 1 - m(x) + m(y)\}$.

命题 6.1.24[11] 每一个 EQ-代数 $\mathcal{E}$ 上的态射都是一个 Bosbach 态.

命题 6.1.25 若 m 是 EQ-代数 $\mathcal{E}$ 上的态射, 则 $m(x^*) = 1 - m(x)$, $m(x^{**}) = m(x)$.

证明 注意 $m(x^*) = m(x \rightarrow 0) = \min\{1, 1 - m(x) + m(0)\} = \min\{1, 1 - m(x)\} = 1 - m(x)$. 此外, $m(x^{**}) = 1 - m(x^*) = 1 - (1 - m(x)) = m(x)$.

命题 6.1.26 每一个好的 EQ-代数 $\mathcal{E}$ 上的态射是从 $\mathcal{E}$ 到 EQ-代数 $\mathcal{E}_0 = ([0,1], \bigwedge_0, \odot_0, \sim_0, 1)$ 的 G-态.

证明 假设 m 是 $\mathcal{E}$ 上的态射. 由命题 6.1.22(1) 和 6.1.24, (GS1) 成立.

现在验证 (GS2). 设 $x, y \in X$. 由命题定理 1.2.18(17), 可得 $y \leq (x \sim x \wedge y) \sim y$.

由命题 6.1.22(2), 有

$$m((x \sim x \wedge y) \sim y) \sim_0 m(y)$$
$$= 1 - (m((x \sim x \wedge y) \sim y) - m(y))$$
$$= 1 + m(y) - m((x \sim x \wedge y) \sim y). \qquad (*)$$

由 1.2.18(15) 可得, $y \leq x \sim x \wedge y$, 所以

$$m((x \sim x \wedge y) \sim y) = m((x \sim x \wedge y) \to y) = 1 + m(y) - m(x \sim x \wedge y). \qquad (**)$$

把 (**) 代入 (*) 可得 $m((x \sim x \wedge y) \sim y) \sim_0 m(y) = m(x \sim x \wedge y)$. 这就表明 (GS2) 成立.

对于 (GS3), 可得

$$m(x) \odot_0 m(x \to x \odot y)$$
$$= 0 \vee (m(x) + m(x \to x \odot y) - 1)$$
$$= 0 \vee (m(x) + (1 - m(x) + m(x \odot y)) - 1)$$
$$= 0 \vee m(x \odot y)$$
$$= m(x \odot y).$$

若 $x, y \in \mathcal{E}$ 且 $m(x) \leq m(y)$, 则 $m(x) \sim_0 m(y) = 1 - |m(x) - m(y)| = 1 - m(y) + m(x) = \min\{1, 1 - m(y) + m(x)\} = m(y \to x)$, 所以 $m(x) \sim_0 m(y) \in m(\mathcal{E})$. 这表明 (GS4) 是成立的.

(GS5) 显然是对的.

对于 (GS6), 利用命题 6.1.25, 可得到

$$m((x^{**} \to y^*)^*)$$
$$= 1 - m(x^{**} \to y^*)$$
$$= 1 - (1 - m(x^{**}) + m(y^*))$$
$$= m(x) + m(y) - 1.$$

所以 $m(x) \odot_0 m(y) = 0 \vee (m(x) + m(y) - 1) = 0$ 或者等于 $m((x^{**} \to y^*)^*)$. 于是有 $m(x) \odot_0 m(y) \in m(E)$, 也就是 (GS6).

例 6.1.27 考虑例 6.1.5 中的 EQ-代数 $\mathcal{E}_2$ 并且定义映射 $\sigma: \mathcal{E}_2 \to \mathcal{E}_2$ 为 $\sigma(0_2) = 0_2, \sigma(a_2) = a_2, \sigma(b_2) = 1_2, \sigma(1_2) = 1_2$, 则可以得到 σ 是一个 GI-态但不是一个态算子. 这就表明一个 GI-态不必要是 EQ-代数上的态算子.

例 6.1.28 考虑例 6.1.5 中的 EQ-代数 $\mathcal{E}_1$ 和映射 $Id_{\mathcal{E}_1}$. 显然 $Id_{\mathcal{E}_1}$ 是 $\mathcal{E}_1$ 的一个态算子但不是 $\mathcal{E}_1$ 的一个 GI-态因为 $1_1 \odot_1 (1_1 \to_1 1_1 \odot_1 b) = 1 \nleq 1_1 \odot_1 b = b$, 也就是说 (GS3) 不成立. 这就表明 EQ-代数上的态算子不需要是一个 GI-态.

命题 6.1.29 设 $\mathcal{E}$ 是一个好的 EQ-代数且 μ 是 $\mathcal{E}$ 上的态算子, 则 μ 是一个 GI-态当且仅当如果它满足 (GS6).

证明 必要性是显然的. 我们证明充分性. 设 μ 满足 (GS6). 显然, (GS1) 成立. 由文献[11] 中的 (SO3) 和 (SO4) 知 (GS4) 和 (GS5) 成立. 对于(GS3), 由 $x \leq x \sim 1$, 可得

$$\mu(x) \odot \mu(x \to (x \odot y))$$
$$= \mu(x) \odot (\mu(x) \sim (\mu(x) \wedge \mu(x \odot y)))$$
$$= \mu(x) \odot (\mu(x) \sim \mu(x \odot y))$$
$$= (1 \sim \mu(x)) \odot (\mu(x) \sim \mu(x \odot y))$$
$$\leq 1 \sim \mu(x \odot y)$$
$$= \mu(x \odot y).$$

这表明 (GS3) 成立.

为了证明 (GS2), 由 $x \to y = ((x \to y) \to y) \to y$, 可得 $\mu((x \sim x \wedge y) \sim y) \sim \mu(y) = \mu((x \to y) \to y) \to \mu(y) = ((\mu(x) \to \mu(y)) \to \mu(y)) \to \mu(y) = \mu(x) \to \mu(y) = \mu(x \to y) = \mu(x \sim x \wedge y)$. 这就说明 (GS2) 成立. 又因为 $\mu^2 = \mu$, 因此 μ 是一个 GI-态.

通过命题 6.1.29, 可得到以下推论.

推论 6.1.30 若 $\mathcal{E}$ 是一个好的 EQ-代数, 则恒等映射 $Id_{\mathcal{E}} : \mathcal{E} \to \mathcal{E}$ 是 $\mathcal{E}$ 的一个 GI-态.

证明 显然 $\mu = Id_{\mathcal{E}_1}$ 是 $\mathcal{E}_1$ 的一个态算子且它满足 (GS6). 于是从命题 6.1.29 中得到恒等映射 $Id_{\mathcal{E}}$ 是 $\mathcal{E}$ 的一个 GI-态.

推论 6.1.31 从推论 6.1.30 中得到的结果比例 6.1.3 中的强.

在 [69] 中, 已经介绍和学习了剩余格上的内态. 在这一部分讨论 EQ-代数上的广义态和剩余格上的内态之间的联系.

若 σ 是 EQ-代数的一个 GI-态, 那么我们称 (E, σ) 为 GI-态 EQ-代数. 下面的这个命题表明 GI-态 EQ-代数的概念是态剩余格概念的一般化.

命题 6.1.32 设 $(L, \wedge, \vee, \odot, \to, 0, 1)$ 是一个剩余格且 (L, τ) 是一个态剩余格, 则以下结论成立:

(1) $\mathcal{E} = (L, \wedge, \odot, \sim, 1)$ 是一个 EQ-代数, 其中定义态算子 $\sim$ 为

$$x \sim y := (x \to y) \wedge (y \to x);$$

(2) τ 是 EQ-代数 $\mathcal{E}$ 上的一个 GI-态.

证明 (1) 显然得到.

(2) 只需要证明 (GS2) 成立. 注意由命题 1.2.5(15) 可得 $\tau(x \sim x \wedge y) = \tau((x \to x \wedge y) \wedge (x \wedge y \to x)) = \tau((x \to x \wedge y) \wedge 1) = \tau(x \to x \wedge y) = \tau(x \to y)$. 另一方面, $\tau((x \sim x \wedge y) \sim y) \sim \tau(y) = \tau((x \to y) \sim y) \sim \tau(y) = \tau((x \to y) \to y) \sim \tau(y)$. 因为 $y \leq (x \to y) \to y$, 由定理 1.2.18 (10) 和命题 5.2.5, 有 $\tau((x \to y) \to y) \sim \tau(y) = \tau((x \to y) \to y) \to \tau(y) = \tau(((x \to y) \to y) \to y) = \tau(x \to y)$. 这表明 (GS2) 成立.

例 6.1.33 设 $L = [0,1]$ 是实单位区间. 对任意的 $x, y \in L$, 定义 $x \odot y = \min\{x, y\}$ 和 $x \to y = \begin{cases} 1, & x \leq y, \\ y, & \text{否则}, \end{cases}$ 则 $(L, \min, \max, \odot, \to, 0, 1)$ 变成了一个剩余格, 其被称作 Gödel 结构. 现在, 对任意的 $a \in L$, 定义映射 L 上的映射 τ_a 如下:

$$\tau_a(x) = \begin{cases} x, & x \leq a, \\ 1, & \text{否则}. \end{cases}$$

可以得到 τ_a 是 L 上的一个态算子. 因此 (L, τ_a) 是态剩余格. 记 $\mathcal{E} = (L, \min, \odot, \sim, 1)$, 其中

$$x \sim y := \min\{x \to y, y \to x\} = \begin{cases} x, & x < y, \\ 1, & x = y, \\ y, & y < x. \end{cases}$$

由命题 6.1.32, 可得 τ_a 是 EQ-代数 $\mathcal{E}$ 上的一个 GI-态.

接下来, 将讨论 GI-态 EQ-代数和态相等代数、态 BCK- 代数之间的联系.

定义 6.1.34[36] 具有内态的相等代数或者态相等代数是指结构 $(A, \sigma) = (A, \wedge, \sim, \sigma, 1)$, 其中 $(A, \wedge, \sim, 1)$ 是一个相等代数且 $\sigma: A \to A$ 是 A 上的二元运算, 称为内态或者态算子, 使得对所有的 $x, y \in A$ 满足以下条件:

(S1) 若 $x \leq y$, 则 $\sigma(x) \leq \sigma(y)$;

(S2) $\sigma(x \sim x \wedge y) = \sigma((x \sim x \wedge y) \sim y) \sim \sigma(y)$;

(S3) $\sigma(\sigma(x) \sim \sigma(y)) = \sigma(x) \sim \sigma(y)$;

(S4) $\sigma(\sigma(x) \wedge \sigma(y)) = \sigma(x) \wedge \sigma(y)$.

命题 6.1.35 设 $(\mathcal{E}, \wedge, \odot, \sim, 1)$ 是一个好的 EQ-代数且 σ 是 $\mathcal{E}$ 上的一个 GI-态, 则下列结论成立:

(1) $(\mathcal{E}, \wedge, \sim, 1)$ 是一个相等代数;

(2) $(\mathcal{E}, \wedge, \sim, \sigma, 1)$ 是一个态相等代数.

证明 (1) 从定义 1.2.15(1) 和 (3), 可以得到相等代数定义 1.2.20 的 (1), (2) 和 (3) 成立. 再由命题 1.2.19(4) 和定理 1.2.18(7), 可以得到定义 1.2.20 的 (5) 和 (6) 成立. 又因为 $(E, \wedge, \odot, \sim, 1)$ 是一个好的 EQ-代数, 所以得到 (4) 成立且由 $x \sim y \leq (x \sim z) \sim (y \sim z)$ 可以得到 (7) 成立.

(2) 直接得出.

定义 6.1.36[12] 设 $(X, \to, 1)$ 是一个 BCK-代数. 映射 $\mu: X \to X$ 称为 X 上的左 (右) 态算子, 如果它满足下列条件:

(S1) 若 $x \to y = 1$, 则 $\mu(x) \to \mu(y) = 1$;

(S2) $\mu(x \to y) = \mu((x \to y) \to y) \to \mu(y)(\mu(x \to y) = \mu((y \to x) \to x) \to \mu(y))$;

(S3) $\mu(\mu(x) \to \mu(y)) = \mu(x) \to \mu(y)$.

一个左 (右) 态 BCK-代数是一个序数对 (X, μ), 其中 X 是一个 BCK-代数且 μ 是 X 上的一个左 (右) 态算子.

命题 6.1.37 设 $(\mathcal{E}, \wedge, \odot, \sim, 1)$ 是一个好的 EQ-代数且 σ 是 $\mathcal{E}$ 上的 GI-态, 则有以下结论成立:

(1) $(\mathcal{E}, \wedge, \to, 1)$ 是一个有交的 BCK-代数, 其中 $x \to y = x \sim x \wedge y$;

(2) $(\mathcal{E}, \wedge, \to, \sigma, 1)$ 是一个左态 BCK-代数.

证明 (1) 由定理 1.2.18 中的 (10) 可得 BCK-代数的定义 1.2.9 (1) 成立. 由定理 1.2.18 中的 (15), 可以得到 BCI-代数的定义 1.2.9 (2) 成立. 于是从定理 1.2.18 中的 (10) 得到 (3) 成立. 因为 "$\leq$" 是 EQ-代数上的偏序关系, 所以 (4) 成立. 又因为 $(\mathcal{E}, \wedge)$ 是一个交半格, 所以 $(\mathcal{E}, \wedge, \to, 1)$ 是一个有交的 BCK-代数.

(2) 由 (GS1), 可得 (S1) 成立, 且由命题 6.1.6(2) 可得 $\sigma(x \to y) = \sigma((x \to y) \to y) \to \sigma(y)$. 这表明 (S2) 成立. 于是由命题 6.1.7(5) 知 (S3) 成立. 所以 σ 是一个在 BCK-代数 $(\mathcal{E}, \wedge, \to, 1)$ 的左态算子.

6.2 相等代数上的广义态理论

本节主要研究相等代数上的广义态理论, 包括广义态、Bosnach 态、Rečan 态和内态. 以下概念和结果均可由文献 [27] 得到.

通过拓展态算子的值域 X 到一个更泛的值域 Y, 我们引入相等代数上的广义态映射.

定义 6.2.1 设 $(X; \sim_1, \bigwedge_1, 1_1)$ 与 $(Y; \sim_2, \bigwedge_2, 1_2)$ 是两个相等代数. 若映射 $\mu: X \to Y$ 满足以下条件: 对任意 $x, y \in X$,

(1) $x \leq_1 y \Rightarrow \mu(x) \leq_2 \mu(y)$;

(2) $\mu((x \bigwedge_1 y) \sim_1 x) = \mu(y) \sim_2 \mu(((x \bigwedge_1 y) \sim_1 x) \sim_1 y)$;

(3) $\mu(x) \sim_2 \mu(y) \in \mu(X)$;

(4) $\mu(x) \bigwedge_2 \mu(y) \in \mu(X)$,

则称 μ 为 X 到 Y 的**广义态映射**, 简称 GS-映射. 另外,

(i) 若 $Y = ([0, 1]; \sim_R, \smile_R, \bigwedge_R, 1)$, 则称 μ 为 X 到 $[0, 1]$ 的**广义态**, 简称为 G-态;

(ii) 若 $Y = X$, 则称 μ 为 X 到 X 的**广义内态**, 简称 GI-态.

例 6.2.2 设 $(X;\sim_1,\bigwedge_1,1_1)$ 与 $(Y;\sim_2,\bigwedge_2,1_2)$ 是两个相等代数. 定义映射 $\mu:X\to Y$ 对任意 $x\in X$, $\mu(x)=1_2$, 则 μ 是 X 到 Y 的 GS-映射, 此时称 μ 是平凡的.

例 6.2.3 设 $X=\{0_1,a_1,b_1,1_1\}$ 是一个链, 其中 $0_1<a_1<b_1<1_1$, $Y=\{0_2,a_2,b_2,1_2\}$ 是如下图所示的格.

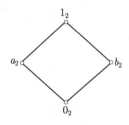

定义 X 上的运算 $\sim_1$ 与 Y 上的运算 $\sim_2$ 分别如下:

$\sim_1$	0_1	a_1	b_1	1_1
0_1	1_1	a_1	a_1	0_1
a_1	a_1	1_1	a_1	a_1
b_1	a_1	a_1	1_1	b_1
1_1	0_1	a_1	b_1	1_1

$\sim_2$	0_2	a_2	b_2	1_2
0_2	1_2	b_2	a_2	0_2
a_2	b_2	1_2	b_2	a_2
b_2	a_2	b_2	1_2	b_2
1_2	0_2	a_2	b_2	1_2

则 $(X;\sim_1,\bigwedge_1,1_1)$ 和 $(Y;\sim_2,\bigwedge_2,1_2)$ 是两个相等代数.

$\mu:X\to Y$: $\mu(0_1)=\mu(a_1)=a_2, \mu(b_1)=\mu(1_1)=1_2$, 可以验证 μ 是 X 到 Y 的 GS-映射.

例 6.2.4 设 $(X;\sim_1,\bigwedge_1,1_1)$ 是例 6.2.3 定义的相等代数.

定义映射 $\mu:X\to[0,1]$: $\mu(0_1)=0, \mu(a_1)=\mu(b_1)=0.5, \mu(1_1)=1$, 则 μ 是 $(X;\sim_1,\bigwedge_1,1_1)$ 到 $([0,1];\sim_R,\bigwedge_R,1)$ 的 G-态.

例 6.2.5 设 $X=\{0,a,b,1\}$, 其哈塞图及 X 上的运算 $\sim$ 如下:

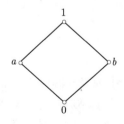

6.2 相等代数上的广义态理论

$\sim$	0	a	b	1
0	1	b	a	0
a	b	1	a	a
b	a	a	1	b
1	0	a	b	1

则 $(X; \sim, \wedge, 1)$ 是一个相等代数.

定义映射 $\mu: X \to X$: $\mu(0) = \mu(a) = b, \mu(b) = \mu(1) = 1$, 则 μ 是 X 到 X 的 GI-态.

命题 6.2.6 设 $(X; \sim_1, \bigwedge_1, 1_1)$ 与 $(Y; \sim_2, \bigwedge_2, 1_2)$ 是两个相等代数, μ 是 X 到 Y 的 GS- 映射, 则对任意 $x, y \in X$, 以下结论成立:

(1) $\mu(1_1) = 1_2$;

(2) $\mu(x) \to_2 \mu(y) \in \mu(X)$;

(3) $\mu(X)$ 是 Y 的子代数;

(4) $\mu(x \bigwedge_1 y) \leq_2 \mu(x) \bigwedge_2 \mu(y)$;

(5) 若 $y \leq_1 x$, 则 $\mu(y) \sim_2 \mu(x) = \mu(x) \to_2 \mu(y)$;

(6) 若 $y \leq_1 x$, 则 $\mu(y \sim_1 x) \leq_2 \mu(y) \sim_2 \mu(x)$;

(7) 若 x, y 可比较, 则 $\mu(x \to_1 y) \leq_2 \mu(x) \to_2 \mu(y)$.

证明 (1)—(5) 的证明略.

(6) 一方面, $\mu(y \sim_1 x) = \mu(y) \sim_2 \mu((y \sim_1 x) \sim_1 y)$. 另一方面, $y \leq_1 x \leq_1 (y \sim_1 x) \sim_1 y$. 于是 $\mu(y) \leq_2 \mu(x) \leq_2 \mu((y \sim_1 x) \sim_1 y)$. 故 $\mu(y) \sim_2 \mu((y \sim_1 x) \sim 1y) \leq_2 \mu(y) \sim_2 \mu(x)$. 因此 $\mu(y \sim_1 x) \leq_2 \mu(y) \sim_2 \mu(x)$.

(7) 由 (5),(6) 得 $\mu(x \to_1 y) = \mu(y \sim_1 x) \leq_2 \mu(y) \sim_2 \mu(x) = \mu(x) \to_2 \mu(y)$.

若相等代数 $(X; \sim, \wedge, 1)$ 有底元 0, 则称 X 是**有界的**. 此时, 对任意 $x \in X$, $x^- := x \to 0 = x^- = 0 \sim x$.

现在我们研究相等代数上的 Bosbach 态和 Riečan 态.

定义 6.2.7 设 X 是一个有界相等代数. 若映射 $s: X \to [0, 1]$ 满足: 对任意 $x, y \in X$,

(1) $s(0) = 0, s(1) = 1$;

(2) $s(x) + s(x \to y) = s(y) + s(y \to x)$,

则称 s 是 X 上的**Bosbach 态**.

例 6.2.8 设 $(Y; \sim_2, \bigwedge_2, 0_2, 1_2)$ 是例 6.2.3 定义的相等代数.

定义映射 $s: Y \to [0, 1]$: $s(0_2) = 0, s(a_2) = s(b_2) = 0.5, s(1_2) = 1$, 则 s 是 Y 上唯一的 Bosbach 态.

以下实例表明并不是所有的相等代数存在 Bosbach 态.

例 6.2.9 设 $X = \{0, a, b, c, 1\}$ 是如图所示的格.

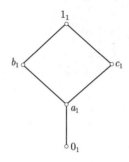

定义 X 上的运算 $\sim$ 如下:

$\sim$	0	a	b	c	1
0	1	b	0	b	0
a	b	1	c	b	a
b	0	c	1	b	b
c	b	b	b	1	c
1	0	a	b	c	1

则 $(X; \sim, \wedge, 0, 1)$ 是一个相等代数. 假设映射 $s: X \to [0,1]$: $s(0_1) = 0, s(a_1) = \alpha, s(b_1) = \beta, s(c_1) = \gamma, s(1_1) = 1$ 是 X 上的 Bosbach 态. 在 Bosbach 态的定义 (2) 中, 选取 $x = 0, y = b$, 得 $\beta = 1$, $\beta + \gamma = 1$, 于是 $\gamma = 0$; 选取 $x = 0, y = a$, 得 $\alpha + \beta = 1$, $\alpha + \gamma = 1$. 而由 $\beta = 1$ 知 $\alpha = 0$, 从而 $\gamma = 1$, 矛盾. 这表明 X 不存在 Bosbach 态.

命题 6.2.10 设 s 是有界相等代数 X 上的 Bosbach 态, 则

(1) 对任意的 $x, y \in X$, 若 $x \leq y$, 则 $s(x) \leq s(y)$;

(2) 对任意的 $x, y \in X$, 若 $x \leq y$, 则 $s(y \to x) = 1 - s(y) + s(x)$;

(3) $s(x \to y) = 1 - s(x) + s(x \wedge y)$;

(4) $s(x^-) = 1 - s(x)$;

(5) $s(x^{--}) = s(x)$.

命题 6.2.11 设 X 是一个有界相等代数, 若映射 $s: X \to [0,1]$ 满足 $s(0) = 0$. 则以下条件等价:

(1) s 是一个 Bosbach 态;

(2) 若 $x \leq y$, 则 $s(y \to x) = 1 + s(x) - s(y)$;

(3) $s(x \to y) = 1 - s(x) + s(x \wedge y)$.

证明 (1) $\Rightarrow$ (2) 由命题 6.2.10 (2) 即证.

(2) $\Rightarrow$ (3) 假设 (2) 成立, 则 $s(x \to y) = s(x \to\to x \wedge y) = 1 - s(x) + s(x \wedge y)$.

(3) ⇒ (1) 假设 (3) 成立,则 $s(1) = s(x \to 1) = 1 - s(x) + s(x \wedge 1) = 1 - s(x) + s(x) = 1$. 同时 $s(x) + s(x \to y) = s(x) + 1 - s(x) + s(x \wedge y) = 1 + s(x \wedge y) = s(y) + 1 - s(y) + s(x \wedge y) = s(y) + s(y \to x)$. 因此 s 是 X 上的 Bosbach 态.

定义 6.2.12 设 X 是一个相等代数,F 是 X 的一个非空子集. 若 F 满足:

(1) $1 \in F$;

(2) 对任意的 $x, y \in F, x \in F, x \leq y \Rightarrow y \in F$;

(3) 对任意的 $x, y \in F, x \in F, x \sim y \in F \Rightarrow y \in F$,

则称 F 是 X 的**滤子**或**推理系统**.

不难验证,若 X 是一个相等代数,则 X 的非空子集 F 是一个推理系统当且仅当:(i) $1 \in F$;(ii) 对任意的 $x, y \in X, x, x \to y \in F \Rightarrow y \in F$.

设 X 是一个有界相等代数,$s: X \to [0, 1]$ 是 X 上的 Bosbach 态,将 s 的核定义为 $\ker(s) := \{x \in X | s(x) = 1\}$.

命题 6.2.13 设 X 是一个有界相等代数,s 是 X 上的 Bosbach 态,则 $\ker(s)$ 是 X 的推理系统.

证明 显然,$1 \in \ker(s)$. 设 $x, x \to y \in \ker(s)$,则由 $x \leq y \to x$ 得 $1 = s(x) \leq s(y \to x)$,于是 $s(y \to x) = 1$. 再利用 Bosbach 定义得 $s(y) = 1$,从而 $y \in \ker(s)$.

设 $(X; \sim, \wedge, 0, 1)$ 是一个有界相等代数,s 是 X 上的 Bosbach 态,则二元关系 $\theta: x \theta y \Leftrightarrow x \sim y \in \ker(s)$ 是 X 上的同余关系.

记 X/θ 为 $X/\ker(s)$,$x \in X$ 的同余类为 $x/\ker(s)$,其中 $x/\ker(s) \wedge y/\ker(s) = (x \wedge y)/\ker(s)$,$x/\ker(s) \sim y/\ker(s) = (x \sim y)/\ker(s)$,$x/\ker(s) \leq y/\ker(s)$ 当且仅当 $x/\ker(s) \wedge y/\ker(s) = x/\ker(s)$.

定义 6.2.14 设 X 是一个有界相等代数. 若对任意的 $x \in X$,有 $x^{--} = x$,则称 X 是**对合的**.

命题 6.2.15 设 X 是一个有界相等代数,s 是 X 上的 Bosbach 态,则 $(X/\ker(s); \sim, \wedge, 0/\ker(s), 1/\ker(s))$ 是对合相等代数.

证明 显然,$(X/\ker(s); \sim, \wedge, 0/\ker(s), 1/\ker(s))$ 是一个有界相等代数,下证 $X/\ker(s)$ 是对合的.

由命题 6.2.10 及 $s(x) + s(x \to x^{--}) = s(x^{--}) + s(x^{--} \to x)$ 知,$s(x) = s(x^{--})$,故 $s(x \to x^{--}) = s(x^{--} \to x)$. 又 $x \leq x^{--}$,从而 $s(x \to x^{--}) = s(1) = 1$,即 $s(x^{--} \to x) = 1$,因此 $x^{--} \to x \in \ker(s)$. 注意到 $x \leq x^{--}$,我们有 $x^{--} \sim x = x^{--} \to x \in \ker(s)$. 于是 $x^{--} \theta x$,这表明 $x^{--}/\ker(s) = x/\ker(s)$.

定义 6.2.16 设 X 是一个有界相等代数. 若映射 $m: X \to [0, 1]$ 满足:

(1) $m(0) = 0$;

(2) 对任意的 $x, y \in X$,$m(x \to y) = m(x) \to_R m(y)$,

则称 m 为 X 上的**态射**.

命题 6.2.17 在有界相等代数 X 中, 每个态射是 Bosbach 态.

证明 设 m 是 X 上的态射, 则 $m(1) = m(x \to x) = \min\{1, 1-m(x)+m(x)\} = 1$, $m(x)+m(x \to y) = m(x)+\min\{1, 1-m(x)+m(y)\} = \min\{1+m(x), 1+m(y)\} = m(y) + \min\{1, 1-m(y)+m(x)\} = m(y) + m(y \to x)$, 因此 m 是 X 上的 Bosbach 态.

命题 6.2.18 设 X 是一个有界相等代数, s 是 X 上的 Bosbach 态, 则以下条件等价:

(1) s 是 X 上的态射;

(2) 对任意的 $x,y \in X$, $s(x \wedge y) = \min\{s(x), s(y)\}$.

证明 (1) $\Rightarrow$ (2) 若 s 是 X 上的态射, 则由命题 6.2.11, $s(x \wedge y) = s(x)+s(x \to y)-1 = s(x) + \min\{1, 1-s(x)+s(y)\}-1 = \min\{s(x), s(y)\}$.

(2) $\Rightarrow$ (1) 若对任意的 $x, y \in X$, $s(x \wedge y) = \min\{s(x), s(y)\}$ 成立. 选取 $x = y = 0$, 我们有 $s(0) = 0$. 再利用命题 6.2.11 得 $s(x \to y) = 1 - s(x) + s(x \wedge y) = 1 - m(x) + \min\{s(x), s(y)\} = \min\{1, 1-m(x)+m(y)\} = m(x) \to_R m(y)$, 因此 s 是 X 上的态射.

例 6.2.19 在例 6.2.8 中, 相等代数 Y 上的 Bosbach 态 s 不是 Y 上的态射, 因为 $s(a_2 \wedge b_2) = s(0_2) = 0 \neq 0.5 = \min\{s(a_2), s(b_2)\}$.

例 6.2.20 设 $X = \{0, a, b, 1\}$ 是一个格, 其上的运算 $\sim$ 与 $\to$ 如下:

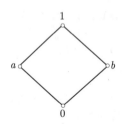

$\sim$	0	a	b	1
0	1	b	a	0
a	b	1	0	a
b	a	0	1	b
1	0	a	b	1

$\to$	0	a	b	1
0	1	1	1	1
a	b	1	b	1
b	a	a	1	1
1	0	a	b	1

则 $(X; \sim, \wedge, 1)$ 是一个相等代数.

定义映射 $s: X \to [0,1]$: $s(0) = s(a) = 0, s(b) = s(1) = 1$, 可以验证 s 是 X 上的 Bosbach 态, 而且 s 是 X 上的态射, 因为 $s(a \wedge b) = s(0) = 0 = \min\{s(a), s(b)\}$.

推论 6.2.21 在线性有界相等代数中, Bosbach 态与态射等价.

命题 6.2.22 设 X 是对合有界相等代数, s 是 X 上的 Bosbach 态, 则以下条件等价:

(1) s 是 X 上的态射;

(2) 对任意的 $x,y \in X$, $s(x^- \to y^{--}) = \min\{1, s(x)+s(y)\}$.

证明 (1) $\Rightarrow$ (2) 由态射的定义及命题 6.2.10, $s(x^- \to y^{--}) = \min\{1, 1-s(x^-)+s(y^{--})\} = \min\{1, 1-1+s(x)+s(y)\} = \min\{1, s(x)+s(y)\}$.

(2) $\Rightarrow$ (1) 显然 $s(0) = 0$. 因为 X 是对合的, 所以 $s(x \to y) = s(x^{--} \to y^{--}) = \min\{1, s(y)+s(x^-)\} = \min\{1, 1-s(x)+s(y)\}$, 这表明 s 是 X 上的态射.

定义 6.2.23 设 X 是有界相等代数, $x, y \in X$. 若 $x^{--} \leq y^-$, 则称 x 与 y 是**正交的**, 记为 $x \perp y$. 此时, 定义 X 上的部分运算 $+$ 如下: $x+y := y^- \to x^{--}$.

命题 6.2.24 设 X 是一个有界相等代数, 则对任意的 $x, y \in X$:

(1) $x \perp y$ 当且仅当 $y^{--} \leq x^-$;

(2) $x \perp y$ 当且仅当 $y \leq x^-$;

(3) 若 $x \perp y$, 则 $x+y = x^- \to y^{--}$;

(4) $x \perp x^-$, $x + x^- = 1$;

(5) $x^- \perp x$, $x^- + x = 1$;

(6) $0 \perp x$, $0 + x = x^{--}$;

(7) $x \perp 0$, $x + 0 = x^{--}$;

(8) 若 $x \leq y$, 则 $x \perp y^-$, $x + y^- = y^{--} \to x^{--}$;

(9) 若 $x \leq y$, 则 $y^- \perp x$, $y^- + x = y \to x^{--}$.

证明 (1) 设 $x \perp y$, 则 $x^{--} \leq y^-$, 从而 $y^{--} \leq x^{---} = x^-$. 反之, 设 $y^{--} \leq x^-$, 则 $x^{--} \leq y^{---} = y^-$;

(2) 设 $x \perp y$, 则由 (1) 得, $x \leq x^{--} \leq y^-$, $y \leq y^{--} \leq x^-$;

(3) 由 $x^- \to y^{--} = y^- \to x^{--}$, 得 $x+y = x^- \to y^{--}$;

(4) 由 $x^{--} \leq x^{--}$, 得 $x \perp x^-$, $x+x^- = x^{--} \to x^{--} = 1$;

(5) 由 $x^{--} \leq x^{--}$, 得 $x^- \perp x$, $x^-+x = x^{--} \to x^{--} = 1$;

(6) 由 $0^{--} = 0 \leq x^-$, 得 $0 \perp x$, $0 + x = x^- \to 0^{--} = x^- \to 0 = x^{--}$;

(7) 由 $x^{---} \leq 1 = 0^-$, 得 $x \perp 0$, $x+0 = 0^- \to x^{--} = 1 \to x^{--} = x^{--}$;

(8) 由 $x^{--} \leq y^{--}$, 得 $x \perp y^-$, $x+y^- = y^{--} \to x^{--}$;

(9) 由 $y^- \leq x^-$, 得 $y^{---} = y^- \leq x^-$. 因此 $y^- \perp x$, $y^- + x = x^- \to y^{---} = x^- \to y^- = y \to x^{--}$.

定义 6.2.25 设 X 是一个有界相等代数. 若映射 $s: X \to [0,1]$ 满足对任意的 $x, y \in X$,

(RS1) $s(1) = 1$;

(RS2) 当 $x \perp y$ 时, $s(x+y) = s(x) + s(y)$,

则称 s 是 X 上的 **Riečan 态**.

例 6.2.26 设 X 是例 6.2.5 定义的有界相等代数. 定义映射 $s: X \to [0,1]$: $s(0) = 0, s(a) = s(b) = 0.5, s(1) = 1$, 则 s 是 X 上的 Riečan 态.

命题 6.2.27 设 s 是有界相等代数 X 上的 Riečan 态, 则对任意的 $x, y \in X$,

(1) $s(x^-) = 1 - s(x)$;

(2) $s(0) = 0$;

(3) $s(x^{--}) = s(x)$;

(4) 若 $x \leq y$, 则 $s(x) \leq s(y)$, $s(y^{--} \to x^{--}) = 1 + s(x) - s(y)$;

(5) $s(x^{--} \to (x \wedge y)^{--}) = 1 - s(x) + s(x \wedge y)$.

证明 (1) 由命题 6.2.24 得 $s(x + x^-) = s(x) + s(x^-) = s(1) = 1$, 因此 $s(x^-) = 1 - s(x)$.

(2) 由 (1) 得 $s(0) = s(1^-) = 1 - s(1) = 1 - 1 = 0$.

(3) 由 (2) 和命题 6.2.24 得 $s(x^{--}) = s(0 + x) = s(0) + s(x) = 0 + s(x) = s(x)$.

(4) 由命题 6.2.24 得 $y^\sim \perp x$ 且 $y^- + x = y \to x^{--}$. 因此 $s(y \to x^{--}) = s(y^- + x) = 1 + s(x) - s(y)$, 进而 $s(x) - s(y) = s(y^\sim + x) - 1 \leq 0$, 于是 $s(x) \leq s(y)$.

(5) 由 (4) 及 $x \wedge y \leq x$ 可证.

定理 6.2.28 在有界相等代数中, 每个 Bosbach 态是 Riečan 态.

证明 显然 $s(1) = 1$. 若 $x \perp y$, 则 $x^{--} \leq y^-$. 由命题 6.2.24 得 $s(x+y) = s(y^- \to x^{--}) = 1 - s(y^-) + s(x^{--}) = 1 - (1 - s(y)) + s(x) = s(x) + s(y)$. 因此 s 是 X 上的 Riečan 态.

注意上述定理反之一般不真, 看下面的实例.

例 6.2.29 设 $X = \{0, a, b, c, 1\}$ 是一个链, 其中 $0 < a < b < c < 1$. 定义 X 上的运算 $\sim$ 如下:

$\sim$	0	a	b	c	1
0	1	b	b	0	0
a	b	1	c	a	a
b	b	c	1	b	b
c	0	a	b	1	c
1	0	a	b	c	1

则 $(X; \sim, \wedge, 1)$ 是一个相等代数.

定义映射 $s: X \to [0, 1]$: $s(0) = 0, s(a) = s(b) = s(c) = 0.5, s(1) = 1$, 则 s 是 X 上的 Riečan 态, 但不是 Bosbach 态. 事实上, 在 Bosbach 态的定义 (2) 中, 选取 $x = a, y = b$ 得 $0.5 + 1 = 0.5 + s(c)$, 从而 $s(c) = 1$, 矛盾.

定理 6.2.30 在对合有界相等代数中，Bosbach 态与 Riečan 态等价.

证明 显然 $s(1) = 1, s(0) = 0$. 若 $x \leq y$，由命题 6.2.27, $s(y^{--} \to x^{--}) = 1 + s(x) - s(y)$. 由 X 是对合的，有 $s(y \to x) = s(y^{--} \to x^{--}) = 1 + s(x) - s(y)$. 根据命题 6.2.11, s 是 X 上的 Bosbach 态.

以下我们研究相等代数上的内态.

定义 6.2.31 设 $(X, \sim, \wedge, 1)$ 是一个相等代数，若映射 $\mu: X \to X$ 满足对任意的 $x, y \in X$,

(1) 若 $x \leq y$，则 $\mu(x) \leq \mu(y)$;

(2) $\mu((x \wedge y) \sim x) = \mu(y) \sim \mu(((x \wedge y) \sim x) \sim y)$;

(3) $\mu(\mu(x) \sim \mu(y)) = \mu(x) \sim \mu(y)$;

(4) $\mu(\mu(x) \wedge \mu(y)) = \mu(x) \wedge \mu(y)$,

则称 μ 是 X 上的**内态**，相应地，称 (X, μ) 是**态相等代数**.

显然，相等代数可以看成是态相等代数.

例 6.2.32 设 $X = \{0, a, b, c, 1\}$ 是一个链，其中 $0 < a < b < c < 1$. 定义 X 上的运算 $\sim$ 如下:

$\sim$	0	a	b	c	1
0	1	b	b	b	0
a	b	1	b	b	a
b	b	b	1	b	b
c	b	b	b	1	c
1	0	a	b	c	1

则 $(X; \sim, \wedge, 1)$ 是一个相等代数.

定义映射 $\mu : X \to X$: $\mu(0) = \mu(a) = \mu(b) = 0, \mu(c) = \mu(1) = 1$，则 (X, μ) 是一个态相等代数.

命题 6.2.33 设 (X, μ) 是态相等代数，则对任意的 $x, y \in X$,

(1) $\mu(\mu(x)) = \mu(x)$;

(2) $\mu(\mu(x) \to \mu(y)) = \mu(x) \to \mu(y)$.

证明 略.

定义 6.2.34 设 $(X; \sim, \wedge, 1)$ 是一个相等代数，μ 是 X 上的内态. 若 μ 满足:

(5) 对任意的 $x, y \in X$, $\mu(x \to y) = \mu(x) \to \mu(x \wedge y)$,

则称 μ 是 X 的**强内态**，相应地，称 (X, μ) 是**强态相等代数**.

例 6.2.35 设 X 是例 6.2.29 定义的相等代数. 现定义映射 $\mu : X \to X$: $\mu(0) = 0, \mu(a) = \mu(b) = b, \mu(c) = \mu(1) = 1$. 则不难验证 (X, μ) 是强态相等代数.

定义 6.2.36 设 $(H;\sim,\wedge,0,1)$ 是一个有界 hoop 代数, 若映射 $\sigma: H \to H$ 满足以下条件: 对任意的 $x,y \in H$,

(1) $\sigma(0) = 0$;

(2) $\sigma(x \to y) = \sigma(x) \to \sigma(x \wedge y)$;

(3) $\sigma(x \odot y) = \sigma(x) \odot \sigma(x \to x \odot y)$;

(4) $\sigma(\sigma(x) \odot \sigma(y)) = \sigma(x) \odot \sigma(y)$;

(5) $\sigma(\mu(x) \to \sigma(y)) = \sigma(x) \to \sigma(y)$,

则称 σ 是 H 的**内态**, 相应地, 称 (H,σ) 是一个态 hoop 代数.

注意态 hoop 代数 (H,σ) 中的 σ 是保序内态.

命题 6.2.37 设 (H,σ) 是一个态 hoop 代数, 则 (H,σ) 是强态相等代数, 其中 $x \wedge y = x \odot (x \to y)$, $x \sim y = y \to x$.

证明 首先, $(H;\sim,\wedge,0,1)$ 是一个有界相等代数. 下证 σ 是有界相等代数 H 上的强内态.

$\sigma(x \wedge y \sim x) = \sigma(x \to x \wedge y) = \sigma(x \to y)$, 且 $\sigma(y) \sim \sigma((x \wedge y \sim x) \sim y) = \sigma((x \to x \wedge y) \to y) \to \sigma(y) = \sigma((x \to y) \to y) \to \sigma(y) = \sigma(x \to y) \to ((x \to y) \wedge y) \to \sigma(y) = (\sigma(x \to y) \to \sigma(y)) \to \sigma(y)$.

利用 $y \leq x \to y$ 可得 $\sigma(y) \leq \sigma(x \to y)$, 于是 $\sigma(x \to y) = (\sigma(x \to y) \to \sigma(y)) \to \sigma(y)$. 这表明 $\sigma(x \wedge y \sim x) = \sigma(y) \sim \sigma((x \wedge y \sim x) \sim y)$.

注 6.2.38 (1) 相等代数上的强内态是内态, 但反之一般不真.

事实上, 在例 6.2.32 中, 映射 μ 是相等代数 X 的内态, 但不是强内态, 因为 $\mu(b \to a) = \mu(b \wedge a \sim b) = \mu(b) = 0 \neq 1 = \mu(b) \to \mu(a)$.

(2) 有界相等代数的强内态 μ 不一定满足 $\mu(0) = 0$. 例如, 设 $(Y;\sim_2,\backsim_2,\bigwedge_2,1_2)$ 是例 6.2.3 定义的相等代数. 定义映射 $\mu: Y \to Y$: $\mu(0_2) = \mu(b_2) = b_2$, $\mu(a_2) = \mu(1_2) = 1_2$, 则容易验证 (Y,μ) 是强态相等代数.

命题 6.2.39 设 (X,μ) 是强态有界相等代数且 $\mu(0) = 0$, 则对任意的 $x,y \in X$,

(1) $\mu(x^-) = \mu(x)^-$;

(2) 若 $x \perp y$, 则 $\mu(x) \perp \mu(y)$ 且 $\mu(x+y) = \mu(x)+\mu(y)$, $\mu(\mu(x)+\mu(y)) = \mu(x)+\mu(y)$;

(3) $\mu(x \to y) \leq \mu(x) \to \mu(y)$. 若 x,y 可比较, 则 $\mu(x \to y) = \mu(x) \to \mu(y)$.

证明 (1) $\mu(x^-) = \mu(x \to 0) = \mu(x) \to \mu(0) = \mu(x) \to 0 = \mu(x)^-$.

(2) 显然 $x^{-\sim} \leq y^\sim$. 由 (1) 得 $\mu(x)^{--} \leq \mu(y)^-$, $\mu(x+y) = \mu(y^- \to x^{--}) = \mu(y^-) \to \mu(x^{--}) = \mu(y)^- \to \mu(x)^{--} = \mu(x) + \mu(y)$. 利用命题 6.2.33 得 $\mu(\mu(x) + \mu(y)) = \mu(\mu(x)^\sim \to \mu(y)^{-\sim}) = \mu(x)^\sim \to \mu(y)^{-\sim} = \mu(x) + \mu(y)$.

(3) 显然 $\mu(x \wedge y) \leq \mu(y)$, $\mu(x \to y) = \mu(x) \to \mu(x \wedge y) \leq \mu(x) \to \mu(y)$. 若 $x \leq y$, 则 $\mu(x \to y) = \mu(1) = 1 \leq \mu(x) \to \mu(y)$. 若 $y \leq x$, 则 $\mu(x \to y) = \mu(x) \to \mu(x \wedge y) = \mu(x) \to \mu(y)$.

6.2 相等代数上的广义态理论

定义 6.2.40 设 X 是一个相等代数，$\mu: X \to X$ 是 X 上的同态映射. 若 $\mu^2 = \mu$, 即 $\forall x \in X, \mu(\mu(x)) = \mu(x)$, 则称 μ 为 X 的 **内态射**, 相应地, 称 (X, μ) 为**态射相等代数**.

显然, 内态射 μ 是保序的且保运算 $\to$, 相等代数上的恒等映射是内态射.

定理 6.2.41 设 X 是一个相等代数, $\mu: X \to X$ 是 X 上的内态射, 则 μ 是 X 的强内态. 当然 μ 也是 X 上的内态.

注意上述定理反之一般不真.

例 6.2.42 在例 6.2.35 中, 映射 μ 是相等代数 X 的强内态, 但不是 X 的内态射, 因为 $\mu(b \backsim a) = \mu(b) = 0 \neq 1 = 0 \backsim 0 = \mu(b) \backsim \mu(a)$.

下面讨论相等代数上的广义态映射、态及内态之间的关系.

定理 6.2.43 设 X 是有界相等代数, μ 是 X 的满足 $\mu(0) = 0$ 的强内态. 若 s 是 $\mu(X)$ 上的 Riečan 态, 则函数 $s_\mu : X \to [0,1]$: $s_\mu(x) = s(\mu(x))$ 是 X 上的 Riečan 态.

证明 显然 $s_\mu(1) = s(\mu(1)) = s(1) = 1$. 设 $x \perp y$, 由命题 6.2.39 (2) 知 $\mu(x) \perp \mu(y)$ 且 $\mu(x+y) = \mu(x) + \mu(y)$. 因此 $s_\mu(x+y) = s(\mu(x+y)) = s(\mu(x) + \mu(y)) = s(\mu(x)) + s(\mu(y)) = s_\mu(x) + s_\mu(y)$, 即 s_μ 是 X 上的 Riečan 态.

例 6.2.44 设 X 为例 6.2.5 定义的有界相等代数. 定义映射 $\mu: X \to X$ 如下: $\mu(0) = \mu(a) = 0, \mu(b) = \mu(1) = 1$, 则 μ 是 X 上的强内态, 其中 $\mu(X) = \{0,1\}$. 而且, $\mu(X)$ 上的映射 $s: \mu(X) \to [0,1]$: $s(0) = 0, s(1) = 1$ 是 $\mu(X)$ 上的 Riečan 态. 经过计算, 函数 $s_\mu : X \to [0,1]$:

$$s_\mu(x) = s(\mu(x)) = \begin{cases} 0 & x = 0, a, \\ 1 & x = b, 1 \end{cases}$$

是 X 上的 Riečan 态.

定理 6.2.45 设 (X, μ) 是态有界相等代数且 $\mu(0) = 0$. 若 s 是 $\mu(X)$ 上的 Bosbach 态, μ 保运算 $\to$, 则函数 $s_\mu : X \to [0,1]$: $s_\mu(x) = s(\mu(x))$ 是 X 上的 Bosbach 态.

证明 显然, $s_\mu(0) = s(\mu(0)) = s(0) = 0$, $s_\mu(1) = s(\mu(1)) = s(1) = 1$. 由 μ 保运算 $\to$, 有 $s_\mu(x) + s_\mu(x \to y) = s(\mu(x)) + s(\mu(x \to y)) = s(\mu(x)) + s(\mu(x) \to \mu(y)) = s(\mu(y)) + s(\mu(y) \to \mu(x)) = s(\mu(y)) + s(\mu(y \to x)) = s_\mu(y) + s_\mu(y \to x)$, 这表明 s_μ 是 X 上的 Bosbach 态.

例 6.2.46 设 X 是例 6.2.5 定义的有界相等代数. 定义映射 $\mu: X \to X$: $\mu(0) = \mu(b) = 0, \mu(a) = \mu(1) = 1$, 则 μ 是 X 上的内态且 μ 保运算 $\to$, 其中 $\mu(X) = \{0,1\}$. 而且 $\mu(X)$ 上的映射 $s: \mu(X) \to [0,1]$: $s(0) = 0, s(1) = 1$ 是 $\mu(X)$ 的

Bosbach 态. 经过计算, 映射 $s_\mu : X \to [0,1]$:

$$s_\mu(x) = s(\mu(x)) = \begin{cases} 0 & x = 0, b, \\ 1 & x = a, 1 \end{cases}$$

是 X 上的 Bosbach 态.

推论 6.2.47 设 (X, μ) 是态射相等代数, s 是 $\mu(X)$ 上的 Bosbach 态, 则映射 $s_\mu : X \to [0,1]$: $s_\mu(x) = s(\mu(x))$ 是 X 上的 Bosbach 态.

由命题 6.2.39 (3) 及推论 6.2.47, 可得如下推论.

推论 6.2.48 设 (X, μ) 是强态线性有界相等代数, s 是 $\mu(X)$ 上的 Bosbach 态, 则映射 $s_\mu : X \to [0,1]$: $s_\mu(x) = s(\mu(x))$ 是 X 上的 Bosbach 态.

定理 6.2.49 设 $(X; \sim, \wedge, 0, 1)$ 是一个有界相等代数, $m : X \to [0,1]$ 是 X 上的态射, 则 m 是 $(X; \sim, \backsim, \wedge, 0, 1)$ 到 $([0,1]; \sim_R, \wedge_R, 1)$ 的 G-态.

证明 由命题 6.2.17 知 m 是 X 上的 Bosbach 态, 且 $m(x) \bigwedge_R m(y) = \min\{m(x), m(y)\} \in m(X)$. 若 $m(x) \leq m(y)$, 则 $m(x) \sim_R m(y) = m(y) \to_R m(x) = m(y \to x) \in m(X)$.

以下实例表明上述定理的逆一般不真.

例 6.2.50 在例 6.2.4 中, 映射 $\mu : X \to [0,1]$ 是一个 G-态, 但不是 X 上的态射, 因为 $\mu(b \to a) = \mu(a) = 0.5 \neq 1 = \mu(b) \to_R \mu(a)$.

根据定理 6.2.49、定理 6.2.30 及推论 6.2.21, 可得以下推论.

推论 6.2.51 设 $(X; \sim, \wedge, 0, 1)$ 是有界相等代数, s 是 X 到 $[0,1]$ 的映射.

(1) 若 X 是线性的且 s 是 X 上的 Bosbach 态, 则 s 是 $(X; \sim, \wedge, 0, 1)$ 到 $([0,1]; \sim_R, \wedge_R, 1)$ 的 G-态;

(2) 若 X 是对合的且 s 是 X 上的 Riečan 态, 则 s 是 $(X; \sim, \wedge, 0, 1)$ 到 $([0,1]; \sim_R, \wedge_R, 1)$ 的 G-态.

定理 6.2.52 设 X 是一个相等代数, 则

(1) X 上的内态 μ 是 X 到 X 的 GI-态;

(2) X 到 X 的 GI-态 μ 是 X 上的内态当且仅当 $\mu^2 = \mu$.

证明 (1) 由命题 6.2.33, $\mu(X)$ 是 X 的子代数, 因此 μ 是 X 到 X 的 GI-态.

(2) 若 μ 是 X 的内态, 由命题 6.2.33 得 $\mu^2 = \mu$. 反之, 若 μ 是 X 到 X 上的 G-态且 $\mu^2 = \mu$. 则存在 $a \in X$ 使得对任意的 $x, y \in X$, $\mu(x) \wedge \mu(y) = \mu(a)$. 因此 $\mu(\mu(x) \wedge \mu(y)) = \mu(\mu(a)) = \mu(a) = \mu(x) \wedge \mu(y)$.

例 6.2.53 在例 6.2.5 中, μ 是一个 X 到 X 的 GI-态, 但不是 X 的内态, 因为 $\mu(\mu(a)) = \mu(b) = 1 \neq b = \mu(a)$.

定理 6.2.54 设 X 是一个相等代数, μ 是 X 上的内态射, 则 μ 是 X 到 X 的 GI-态.

证明 与定理 6.2.49 的证明类似.

注意上述定理反之一般不真, 看下面的实例.

例 6.2.55 在例 6.2.5 中, μ 是 X 到 X 的 GI-态, 但不是 X 的内态射, 因为 $\mu(\mu(a)) = \mu(b) = 1 \neq b = \mu(a)$.

6.3 BCI-代数上的广义态算子

本节引自 [147], 将介绍 BCI-代数的广义态算子.

定义 6.3.1 设 $(X; *_1, 0_1)$ 和 $(Y; *_2, 0_2)$ 是两个 BCI-代数. 若映射 $\sigma : X \to Y$ 满足以下条件: 对任意的 $x, y \in X$,

(GS1) 若 $x \leq_1 y$, 则 $\sigma(x) \leq_2 \sigma(y)$;

(GS2) $\sigma(0_1) = 0_2$, 并且对所有的 $a \in A(X)$ 满足 $\sigma(a) \in A(Y)$;

(GS3) $\sigma(x *_1 y) = \sigma(x) *_2 \sigma(x *_1 (x *_1 y))$;

(GS4) $\sigma(x) *_2 \sigma(y) \in \sigma(X)$,

则称 σ 为**广义态算子**(简记为 G-态).

下面给出从 X 到 Y 的一些特殊的广义态算子.

(1) 若 $(Y; *_2, 0_2)$ 是 p-半单的, 则称 σ 为广义离散态算子 (简记为 GD-态);

(2) 若 $(Y; *_2, 0_2)$ 是一个 BCK-代数, 则称 σ 为广义 BCK 态算子 (简记为 GK-态);

(3) 若 $X = Y$ 且 $\sigma^2 = \sigma$, 则称 σ 为 X 上的态算子. 而且称 σ 为正则的如果对所有的 $a \in A(X)$ 满足 $\sigma(a) = a$. 相应地称 (X, σ) 为 (正则的) 态 BCI-代数.

引理 6.3.2 若 $(X; *, 0)$ 为一个 BCK-代数且映射 $\sigma : X \to X$ 满足 $\sigma(0) = 0$, 则以下结论是等价的: 对任意的 $x, y \in X$,

(1) $\sigma^2 = \sigma$, $\sigma(x) * \sigma(y) \in \sigma(X)$;

(2) $\sigma(\sigma(x) * \sigma(y)) = \sigma(x) * \sigma(y)$.

证明 显然成立.

注 6.3.3 (1) 在 BCK-代数上的态算子定义中[12], 可以看到 (S2) 可以由引理 6.3.2 (1) 所代替. 这就说明了 BCK-代数上的一个态算子也是 X 上的一个 GK-态.

(2) 设 $(X; *_1, 0_1)$ 为真的 BCI-代数 (也就是说, $X \neq V(0_1)$) 且 $(Y; *_2, 0_2)$ 是一个 BCI-代数. 定义映射 $\sigma : X \to Y$, 对任意的 $x \in X$ 有 $\sigma_0(x) = 0_2$, 则 σ_0 是从 X 到 Y 的一个非正则的 G-态.

例 6.3.4 设 $X = \{a_0, a_1, a_2, a_3, a_4, a_5\}$, $Y = \{b_0, b_1, b_2, b_3, b_4, b_5\}$. X 上的算子 $*_1$ 和 Y 上的算子 $*_2$ 由以下表格定义, 则 $(X; *_1, a_0)$ 和 $(Y; *_2, b_0)$ 都是 BCI-代数[102]. $(X; \leq_1)$ 和 $(Y; \leq_2)$ 中元素的序和以下哈塞图保持一致:

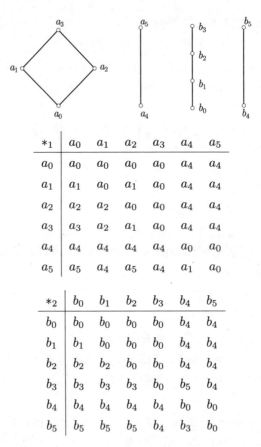

$*_1$	a_0	a_1	a_2	a_3	a_4	a_5
a_0	a_0	a_0	a_0	a_0	a_4	a_4
a_1	a_1	a_0	a_1	a_0	a_4	a_4
a_2	a_2	a_2	a_0	a_0	a_4	a_4
a_3	a_3	a_2	a_1	a_0	a_4	a_4
a_4	a_4	a_4	a_4	a_4	a_0	a_0
a_5	a_5	a_4	a_5	a_4	a_1	a_0

$*_2$	b_0	b_1	b_2	b_3	b_4	b_5
b_0	b_0	b_0	b_0	b_0	b_4	b_4
b_1	b_1	b_0	b_0	b_0	b_4	b_4
b_2	b_2	b_2	b_0	b_0	b_4	b_4
b_3	b_3	b_3	b_3	b_0	b_5	b_4
b_4	b_4	b_4	b_4	b_4	b_0	b_0
b_5	b_5	b_5	b_5	b_4	b_3	b_0

定义映射 $\sigma: X \to Y$ 如下:

x	a_0	a_1	a_2	a_3	a_4	a_5
$\sigma(x)$	b_0	b_0	b_0	b_0	b_4	b_4

可以验证 σ 是从 X 到 Y 的一个 G-态.

例 6.3.5 设 $(X; *_1, a_0)$ 是例 6.3.4 中的 BCI-代数.

(1) 定义从 $(X; *_1, a_0)$ 到 $(R; -, 0)$ 的映射 σ 为 $\sigma(a_i) = i$, 其中 R 是实数集且 $-$ 是在 R 上的一般减法, 那么 σ 是从 X 到 R 上的 GD-态;

(2) 定义从 $(X; *_1, a_0)$ 到 $([0,1]; *_R, 0)$ 的映射 σ 为 $\sigma(a_0) = \sigma(a_1) = \sigma(a_2) = \sigma(a_3) = 0, \sigma(a_4) = \sigma(a_5) = 1$, 那么 σ 是从 X 到 $[0,1]$ 的 GK-态.

例 6.3.6 (1) 设 X 为一个 BCI-代数. 从命题 1.2.14(3) 可知 X 上的恒等映射是一个态算子, 这个态算子被称为平凡态算子.

(2) 由引理 6.3.2 知一个态 BCK-代数是一个态 BCI-代数并且一个 BCI-代数可以被看作一个态 BCI-代数.

(3) 设 $(X;*_1,a_0)$ 是例 6.3.4 中的 BCI-代数. 定义 X 上的映射 $\sigma: X \to X$ 如下:

x	a_0	a_1	a_2	a_3	a_4	a_5
$\sigma(x)$	a_0	a_0	a_0	a_0	a_4	a_4

容易验证 σ 是一个 X 上的态算子.

X 的子集 A 被称作子代数, 如果 A 在运算 $*$ 下是闭的. X 的包含 0 的子集 I 被称作理想, 如果它对所有的 $x,y \in I$, 满足 $x*y \in I$ 和 $y \in I$ 能够推出 $x \in I$. 把由 X 的所有理想组成的集合记作 $I(X)$. 若 A 为 X 的子集, 则由 [102] 可得 $\langle A \rangle = \{x \in X : (\cdots(x*a_1)*\cdots)*a_n = 0, n \geq 1, a_1, \cdots, a_n \in A \cup \{0\}\}$. 特别地, 若 $a \in X$, 则 $\langle a \rangle = \{x \in X : x*a^n = 0, n \geq 1\}$.

对于任意的一个 BCI-代数 $(X;*,0)$, 定义 X 上的二元运算 $\wedge$ 为对任意的 $x,y \in X$ 都有 $x \wedge y = y*(y*x)$.

命题 6.3.7 设 $(X;*_1,0_1)$ 和 $(Y;*_2,0_2)$ 是两个 BCI-代数, 并且 σ 是从 X 到 Y 的 G-态, 则以下结论成立: 对任意的 $x,y,x_1,\cdots,x_n \in X$,

(p_1) $\sigma(x)*_2\sigma(y) \leq \sigma(x*_1y)$. 一般地, $(\cdots((\sigma(x)*_2\sigma(x_1))*_2\sigma(x_2))\cdots)*_2\sigma(x_n) \leq \sigma((\cdots((x*_1x_1)*_1x_2)*_1\cdots)*_1x_n)$;

(p_2) $\sigma(x \wedge_1 y) \leq \sigma(x) \wedge_2 \sigma(y)$;

(p_3) $\ker(\sigma) := \sigma^{-1}(0)$ 是 X 的一个理想;

(p_4) $\sigma(X) = \{\sigma(x) : x \in X\}$ 是 Y 的一个子代数;

(p_5) $\sigma(V(0_1)) \subseteq V(0_2)$.

证明 (p_1) 设 $x,y \in X$. 因为 σ 是保序的, 所以从由命题 1.2.14(4) 可以得到 $\sigma(x*_1(x*_1y)) \leq \sigma(y)$. 由 (GS3) 和 1.2.14(2), 可得 $\sigma(x*_1y) = \sigma(x)*_2\sigma(x*_1(x*_1y)) \geq \sigma(x)*_2\sigma(y)$. 另外一部分可以由 1.2.14(2) 得到.

(p_2) 值得注意的是 $\sigma(x \wedge y) = \sigma(y*_1(y*_1x)) = \sigma(y)*_2\sigma(y*_1(y*_1x))) = \sigma(y)*_2\sigma(y*_1x)$. 由 ($p_1$) 可得 $\sigma(y)*_2(\sigma(y*_1x)) \leq \sigma(y)*_2(\sigma(y)*_2\sigma(x)) = \sigma(x) \wedge \sigma(y)$.

(p_3), (p_4) 和 (p_5) 是显然的.

命题 6.3.8 设 σ 是从一个 BCI-代数 $(X;*_1,0_1)$ 到一个 p-半单的 BCI-代数 $(Y;*_2,0_2)$ 的 GD-态, 则对所有的 $a \in A(X), x \in V(a)$ 都有 $\sigma(x) = \sigma(a)$.

证明 从 p-半单 BCI-代数的定义和引理 6.3.2 中可以得到.

下面这个例子说明在命题 6.3.8 的逆命题中, 条件 "X 是 p-半单的 BCI-代数" 是必要的. 设 $X = Y = \{0,1\}$ 是一个 BCI-代数, 其运算 $*$ 定义如下: $0*0 = 0, 0*1 = 1, 1*0 = 1, 1*1 = 0$. 很显然 Y 不是 p-半单的, 并且恒等映射 $Id_X : X \to X$ 是一个态算子, 但 $Id_X(1) \neq Id_X(0)$, 其中 $0 \in A(X), 1 \in V(0)$.

命题 6.3.9 若 σ 是 X 上的一个态算子, 则以下结论成立:

(1) 若 σ 是正则的, 则 $\ker(\sigma) \subseteq V(0)$;

(2) $\sigma(X) \cap \ker(\sigma) = \{0\}$;

(3) $\sigma(X) = \text{Fix}_\sigma(X)$, 其中 $\text{Fix}_\sigma(X) := \{x \in X : \sigma(x) = x\}$.

证明 显然成立.

值得注意的是, 若 X 是一个真 BCI-代数且 σ 是一个非正则的 X 上的算子, 则 $\ker(\sigma) \subseteq V(0)$ 未必成立. 例如, 设 $(X, *, 0)$ 是一个真 BCI-代数. 由注 6.3.3 (2), 可知 $\sigma_0 : X \to X$ 是一个非正则的态算子, 但是 $\ker(\sigma_0) = X$ 不包含在 $V(0)$ 中.

设 $a \in X$. 定义映射 $\sigma_a : X \to X$ 为对任意的 $x \in X$ 都有 $\sigma_a(x) = x \wedge a = a * (a * x)$, 那么对任意的 $a \in V(X), x, y \in X$ 有 $\sigma_a(x * y) = \sigma_a(x) * \sigma_a(y)$.

命题 6.3.10 若 $a \in A(X)$, 则 σ_a 是 X 上的正则态算子.

证明 对任意的 $x, y \in X$, 从 [105] 中的定理 2.5 可得 $\sigma_a(x * y) = (x * y) \wedge a = a * (a * (x * y)) \in A(X)$. 因为 $a * (a * (x * y)) \le x * y$, $0 * (0 * (x * y)) \le x * y$, 所以 $a * (a * (x * y))$ 与 $0 * (0 * (x * y))$ 在同一个分支. 又由命题 1.2.14(7) 可得, $a * (a * (x * y)) = 0 * (0 * (x * y)) = (0 * (0 * x)) * (0 * (0 * y)) = (a * (a * x)) * (a * (a * y)) = (x \wedge a) * (y \wedge a) = \sigma_a(x) * \sigma_a(y)$. 若 $x \le y$, 则 $0 = \sigma_a(0) = \sigma_a(x * y) = \sigma_a(x) * \sigma_a(y)$, 所以 $\sigma_a(x) \le \sigma_a(y)$. 这就证明了 σ_a 是保序的.

容易验证 (GS2),(GS3) 和 (GS4) 是成立的. 而且对任意的 $b \in A(X), \sigma_a(b) = b \wedge a \le b$. 由于 $b \in A(X)$, 可得 $\sigma_a(b) = b$. 因此 σ_a 是 X 上的正则态算子.

接下来, 将讨论态 BCI-代数和态 MV-代数之间的关系. 想要了解更多关于态 MV-代数的基础知识可以参考 [69].

定理 6.3.11 (1) 若 (X, σ) 是一个态 BCI-代数, 则 $(V(0), \sigma)$ 是一个态 BCK-代数,

(2) 设 $(X; *, a, 1_a)$ 是一个局部有界可交换的 BCI-代数, 其中 $a \in A(X)$ 且 1_a 是 $V(a)$ 的局部单位. 如果 σ 是 X 上的态算子满足 $\sigma(1_0) = 1_0$, 则 $(V(0), \oplus, ', 0, 1_0, \sigma)$ 是一个态 MV- 代数, 其中 $x' = 1_0 * x$, $x \oplus y = 1_0 * ((1_0 * x) * y)$.

(3) 若 $(X; \oplus, ', 0, \sigma)$ 是一个态 MV-代数, 则 $(X; *, 0, \sigma)$ 是一个态 BCI-代数, 其中 $x * y = (x \oplus y')'$.

证明 (1) 显然, $V(0)$ 是一个 BCK-代数且 $\sigma(0) = 0$. 对任意的 $x \in V(0)$, 可得 $0 \le x$. 由于 σ 是保序的, 可以得到 $0 = \sigma(0) \le \sigma(x)$, 所以 $\sigma(x) \in V(0)$. 于是 [12] 中的 (S0) 和 (S1) 成立. (S2) 可以从引理 6.3.2 得到. 因此 $(V(0), \sigma)$ 是一个态 BCK-代数.

(2) 假设 $(X; *, a, 1_a)$ 是一个局部有界可交换 BCI-代数满足 $\sigma(1_0) = 1_0$. 那么由 (1) 可知 $(V(0), *, 0, 1_0, \sigma)$ 是一个态 BCK-代数, 其中 $(V(0); *, 0, 1_0)$ 是一个局部有界可交换 BCI-代数. 这就表明了 $(V(0), \oplus, ', 0, 1_0, \sigma)$ 是一个态 MV-代数 (参考 [12] 中的命题 3.14).

6.3 BCI-代数上的广义态算子

(3) 若 $(X; \oplus, ', 0, \sigma)$ 是一个态 MV-代数, 则 $(X; *, 0)$ 是一个 BCK-代数 (参考 [12] 中的命题 3.14). 从例 6.3.6 中可得 $(X; *, 0)$ 是一个态 BCI-代数.

注 6.3.12 从定理 6.3.11 知态 BCI-代数是态 MV-代数的一般化.

设 $(X; *, 0)$ 为 BCK-代数. 同态 $\sigma : X \to X$ 被称作 X 上的态射算子如果 $\sigma^2 = \sigma$, 并且序对 (X, σ) 被称作态射 BCK-代数[12]. 由 [12] 可知, 对任意的态 BCK-代数都有 $\sigma(0) = 0$ 且态射 BCK-代数是态 BCK-代数.

以下结果表明 GK-态是态射的一般化, BCK-代数上的 GK-态和态射算子是局部有界 BCI-代数的态射的一般化.

定理 6.3.13 若 m 为一个 BCK-代数 $(X; *, 0)$ 上的态射, 则 m 是一个从 $(X; *, 0)$ 到 $([0, 1]; *_R, 0)$ 的 GK-态.

证明 显然 (GS2) 成立. (GS3) 从 $m(x) *_R m(x * (x * y)) = m(x * (x * (x * y))) = m(x * y)$ 得到, (GS4) 从 $m(x) *_R m(y) = m(x * y) \in m(X)$ 得到. 若 $x \leq y$, 则 $m(x) *_R m(y) = m(x * y) = m(0) = 0$, 因此 (GS1) 成立.

推论 6.3.14 若 m 为一个局部有界 BCI-代数 $(X; *, 0)$ 上的态射, 则 m 是一个从 $(X; *, 0)$ 到 $([0, 1]; *_R, 0)$ 的 GK-态.

证明 类似于定理 6.3.13 的证明方法.

定理 6.3.15 若 σ 是一个 BCK-代数 $(X; *, 0)$ 上的态射算子, 则 σ 是 X 上的一个 GK-态.

证明 类似于定理 6.3.13 的证明方法.

接下来, 将研究和讨论态 BCI-代数上的态理想和态同余.

定义 6.3.16 设 (X, σ) 是一个态 BCI-代数. 若 (X, σ) 的理想 I 满足 $\sigma(I) \subseteq I$, 则称 I 为态理想.

例 6.3.17 在例 6.3.6 (3) 中可以知道 (X, σ) 是一个态 BCI-代数. 很容易得到 $I_0 = \{a_0\}$, $I_1 = \{a_0, a_2\}$, $I_2 = \{a_0, a_4\}$ 和 $I_3 = \{a_0, a_2, a_4\}$ 都是 (X, σ) 上的真的闭的态理想.

显然, $\{0\}$ 和 X 是 (X, σ) 的态理想, 它们被称为 (X, σ) 的平凡态理想. 若 (X, σ) 上的态理想 I 满足 $I \neq X$, 则称 I 为真的. 把包含了 (X, σ) 的所有的 (闭) 态理想的集合记作 $SI(X, \sigma)(SIC(X, \sigma))$. 若 A 是 X 的一个子集, 则 $\langle A \rangle_s$ 是包含 A 的最小态理想.

命题 6.3.18 若 (X, σ) 为态 BCI-代数, 则 $\ker(\sigma)$ 是 (X, σ) 的一个态理想.

证明 由 (p_3) 可知 $\ker(\sigma)$ 是 X 的一个理想. 由 6.3.9(3) 得到 $\sigma(\ker(\sigma)) = \text{Fix}_\sigma(\ker(\sigma)) = \{x \in \ker(\sigma) | \sigma(x) = x\} = \{0\} \subseteq \ker(\sigma)$. 所以 $\ker(\sigma)$ 是 (X, σ) 的一个态理想.

命题 6.3.19 若 I 是 BCI-代数 (X, σ) 的一个态理想且 $a \in X$, 则 $\langle I \cup \{a\} \rangle_s = \{x \in X : (x * a^n) * \sigma(a)^m \in I, m, n \geq 1\}$.

证明 记 $A = \{x \in X : (x * a^n) * \sigma(a)^m \in I, m, n \geq 1\}$.

首先, $I \cup \{a\} \subseteq A$. 事实上, 对任意的 $x \in I \cup \{a\}$, $x = a$ 意味着 $(a * a) * \sigma(a)^0 = 0 \in I$, $x \in I$ 意味着 $(x * a^0) * \sigma(a)^0 = x \in I$. 而且如果 J 是 X 上的任意一个包含 I 和 a 的态理想, 那么对任意的 $x \in A$, 存在 $m, n \geq 1$ 使得 $(x * a^n) * \sigma(a)^m \in I \subseteq J$. 这表明了 $x \in J$, 所以 $A \subseteq J$.

其次, 下面证明 A 是 X 的一个理想. 设 $x, y * x \in A$. 那么存在 $m, n, s, t \geq 1$ 使得 $(x * a^n) * \sigma(a)^m \in I$ 和 $((y * x) * a^s) * \sigma(a)^t \in I$ 成立. 所以从定义 1.2.9(3)、命题 1.2.14(1) 和 (4) 可知

$$(((y * a^{n+s}) * \sigma(a)^{m+t}) * ((*a^n) * \sigma(a)^m)) * (((y * x) * a^s) * \sigma(a)^t)$$
$$\leq(((y * a^{n+s}) * \sigma(a)^t) * (x * a^n)) * (((y * x) * a^s) * \sigma(a)^t)$$
$$=(((y * a^{n+s}) * \sigma(a)^t) * (((y * x) * a^s) * \sigma(a)^t)) * ((x * a^n)$$
$$\leq((y * a^{n+s}) * ((y * x) * a^s)) * (x * a^n)$$
$$\leq((y * a^n) * (y * x)) * (x * a^n)$$
$$=((y * a^n) * (x * a^n)) * (y * x)$$
$$\leq(y * x) * (y * x)$$
$$=0 \in I.$$

从 $(x * a^n) * \sigma(a)^m \in I$ 和 $((y * x) * a^s) * \sigma(a)^t \in I$ 得到 $(y * a^{n+s}) * \sigma(a)^{m+t} \in I$, 所以 $y \in A$. 因此 A 是 X 的一个理想.

最后, 验证 A 是 (X, σ) 的一个态理想. 设 $x \in A$, 则存在 $m, n \geq 1$ 使得 $(x * a^n) * \sigma(a)^m \in I$. 因此 $\sigma((x * a^n) * \sigma(a)^m) \in I$, 而且, $\sigma(x) * \sigma(a)^{n+m} = (\sigma(x) * \sigma(a)^n) * \sigma(a)^m \leq \sigma((x * a^n) * \sigma(a)^m) \in I$. 这表明 $\sigma(x) \in I \subseteq A$.

综上所述, A 是 (X, σ) 的包含 I 和 a 的最小态理想.

X 的理想 I 被称为闭的, 如果对所有的 $x \in X$, $x \in I$ 意味着 $0 * x \in I$[102].

定义 6.3.20 BCI-代数 (X, σ) 的真态理想 I 称为

(1) **极大的**, 如果 $\langle I \cup \{x\} \rangle_s = X$ 对所有的 $x \in X \setminus I$ 成立;

(2) **素的**, 如果对所有 (X, σ) 的闭态理想 M 和 N, 若 $M \cap N \subseteq I$, 则 $M \subseteq I$ 或者 $N \subseteq I$.

定理 6.3.21 若 M 是态 BCI-代数 (X, σ) 的闭极大态理想, 则 M 是 X 的素态理想.

证明 设 I 和 J 是 (X, σ) 的两个闭态理想使得 $I \cap J \subseteq M$. 设 $x \in I \setminus M$ 和 $y \in J \setminus M$. 由命题 6.3.19 得, $\langle M \cup \{x\} \rangle_s = \langle M \cup \{y\} \rangle_s = X$. 若 $a \in \langle M \cup \{x\} \rangle_s \cap \langle M \cup \{y\} \rangle_s$, 则存在 $m, n, s, t \geq 1$ 使得 $(a * x^n) * \sigma(x)^m = m_1 \in M$ 和

$(a*y^s)*\sigma(y)^t = m_2 \in M$. 从定义 1.2.9(3), 命题 1.2.14(1) 和 M 是闭的, 有 $(((a*m_1)*m_2)*x^n)*\sigma(x)^m = (((a*x^n)*m_1)*\sigma(x)^m)*m_2 = (m_1*m_1)*m_2 = 0*m_2 = 0$. 所以 $((a*m_1)*m_2)*x^n \le \sigma(x)^m$. 因为 $x \in I$ 且 I 是 (X,σ) 的闭态理想, 则 $(a*m_1)*m_2 \in I$. 相似地, $(a*m_1)*m_2 \in J$. 所以 $(a*m_1)*m_2 \in I\cap J \subseteq M$. 又因为 $m_1, m_2 \in M$ 且 M 是 X 的理想, 有 $a \in M$, 所以 $X = \langle M \cup \{x\}\rangle_s \cap \langle M \cup \{y\}\rangle_s \subseteq M$, 矛盾. 所以 $I \subseteq M$ 或者 $J \subseteq M$. 这就说明了 M 是 (X, σ) 的素态理想.

例 6.3.22 在例 6.3.17 中, 可以得到态理想 $I_3 = \{a_0, a_2, a_4\}$ 是 X 的闭极大理想又是 X 的素态理想. 值得注意的是定理 6.3.21 的逆命题一般情况未必成立. 比如, $I_1 = \{a_0, a_2\}$ 是 X 的素态理想, 但它不是极大态理想, 因为 $X \ne \langle I_1 \cup \{a_1\}\rangle_s$.

定义 6.3.23 设 (X, σ) 为态 BCI-代数且 θ 是 (X, σ) 上的同余. 若对所有的 $x, y \in X$, $x\,\theta\,y$ 能够推出 $\sigma(x)\theta\sigma(y)$, 则称 θ 为**态同余关系**.

把 (X, σ) 上的所有态同余之集记作 $\mathrm{Con}(X, \sigma)$.

例 6.3.24 在例 6.3.17 中, 可以利用 $I_2 = \{a_0, a_4\}$ 来构造同余关系 θ_{I_2}. 容易得到 θ_{I_2} 是 (X, σ) 上的态同余关系.

定理 6.3.25 设 (X, σ) 是一个态 BCI-代数. 则下列结论成立:

(1) 若 θ 是 (X, σ) 上的态同余关系, 则 $[0]_\theta = \{x \in X : (x, 0) \in \theta\}$ 是一个闭态理想;

(2) 若 I 是 (X, σ) 的一个态理想, 则 $\theta_I = \{(x, y) \in X \times X : x*y, y*x \in I\}$ 是 (X, σ) 上的态同余关系;

(3) 存在 $\mathrm{Con}(X, \sigma)$ 和 $\mathrm{SIC}(X, \sigma)$ 之间的双射.

证明 (1) 因为 θ 是 X 上的同余关系, 则由 [74] 知 $[0]_\theta$ 是 X 上的闭理想. 设 $x \in [0]_\theta$, 那么有 $(x, 0) \in \theta$, 所以 $(\sigma(x), \sigma(0)) = (\sigma(x), 0) \in \theta$. 因此 $\sigma(x) \in [0]_\theta$. 这就说明了 $[0]_\theta$ 是 (X, σ) 的闭态理想.

(2) 因为 I 是 X 的理想, 则 θ_I 是 X 上的同余关系. 若 $(x, y) \in \theta_I$, 则 $x*y, y*x \in I$. 由 (p_1), $\sigma(x)*\sigma(y) \le \sigma(x*y) \in I$ 和 $\sigma(y)*\sigma(x) \le \sigma(y*x) \in I$. 因此 $(\sigma(x), \sigma(y)) \in \theta_I$.

(3) 定义映射 $f : \mathrm{SIC}(X, \sigma) \to \mathrm{Con}(X, \sigma)$ 满足 $f(I) = \theta_I$. 则 f 是双射且它的逆映射 $g : \mathrm{Con}(X, \sigma) \to \mathrm{SIC}(X, \sigma)$ 定义为 $g(\theta) = [0]_\theta$.

定义 6.3.26[9] 设 $(A_i)_{i \in I}$ 是一族同型代数. 对任意一个 $j \in I$ 映射 $\pi_j : \prod_{i \in I} A_i \to A_j$ 满足 $\pi_j((x_i)_{i \in I}) = x_j$ 投射. $(A_i)_{i \in I}$ 的次直积是说 $(A_i)_{i \in I}$ 的子代数 A 使得对每一个 $j \in I$, 投射 π_j 是 A 到 A_j 的满射.

假设 $(A_i)_{i \in I}$ 是一族同型代数. 如果 A 也是这种类型代数且如果 $(g_i)_{i \in I}$ 是一组映射 $g_i : A \to A_i$, 则定义映射 $g : A \to \prod_{i \in I} A_i$ 为 $g(x) = (g_i(x))_{i \in I}$. 当这个映射是单射时, 称它为嵌入映射.

定义 6.3.27[9] 若 α 的像 $\mathrm{Im}\alpha$ 是 $\prod_{i\in I} A_i$ 的次值积, 则称嵌入映射 $\alpha : A \to \prod_{i\in I} A_i$ 是次直的.

定义 6.3.28[9] 若对每一个嵌入映射 $\alpha : A \to \prod_{i\in I} A_i$ 都存在 $i \in I$ 使得 $\pi \circ \alpha : A \to A_i$ 是同构映射, 则称代数 A 是次直不可约的, .

定理 6.3.29[9] 非平凡代数 A 是次直不可约的当且仅当它有一个最小的非平凡同余.

注 6.3.30 若 $A \neq \{0\}$, 则称代数 A 为非平凡代数. 若 $\theta \neq \rho$, 则同余 θ 被称为非平凡同余, 其中 $\rho = \{(x,x) : x \in X\}$. 设 (X, σ) 为次直不可约的态 BCI-代数且 $\rho = \{(x,x) : x \in X\}$. 由定理 6.3.29, 集合 $\mathrm{Con}(X, \sigma) - \rho$ 有最小元. 从定理 6.3.25 知一个非平凡态 BCI-代数 (X, σ) 是次直不可约的当且仅当 $\mathrm{SIC}(X, \sigma) \setminus \{0\}$ 有最小元.

定理 6.3.31 设 (X, σ) 是一个非平凡次直不可约态 BCI-代数. 若 $\ker(\sigma) = \{0\}$, 则 $\sigma(X)$ 是 X 的一个非零的次直不可约子代数.

证明 由 (p_4), 可知 $\sigma(X)$ 是 X 的子代数. 根据注 6.3.30, 可得 $\mathrm{SIC}(X, \sigma) \setminus \{0\}$ 有最小元, 记作 I. 很明显 $I \cap \sigma(X)$ 是 $\sigma(X)$ 的一个闭理想. 接下来, 若 $I \cap \sigma(X) = \{0\}$, 则 $\sigma(I) \subseteq I \cap \sigma(X)$, 所以 $\sigma(I) = \{0\}$, 矛盾. 所以 $I \subseteq \ker(\sigma) \neq \{0\}$, $\sigma(x) \in I$ 并且 $\sigma(x) = x \in \sigma(X)$ 对所有的 $x \in I \cap \sigma(X)$ 成立. 这就表明 $I \cap \sigma(X)$ 是 $\sigma(X)$ 的一个非零闭的态理想. 接下来证明 $I \cap \sigma(X)$ 是最小的理想.

设 J 是 $\sigma(X)$ 的一个闭的理想且 $\langle J \rangle_X$ 是由 J 生成的理想. 则存在 $a_1, \cdots, a_n \in J$ 使得对所有的 $x \in \langle J \rangle_X$, 有 $(\cdots((x * a_1) * a_2) * \cdots) * a_n = 0$. 所以

$$\begin{aligned}&(\cdots((\sigma(x) * a_1) * a_2) * \cdots) * a_n \\ =&(\cdots((\sigma(x) * \sigma(a_1)) * \sigma(a_2)) * \cdots) * \sigma(a_n) \\ \leq & \sigma((\cdots((x * a_1) * a_2) * \cdots) * a_n) \\ =&0.\end{aligned}$$

这就说明 $\sigma(x) \in J \subseteq \langle J \rangle_X$. 进一步将证明 $J = \langle J \rangle_X \cap \sigma(X)$. 对每个 $x \in \langle J \rangle_X \cap \sigma(X)$, 可得 $x \in \langle J \rangle_X$ 和 $x \in \sigma(X)$. 从 $x \in \langle J \rangle_X$ 和上面的证明中, 可得到 $\sigma(x) \in J$. 从 $x \in \sigma(X)$ 得到 $\sigma(x) = x$. 因此 $x \in J$, 从而有 $J = \langle J \rangle_X \cap \sigma(X)$.

因为 I 是 (X, σ) 的最小非零闭的态理想, 则 $I \cap \sigma(X) \subseteq \langle J \rangle_X \cap \sigma(X) = J$. 因此 $I \cap \sigma(X)$ 是 $\sigma(X)$ 的非零闭的态理想. 根据注 6.3.30, 于是有 $\sigma(X)$ 是 X 的一个非零次直不可约子代数.

下面将会用态算子来刻画 BCI-代数.

定义 6.3.32 若同态 $\sigma : X \to X$ 对所有的 $a \in A(X)$ 都有 $\sigma^2 = \sigma$ 和 $\sigma(a) = a$, 则称 σ 为 X 上的态射算子. 相应地, 称 (X, σ) 为态射 BCI-代数.

6.3 BCI-代数上的广义态算子

例 6.3.33 (1) 设 Id_X 是 X 上的恒等映射. 则 $(X; Id_X)$ 是一个态射 BCI-代数;

(2) 设 X 是一个 BCI-代数并且 $a \in A(X)$. 由命题 6.3.10 的证明知 (X, σ_a) 是一个态射 BCI-代数.

命题 6.3.34 每一个态射 BCI-代数是一个正则的态 BCI-代数.

证明 直接得出.

下面这个例子说明上面这个命题的逆命题一般情况未必成立.

例 6.3.35 设 $(Y; *_2, b_0)$ 为例 6.3.4 中的 BCI-代数. 定义映射 $\sigma : Y \to Y$ 如下:

y	b_0	b_1	b_2	b_3	b_4	b_5
$\sigma(y)$	b_0	b_0	b_2	b_2	b_4	b_5

则 σ 是 Y 上的正则态算子, 但是 $\sigma(b_3 *_2 b_2) = \sigma(b_3) = b_2 \neq b_0 = b_2 *_2 b_2 = \sigma(b_3) *_2 \sigma(b_2)$. 这就说明 σ 不是 Y 上的态射算子.

下面这个定理表明通过态射算子可以把像空间的任何一个态扩充到整个空间 X 上的态.

定理 6.3.36 设 $(X; \sigma)$ 是一个态射 BCI-代数且对所有的 $a \in A(X)$ 满足 $\sigma(1_a) = 1_a$. 若 s 是一个 $\sigma(X)$ 上的 Bosbach 态, 则映射 $s_\sigma : X \to [0, 1]$ 是 X 上的 Bosbach 态, 其中映射 s_σ 定义为 $s_\sigma(x) = s(\sigma(x))$.

证明 直接得出.

定义 6.3.37 设 (X, σ) 为态 BCI-代数. 若 X 上的一个态算子且满足 $\ker(\sigma) = \{0\}$, 则称 σ 为忠实的.

定理 6.3.38 以下结论是等价的:

(1) X 是 p-半单的;

(2) X 只有一个平凡态算子;

(3) X 上的每个态算子都是忠实的;

(4) σ_0 是忠实的.

证明 (1)$\Rightarrow$(2) 设 σ 是 X 上的一个态算子. 对任意的 $x \in X$, 可得 $\sigma(x) = x$ 因为 X 是 p-半单的. 这就说明了 $X = A(X)$.

(2)$\Rightarrow$(3) 设 σ 是 X 上的一个态算子. 由 (2) 可知 σ 是一个平凡态算子, 即 $\sigma = Id_X$. 这表明 $\ker(\sigma) = \{0\}$, 所以 σ 是忠实的.

(3)$\Rightarrow$(4) 由命题 6.3.10, σ_0 是 X 上的一个态算子. 因此从 (3) 可得 σ_0 是忠实的.

(4)$\Rightarrow$(1) 值得注意的是 $\sigma_0(x) = x \wedge 0 = 0 * (0 * x) = 0$ 对所有的 $x \in V(0)$ 都成立. 我们有 $x \in \ker(\sigma_0)$, 所以从 (4) 可知 $x = 0$. 这就意味着 $V(0) \subseteq \ker(\sigma_0)$. 又从命题 6.3.9 可以得到 $V(0) = \ker(\sigma_0) = \{0\}$. 因此 X 是 p-半单的.

定义 6.3.39[108] 若 X 的子集 I 满足以下条件:

(1) I 是 X 的一个子代数;

(2) 对所有的 $x,y \in X$, 如果 $x \leq y$ 且 $y \in I$, 则 $x \in I$,

则称 I 为 X 的序理想.

命题 6.3.40 每一个 X 的闭理想都是序理想.

证明 显然得出.

下面这个例子说明命题 6.3.40 的逆命题一般情况未必成立.

例如, 设 $(X; *_1, a_0)$ 为例 6.3.4 中给出的 BCI-代数. 可以得到 $I = \{a_0, a_1, a_2\}$ 是 X 的一个序理想, 但是它不是理想因为 $a_2 \in I$ 和 $a_3 * a_2 \in I$ 并不能推出 $a_3 \in I$. 这表明 I 不是 X 的闭理想.

命题 6.3.41 有以下结论成立:

(1) 对所有的 $a \in A(X)$, σ_a 是 X 上的态射算子,

(2) $\text{Fix}_{\sigma_a}(X)$ 是 X 的一个序理想.

证明 (1) 从命题 6.3.10 中的证明可得.

(2) 由命题 6.3.9 中的 (3), 可知 $\text{Fix}_{\sigma_a}(X)$ 是 X 的一个子代数. 设 $x \leq y$ 和 $y \in \text{Fix}_{\sigma_a}(X)$. 则 $\sigma_a(y) = y = y \wedge a \in A(X)$. 所以 $x \in A(X)$, 这意味着 $\sigma_a(x) = x$. 因此得到 $x \in \text{Fix}_\sigma(X)$. 而且 $\text{Fix}_{\sigma_a}(X)$ 是 X 的一个序理想.

定义 6.3.42[102] 包含 0 的 X 的子集称为

- 一个可交换的理想, 如果对任意的 $x,y,z \in X, (x*y)*z \in I$ 和 $z \in I$ 能够推出 $x*((y*(y*x))*(0*(0*(x*0)))) \in I$.

- 一个蕴涵理想, 如果对任意的 $x,y,z \in X, (x*(y*x))*z \in I$ 和 $z \in I$ 能够推出 $x \in I$,

- 一个正蕴涵理想, 如果对任意的 $x,y,z \in X, (x*y)*z \in I$ 和 $y*z \in I$ 能够推出 $x*z \in I$.

定理 6.3.43 以下结论是等价的:

(1) 对任意的 $a \in A(X)$, $\text{Fix}_{\sigma_a}(X)$ 是 X 的可交换序理想;

(2) $\text{Fix}_{\sigma_0}(X)$ 是 X 的可交换序理想;

(3) X 是一个可交换的 BCI-代数.

证明 (1)⇒(2) 直接得出.

(2)⇒(3) 设 $x,y \in X$ 和 $x \leq y$, 则 $\sigma_0(x*y) = \sigma_0(0) = 0 = x*y$. 这就得到 $x*y \in \text{Fix}_{\sigma_0}(X)$. 由 (2) 可得, $\text{Fix}_{\sigma_0}(X)$ 是可交换的, 所以 $x*(y*(y*x)) \in \text{Fix}_{\sigma_0}(X)$. 这就表明 $\sigma_0(x*(y*(y*x))) = x*(y*(y*x))$, 即 $(x*(y*(y*x))) \wedge 0 = x*(y*(y*x))$. 因为 $x,y*(y*x) \in V(0*(0*x))$, 所以 $x*(y*(y*x)) \in V(0)$. 进而 $x*(y*(y*x)) = (x*(y*(y*x))) \wedge 0 = 0*(0*(x*(y*(y*x)))) = 0$. 于是有 $x \leq y*(y*x)$, 进一步 $x = y*(y*x)$. 因此 X 是一个可交换的 BCI-代数.

(3)⇒(1) 设 X 是可交换的 BCI-代数且 $a \in A(X)$. 由命题 6.3.41, 可得 $\text{Fix}_{\sigma_a}(X)$ 是 X 的一个序理想. 而且因为 $x * y = x * (x * (x * y)) = x * (y * (y * x))$, 可以得到 $x * y \in \text{Fix}_{\sigma_a}(X)$, 这就意味着 $x * (y * (y * x)) \in \text{Fix}_{\sigma_a}(X)$. 因此 $\text{Fix}_{\sigma_a}(X)$ 是可交换的.

定理 6.3.44 以下结果是等价的:

(1) 对每一个 $a \in A(X)$, $\text{Fix}_{\sigma_a}(X)$ 是 X 的一个正蕴涵序理想;

(2) $\text{Fix}_{\sigma_0}(X)$ 是 X 的一个正蕴涵序理想;

(3) X 是正蕴涵 BCI-代数.

证明 (1) ⇒ (2) 直接得出.

(2)⇒(3) 注意对任意的 $x, y \in X$, 有

$$(((x * (((x * y) * y) * (0 * y))) * y) * y) * (0 * y)$$
$$= (((x * y) * y) * (0 * y)) * (((x * y) * y) * (0 * y))$$
$$= 0.$$

所以 $(((x * (((x * y) * y) * (0 * y))) * y) * y) * (0 * y) \in \text{Fix}_{\sigma_0}(X)$. 因为由 (2) 可知 $\text{Fix}_{\sigma_0}(X)$ 是 X 的一个正蕴涵序理想, 所以有 $((x * (((x * y) * y) * (0 * y))) * y) \in \text{Fix}_{\sigma_0}(X)$. 因此,

$$\sigma_0((x * (((x * y) * y) * (0 * y))) * y)$$
$$= ((x * (((x * y) * y) * (0 * y))) * y) \wedge 0$$
$$= ((x * (((x * y) * y) * (0 * y))) * y).$$

容易检验 $(x * (((x * y) * y) * (0 * y))) * y \in B(X)$, 所以

$$(x * (((x * y) * y) * (0 * y))) * y$$
$$= ((x * (((x * y) * y) * (0 * y))) * y) \wedge 0$$
$$= 0.$$

于是得到 $(x * y) * (((x * y) * y) * (0 * y)) = 0$, 或者 $(x * y) \leq (((x * y) * y) * (0 * y))$. 反过来的不等号成立是显然的. 因此 $x * y = ((x * y) * y) * (0 * y)$. 所以 X 是一个正蕴涵 BCI-代数.

(3)⇒(1) 设 X 是一个正蕴涵 BCI-代数且 $a \in A(X)$. 由命题 6.3.41, $\text{Fix}_{\sigma_a}(X)$ 是 X 的序理想. 而且因为 $x * y = ((x * y) * y) * (0 * y)$, 所以 $((x * y) * y) * (0 * y) \in \text{Fix}_{\sigma_a}(X)$, 这意味着 $x * y \in \text{Fix}_{\sigma_a}(X)$. 因此 $\text{Fix}_{\sigma_a}(X)$ 是正蕴涵的.

由定理 6.3.43 和定理 6.3.44, 有以下推论成立.

推论 6.3.45　以下结论是等价的:

(1) 对任意的 $a \in A(X)$, $\text{Fix}_{\sigma_a}(X)$ 是 X 的一个正蕴涵序理想;

(2) $\text{Fix}_{\sigma_0}(X)$ 是 X 的一个蕴涵序理想;

(3) X 是一个蕴涵 BCI-代数.

设 $a \in X$. 定义映射 $\bar{\sigma}_a : X \to X$ 为对所有的 $x \in X$ 都有 $\bar{\sigma}_a(x) = a \wedge x = x * (x * a)$.

定理 6.3.46　以下结论是等价的:

(1) 对每一个 $a \in A(X)$, $\bar{\sigma}_a$ 是 X 上的正则态算子且 $\text{Fix}_{\bar{\sigma}_a}(X)$ 是 X 的一个可交换理想;

(2) $\bar{\sigma}_0$ 是 X 上的一个正则态算子且 $\text{Fix}_{\bar{\sigma}_0}(X)$ 是 X 的一个可交换理想;

(3) X 是一个可交换 BCK-代数.

证明　(1)$\Rightarrow$(2)　直接得出.

(2)$\Rightarrow$(3)　设 $a \in A(X)$, 由 (2) 知 $\bar{\sigma}_0$ 是 X 上的一个正则态算子, 则 $\bar{\sigma}_0(a) = a$. 另一方面, $\bar{\sigma}_0(a) = 0 \wedge a = a * (a * 0) = 0$, 所以 $a = 0$. 这就表明 $A(X) = \{0\}$, 所以 X 是一个 BCK-代数. 现在来证明 X 是可交换的. 设 $x, y \in X$ 且 $x \leq y$, 则 $\bar{\sigma}_0(x * y) = \bar{\sigma}_0(0) = 0 = x * y$. 于是得到 $x * y \in \text{Fix}_{\bar{\sigma}_0}(X)$. 由 (2) 可得, $\text{Fix}_{\bar{\sigma}_0}(X)$ 是可交换的, 所以 $x * (y * (y * x)) \in \text{Fix}_{\bar{\sigma}_0}(X)$. 这表明 $\bar{\sigma}_0(x * (y * (y * x))) = x * (y * (y * x))$, 也就是, $0 \wedge (x * (y * (y * x))) = x * (y * (y * x))$. 所以 $x * (y * (y * x)) = 0 \wedge (x * (y * (y * x))) = 0$, 而且 $x \leq y * (y * x)$, 因此 $x = y * (y * x)$. 这就说明 X 是一个可交换的 BCK-代数.

(3)$\Rightarrow$(1)　若 X 是一个可交换的 BCK-代数, 则 $A(X) = \{0\}$. 值得注意的是 $\bar{\sigma}_0(x) = 0 \wedge x = 0$ 对所有的 $x \in X$ 成立, 也就是, $\bar{\sigma}_0 = 0$. 很容易检验 $\bar{\sigma}_0$ 是 X 上的一个正则态算子并且 $\text{Fix}_{\bar{\sigma}_0}(X)$ 是 X 的一个可交换理想.

设 $a \in X$. 定义映射 $\sigma_a^* : X \to X$ 为对所有的 $x \in X$ 都有 $\sigma_a^*(x) := x * a$.

定理 6.3.47　以下结论是等价的:

(1) 对任意的 $a \in X$, σ_a^* 是一个态射算子;

(2) X 是一个正蕴涵 BCK-代数.

证明　(1)$\Rightarrow$(2)　设 σ_a^* 是 X 上的态射算子对 $a \in X$ 都成立, 则 $\sigma_a^*(0) = 0$. 所以 $0 * a = 0$ 对所有的 $a \in X$ 都成立. 这表明了 X 是一个 BCK-代数, 而且有 $\sigma_a^*(x * y) = \sigma_a^*(x) * \sigma_a^*(y)$. 因此对所有的 $x, y, a \in X$ 有 $(x * y) * a = (x * a) * (y * a)$. 于是得到 X 是一个正蕴涵 BCK-代数.

(2)$\Rightarrow$(1)　设 X 是一个正蕴涵 BCK-代数. 则 $\sigma_a^*(0) = 0 * a = 0$ 对任意的 $a \in X$ 成立, 显然, σ_a^* 是保序的, 而且对所有的 $x, y \in X$, $\sigma_a^*(x * y) = (x * y) * a = (x * a) * (y * a) = \sigma_a^*(x) * \sigma_a^*(y)$. 这表明了 $\sigma_a^*(x * y) = \sigma_a^*(x) * \sigma_a^*(y)$. 最后 $\sigma_a^*(\sigma_a^*(x)) = (x * a) * a = (x * a) * (a * a) = (x * a) * 0 = x * a = \sigma_a^*(x)$. 综上所述, σ_a^* 是 X 上的态算子, 对所有的 $a \in X$.

6.3 BCI-代数上的广义态算子

定理 6.3.48 以下结果是等价的:

(1) 对每一个 $a \in X$, σ_a^* 是 X 上的态射算子且 $\ker(\sigma_a^*)$ 是 X 的可交换理想;

(2) X 是一个蕴涵 BCK-代数.

证明 (1)$\Rightarrow$(2) 设 (1) 是成立的. 由定理 6.3.47, X 是一个正蕴涵 BCK-代数. 可以得到 X 是可交换的. 因此 X 是一个蕴涵 BCK-代数.

(2)$\Rightarrow$(1) 若 X 是一个蕴涵 BCK-代数, 则 X 是一个正蕴涵 BCK-代数. 由定理 6.3.47, 对所有的 $a \in X$, σ_a^* 是 X 上的一个态射算子, 而且 σ_a^* 是 X 上的一个态算子. 因此由 (p3), $\ker(\sigma_a^*)$ 是 X 的一个理想. 注意 X 也是一个可交换的 BCK-代数. 于是得到 $\ker(\sigma_a^*)$ 是 X 的一个可交换理想.

在这一部分将介绍 BCI-代数上的微分态的定义, 并且给出一些特殊 BCI-代数的刻画.

定义 6.3.49 若映射 $\sigma : X \to X$ 对任意的 $x \in X$ 都满足 $\sigma(x) \leq x$ ($x \leq \sigma(x)$), 则称映射 σ 为压缩 (扩张) 的.

引理 6.3.50 若 σ 是 X 上的态算子, 则以下结论成立: 对任意的 $x, y \in X$,

(1) 若 σ 是一个压缩映射, 则 $\sigma(x) * y \leq \sigma(x * y)$;

(2) 若 σ 是一个扩张映射, 则 $x * \sigma(y) \leq \sigma(x * y)$.

证明 显然成立.

定义 6.3.51[80] 若 X 上的映射 σ 对任意的 $x, y \in X$ 都有 $\sigma(x * y) = x * \sigma(y)$ ($\sigma(x * y) = \sigma(x) * y$), 则称映射 σ 为左-右 (右-左) 微分. 而且若 σ 是 X 上的态算子, 则称 σ 成了一个左-右 (右-左) 微分态.

例 6.3.52 (1) 在例 6.3.6 中, 证明过程表明 σ 是一个压缩右-左微分态但不是一个左-右微分态.

(2) 在例 6.3.35 中, 很容易得到 σ 不是左-右 (右-左) 微分态.

引理 6.3.53 对所有的 $a \in A(X)$, σ_a 是一个 X 上的右-左微分态.

证明 显然成立.

引理 6.3.54 若 X 是一个正蕴涵 BCK-代数, 则对所有的 $a \in X$, σ_a^* 是一个 X 上的右-左微分态.

证明 显然成立.

命题 6.3.55 若 σ 是一个左-右 (右-左) 微分态, 则 σ 是扩张映射 (σ 是压缩映射).

证明 显然成立.

接下来, 将讨论微分态和 BCI-代数上的导子之间的联系.

定义 6.3.56[14] 若映射 $d : X \to X$ 对所有的 $x, y \in X$ 都有 $d(x * y) = (d(x) * y) \wedge (x * d(y))$ ($d(x * y) = (x * d(y)) \wedge (d(x) * y)$), 则称 d 为 X 上的左-右 (右-左) 导子.

定理 6.3.57 设 σ 是 X 上的一个态算子. 则 σ 是一个左-右 (右-左) 微分当且仅当它是一个左-右扩张 (右-左压缩) 导子.

证明 设 σ 是 X 上的一个左-右 (右-左) 微分态. 由命题 6.3.55 知对所有的 $x \in X$ 有 $x \leq \sigma(x)$ ($\sigma(x) \leq x$). 因此 $x*\sigma(y) \leq \sigma(x)*y$ ($\sigma(x)*y \leq x*\sigma(y)$). 于是得到 $(\sigma(x)*y) \wedge (x*\sigma(y)) = x*\sigma(y) = \sigma(x*y)$ $((x*\sigma(y)) \wedge (\sigma(x)*y) = \sigma(x)*y = \sigma(x*y))$. 这表明了 σ 是 X 的左-右 (右-左) 微分. 所以 σ 是 X 上的扩张 (压缩) 微分.

反过来, 设 σ 是一个 X 上的左-右扩张 (右-左压缩) 导子. 由 $x, \sigma(x)$ 在同一分支, $y, \sigma(y)$ 在同一分支, 于是有 $\sigma(x)*y$ 和 $x*\sigma(y)$ 在同一分支. 所以 $\sigma(x*y) = (\sigma(x)*y) \wedge (x*\sigma(y)) \leq x*\sigma(y)$ $(\sigma(x*y) = (x*\sigma(y)) \wedge (\sigma(x)*y) \leq \sigma(x)*y)$. 由引理 6.3.50, 我们有 $x*\sigma(y) \leq \sigma(x*y)$, $\sigma(x)*y \leq \sigma(x*y)$. 因此 $\sigma(x*y) = x*\sigma(y)$ $(\sigma(x*y) = \sigma(x)*y)$. 这就说明 σ 是左-右 (右-左) 微分.

推论 6.3.58 对所有的 $a \in A(X), \sigma_a$ 是 X 上的一个右-左压缩导子.

证明 从引理 6.3.53 和定理 6.3.57 得出.

推论 6.3.59 设 X 一个正蕴涵 BCK-代数. 则对所有的 $a \in X, \sigma_a^*$ 是 X 上的一个右-左压缩导子.

证明 从引理 6.3.54 和命题 6.3.55 得出.

定理 6.3.60 以下结论是等价的:

(1) X 是 p-半单的;

(2) X 只有一个平凡态算子;

(3) 每一个态都是左-右微分态.

证明 很容易证明 (2) 和 (3) 是等价的. 从定理 6.3.38 很容易得到此定理成立.

定理 6.3.61 以下结论是等价的:

(1) 对每一个在 X 上的右-左微分态 $\sigma, \mathrm{Fix}_\sigma(X)$ 是 X 上的一个可交换序理想;

(2) 对每一个 $a \in A(X), \mathrm{Fix}_{\sigma_a}(X)$ 是 X 上的可交换序理想;

(3) X 是一个可交换的 BCI-代数.

证明 很容易证明 (1)$\Rightarrow$(2) 和 (3)$\Rightarrow$(1). 从定理 6.3.43 我们能够得到 (2)$\Rightarrow$(3).

定理 6.3.62 以下结论是等价的:

(1) 对每一个在 X 上的右-左微分态 $\sigma, \mathrm{Fix}_\sigma(X)$ 是 X 的蕴涵序理想;

(2) 对每一个 $a \in A(X), \mathrm{Fix}_{\sigma_a}(X)$ 是 X 上的蕴涵序理想;

(3) X 是一个蕴涵 BCI-代数.

证明 容易证明 (1)$\Rightarrow$(2) 和 (3)$\Rightarrow$(1). 从推论 6.3.45 我们能得到此证明.

参 考 文 献

[1] Barbieri G, Weber H. Measures on clans and on MV-algebras. Handbook of Measure Theory Elsevier Science Amsterdam Chapter, 2002, 2: 911-945.

[2] Behounek L, Dankova M. Relational compositions in fuzzy class theory. Fuzzy Sets and Systems, 2008, 160: 1005-1036.

[3] Belohlavek R. Some properties of residuated lattices. Czechoslovak Mathematical Journal, 2003, 53(1): 161-171.

[4] Belluce L P. Semisimple algebras of infinite valued logic and bold fuzzy set theory. Canadian Journal of Mathematics, 1986, 38(6): 1356-1379.

[5] Belluce L P, Nola A D, Lettieri A. Local MV-algebras. Rendiconti Del Circolo Matematico Di Palemo, 1993, 42(3): 347-361.

[6] Bigard A, Keimel K, Wolfenstein S. Groupes et Anneaux Réticulés. Springer Lecture Notes in Mathematics. Berlin, Heidelberg: Springer-Verlag, 1977, 608: 69-240.

[7] Birkhoff G. Lattice theory. American Mathematical Society Colloquium Publications, XXV, 1940, (34): 420.

[8] Biyogmam G R, Heubo-Kwegna O A, Nganou J B. Super implicative hyper BCK-algebras. International Journal of Pure and Applied Mathematics, 2012, 76(2): 267-275.

[9] Blyth T S. Lattices and Ordered Algebraic Structures. London: Springer, 2005.

[10] Bonansinga P, Corsini P. On semihypergroup and hypergroup homomorphisms. Bollettino Della Unione Matematica Italiana, 1982, (2): 717-727.

[11] Borzooei R A, Saffar B G. States on EQ-algebras. Journal of Intelligent and Fuzzy Systems, 2015, 29: 209-221.

[12] Borzooei R A, Dvurečenskij A, Zahir O. State BCK-algebras and state morphism BCK-algebras. Fuzzy Sets and Systems, 2014, 244: 86-105.

[13] Borzooei R A, Saffar B G, Ameri R. On hyper EQ-algebras. Italian Journal of Pure and Applied Mathematics, 2013, 31: 77-96.

[14] Borzooei R A, Bakhshi M. Some results on hyper BCK-algebras. Quasigroups Related Systems, 2004, 11: 9-24.

[15] Borzooei R A, Bakhshi M, Zahiri O. Filter theory on hyper residuated lattice. Quasigroups and Related Systems, 2014, 22: 33-50.

[16] Borzooei R A, Harizavi H. Regular congruence relations on hyper BCK-algebras. Journal of the Mathematical Society of Japan, 2005, 61(1): 83-98.

[17] Borzooei R A, Hasankhani A, Zahedi M M, Jun Y B. On hyper K-algebras. Journal of the Mathematical Society of Japan, 2000, 52: 113-121.

[18] Borzooei R A , Niazian S. Weak hyper residuated lattices. Quasigroups and Related Systems, 2013, 21: 29-42.

[19] Borzooei R A, Bakhshi M. On positive implicative hyper BCK-ideals. Scientiae

Mathematicae Japonicae, 2004, 59: 505-516.

[20] Butnariu D, Klement E P. Triangular norm-based measures. Dordrecht: Springer, 1993, 10: 947-1010.

[21] Chang C C. A new proof of the completeness of the Łukasiewicz axioms. Transactions of the American Mathematical Society, 1959, 93: 74-80.

[22] Chang C C, Keisler H J. Model Theory. Amsterdam: North-Holland, 1973.

[23] Chang C C. Algebraic analysis of many valued logics. Transactions of the American Mathematical Society, 1958, 88(2): 467-490.

[24] 程国胜, 叶继昌. 有界可换 BCK-代数与 MV-代数. 工程数学学报, 2000, 17(2): 124-126.

[25] Cheng X Y, Xin X L. Filter theory on hyper BE-algebras. Italian Journal of Pure and Applied Mathematics, 2015, 35: 509-526.

[26] Cheng X Y, Xin X L. Deductive systems in hyper EQ-algebras. Journal of Mathematical Research with Applications, 2017, 37(2): 183-193.

[27] Cheng X Y, Xin X L, He P F. Generalized state maps and states on pseudo equality algebras. Open Mathematics, 2018, 16: 133-148.

[28] Cignoli R, Dottaviano I, Mundici D. Algebraic Foundations of Many-Valued Reasoning. Netherlands: Springer, 2000.

[29] Cignoli R. Complete and atomic algebras of the infinite valued Łukasiewicz logic. Algebraic logic, Studia Logica, 1991, 50(3-4): 375-384.

[30] Cignoli R, Mundici D. An elementary proof of Chang's completeness theorem for the infinite-valued calculus of Łukasiewicz. Studia Logica, 1997, 58(1): 79-97.

[31] Cignoli R, Elltott G A, Mundici D. Reconstructing C*-algebras from their Murray von Neumann order. Advances in Mathematics, 1993, 101(2): 166-179.

[32] Ciungu L C. Bosbach and Riečan states on residuated lattices. Journal of Applied Functional Analysis, 2008, 2: 175-188.

[33] Ciungu L C. On the existence of states on fuzzy structures. Southeast Asian Bulletin of Mathematics, 2009, 33(6): 1041-1062.

[34] Ciungu L C, Dvurečenskij A, Hyčko M. State BL-algebras. Soft Computing, 2010, 15(4): 619-634.

[35] Ciungu L C. The radical of a perfect residuated structure. Inform. Sci., 2009, 179: 2695-2709.

[36] Ciungu L C. Internal states on equality algebras. Soft Computing, 2015, 19(4): 939-953.

[37] Corsini P. Sur les semi-hypergroupes. Atti della Società Peloritana di Scienze Fisiche. Matematiche e Naturali, 1980, 26: 363-372.

[38] Davvaz B, Corsini P, Changphas T. Relationship between ordered semihypergroups and ordered semigroups by using pseudoorder. European Journal of Combinatorics, 2015, 44: 208-217.

[39] Davvaz B. Some results on congruences on semihypergroups. Bulletin of the Malaysian

Mathematical Sciences Society, 2000, 23: 53-58.
- [40] Davvaz B, Poursalavati N S. Semihypergroups and Shypersystems. Pure and Applied Mathematics, 2000, 11: 43-49.
- [41] 段喆杰, 辛小龙. EQ-代数上的模糊前滤子. 西北大学学报 (自然科学版), 2013, 43: 351-355.
- [42] Dvurečenskij A, Pulmannová S. New trends in quantum structures//Mathematics and Its Applications. Dordrecht: Springer, 2000.
- [43] Dvurečenskij A. Loomis-Sikorski theorem for σ-complete MV-algebras and ℓ-groups. Journal of the Australian Mathematical Society, 2000, 68(2): 261-277.
- [44] Dvurečenskij A. States on pseudo MV-algebras. Studia Logica An International Journal for Symbolic Logic, 2001, 68(3): 301-327.
- [45] Dvurečenskij A, Rachunek J. Probabilistic averaging in bounded commutative residuated Rl-monoids. Discrete Mathematics, 2006, 306(13): 1317-1326.
- [46] Dvurečenskij A, Rachunek J. Probabilistic averaging in bounded Rl-monoids. Semigroup Forum, 2006, 72(2): 191-206.
- [47] Dvurečenskij A, Rachunek J. On Riečan and Bosbach state for bounded non-commutative Rl-monoids. Mathematica Slovaca, 2006, 56(5): 487-500.
- [48] Dvurečenskij A. Measures and states on BCK-algebras. Atti del Seminario Matematico e Fisico Universita di Modena, 1999, 47(2): 511-528.
- [49] Dvurečenskij A, Rachunek J, Salounová D. State operators on generalizations of fuzzy structures. Fuzzy Sets and Systems, 2012, 187: 58-76.
- [50] Dyba M, Novák V. EQ-fuzzy logics: Non-commutative fuzzy logics based on fuzzy equality. Fuzzy Sets and Systems, 2011, 172: 13-32.
- [51] Dyba M, Novák V. On EQ-Fuzzy logics with delta connective. FUFLAT-LFA, 2011: 156-162.
- [52] Dyba M, Novák V. EQ-logics with delta connective. Iranian Journal of Fuzzy Systems, 2015, 12(2): 41-61.
- [53] Dyba M. EQ-logic. Ph.D. Thesis of University of Ostrava, 2012.
- [54] El-Zekey M. Representable good EQ-algebra. Soft Computing, 2010, 14: 1011-1023.
- [55] El-Zekey M, Novák V, Mesiar R. On good EQ-algebras. Fuzzy Sets and Systems, 2011, 178: 1-23.
- [56] Esteva F, Godo L. Monoidal t-norm based logic: Towards a logic for left-continuous t-norms. Fuzzy Sets and Systems, 2001, 124: 271-288.
- [57] Flaminio T, Montagna F. An algebraic approach to states on MV-algebras. New Dimensions in Fuzzy Logic and Related Technologies Eusflat Conference, 2009, 2: 201-206.
- [58] Flaminio T, Montagna F. MV-algebras with internal states and probabilistic fuzzy logic. International Journal of Approximate Reasoning, 2009, 50(1): 138-152.
- [59] Forouzesh F, Eslami E, Saeid A B. On obstinate ideals in MV-algebras. Bucharest

Scientific Bulletin, Series A: Applied Mathematics and Physics, 2014, 76(2): 53-62.
[60] Forouzesh F, Eslami E, Saeid A B. Radical of A-ideals in MV-modules. Annals of the Alexandru Ioan Cuza University-Math, 2016, 1: 33-57.
[61] Georgescu G. Bosbach states on fuzzy structures. Soft Computing, 2004, 8: 217-230.
[62] Georgescu G, Muresan C. Generalized Bosbach states. Archive for Mathematical Logic, 2010, 52(7-8): 707-732.
[63] Ghorbani S, Eslami E E, Hasankhani A. Quotient hyper MV-algebras. Journal of the Mathematical Society of Japan, 2007, 66(3): 371-386.
[64] Ghorbani S, Hasankhani A, Eslami E. Hyper MV-algebras. 38th Iranian International Conference on Mathematica, 2008, 1: 205-222.
[65] Goodearl K R. Partially ordered abelian groups with interpolation. Mathematical Surveys δ Monographs American Mathematical, 2010, 20: 336.
[66] Hájek P. Metamathematics of Fuzzy Logic. Dordrecht: Kluwer Academic Publisher, 1998.
[67] 韩胜伟, 赵彬. Quantale 理论基础. 北京: 科学出版社, 2016.
[68] Haveshki M, Saeid A B, Eslami E. Some types of filters in BL-algebras. Soft Computer, 2006, 10: 657-664.
[69] He P F, Xin X L, Yang Y W. On state residuated lattices. Soft Computing, 2015, 19(8): 2083-2094.
[70] He P F, Xin X L. Fuzzy hyperlattices. Computers and Mathematics with Applications, 2011, 62: 4682-4690.
[71] He P F, Xin X L, Zhan J M. Fuzzy hyperlattices and fuzzy preordered lattices. Journal of Intelligent Fuzzy Systems, 2014, 26: 2369-2381.
[72] Hoo C S, Sewwa S. Fuzzy implicative and Boolean ideals of MV-algebras. Fuzzy Sets and Systems, 1994, 66(3): 315-327.
[73] 侯如乐, 刘妮. EQ-代数中的 L-模糊滤子与 EQ-同余. 西北大学学报(自然科学版), 2014, 44: 876-881.
[74] Huang Y S. BCI-Algebra, Beijing: Science Press, 2006.
[75] Iséki K, Tanaka S. On axiom systems of propositional calculi. XIV. Proc Japan Acad, 1966, 42: 19-22.
[76] Iséki K. On BCI-algebras. Mathematics Seminar Notes, 1980, 8: 125-130.
[77] Jenei S. Equality algebras. Studia Logica, 2012, 100: 1201-1209.
[78] Joshi K D. Introduction to General Topology. New York: New Age International Publisher, 1983.
[79] Jun Y B, Xu Y, Zhang X H. Folding theory of implicative/fantastic filters in lattices implication algebras. Communication of Korean Mathematical Society, 2004, 19: 11-21.
[80] Jun Y B, Xin X L. On derivations of BCI-algebras. Information Sciences, 2004, 159(3): 167-176.

[81] Jun Y B, Xin X L. Positive implicative hyper BCK-algebras. Journal of the Mathematical Society of Japan, 2001, 5: 67-76.

[82] Jun Y B, Zahedi M M, Xin X L, Borzoei R A. On hyper BCK-algebras. Italian Journal of Pure and Applied Mathematics, 2000, 8: 127-136.

[83] Jun Y B, Kang M S, Kim H S. New type of hyper MV-deductive system in hyper MV-algebras. Mathematical Logic Quarterly, 2010, 56(4) :400-405.

[84] Jun Y B, Kang M S, Kim H S. Hyper MV-deductive system in hyper MV-algebras. Journal of the Korean Mathematical Society, 2010, 25: 537-545.

[85] Kaplansky I. Lattices of continuous functions. Bulletin of the American Mathematical Society, 1947, 53(6): 617-623.

[86] Karimi A, Mahmoudi M, Ebrahimi M M. Representations of the fundamental relations in universal hyperalgebras. Journal of Multiple-Valued Logic and Soft Computing, 2013, 21(3-4): 391-406.

[87] Kelley J L. Measures on Boolean algebras. Pacific Journal of Mathematics, 1959, 9(4): 1165-1171.

[88] Kondo M, Dudek W A. Filters theory of BL-algebras. Soft Computer, 2008, 12: 419-423.

[89] Kondo M. States on bounded commutative residuated lattices. Mathematica Slovaca, 2014, 64(5): 1093-1104.

[90] Kopka F, Chovanec F. D-posets. Math Slovaca, 1994, 44: 21-34.

[91] Kroupa T. Representation and extension of states on MV-algebras. Archive for Mathematical Logic, 2006, 45(4): 381-392.

[92] 李海洋. 一般格论基础. 西安: 西北工业大学出版社, 2012.

[93] Liu L Z, Li K T. Fuzzy Boolean and positive implicative filters of BL-algebras. Fuzzy Sets Systems, 2005, 152: 333-348.

[94] Liu L Z. On the existence of states on MTL-algebras. Information Sciences, 2013, 220: 559-567.

[95] Liu L Z, Zhang X Y. States on finite linearly ordered IMTL-algebras. Soft Computing, 2011, 15(10): 2021-2028.

[96] Liu L Z. States on finite monoidal t-norm based algebras. Information Sciences, 2011, 181(7); 1369-1383.

[97] Liu L Z, Zhang X Y. States on R_0-algebras. Soft Conputing, 2008, 12: 1099-1104.

[98] Liu L Z, Zhang X Y. Implicative and positive implicative prefilters of EQ-algebras. Journal of Intelligent and Fuzzy Systems, 2014, 26: 2087-2097.

[99] Ma Z M, Hu B Q. EQ-algebras from the point of view of generalized algebras with fuzzy equalities. Fuzzy Sets and Systems, 2014, 236: 104-112.

[100] Marty F. Sur une generalization de la notion de groupe. 8th Congress Mathematical Scandinaves Stockholm, 1934: 45-49.

[101] Mcnaughton R. A theorem about infinite-valued sentential logic. Journal of Symbolic

Logic, 1951, 16(1): 1-13.

[102] Meng J. An Introduction to BCI-algebras. Xi'an: Shaanxi Scientific and Technological Press, 2001.

[103] Meng J, Xin X L. Characterizations of atoms of BCI-algebras. Journal of Northwest University, 1991, 16(1): 6-9.

[104] Mittas J, Konstantinidou M. Sur une nouvelle generation de la notion detreillis, Les supertreillis et certaines de certaines de leurs proprites generales. Annales scientifiques de l'Universitéde Clermont Mathématiques, 1989, (25): 61-83.

[105] Mohtashamnia N, Torkzadeh L. The lattice of prefilters of an EQ-algebra. Fuzzy Sets and Systems, 2017, 311: 86-98.

[106] Mundici D. Interpretation of AF C*-algebras in Łukasiewicz sentential calculus. Journal of Functional Analysis, 1986, 65(1): 15-63.

[107] Mundici D. A constructive proof of McNaughton's theorem in infinite-valued logic. Journal of Symbolic Logic, 1994, 59(2): 596-602.

[108] Mundici D. Averaging the truth-value in Łukasiewicz logic. Studia Logica, 1995, 55(1): 113-127.

[109] Mundici D. Tensor products and the Loomis-Sikorski theorem for MV-algebras. Advances in Applied Mathematics, 1999, 22(2): 227-248.

[110] Noguera C, Esteva F, Gispert J. On some varieties of MTL-algebras. Interest Group in Pure and Applied Logics, 2005, 13(4): 443-466.

[111] Nola A D. MV-algebras in the treatment of uncertainty. Fuzzy Logic, 1993: 123-131.

[112] Nola A D, Dvurečenskij A. State-morphism MV-algebras. J. Pure Appl. Logic, 2009, 161: 161-173.

[113] Nola A D, Dvurečenskij A. On some classes of state-morphism MV-algebras. Math. Slovaca, 2009, 59: 517-534.

[114] Nola A D, Navara M. The σ-complete MV-algebras which have enough states. Czechoslovak Mathematical Journal, 2005, 103(1): 121-130.

[115] Novák V. On Fuzzy type theory. Fuzzy Sets and Systems, 2005, 149: 235-273.

[116] Novák V, De Baets B. EQ-algebras. Fuzzy Sets and Systems, 2009, 160: 2956-2978.

[117] Novák V. Fuzzy type theory as higher-order fuzzy logic. Proceedings of the 6th International Conference on Intelligent Technologies, Bangkok, Thailand, 2005.

[118] Novák V. From Classical to Fuzzy Type Theory. Brikhauser Basel: The life and Work of Leon Henkin, 2014.

[119] Novák V, Dyba M. Non-commutative EQ-logics and their extensions. FUFLAT-LFA, 2009: 1422-1427.

[120] Novák V. EQ-algebras: primary concepts and properties. Proceedings of the Czech-Japan seminar, ninth meeting, Kitakyushu and Nagasaki, 18-22 August 2006, Graduate School of Information, Waseda University, 219-223.

[121] Novák V. EQ-algebra-based fuzzy type theory and its extensions. Journal of IGPL

Advance Access, 2010, 1: 1-31.
- [122] 裴道武. 剩余格与正则剩余格的特征定理. 数学学报, 2002, 45: 271-278.
- [123] 裴道武. 强正则剩余格值逻辑系统 $\mathcal{L}^N$ 及其完备性. 数学学报, 2002, 45: 745-752.
- [124] 裴道武, 王国俊. 形式系统 $\mathcal{B}^*$ 的完备性及其应用. 中国科学, 2002, 32: 56-64.
- [125] Piciu D. Algebras of fuzzy logic. Ph.D. Thesis of Universitaria Craiova, 2007.
- [126] Rasouli S, Davvaz B. Homomorphism, ideas and binary relations on Hyper MV-algebras. Journal of Multiple-Valued Logic and Soft Computing, 2011, 17: 47-68.
- [127] Rachunek J, Šalounová D. State operators on GMV algebras. Soft Comput., 2011, 15: 327-334.
- [128] Saeid A B, Zahedi M M. Quotient hyper K-algebra. South of Asian of Mathematics, 2006, 30: 934-941.
- [129] Shen J G, Zhang X H. Filters of residuated lattices. Chinese Quarterly Journal of Mathematics, 2006, 21: 443-447.
- [130] Sikorski R, Henney D R. Boolean algebras. Physics Today, 1965, 18(11): 66-68.
- [131] Tarski A, Łukasiewicz J. Investigations into the Sentential Calculus// Logic, Semantics, Metamathematics. New York: Oxford University Press, 1956, 38-59.
- [132] Turunen E. Mathematics Behind Fuzzy Logic. European Conference on Artificial Life, 2013, 12: 446-453.
- [133] Turunen E. Boolean deductive systems of BL-algebras. Archive for Mathematical Logic, 2001, 40(6): 467-473.
- [134] Turunen E. Mathematics Behind Fuzzy Logic. Heidelberg: Physica-Verlag, 1999, 1: 35-42.
- [135] 王国俊. 数理逻辑引论与归结原理. 2 版. 北京: 科学出版社, 2006.
- [136] 王国俊, 周红军. MV 代数的度量化研究及其在 Lukasiewicz 命题逻辑中的应用. 数学学报, 2009, 52: 501-514.
- [137] Wang W, Xin X L. EQ-algebras with internal states. Soft Computing, 2017, 1: 1-17.
- [138] Ward M, Dilworth R P. Residuated lattices. Transactions of the American Mathematical Society, 1939, 45: 335-354.
- [139] 谢梅. EQ-代数的相关理论研究. 武汉大学数学博士论文, 2014.
- [140] Xin X L, He P F, Yang Y W. Fuzzy soft hyperideals in hyperlattices. Politehn. Upb Scientific Bulletin, 2015, 77(2): 173-184.
- [141] Xin X L, Wang P. States and Measures on Hyper BCK-Algebras. Journal of Applied Mathematics, 2014, 2014: 1-7.
- [142] Xin X L, Davvaz B. State operators and state-morphism operators on hyper BCK-algebras. Journal of Intelligent and Fuzzy Systems, 2015, 29 (5): 1869-1880.
- [143] Xin X L, He P F, Yang Y W. Characterizations of some fuzzy prefilters (filters) in EQ-algebras. The Scientific World Journal, 2014, 2014: 1-12.
- [144] Xin X L, Young Bae Jun, Fu Y L. Commutative and obstinate prefilters(filters) of EQ-algebras. Accept.

[145] Xin X L, He P F, Fu Y L. States on hyper MV-algebras. Journal of Intelligent and Fuzzy Systems, 2016, 31: 1299-1309.

[146] Xin X L, Khan M, Jun Y B. Generalized states on EQ-algebras. Iranian Journal of Fuzzy Systems. DOI: 10.22111/ijfs.2018.3859. Online.

[147] Xin X L, Cheng X Y, Zhang X H. Generalized state operators on BCI-algebras. Journal of Intelligent and Fuzzy Systems, 2017, 20: 2591-2602.

[148] Xin X L. hyper BCI-algebras. Discussiones Mathematicae General Algebra and Applications, 2006, 26: 5-19.

[149] Xu Y, Qin K Y. On filters of lattices implication algebras. Journal of Fuzzy Mathematics, 1993, 1: 251-260.

[150] Yang J, Xin X L, He P F. On topological EQ-algebras. Iranian Journal of Fuzzy Systems, 2018, 15(6): 145-158.

[151] Yang J, Xin X L, He P F. Uniform topology on EQ-algebras. Open Mathematics, 2017, 15: 354-364.

[152] Zahedi M M, Borzoei R A, Jun Y B, Hasankhani A. Some results on hyper K-algebras. Scientiae Mathematicae, 2000, 3(1): 53-59.

[153] Zahiri O, Borzooei R A, Bakhshi M. Quotient hyper residuated lattices. Quasigroups Related Systems, 2012, 20: 125-138.

[154] Zebardast F, Borzooei R A. Results on equality algebras. Information Sciences, 2017, 381: 277-281.

[155] Zhang X H. On filters in MTL-algebras. Advances in Systems Sciences and Applications, 2007, 7: 32-38.

[156] Zhang X H, Li W H. On fuzzy logic algebraic system MTL-algebras. Advances in Systems Sciences and Applications. 2005, 5: 475-483.

[157] Zhou H J, Wang G J, Three and two-valued Łukasiewicz theories in the formal deductive system L* (NM-logic). Fuzzy Sets and Systems, 2008, 159: 2970-2982.

[158] Zhou H J, Zhao B. Generalized Bosbach and Riečan states based on relative negations in residuated lattices. Fuzzy Sets and Systems, 2012, 187: 33-57.

[159] Zhu Y, Xu Y. On filter theory of residuated lattices. Information Sciences, 2010, 180(19): 3641-3632.

[160] Zhu Y Q, Zhang Q, Roh E H. On fuzzy implicative filters of implicative systems. Communications of Korean Mathematical Society, 2003, 27: 761-767.

索　　引

B

半单的, 101
闭的理想, 182
标准 MV-代数, 64
补元, 3
布尔代数, 3
布尔格, 3
布尔滤子, 18

C

测度态射, 94, 95
超 MV-代数, 11, 12
超 BCK-代数, 11, 16
超 BCK-理想, 17
超 MV-理想, 87
超 MV-滤子, 85
超测度, 90, 94
超测度态射, 95
超态, 90, 95
超态射, 95
超同余关系, 15
超序关系, 16, 17
超运算, 11–14
次直不可约的, 182
次直的, 182

D

单 (满) 同态, 90
对合的, 167

F

分配格, 3
赋值态, 102, 106

G

格, 2
格同态, 2
根理想, 18, 19
固执 (前) 滤子, 46
关联滤子, 24
关联前滤子, 26–33
广义 BCK 态算子, 175
广义离散态算子, 175
广义内态, 163
广义态, 163
广义态算子, 175
广义态映射, 163

H

核, 85

J

极大理想, 19
极大态理想, 180, 181
极大元, 1
极小元, 1
局部有限 EQ-代数, 48
距离函数, 21

K

柯西网, 57
可换 BCK-代数, 94
可换滤子, 44
可换前滤子, 41
可换同态, 45

L

理想, 17
零维的, 54

领域基, 51
滤子, 167
滤子系统, 51, 52

M

幂等的广义态, 158
模糊集, 97

N

内态, 171
内态算子, 135
拟对合 EQ-代数, 113

P

偏序关系, 1

Q

奇异滤子, 25
奇异前滤子, 37
前滤子, 40
强保序的, 85
强超 BCK-理想, 17
强超同余关系, 15
强的广义态, 158
强内态, 171
强态相等代数, 171
全有界的, 63

R

弱超 BCK-理想, 17
弱交换原则, 28
弱奇异滤子, 115

S

三角模, 1
商超 BCK-代数, 17
上界, 2
上确界, 2
生成子, 98
剩余的广义态, 158
剩余格, 5

收敛到点 x, 56
双同态, 120
素超 MV-滤子, 85
素理想, 18
素滤子, 26
素前滤子 (素滤子), 111
素态理想, 181

T

态, 65
态 MV-代数, 117
态理想, 179
态滤子, 118
态射, 84, 167
态射 BCI-代数, 182
态射算子, 179
态射相等代数, 173
态算子, 175
态同余关系, 181
态相等代数, 171
同构, 90
同态, 90
同余, 181
推理系统, 167
拓扑 EQ-代数, 51

W

完备格, 3

X

系统, 52
系统 $\mathcal{F}$ 诱导的拓扑, 53–55
下界, 2
下确界, 2
相伴随的蕴涵算子, 4
相等代数, 10
序理想, 184

Y

压缩 (扩张) 映射, 187

索引

一致结构, 58, 59
一致空间, 58
有界格, 2
右伴随, 3
原子, 7

Z

张量积, 120
正关联 (前) 滤子, 40
正规滤子,
正规态, 66
正交, 71
正交格, 3
正交模格, 3
正则 Riečan 态, 80
正则态算子, 183
正则映射, 80
正则蕴涵算子, 5
忠实的, 65
忠实态算子,
主理想, 18, 19
子代数, 89
自反的, 96
自由的, 98
最大元, 1
最小元, 1
左 (右) 态算子, 163
左-右 (右-左) 导子, 187
左-右 (右-左) 微分, 187
左-右 (右-左) 微分态, 187
左伴随, 3

其他

EQ-代数上的 Bosbach 态, 74, 79, 109

EQ-代数上的态射, 78
Galois 伴随, 3
BCI-代数, 7
BCK-代数, 7
BL-代数, 6
Bosbach 态, 70–79, 82–96
EQ-代数, 8
EQ-同构, 62
Frame, 3
G-滤子, 25
IMTL-代数, 102
inf-Bosbach 态, 91
Locale
McNaughton 函数, 98
MTL-代数, 6
MV-代数, 6
MV-滤子, 25
QI-EQ-代数, 113
Riečan 态, 71, 72, 74, 77, 78
sup-性质 (inf-性质), 84
w-奇异滤子, 115
Λ 诱导的拓扑, 53
○-相容的, 93
σ-McNaughton 函数, 98
σ-可加的, 99
σ-完备, 97
σ-同态, 98
$\sim$-兼容的, 84
θ-相容的, 92
(MV) 条件, 109
(Łukasiewicz)clan, 97
(Łukasiewicz)tribe, 97
(正则的) 态 BCI-代数, 175

《模糊数学与系统及其应用丛书》已出版书目

(按出版时间排序)

1 犹豫模糊集理论及应用　2018.2　徐泽水　赵　华　著
2 聚合函数及其应用　2019.2　覃　锋　著
3 逻辑代数上的非概率测度　2019.3　辛小龙　王军涛　杨　将　著